《季节冻土区黄土路基多次湿陷机理及防治技术》著者名单

主　笔　李国玉　马　巍　毛云程

成　员　（按姓氏拼音排序）

邴　慧　陈　敦　陈世杰　冯小伟　侯　鑫　马　敏

穆彦虎　王　飞　张　坤　郑　郧　周　宇　周志伟

感谢：甘肃省重大科技专项（143GKDA007）
冻土工程国家重点实验室
甘肃省黄土工程冻害机理及防控技术创新中心
国家第二次青藏高原综合科学考察研究项目（2019QZKK0905）

季节冻土区黄土路基
多次湿陷机理及防治技术

■ 李国玉　马　巍　毛云程　等　编著

蘭州大學出版社
LANZHOU UNIVERSITY PRESS

图书在版编目（CIP）数据

季节冻土区黄土路基多次湿陷机理及防治技术 / 李国玉等编著. -- 兰州 : 兰州大学出版社, 2022.3
（冻土力学系列丛书 / 马巍主编）
ISBN 978-7-311-06182-1

Ⅰ. ①季… Ⅱ. ①李… Ⅲ. ①冻土区－湿陷性黄土－路基工程 Ⅳ. ①U416.1

中国版本图书馆CIP数据核字(2022)第038146号

责任编辑　赵　方　钟　静
封面设计　汪如祥

书　　名　季节冻土区黄土路基多次湿陷机理及防治技术
作　　者　李国玉　马　巍　毛云程 等　编著
出版发行　兰州大学出版社　(地址:兰州市天水南路222号　730000)
电　　话　0931-8912613(总编办公室)　0931-8617156(营销中心)
　　　　　0931-8914298(读者服务部)
网　　址　http://press.lzu.edu.cn
电子信箱　press@lzu.edu.cn
印　　刷　陕西龙山海天艺术印务有限公司
开　　本　889 mm×1194 mm　1/16
印　　张　20.5
字　　数　432千
版　　次　2022年3月第1版
印　　次　2022年3月第1次印刷
书　　号　ISBN 978-7-311-06182-1
定　　价　168.00元

前　言

我国黄土和黄土状土分布面积约为64万km²，占国土面积的6.3%。随着国家西部大开发战略的深入实施和地区社会经济的发展，黄土分布地区的基础设施建设不断推进，各项工程建设中出现了许多因黄土湿陷带来的工程问题。作为黄土地区公路路基主要的填筑材料，一般认为湿陷性黄土经压实后，很大程度消除了湿陷性，可以满足路基整体强度和稳定性的要求，但季节冻土区黄土路基仍发生了大量的不均匀沉降、塌陷等病害。有关研究表明，除施工质量、地基沉降等因素外，反复冻融、干湿和盐渍化等条件下黄土路基的多次湿陷也是上述病害产生的重要因素。

依托西北黄土地区的公路建设，作者及其团队开展了大量的病害调查、科学研究和工程病害防治技术研发及现场效果监测，积累了丰富的黄土湿陷性和工程防治措施的经验与资料。在此基础上编写这本《季节冻土区黄土路基多次湿陷机理及防治技术》，旨在研究压实黄土的多次湿陷机理，并指导工程建设与病害治理。本书较为全面地介绍了季节冻土区黄土路基典型病害特征、类型和形成机理；阐述了多处路段的黄土路基水、热、盐变化特征；开展了冻融、干湿和盐渍化作用下压实黄土路基多次湿陷机理试验；提出了压实黄土多次湿陷量的理论计算方法和数值计算方法，研发了黄土路基多次湿陷防治新型路基结构和化学改良新方法，并在现场进行了推广应用，取得了良好的社会效益和经济效益。

本书由以下人员执笔相关章节：第1章，李国玉、马巍；第2章，毛云程、李国玉；第3章，穆彦虎、毛云程、张坤；第4章，周志伟、陈世杰、郑郧；第5章，王飞、陈世杰；第6章，邴慧、马敏；第7章，马巍、陈敦；第8章，毛云程、张坤；第9章，马巍、侯鑫；第10章，冯小伟、张坤；第11章，李国玉、周宇。全书由李国玉、马巍、毛云程审定、修改和定稿。本书在资料收集过程中得到了冻土工程国家重点实验室吴青柏研究员、甘肃省交通科学研究院集团有限公司张坤教授级高级工程师、甘肃省公路交通建设集团有限公司田晖教授级高级工程师的大力协助；在撰写过程中也得到了甘肃省公路交通建设集团有限公司丁兆民教授级高级工程师的大力支持和指导；在编写过程中得到了博士研究生周宇、杜青松的帮助，作者对上述单位和人员，深表谢意！

由于作者水平有限，本书疏漏和不妥之处在所难免，敬请读者批评指正。

目　录

1 绪 论

1.1 黄土的分布

黄土是第四纪堆积的以粉土颗粒为主、富含碳酸盐、具有大孔性、黄色的土状沉积物。世界许多国家，如美国的中西部、俄罗斯的南部、欧洲的中部和东部，以及澳大利亚、新西兰等国都有分布，全世界各大洲黄土和黄土状土分布的总面积约1300万 km^2，占陆地面积的9.3%（Pécsi，1990；Taylor et al.，1983）。在我国，黄土分布面积很广，主要分布在北方干旱、半干旱地区，东以松辽平原的黄土为东北翼，西以新疆的黄土为西北翼，中以黄土高原为主成一个向南突出的弧形。北界大致在小兴安岭南麓、内蒙古诸沙漠南缘、西北近于中蒙边界，成一个弧形。南界大致在长白山的西麓经辽东半岛东沿、山东半岛到秦岭、祁连山和昆仑山北麓，长江中游有零星分布（图1-1）。我国黄土和黄土状土分布面积约64万 km^2，占国土面积的6.3%，其中湿陷性黄土分布面积约38万 km^2，占黄土地区总面积的60%以上（郑晏武，1982；孙建中，2005）。

1.2 黄土湿陷与多次湿陷

黄土是一种以粗粉粒为主，黏粒次之的通过风的搬运作用而形成的第四纪沉积物，因其特殊的矿物组成、特殊的沉积地质条件和特殊的微观结构，导致其具有土质松散、胶结弱、发育竖向节理和湿陷性强的工程地质特点，具有明显的湿陷性。根据红外光谱法测定的黄土土样的化学成分（见表1-1），可知该土样中最主要的成分为 SiO_2，其比例高达51.46%，其次分别为 $CaCO_3$（12.70%）和 Al_2O_3（10.52%）。

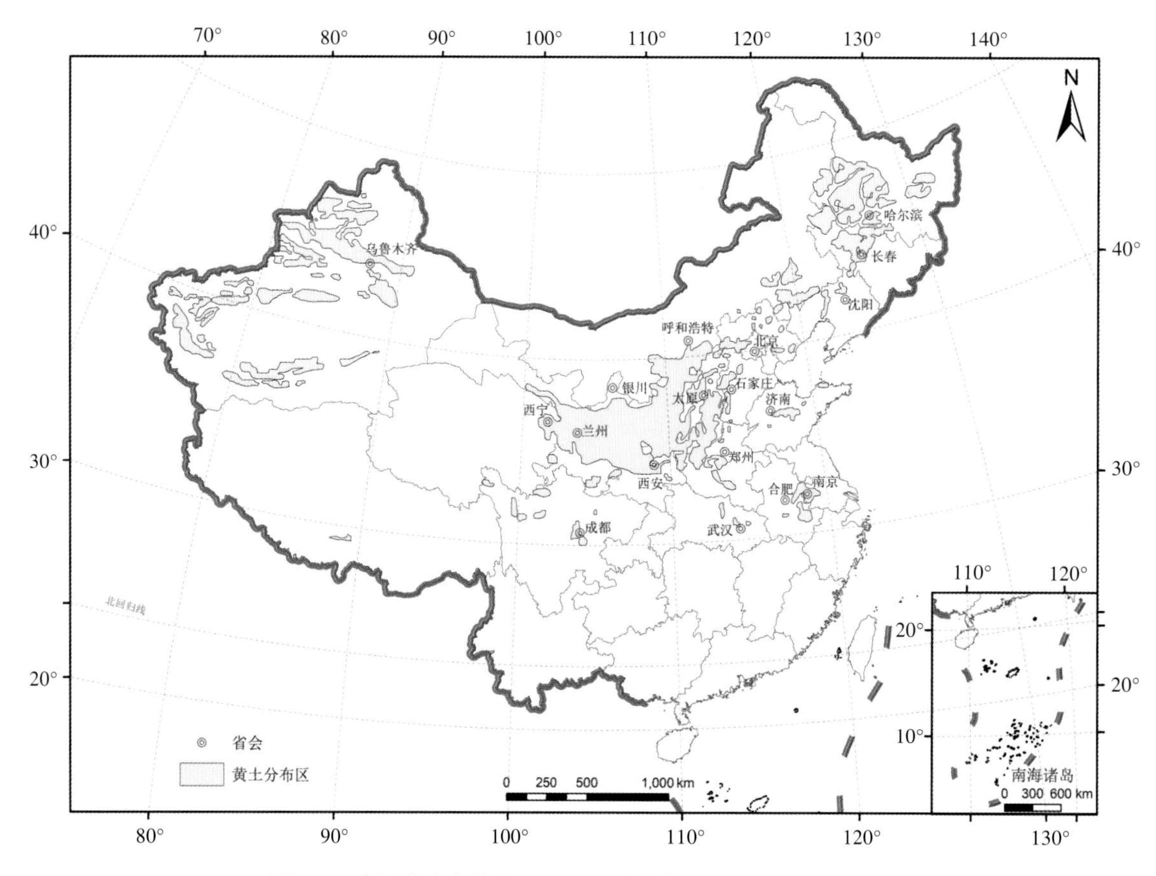

图1-1 中国黄土分布(Pye,1987;孙建中,2005;Li et al.,2018)

表1-1 黄土的主要化学成分(%)

SiO_2	Al_2O_3	Fe_2O_3	FeO	MgO	$CaCO_3$	CaO	K_2O
51.46	10.52	2.76	1.80	2.09	12.70	7.12	1.82

黄土湿陷是黄土在一定压力作用下受水浸湿后，土结构迅速破坏而发生显著附加下沉的特性。这里所说的“一定压力”系指土的自重压力（黄土自身重量的压力）或者土的自重压力与附加压力（即外荷压力）的总和。而“土结构迅速破坏”并不是一般性的土颗粒间的孔隙压缩，而是土的结构（即多孔性结构）发生了改变，土颗粒产生滑动、滚动或跃动而重新排列，这种结构破坏，一般较为猛烈而迅速。所说的“显著附加下沉”，是指远远大于它的正常压密或塑性变形（冯连昌等，1982）。

目前，黄土湿陷的概念主要是针对原状黄土，而对于基础设施黄土地基（压实黄土）而言，一般认为当黄土浸水受压后，削弱了颗粒连接点间的结合力，多孔性支架结构迅速瓦解，颗粒重新组合，紧密排列，使土体趋于稳定，在很大程度上消除了湿陷性（沙爱民等，2006）。湿陷性黄土地区路基修筑过程中，经常采用预湿、闷料、强夯、冲击碾压等方法填筑、加固路基（赵永国，2003），经上述方法处置后的压实黄土，湿陷性消除，基本都能满足路基整体强度和稳定性的要求。

然而大量现场调研发现，在季节冻土区黄土路基运营一段时间后，仍会发生大量因压实黄土在外界因素影响下（干湿循环、冻融循环、盐渍化、重载等）不均匀变形而导致的路基裂缝、波浪、塌陷等各种病害（刘保健等，2005；景宏君等，2004；杨有海等，2005），即压实黄土有可能发生二次或多次湿陷变形，引起构筑物不均匀变形甚至失稳和破坏。

研究人员通过大量试验，对湿陷性黄土在增湿与减湿时强度和变形性质进行了系统深入的研究，提出了增湿变形的概念，在某种意义上证明了黄土多次湿陷的存在（张苏民等，1992）。孙建中和刘健民（2000）通过不同含水率黄土的湿陷试验，证明了未饱和湿陷与剩余湿陷的存在，提出了黄土多次湿陷的概念。同时，通过在多年浇灌的黄土地上进行的大型现场湿陷试验，为黄土多次湿陷提供了直接的证据。沙爱民和陈开圣（2006）利用扫描电子显微镜，对压实黄土在湿陷前后的孔隙特征等微观结构进行研究，得到了压实黄土的湿陷系数与压实黄土中大、中孔隙面积所占百分比的关系。结果表明，大、中孔隙含量是黄土产生湿陷的主要原因，当大、中孔隙含量大于某一值时，压实黄土仍然具有湿陷性。黄土的湿陷，是在水的作用下产生的，没有水这个因素，湿陷就无从谈起。而在季节冻土区，黄土路基中水分会随季节改变而发生反复的冻结、融化以及迁移现象（王铁行等，2004），导致压实黄土会发生反复的干湿、冻融现象以及伴随的盐分结晶析出等现象（毛云程等，2014），显著影响压实黄土的路用性能。相关研究表明，除施工质量、地基沉降等因素外，反复冻融、干湿和盐渍化引起的黄土路基的二次或多次湿陷也是季节冻土区黄土路基不均匀沉降等病害产生的重要因素（李国玉等，2010；2011）。上述研究成果表明，黄土在消除其湿陷性之后存在二次或多次湿陷的可能性。但是，目前对压实黄土的二次或多次湿陷机理以及工程防治措施方面，开展的研究工作还很少，且没有考虑季节性冻融、干湿作用和盐分对其湿陷性的影响。

因此，本书基于课题组多年开展的季节冻土区黄土路基多次湿陷机理及防治技术研究成果，系统梳理了黄土路基多次湿陷的主要影响因素，揭示了黄土路基在冻融和干湿作用下的多次湿陷机理，研发了黄土路基多次湿陷的防治技术并在多条国道或高速公路上推广应用，研究成果在保障黄土地区公路全寿命安全运营、减少道路病害、有效降低公路养护成本、提高公路服务水平等方面均产生了显著的经济效益和社会效益。

1.3 黄土地区公路建设

我国黄土地区资源丰富，但是经济落后、资金不足、信息闭塞、公路网建设不完善。随着国家“一带一路”倡议的提出和西部大开发战略的实施，黄土地区的基础设施建设正在不断加速，公路网正在升级完善，西北黄土地区的公路建设与养护运营正面临黄土路基二次或多次湿陷带来的严重挑战，如运营几年后黄土路基和路面出现裂缝、波浪、边坡失稳等现象，会严重影响公路的安全运营，造成较大的经济损失。

《国家公路网规划（2013—2030年）》（以下简称《规划》）规划目标是要形成布局合理、功能完善、覆盖广泛、安全可靠的国家干线公路网络，实现首都辐射省会、省际多线连通、地市高速通达、县县国道覆盖。1000 km以内的省会之间可当日到达，东中部地区省会到地市可当日往返、西部地区省会到地市可当日到达；区域中心城市、重要经济区、城市群内外交通联系紧密，形成多中心放射的路网格局；有效连接国家陆路门户城市和重要边境口岸，形成重要国际运输通道，与东北亚、中亚、南亚、东南亚的联系更加便捷。其中：

（1）普通国道全面连接县级及以上行政区、交通枢纽、边境口岸和国防设施；

（2）国家高速公路全面连接地级行政中心，城镇人口超过20万人的中等及以上城市，重要交通枢纽和重要边境口岸。

国家公路网规划总规模约40.1万km，由普通国道和国家高速公路两个路网层次构成。普通国道网由12条首都放射线、47条北南纵线、60条东西横线和81条联络线组成，总规模约26.5万km。国家高速公路网由7条首都放射线、11条北南纵线、18条东西横线，以及地区环线、并行线、联络线等组成，总规模约11.8万km，另规划远期展望线规模约1.8万km。

《规划》对欠发达地区交通发展进行了认真的思考和系统的安排。26.5万km普通国道，首先考虑的是900个县必须有国道连通，而这900个县主要是西部地区和欠发达地区，所以这次普通国道的扩展将重点放在西部地区和欠发达地区。而这些西部地区、欠发达地区和黄土地区具有较高的契合度，也就是说国家《规划》将在黄土地区重点建设一批高速公路和国道，确保黄土地区经济社会快速发展。根据中国黄土分布、2015年国道①和2016年全国高速公路分布数据②，黄土地区共有国道2.7万km（图1-2），其中高速公路2万km（图1-3）。将来黄土地区公路建设和维护将面临一定的机遇和挑战。

① 国家科技基础条件平台——国家地球系统科学数据中心. 中国1:100万国道数据集[DB/OL].[2021-02-26]. http://www.geodata.cn.

② 搜珍网. 中国高速公路2016（2021-02-26）[2021-02-26]. https://www.dssz.com/3183994.html.

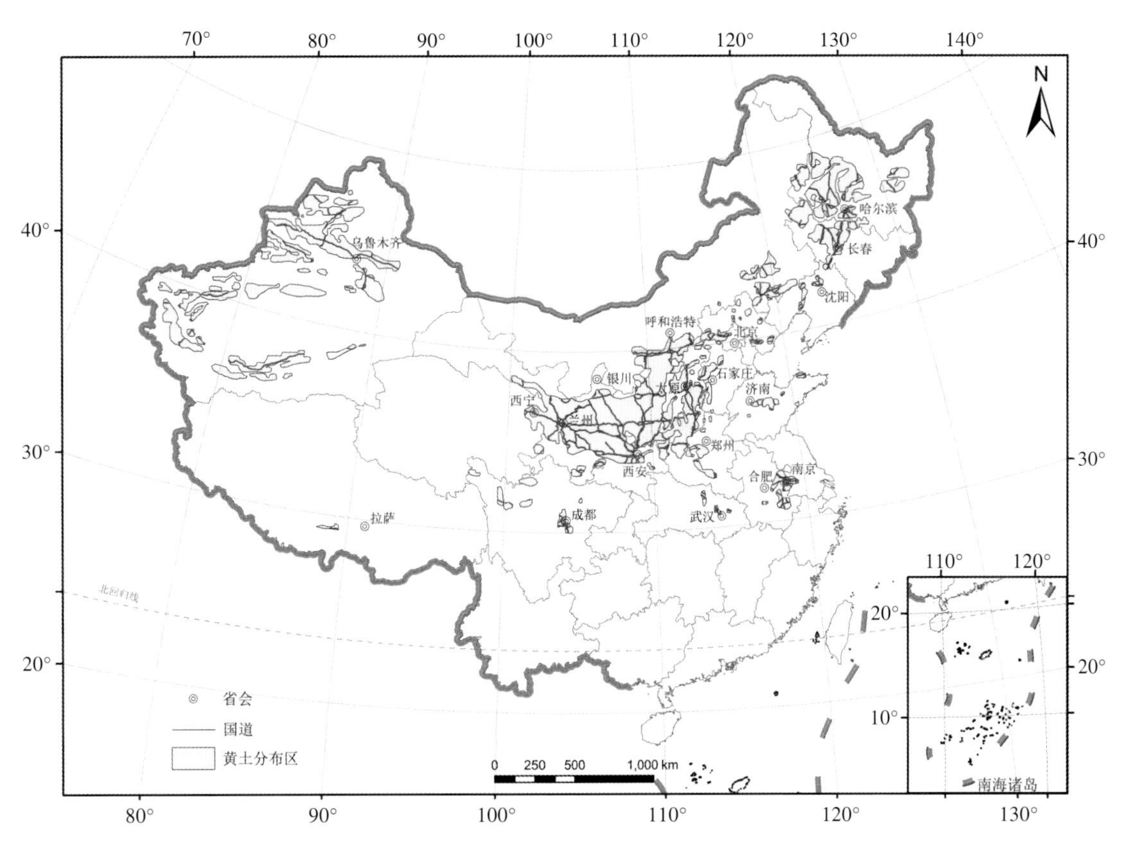

图1-2 中国黄土分布区及其内国道分布图

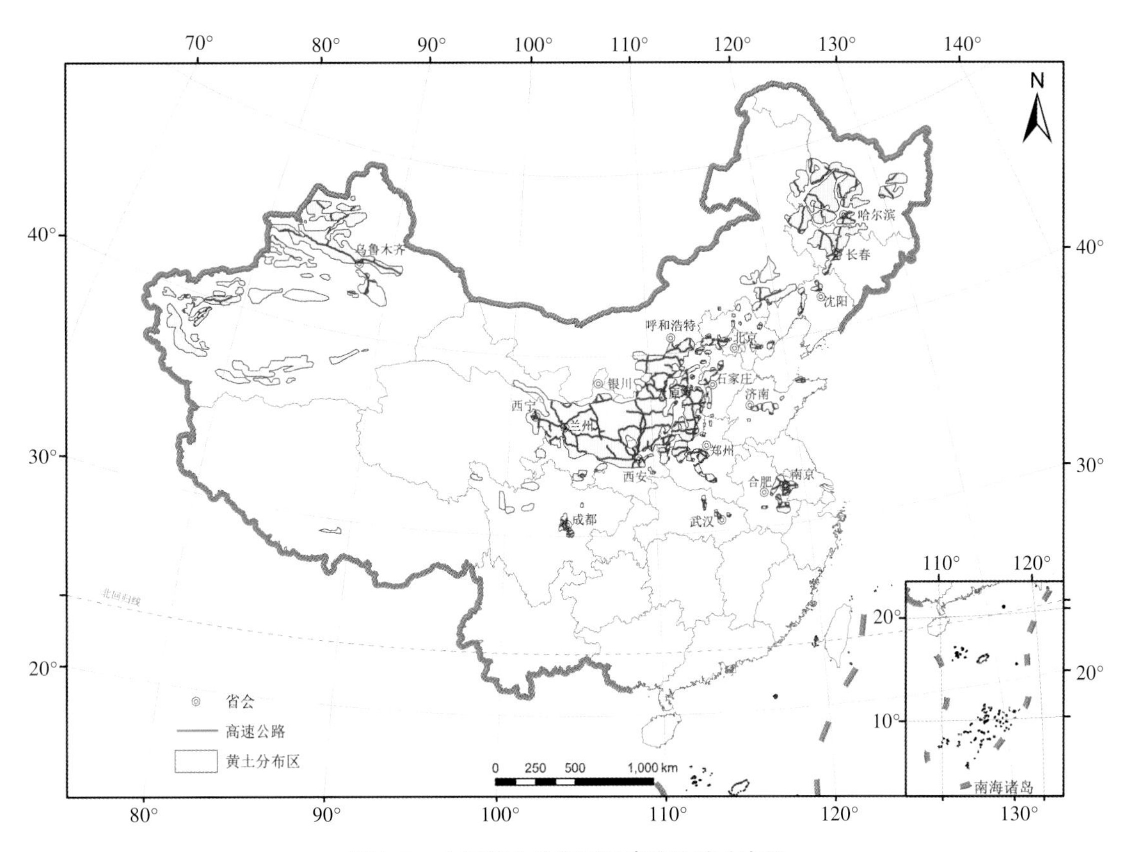

图1-3 中国黄土分布区及高速公路分布图

1.4 黄土地区公路病害

黄土地区公路路基病害中路堑段病害较少，路堤病害较多，特别是高填路堤及填挖结合部的路基，黄土路基病害主要包括以下几种类型：

（1）路基不均匀沉降变形。黄土路基较大和不均匀沉降变形是黄土地区公路路基最为常见的病害，也是导致路面裂缝、路面沉陷及结构层破坏的根本原因。

（2）路堤滑塌和滑移。黄土路基由于浸水等引起的路堤滑塌和滑移引起路基部分或整体破坏，较多出现在低等级公路中。

（3）路基湿陷和陷穴。在半填半挖路段因路堑边坡排水不畅导致黄土路基的湿陷、陷穴等病害，严重时可能将路基掏空。

（4）边坡风化和水流侵蚀。黄土地区路堤经常遭受强风或强降雨的侵蚀，引起路堤边坡风化疏松、水流侵蚀严重，甚至出现孔洞、掏空、冲沟等，引起路基病害。

（5）结构物过渡段不均匀变形。在涵洞、桥梁等结构物过渡段由于刚度差异、水流侵蚀、施工压实不便等引起的黄土路基和结构物之间产生较大的差异性变形，长期运营会造成波浪路基、路面裂缝等病害。

1.5 国内外研究现状

1.5.1 黄土的湿陷机理

湿陷性作为黄土最主要的工程性质之一，由于其具有突变性、非连续性、不可逆性，对工程产生的危害严重，因此其一直是湿陷性黄土地区工程建设的关键技术问题（刘祖典，1997）。国内外研究人员对黄土的湿陷机理进行了长期的科学探索，也获得了丰富的研究成果。归纳起来黄土的湿陷机理主要包括毛管假说、溶盐假说、胶体不足说、水膜楔入说、欠压密理论以及结构学说（高国瑞，1990）。随着对黄土湿陷机理和变化规律研究的不断深入以及理论知识和测试技术的发展，全面深入地剖析湿陷机理已逐渐变成现实。

毛管假说是指黄土颗粒接触点或面上存在少量的水分，在气、水界面上，由毛细管表面张力产生的法向力使得土颗粒联结在一起。如果黄土浸水，毛细作用消失就会造成黄土湿陷。

毛管假说不能解释为什么有的黄土湿陷，有的黄土不湿陷。

溶盐假说是指黄土中存在一些易溶和难溶的盐分，当含水率较低时，易溶盐处于微结晶状态，附在颗粒表面，起着胶结作用。浸水后，易溶盐溶解，胶结消失，黄土湿陷。

胶体不足说是指黄土含有较少的具有胶体性质的分散部分，如黏粒，如果含有较多的胶体黏粒，土体或许会膨胀不会湿陷。此假说不能解释某些黏粒含量较高黄土的湿陷性。

水膜楔入说是指黄土颗粒间存在一定厚度的水膜，水膜越薄粒间凝聚强度越高，当含水率增加时，水具有楔入作用，使粒间距离拉大，水膜变厚强度降低，引起黄土湿陷。

欠压密理论认为黄土的湿陷与密度有关，黄土具有湿陷性是由于干旱条件下黄土在形成过程中压密不够。此理论避开了复杂的黄土湿陷物理化学解释，不能深入揭示黄土湿陷机理。结构学说认为黄土的湿陷性是由黄土的特殊结构特征造成的，这个学说在后来的大量研究中得到了证实，成为黄土湿陷机理研究的主流。

其实随着黄土湿陷机理的不断研究发现，黄土的湿陷性是黄土的粉粒性、富盐性、大孔性、欠压密性、非饱和性和各向异性的集中表现，这些方面的差异使黄土反映出颇不相同的湿陷性（谢定义，2001）。

早期的研究中，研究人员多利用黄土矿物成分物化分析技术和一些简单的设备如放大镜等，只能对黄土的结构性有一定的感性认识，难以做出系统地研究（孙广忠，1957）。20世纪50年代到60年代中期，随着科学技术的发展，将光学显微镜、偏光显微镜和X射线衍射特别是扫描电子显微镜应用到黄土的微观结构研究中来，使人们对于黄土的微结构认识上了一个台阶，使黄土的各向异性、不均匀性和非线性等特性得到了不同程度的描述和解释，也出现了某些描述黄土结构性的定量化指标，对黄土湿陷过程和机理的认识与分析起到了重要的作用（张宗祜，1964）。后来黄土的微观结构研究在深度上和广度上都得到了较大发展。研究人员分析了不同地方、不同深度黄土的微观颗粒形态、颗粒排列形式、孔隙结构特征以及颗粒接触关系与湿陷性的关系，划分了黄土的微结构类型（朱海之，1963）。并按微结构特征对黄土进行了工程性质分类（高国瑞，1980），应用微结构特征对黄土的湿陷机理做出了有说服力的解释（Gao，1988；雷祥义，1989；王永炎等，1990）。结构性探索过程中，研究人员在结构性参数选取、微观结构参数定量化、微观图像处理软件研发、湿陷性与微观结构参数之间的定量关系等方面都进行了深入的研究，也取得了重要的研究成果（胡瑞林，1999；Bai et al.，2002；Wang et al.，2006；王延涛，2007）。但是目前的研究仅是通过微结构变化对湿陷特性作定性解释，还没有完全上升到定量的高度，还不能系统揭示结构性对黄土力学行为的影响及内在联系，只有确立黄土定量化结构参数与黄土宏观工程特性之间的定量关系，才能使黄土结构性研究从理论向工程应用跨出有意义的一步（谢定义，2001）。

1.5.2 黄土广义湿陷变形研究

黄土广义湿陷变形研究的重要性主要在于其改变了原来黄土湿陷变形仅局限于饱和条件下研究与分析的思路，而实际工程中黄土地基存在明显的增湿减湿过程，但含水率并不一定达到饱和，饱和浸水只是增湿的特例。这促使研究人员开始由黄土的狭义的饱和浸水湿陷转向广义的浸水增湿湿陷研究，即广义湿陷变形研究（谢定义，1999）。研究人员开展了黄土的增湿变形特性研究，定义了应力增湿路径、湿陷性黄土变形和应力增湿变形曲面以及湿陷势等概念（张苏民等，1990），之后剩余湿陷、多次湿陷、先期湿陷含水率、增湿含水率、湿陷极限含水率、间歇性增湿路径等概念也被逐渐提出和建立，使黄土湿陷性理论越来越完善（张苏民等，1992；刘明振，1985）。目前，对黄土地基增湿变形湿化特性的研究主要采用现场浸水试验和室内单轴或三轴压缩试验。研究人员通过现场大面积浸水试验研究了黄土的自重湿陷变形（李大展等，1993；黄雪峰等，2006）。在室内试验方面，研究人员基于单轴或三轴压缩试验，开展黄土增湿变形特性及应力-应变关系的研究（刘保健等，2004；张茂花等，2006a；邵生俊等，2006）。

1.5.3 黄土湿陷本构模型及强度理论研究

本构关系泛指各种表明状态变量之间关系的单值方程，如土的应力-应变关系，法向应力与孔隙水压力的关系（有效应力原理），以及应力梯度与孔隙流体渗流速率的关系（渗流定理）等都是从不同侧面描述土宏观性质的本构关系，目前国内外研究人员建立的土体本构关系数以百计（谢定义等，2000）。刘祖典等（1985）和陈正汉等（1986）首先开展了国内黄土湿陷的本构关系研究。刘祖典（1997）提出了不同情况下黄土的应力-应变关系曲线，得到了黄土的非线性弹性模型及弹塑性本构模型。研究人员从非饱和土理论出发，进行了湿陷性黄土的非线性本构模型研究（Yang et al.，1992；陈正汉，1999；陈正汉等，1999）。苗天德和王正贵（1990）应用数学突变理论从微结构失稳的观点出发，构造了以微结构的破坏为特征的湿陷性黄土的本构关系。沈珠江（1994）提出黄土湿陷的损伤力学本构模型。张爱军和邢义川（2002）进行了黄土增湿过程中有效应力-应变关系的研究。对于黄土的强度特性研究，目前已从单纯的抗剪强度研究发展到增湿强度、断裂破坏强度、长期强度的研究（汪小刚等，2007）。陈存礼等（2001）探讨了不同掺合料下兰州黄土的压缩变形及强度特性。张茂花等（2006b）对非饱和原状 Q_3 黄土进行了增湿情况下的三轴剪切试验，分析了增湿过程中抗剪强度的变化规律。邢义川等（1999）采用抗拉强度和抗压强度的直线描述断裂破坏强度，用

Mohr-Coulomb准则描述剪切破坏强度，构成了黄土的断裂准则。此外，巫志辉等（1991）和谢定义（1994）先后对洛川、兰州、西安等地黄土动变形强度、震陷特性、黄土地基抗震承载力等进行了深入研究。

1.5.4 压实黄土工程特性研究

黄土地基或路基都是经过压密、挤密、处理以后，强度达到一定标准才能成为构筑物基础。压实黄土与原状黄土的湿陷机理、物理力学等工程特性都有所不同，国内外研究人员对压实黄土湿陷性质、微观结构、渗水特性、压实标准和参数等进行了研究（Popescu，1986；El-Ehwany et al.，1990；Rollins et al.，1992；Pereira et al.，2005；Nuntasarn，2008；Rafie et al.，2008；Gaaver，2012），发现在相同含水率和密度条件下，低压力下的压实黄土湿陷性大于原状黄土，而压实度、含水率和龄期对于压实黄土的湿陷性影响较大（伍石生等，1997；陈开圣等，2009a）。研究人员通过室内试验研究发现含水率和压实度对于压实土体的饱和度、渗透系数以及抗剪强度有显著影响，当含水率一定时，压实黄土的抗剪强度随压实度的增加而增加。任钰芳（2002）研究了非饱和黄土初始吸力与工程性质指标的关系。胡瑞林等（1999；2000）进行了动荷载作用下黄土的强度特征及结构变化机理研究，对黄土的工程性质以及微结构定量化研究做出了有益的探索。沙爱民和陈开圣（2006）采用扫描电子显微镜、图像处理系统和能谱仪，对压实黄土在湿陷前后的孔隙特征、化学组成等微观结构进行研究，发现压实黄土的湿陷系数与微观结构孔隙比存在一定的定量关系，大、中孔隙含量是黄土产生湿陷的主要原因。李晓军和张登良（1999）通过CT图像从微结构定量化的角度，对用方向性孔隙度表征不同压实度下压实黄土的定向性作了尝试。

1.5.5 干湿循环对黄土湿陷性影响研究

实际工程中黄土地基经常受到地表、地下水或降水的增湿作用以及后期的减湿作用，这种干湿循环作用过程会对黄土的微结构、强度和湿陷变形造成显著影响。研究人员通过室内和现场试验研究发现，干湿循环可以导致压实黄土的基质吸力减小、压缩系数增大、内摩擦角减小、强度降低、渗透系数增加（Sillanpaa et al.，1961；Houston et al.，2001；Gullà ea al.，2006；Li et al.，2009；Malusis et al.，2011；刘宏泰等，2010；张芳枝等，2010）。土样含水率越低，干湿循环对其强度的影响越明显。随着干湿循环次数的增加，强度逐渐减小，达到一定循环次数后，土体结构会重新达到平衡，强度也趋于稳定。压实黄土地基回弹模量随干湿循环次数的增加而逐渐减小（李聪等，2009）。Kay and Dexter （1992） 通过对多次干湿循环后土体的抗拉强度进行测试，发现土体的抗拉强度明显降低。胡志平等（2011）对干湿循环下石灰黄土的单轴抗压强度、剪切强度和渗透性进行了试验研究，发现石灰黄土抗剪强度和渗透系数随干湿循环增加而呈指数型衰减，而单轴抗压强度随干湿循环强度变化不大，说明了石灰处理对于黄土地基具有很好的稳定性作用。Malusis et al.（2011）研究发现随着干湿循环次数的增加，土的水力传导系数逐渐增加。垂向收缩越厉害，水力传导系数增加越大。同时，干湿循环作为一种强烈的风化作用，对西部黄土古遗址保护构成了严重威胁，研究人员对古遗址土体在干湿循环作用下的强度、风蚀量等也进行了研究，发现土体强度随干湿循环次数增加而减小，说明古遗址耐久性随干湿循环增加而逐渐减弱（张虎元等，2011）。

1.5.6 盐分对黄土湿陷性影响研究

在黄土湿陷机理探讨过程中，研究人员发现黄土含有较多的可溶盐（包括易溶盐、中溶盐和难溶盐3种），这些盐明显影响黄土的湿陷性（杨运来，1988）。黄土湿陷机理中重要的假说之一就是“溶盐假说”，足见可溶盐对黄土湿陷机理的影响。

研究表明某地区黄土盐分中难溶盐$CaCO_3$、$MgCO_3$质量分数为8%；中溶盐$CaSO_4·2H_2O$、$CaSO_4$的质量分数<1%；易溶盐Na_2CO_3、Na_2SO_4、NaCl、KCl的质量分数为91%。湿陷性黄土中$CaCO_3$有时呈薄膜胶结物状态存在，黏土颗粒的质量分数<20%。湿陷性黄土都含有水溶盐，颗粒间存在加固凝聚力，它遇水后降低或消失，为湿陷时颗粒的滑移创造了条件。湿陷性黄土含有黏土颗粒，其遇水膨胀，使黄土颗粒移动，强度降低。在压力和水作用下的多孔性结构破坏，水溶盐加固凝聚力消失，黏粒膨胀，土强度降低等均是黄土产生湿陷的原因。

重要工程对所采用黄土材料的含盐量都提出了严格的要求，如《公路路基施工技术规范》（JTG F10—2006）中规定高等级公路0～1.5 m以内路基填料含盐量都不能超过0.5%。黄土含盐量在地域上的分布特点是由西北干旱地区逐渐向西南地区降低。兰州黄土以及河西地区、西宁、新疆等地的黄土含盐量都远远超过0.5%，有些地方黄土附近含盐量达到6.14%～9.1%（包卫星等，2006；李国玉等，2009），成为强盐渍化土，严重影响黄土路基的稳定性，敦煌机场跑道就曾经由于盐害而被迫改建（张平川等，2003）。

盐渍化黄土地基除了湿陷问题，还存在盐渍化问题，其工程特性受含盐量、含盐类型、土体类型、含水率等多个因素影响。研究表明含盐量愈多，土的液限、塑限愈低，土体在较低的含水率下就达到液限，而液限时其抗剪强度几乎等于零。因此，盐渍化黄土在较小含水率时即丧失强度。另外，Bing et al.（2001），Moayed et al.（2011）研究发现，盐渍化黄土中盐随温度的降低而溶解度减小，或随水分的蒸发而结晶，体积增加发生盐胀现象，造成土体结构疏松。当温度升高溶解度增加或含水率增加时，盐分重新溶解，体积缩小形成溶蚀、溶陷。如果再加上冻融循环的影响，其应力应变关系和强度等会发生显著改变（石拓青，2000），同时盐胀量还具有一定的累加效果（李国玉等，2009）。含硫酸盐黄土盐胀量随含盐量的增加而增加，随地下水位埋深的增加而减小（费学良等，1997）。试验研究表明，随着土中易溶盐含量的增高，其最大干密度逐渐降低，最佳含水率逐渐增高，当含盐量超过一定值时，就不易达到规定的标准密度。研究人员（Aksenov et al.，2004；Ogata et al.，1982；Nixon et al.，1984）对不同含盐量的冻结土体抗剪强度进行了测试，试验结果发现随着含盐量增加，土的抗剪强度和黏聚力逐渐减小，摩擦角逐渐增大。Moayed et al.（2011）通过室内试验研究了含盐公路路基土的体积变化行为，研究发现盐渍土具有明显的膨胀潜力，这是盐渍土公路路面破坏的主要原因。对于盐渍化黄土的处理措施除了常规的湿陷黄土处理方法，还应该重视盐渍化灾害的特点，采取针对性措施，如采取必要措施防止盐分浸入地基，加强防排水措施，降低地下水水位，换填盐渍土地基，基底强化处理，设置毛细隔断层隔盐，化学改良盐渍土等。

1.5.7 冻融循环对压实黄土工程性质影响研究

西北、华北的黄土地区都属于季节冻土区，有些地方甚至属于深季节冻土区，冬季经历冻结作用发生冻胀，夏季冻土融化产生融沉，这种强烈、反复的冻融循环作用对黄土结构、强度以及构筑物稳定性都产生了显著影响。为此，研究人员也开展了大量的研究工作。研究发现冻融循环作用是一种强的风化作用，能够改变土的结构进而显著影响其物理力学性质，如干密度、含水率、孔隙比、渗透性、应力应变关系、强度等。研究发现随着冻融循环次数的增加，黄土的强度变化和土体的密度密切相关，冻融循环对密度较大的压实黄土具有弱化作用，相应的干密度、黏聚力、剪切强度等参数都降低，大孔隙增加。而对密度较小的松土具有强化作用，相应的干密度、黏聚力、剪切强度等参数都增加。而冻融循环对土体的内摩擦角影响不大（Chamberlain et al.，1979；Graham et al.，1985；Eigenbrod，1996；Moo-Young et al.，1996；Viklander，1998；Qi et al.，2006；邴慧等，2009；董晓宏等，2010；穆彦虎等，2011；李国玉等，2010；2011），也有部分研究成果表明内摩擦角逐渐增大但是增幅较小（齐吉琳等，2006）。杨成松等（2003）研究了冻融循环对土体干容重和含水率的影响，结果发现冻融循环后的土体干容重趋于某一定值，且这一定值与土体的种类有关。Wang et al.（2007）对冻融循环前后土样的弹性模量、黏聚力和摩擦角等进行了对比研究，发现冻融循环后土样的弹性模量和黏聚力降低，摩擦角增大；研究人员（Edwin et al.，1979；齐吉琳等，2003）对细颗粒土进行了室内冻融循环试验，研究发现冻融循环作用强烈地改变了土体结构；齐吉琳和马巍（2006）研究了冻融作用对超固结土强度的影响，发现其强度参数发生了变化，同时冻融过程会改变土结构性的两个方面，即土颗粒的排列和联结；徐学祖等（1992）研究了冻土与盐溶液系统中热质迁移及变形过程，发现水、盐迁移通量及变形量随时间按指数规律衰减并随外载增大和温度降低而减小；邱国庆等（1992）探讨了冻结过程中的盐分迁移及其与土壤盐渍化的关系，结果表明：黏性土在开放性及封闭性单向冻结过程中，盐分向土的正冻部分迁移，从而使土柱的冻结部分盐渍化程度较冻前增加。

1.5.8 国外湿陷性黄土的评价方法及标准

1. 美国对湿陷性黄土的评价

1）用干重度预测评价黄土湿陷性

1956年Clevengen建议用干重度γ来评价黄土湿陷性。当$\gamma<12.8\ kN/m^3$时易发生大量湿陷沉降；当$\gamma>12.8\ kN/m^3$时湿陷沉降轻微。1961年霍克等提出干重度γ和含水率w作为判别黄土湿陷性的综合评价准则。

2）用湿陷比评价黄土湿陷性

1968年Andenson提出用湿陷比R建立如下回归方程来评价黄土湿陷性。

$$R=5.5-3.82\lg w_l/w_p-1.63\lg w_p-1.24\lg C_w-0.918\lg P_{10}$$
$$+0.456\lg D_{60}/D_{10}-0.451\lg P_{99}/D_{50}-0.303P_{200} \quad (1-1)$$

式中：C_w为不均匀系数；

P_{10}、P_{99}、P_{200}为通过10号、99号、200号孔筛的粒径组。

3）干重度和液限评价黄土湿陷性

1960年吉勃斯提出干重度和液限两项参数预测黄土湿陷性。

4）用湿陷势评价黄土湿陷性

奈特建议用单线法，勒宁建议用双线法评价黄土湿陷性。

单线法用于定性评价。该方法用环刀取土样装入固结仪，逐级加荷至200 kPa下沉稳定后加水，浸水放置一天，后继续加荷至最大加荷级，绘制$e-\lg P$曲线，按下式计算湿陷势C_p，并根据C_p值判定湿陷的严重程度。

$$C_p = \Delta e/(1 + e_0)或\Delta H/H_0 \quad (1-2)$$

式中：Δe、ΔH分别为浸水前后孔隙比的变化值和试样高度的变化值；

e_0、H_0分别为天然孔隙比和试样原始高度。

双线法用于定量评价。该方法不仅能定性地确定湿陷的可能性，而且可以定量地估算湿陷量的大小。

2. 阿根廷对湿陷性黄土的评价

1973年阿根廷提出在双线法的基础上，用下式计算湿陷系数C：

$$C = (P_{cs} - P_0)/(P_{cr} - P_0) \tag{1-3}$$

式中：P_{cs}为土样在天然状态下结构破坏的应力；

P_{cr}为饱和土样结构破坏的应力；

P_0为土的自重压力。

当$P_{cr}>P_0$时为非自重湿陷性黄土；当$P_{cs}<P_0$时为自重湿陷性黄土。

3. 匈牙利对湿陷性黄土的评价

1978年Egri用孔隙比e和饱和度S_r建立湿陷系数δ_s的回归方程式：

$$\delta_s = (e^{-0.54}) \times (0.125 - 0.108S_r - 0.0178{S_r}^2) \tag{1-4}$$

以上几个国家评价黄土湿陷性的方法，大多是以黄土紧密度（e、γ）和表示含水性（w、S_r）两类指标为变量，采用不同表达方式评价其湿陷性，各具特色，其中美国的评价方法在内容和严谨性上好于其他国家。

尽管已经过了几十年，但人们对黄土湿陷性的认识仍然处于半经验状态，即通过现场浸水试验和浸水载荷试验，并辅以室内试验，研究、总结一些半经验公式来评价和分析黄土的湿陷性。

1.6 本书主要研究内容

本书研究内容在交通运输部西部交通建设科技项目“季节冻土区黄土路基多级湿陷与防治技术研究”（200831800025）、甘肃省科技重大专项计划项目（143GKDA007）、中国科学院西部之光重点项目等支持下，从冻融、干湿循环和盐分与黄土路基多次湿陷关系的角度出发，以国道G22青兰高速巉口至柳沟河段、国道G30连霍高速永登至古浪段、国道G247线靖远至会宁段、国家高速G7011十堰—天水高速公路、G85银昆高速彭阳至平凉至大桥村段为依托工程，运用现场水热盐变形监测、室内机理试验、数值仿真模拟、理论分析和现场试验段修筑等研究方法，研发了季节冻土区黄土路基多次湿陷防治新结构、新材料，开展了室内冻融和干湿循环条件下压实黄土宏观、微观多次湿陷机理研究，修建了新型保温隔水路基和使用木质素磺酸钙新材料改良的黄土试验路段并进行后期运行状态监测，研究成果在保障黄土地区公路全寿命安全运营、减少道路病害、有效降低公路养护成本、提高公路服务水平等方面均具有显著的经济效益与社会效益。

本书主要研究内容如下：

1.6.1 季节冻土区黄土路基典型病害实例

研究人员通过病害路段的现场勘查，以及相关文献、资料的收集，对甘肃省、陕西省、河南省、宁夏回族自治区、山西省等多个省份和自治区的黄土路基病害资料进行收集、整理和分析。在了解其自然地理条件、工程地质背景、水文条件和气候环境等的基础上，结合路基的设计、施工及养护等具体资料，归纳我国季节冻土区黄土路基湿陷病害类型，初步分析病害产生的原因；同时，对甘肃省黄土地区已建成的公路路基填筑时采用的新技术、新工艺及其预防路基病害的效果进行整理、分析及评价。

1.6.2 黄土路基水热盐变化规律研究

通过现场调研选择代表性路段，建立黄土路基监测断面，持续监测多条高速公路及二级公路路基内压实黄土的温度、含水率和盐分变化规律，并建立黄土路基湿陷病害与水热盐之间的关系，为季节冻土区黄土路基多次湿陷机理的分析和研究提供直接的依据。

1.6.3 冻融循环对黄土路基多次湿陷影响机理研究

通过系统的室内试验，从宏观工程特性和微观结构两个方面，研究冻融循环对压实黄土的影响，同时结合已有研究成果，提出冻融结构势这一概念，并通过系统试验研究其本构模型。结合以上3个方面的研究成果，分析、研究冻融循环对压实黄土多次湿陷影响机理，为黄土路基多次湿陷量计算提供理论和数据基础。

1.6.4 干湿循环对黄土路基多次湿陷影响机理研究

通过系统的室内试验，研究干湿循环对压实黄土宏观工程特性和微观结构的影响，揭示压实黄土的湿陷系数、干密度、孔隙比及强度等物理力学参数随干湿循环的变化规律。在此基础上，研究干湿循环与冻融循环共同作用下压实黄土的工程特性劣化机理，揭示季节冻土区黄土路基多次湿陷机理。

1.6.5 盐分对压实黄土物理力学特性影响研究

通过系统的室内试验，分析、研究含盐量对压实黄土的冻结温度、未冻水含量及强度的影响，同时开展了盐晶析出对压实黄土的冻结温度、未冻水含量的影响，揭示了可溶盐及其迁移对土的微观结构及宏观工程特性影响机理。

1.6.6 季节冻土区黄土路基多次湿陷计算

结合室内试验和现场监测的结果，建立了黄土路基多次湿陷数值仿真模型，揭示了季节冻土区黄土路基长期沉降变形规律，最后提出了季节冻土区黄土路基多次湿陷量的计算方法。

1.6.7 黄土路基多次湿陷防治——保温隔水路基

在G30连霍高速永登至古浪段、G312线甘肃若干段，以及甘肃省通渭县马营至陇西县云田二级公路修筑保温隔水路基试验段，分别在保温隔水路基与常规填筑路基建立温度与含水率监测断面，对试验路基土体内部的温度、含水率进行监测，同时结合室内模型试验，研究评价路基新结构的工程防治效果，为季节冻土区黄土路基设计及病害防治提供有益思路。

1.6.8 黄土路基多次湿陷防治——黄土路基化学改良

通过系统的室内试验，对常用的生石灰、硅酸钠等改良剂，以及新型改良剂木质素磺酸钙、木质素磺酸钠改良后的黄土的宏观工程特性和微观结构变化进行了研究，尤其开展了冻融与干湿循环对这几种改良剂改良后黄土影响的研究，揭示了不同改良剂对黄土的改良固化机理，分析比选出了改良固化效果最优的改良剂，并在G85银昆高速彭阳至平凉至大桥村段进行了木质素磺酸钙改良黄土试验示范工程建设和推广应用。

1.6.9 硅藻土改性沥青路面性能研究

硅藻土作为改性剂，加入到沥青混合料中能有效地、均匀地附着在集料表面并大幅降低沥青混合料的流动性，使沥青混合料的弹性模量增加，改善沥青混合料的物理力学性能，提高沥青混合料的高、低温稳定性，延长沥青路面的使用寿命，降低路面寿命期内的年均使用费用。为此开展了系统的室内试验，研究了硅藻土改性沥青的工程性质，为黄土地区的路面改良提供参考和依据。

1.6.10 基于电阻率法的黄土路基多次湿陷过程实时监测技术

黄土路基在服役过程中，其多次湿陷过程的实时监测与预警是季节冻土区黄土路基病害治理的重点和难点，为此本书提出了利用电阻率对黄土路基工程性质变化进行实时监测的新思路。为了探讨基于电阻率法进行黄土路基多次湿陷长期实时监测的可能性，开展了一系列室内模拟荷载试验（固结试验、无侧限压缩试验和单轴循环卸载试验）和干湿循环试验，以探明荷载和干湿循环作用对土体力学性质及电阻率特性的影响，建立了黄土工程参数与电阻率之间的定量关系，为季节冻土区黄土路基多次湿陷实时监测提供重要理论支撑。

2 季节冻土区黄土路基典型病害实例

我国黄土分布广泛，绝大部分都位于季节冻土区，而且都不同程度出现了因黄土湿陷和冻害而引起的路基和路面病害，严重影响了公路的安全运营，并带来了较大的经济损失。研究人员2009—2011年对甘肃省、陕西省、河南省、山西省、宁夏回族自治区黄土地区多条已建成的高速公路和二级公路湿陷病害、运营路况、填方路基病害及其防治措施进行了大量、细致的调查研究。通过对病害路段的现场勘查和资料收集，在了解其自然地理条件、工程地质背景、水文条件和气候环境等的基础上，结合路基的设计、施工及养护等具体资料，归纳黄土路基湿陷病害类型，初步分析病害产生的原因。

2.1 甘肃省黄土路基典型病害

2.1.1 G30连霍高速公路巉口至柳沟河段

1.公路概况

G30连霍高速公路巉口至柳沟河段东起甘肃省定西市十八里铺，西至兰州市近郊柳沟河，路线全长77.744 km，按双向四车道高速公路标准建设，路面设计宽度24.5 m，设计行车速度120 km/h。巉柳高速公路全线位于陇西黄土高原，地表被厚层黄土广泛覆盖，黄土梁峁沟壑、台地及阶地地貌发育，公路自然区划属于甘东黄土山地中冻区Ⅲ$_3$区。路段所经地区属温带半干旱气候，干燥少雨，日温差大，冬季较长，年平均气温6.3～9.1 ℃，最大冻土深度0.97～1.2 m。

2.路基典型病害

1）K1724+100～ K1724+250段路基不均匀沉降

该病害路段距巉柳高速公路兰州东柳沟河出口约1 km处，长度约150 m。北侧正进行施工，出现长150 m、高20 m左右的弃土堆。路堤沉降变形过大，导致路面大范围内沉陷，横向裂缝贯穿路面（图2-1），严重影响了公路正常运营。

图2-1 K1724段路基沉降

病害原因简析：该病害路段北侧正在进行施工，弃土堆的出现在一定程度上增加了汇水面积，且无相应的防排水设施，大量积水在路堤和右侧弃土堆中间的土沟中，排出困难，路基和地基含水率过高，导致路基产生过大沉降变形。

采用的病害处置措施：夯填原路堤与弃土堆之间的土沟，设置挡土墙，使之成为挖方形式。重新设计该路段右侧的边沟、排水沟等排水设施，使积水快速排出路基范围，保持路基的干燥状态。

2）K1654～K1665段不均匀沉降

该路段为半填半挖路基，路面多处沉陷且出现较为严重的纵向裂缝（图2-2）。巉柳高速公路K1664+500段路基不均匀沉降，已重新铺筑一层路面（图2-3）。

病害原因简析：K1654～K1665段均为半填半挖路基，易发生不均匀沉降，填筑时并未做任何处理，土体在土压力作用下横向位移，导致路基不均匀沉降和纵向裂缝。同时，冻融与干湿循环对压实黄土的劣化也可能是路基不均匀沉降的原因之一。

采用的病害处置措施：K1654～K1665段路基沉陷及纵向裂缝处重新铺筑路面，并未对路基进行任何处理。

图2-2　K1654+800段路面纵向裂缝

图2-3　K1664+500段不均匀沉降

2.1.2　兰州机场高速公路

1.公路概况

机场高速公路是甘肃省省会兰州市与兰州中川机场相连接的重要通道。该线路起点位于永登县树屏乡尹家庄互通立交，终点位于兰州中川机场，路线全长22 km，按双向四车道高速公路标准建设，路面设计宽度24.5 m，设计行车速度120 km/h。兰州机场高速公路位于陇西黄土高原西北部，地处祁连山山脉东延与陇西沉降盆地间交错的过渡段，沿线区域地貌分为黄土丘陵、河沟谷底、山间盆地3种类型，以黄土丘陵为主。沿线地形较为复杂，黄土梁峁、沟谷谷地及山间盆地相间交错分布，在黄土梁峁之间冲沟和洼地发育。路线所经地区属陇中北部温带半干旱区。气候具有明显的温带大陆性季风特征，雨量稀少，蒸发量大，气候干燥，冬季寒冷干燥，春季多风少雨，夏季无酷暑，秋季温凉。年平均气温为6.5 ℃；年平均降水量261.1 mm，年平均蒸发量1879.9 mm，降雨集中在夏末秋初。最大季节冻结深度1.46 m。

2.路基典型病害

经全线病害调查发现，兰州机场高速公路K13+800～K14+500段路基不均匀沉降严重，引起多处路面沉陷及纵向裂缝，严重影响了公路的安全运营（图2-4）。

图2-4 K13+800～K14+500段路基不均匀沉降

病害原因简析：兰州机场高速公路沿线地区年平均降水量261.1 mm，虽然雨量不大，但多集中在夏末秋初，暴雨强度大，全线受洪水灾害影响较大。该路段地势较低，降雨时排水缓慢，因此路堤在水的影响下湿陷、固结沉降较大，引起多处路面沉陷和纵向裂缝。同时路堤内部黄土体积含水率较高，受冻融、干湿交替作用的影响产生变形，也可能是该路段病害较为严重的原因之一。

采用的病害处置措施：

（1）该路段路面沉陷及纵向裂缝轻微处重新铺筑一层路面，防止降雨入渗。

（2）路面沉陷及纵向裂缝严重的地段，需挖开路面后对路基进行处理，可能会采用强夯或冲击碾压技术对其进行补强，后重新铺筑路面。

（3）重新设计完善排水设施，提高施工质量。

2.1.3　G6京藏高速公路白银至兰州段

1.公路概况

G6京藏高速公路白银至兰州段是G6京藏高速公路（原丹东至拉萨国道主干线）在甘肃省境内的重要路段，是连接甘肃省省会兰州市和甘肃省重要工业城市白银市的快速通道。白兰高速公路起点位于甘肃省白银市东南，终点位于甘肃省兰州市皋兰县，路线全长27.3 km，全线采用高速公路标准设计，设计行车速度120 km/h，全段路基宽24.5 m。白兰高速公路位于陇西黄土高原西北部，处于祁连山褶皱带与陇西沉降盆地间的过渡区。地貌上分为黄土丘陵、石质山地和川台盆地3种类型，沿线干旱少雨，植被覆盖极差，水土流失严重。

2.路基典型病害

经现场病害调查发现，白兰高速公路全线多处出现路基不均匀沉降，其中较为典型的为K1665+700段（图2-5）和K1667+500段（图2-6）。

现场调研发现上述路段排水设施基本良好，路基不均匀沉降可能存在以下几个原因：

（1）路堤压实黄土受冻融、干湿循环的影响而产生变形。

（2）地基可能未得到有效处理，在上覆荷载作用下的固结沉降较大。

图2-5　K1665+700段路基不均匀沉降

图2-6 K1667+500段路基不均匀沉降

2.1.4 国道G247线天水至巉口段

1.公路概况

天水至巉口汽车专用二级公路是甘肃省定西市至天水市的一条高等级公路，起点位于天水市秦州区七里墩，终点位于定西市安定区十八里铺，是连接兰州市与天水市的重要干线，全长193.14 km。天巉公路部分路段按二级汽车专用公路平原微丘区标准设计，设计行车速度80 km/h；部分路段按二级汽车专用公路山岭重丘区标准设计，设计行车速度60 km/h。全段路基宽度12 m。天巉公路位于甘肃中部地区，经过秦安和通渭县，大致呈南东—北西走向，属陇西黄土高原南部，受第三系古地形的控制，梁峁、沟谷地貌发育，第四系风成黄土覆盖层较薄，其厚度10～50 m，下伏第三系棕红色泥岩，在锁子峡、朱家峡、碧玉峡等处有老岩层出露，其上均为第四系风成黄土所覆盖。本区属渭河流域，沿线经过较大的支流有葫芦河、郭嘉河等。由于地表植被稀少，水土流失严重，河流含泥沙量大，区内河滩、沟谷多为第四系全新世冲洪积次生黄土或砂砾土。

2.路基典型病害

现场病害调查发现，天巉公路路基病害情况较为严重。由于路基不均匀沉降引起的路面纵向裂缝较多，个别路段还出现了路基整体滑移和严重的路基下沉现象，部分路段涵洞阻塞导致排水不畅，从而引起湿陷性黄土发生湿陷沉降，如图2-7～图2-10所示。

图 2-7　K16+150～450段路基滑移

图 2-8　K153+950段路面纵向裂缝

天巉公路位于甘肃省东部地区，公路沿线地区的年平均降水量在400～500 mm，历年日最大降水量在80～90 mm，明显高于甘肃省中西部地区，尤其是日最大降水量。因此，天巉公路路基受水的影响较大，防排水设施损毁较为严重。同时，路堤及地基自身的固结沉降变形较大，导致涵洞淤塞经常发生，进而引起一系列路基路面病害，甚至还出现了路基整体滑移、下沉等较为严重的病害。病害的处置方法主要包括：

（1）修复涵洞、急流槽、排水沟等防排水设施，对一些不合理的地方重新设计、施工，从而保证路基的稳定。

（2）由于路基沉陷的情况较为严重，大部分病害路段都需要挖开路面，采用冲击碾压对路基进行补强处理。

图2-9　K69+325～370段路基沉陷

图2-10　K101+100段路基整体下沉

2.1.5　国道G312线定西至静宁段

1.公路概况

G312线定西至静宁段起点位于甘肃省定西市十八里铺，终点位于甘肃省平凉市静宁县，设计标准为二级公路，设计行车速度80 km/h，路基宽度12 m。路线经过地区的地貌类型可分为黄土丘陵、高阶地与冲沟相间地貌，以黄土梁峁地形为主，侵蚀切割严重，梁峁之间冲沟较发育，多呈V形沟，在黄土丘陵前缘斜坡地带黄土陷穴发育。本段公路自然区划属于甘东黄土山地中冻区$Ⅲ_3$区，该区年降水量小，气候干燥，降雨一般集中在7月、8月、9月。

2.路基典型病害

G312线定西至静宁段公路路基病害较为严重，由路基不均匀沉降引起的路面纵向裂缝较多，部分路段涵洞堵塞导致排水不畅，进而引起严重的路基下沉，个别路段还出现了路基整体滑移现象（如图2-11、图2-12所示）。

图2-11 会宁出口处路堤不均匀沉降

图2-12 K2054+200段路堤不均匀沉降

2.2 陕西省部分黄土路基病害

陕西省也是我国黄土主要的分布省份，该省的黄土路基也不同程度出现了因黄土湿陷而发生的病害。通过收集相关文献，对该省部分黄土路基病害进行整理，具体结果如下（王敏，

2007；王东等，2006；周利刚等，2018）：

2.2.1 铜黄一级公路

1. 公路概况

铜川至黄陵一级公路是国道210线陕西境内西安至延安公路的重要组成部分，地处关中断陷盆地与陕北黄土高原的过渡地带，全长93.85 km，全线按一级公路标准设计，设计行车速度平原微丘区100 km/h、山岭重丘区60 km/h，路基宽度21.5 m，黄土为主要路基填料。

2. 路基典型病害

研究人员调查的20处路堤中，2处出现路堤沉陷和不均匀沉降，2处因路堤沉陷出现支挡结构变形。出现以上病害的主要原因是：铜黄一级公路沿线山体为黄土，孔隙大，地表水或地下水容易浸入路基，而路基填土又采用黄土，遇水易湿陷，导致路基强度下降。当荷载增加时，原地基发生压缩沉降和挤压变形，导致路堤支挡结构变形、破坏。

2.2.2 西安咸阳机场高速公路

1. 公路概况

西安咸阳机场高速公路是西部大开发陕西省重点工程之一，是国家规划的银川至武汉大通道陕西境内的重要路段，全长18.24 km，2001年11月开工，2003年9月29日建成通车。本工程所在区域跨越西安和咸阳两个地区，地势总体呈北高南低之势。北部为黄土台塬地形，平均海拔在420～510 m之间。土体结构为单一黄土，承载力基本在170～220 kPa。黄土塬路段的黄土地基存在黄土湿陷性问题，湿陷等级为Ⅲ级自重湿陷。

2. 路基典型病害

西安咸阳机场高速公路2003年9月通车后，近3年时间里，总体质量稳定，运行良好。但在2004年秋季连续阴雨后，也出现了个别路段路基较大沉降的病害，通过现场勘测与分析，工程技术人员认为其主要原因可能是黄土的湿陷或二次湿陷。

2.2.3　宝鸡市某道路工程

宝鸡市某道路工程K13+128～K13+158段，竣工使用两年后出现路基沉陷。具体表现为该段出现数个深0.2～0.4 m，最大面积约2 m²的凹坑，沉陷段连续总长度约30 m，宽约8 m，同时路基东侧临空的挡土墙也出现了水平位移和裂缝，严重影响了车辆通行及安全。工程技术人员通过现场勘查分析，认为引起路基沉陷的原因主要有两点：①路基内部含水率过大；②通过该路段的大型货车较多，过大的外部荷载也加剧了路基沉陷。从以上原因分析可知，该路段路基沉陷的原因可能为压实黄土发生了二次湿陷。

2.3　河南省部分黄土路基病害

2.3.1　郑州至洛阳高速公路

郑州至洛阳高速公路于1995年底提前一年建成通车，1996年7月、8月郑州和洛阳经历了20年难遇的连阴暴雨天气，郑洛高速公路汜水以西黄土丘陵区路段发生了较为严重的病害：

（1）黄土陷穴；

（2）路堤沉陷，路堤不均匀沉降；

（3）路堤边坡局部失稳，路面出现纵向裂缝；

（4）路堑边坡剥落坍塌；

（5）边坡坡面冲刷。

郑洛高速公路K156+300～K157+300段为通过冲沟的半填半挖路基。由于修建了一条宽5 m左右的生产道路，导致原有拱涵设计变更。由支沟流出的地表径流沿老落水洞从下部侵蚀路基，造成路基沉陷。后对失效的排水设施进行改造维修，并用石灰改良土处理基底，边沟采用水泥砂浆抹面，病害再未发生，取得了良好的效果（张晓炜等，1999）。

2.3.2　焦作某露天煤矿专用线

河南省焦作市某露天煤矿专用线，沿线土质为湿陷性黄土，1996年底竣工通车。由于设计与施工过程中存在一些缺陷，以及部分病害发生后养护维修不及时，导致专用线路基变形严重，影响了公路的正常运营及煤炭外运。该线路黄土路堤病害主要包括以下两种：

（1）高路堤产生过大的沉降变形：湿陷性黄土遇水后湿陷变形。

（2）站场形成黄土陷穴：雨季雨水汇集后沿着黄土孔隙向路基内部渗透，溶解了黄土中的易溶盐，破坏其结构，土体不断崩解，水流带走黄土颗粒，形成暗穴，在水的浸泡和冲刷作用下，逐渐扩大形成更大的陷穴。

工程技术人员根据现场路基病害情况及原因，提出了路堤沉降严重地段换填石灰改良土、黄土陷穴开挖回填或灌浆的病害处置方案。1998年9月病害处置结束，1999年10月验收交付，路基没有变形，处置效果明显（苏智文等，2002）。

2.4 宁夏回族自治区部分黄土路基病害

2.4.1 S305线黑城至海原高速公路

1. 公路概况

S305线黑海高速公路是宁夏回族自治区公路网规划“三纵九横”中的“第六横”，也是连接海原县新、老城区的唯一交通运输通道。路线全长52.4 km，主线按全封闭、全立交的四车道高速公路标准设计，设计时速80 km/h，路基宽度21.5 m。

2. 典型路基病害

黑海高速公路路堤填方一般在3.2～5.5 m之间。公路管养部门在通车1年后发现了部分路基病害，大部分为路堤沉陷，且主要集中在涵洞附近。同时，部分高填路堤也出现了较大的路基不均匀沉降。研究人员通过现场勘查、分析得出，黑海高速公路路堤病害主要与压实黄土的湿陷、一级防排水设施缺陷或损坏失效有关（董永超，2018）。

2.4.2 其他二、三级公路路基病害

工程技术人员和研究人员对宁夏回族自治区多条已通车的二、三级公路进行实地调查，并对病害资料进行整理与分析，发现宁夏黄土地区公路路基病害的主要类型有以下几种：

（1）路堤沉陷；

（2）路基陷穴；

（3）高填路堤的不均匀及过大沉降；

（4）边坡滑坍。

以上4类病害当中，以路堤沉陷为主，其主要原因为压实黄土的湿陷、多次湿陷，以及防排水设施设计缺陷或损毁（张志清等，2007）。

2.5 山西省部分黄土路基病害

2.5.1 晋中市某高速公路

该高速公路位于晋中市黄土丘陵地区，由于长期受流水侵蚀、切割，地形起伏大，地面黄土冲沟较发育，主沟方向多为北西、北东向。路基主要填料为Q_4黄土。现场调查发现，该公路在建成通车2年后，K14+200～K14+292段出现了不同程度的路堤沉陷病害，其中K14+200～K14+256段右幅行车道路面有一纵向裂缝，长度约56 m，路面沉降约5～10 cm，有发生路基滑移的可能。工程技术人员通过现场勘察、室内试验等方法，查找病害发生原因，认为该路段路堤沉陷和不均匀沉降的主要原因为路基压实黄土的多次湿陷（张国银，2017）。

2.5.2 山西省西南部某高速公路

山西省西南部某高速公路全长31 km，大致呈南北走向，所在区域为典型黄土高原地貌，多为冲沟陡坡，地形起伏较大。区内地层主要为Q_4风积黄土，具有较为明显的湿陷性。全线路堤段较多，大部分用黄土填筑，填方高度在3.5～5.5 m之间。尽管公路养管部门对该高速公路采取了多项治理与预防措施，但大部分路段依然存在一定程度的路堤沉陷，进而导致路面开裂、波形护栏变形、边坡防护及排水设施损坏。工程技术人员通过现场勘察和监测发现，该高速公路尤其以K113～K115段路堤沉陷病害最为严重，主要原因为灌溉水和地表积水下渗引起的路基压实黄土的多次湿陷，采用高压旋喷桩进行病害处置，取得了良好的处置效果，但相应的处置费用较高（许勇，2018）。

2.6 黄土路基病害成因与主要防治措施

2.6.1 黄土路基主要病害及成因

对黄土地区多条高速公路和二级公路路基病害现象、特征及成因进行整理分析，得到如下结论：

1.黄土地区公路路基病害主要类型

黄土地区公路路堑段路基病害较少，路基病害主要集中在路堤段，特别是高填路堤及填挖结合部的路基，主要有以下几种：

（1）路堤沉降过大、不均匀沉降，是黄土地区公路路基最为常见的病害，也是导致路面裂缝、路面沉陷及结构层破坏等病害的根本原因；

（2）路堤失稳、滑塌、整体滑移；

（3）半填半挖路段，路堑边坡排水不畅导致黄土路基的湿陷、陷穴等病害，严重时可能将路基掏空；

（4）路堤边坡滑塌，较多出现在低等级公路中；

（5）路堤边坡风化侵蚀，出现骨架掏空、冲沟等情况；

（6）防排水设施的损毁，如涵洞沉降变形、断裂，排水沟、急流槽的水毁。

2.病害成因简析

黄土地区路堤沉降由两部分构成：一是地基的沉降，二是路堤本身的固结沉降。从调查资料分析来看，高路堤或坝式路堤最主要的病害或技术难点是路堤的不均匀沉降变形，从而导致路面沉陷、开裂，路面错台或路堤、坝体滑塌，严重影响了公路的安全运营。另外，黄土湿陷导致排水涵洞变形、淤积破坏，使涵洞失去排水作用而报废，进一步影响路基稳定。

根据调查资料，结合黄土地区的工程地质性质与黄土的工程特性，对路堤尤其是高路堤、坝式路堤不均匀沉降变形产生的原因作如下分析：

1）路堤自身产生不均匀固结变形的原因

（1）黄土地区的沟谷大部分呈V字形，沿路线纵向延伸，填方的高度不同，其固结沉降量也不同，一般情况下高填方处固结沉降量大于低填方处。

（2）压实的标准问题，依据《公路路基设计规范》（JTG D30—2015）（以下简称《规范》）对高速公路路堤压实标准的规定，路床压实度为96%，上路堤压实度为94%，下路堤压实度为93%。根据制定压实标准的本义，按《规范》（重型标准）压实后的路堤是基本符合实际的。但考虑高路堤的路基受力状况，当路堤填高大于路基工作区（按重载车算一般不超过3 m）时，路堤的受力状况，即土体的垂直压应力，主要是由土体本身的自重引起的。随着路堤高度增加，路堤下部土体所受的垂直压应力将随之增加，《规范》要求路堤压实度由上至下逐渐减小，而高路堤土体受力由上至下逐渐增大，正好与压实度规定相反，从而造成高填方路堤固结变形增大。

（3）黄土具有湿陷性，但压实黄土在自重应力作用下浸水是否会发生湿陷变形，变形程度如何？黄土路基压实度不同时，变形程度或随黄土体积含水率、应力增加，黄土路基的沉降变形是非线性的还是线性的，目前尚未见到有关这方面的研究。理论上对于非饱和、仍有孔隙的压实黄土，沉降变形是不可避免的，因此防止雨、雪或其他来源水分入渗，就有十分现实的意义。

2）路堤地基产生不均匀沉降变形的原因

（1）黄土地区，除大的河谷、少数沟谷下部可见基岩外（包括第三系红色泥岩N_2），大部分沟谷为坡积、残积或冲洪积黄土，成土作用差，多为欠固结土，地层相变大，特别在地下水丰富的情况下，地基的工程地质环境条件较差，不依据填方高度的要求进行认真、仔细的计算处理，地基将产生较大的沉降变形，从而影响到整个路堤。黄土地区沟谷地基情况较为复杂，应对其进行详细的调查分类，对不同类型的地基加固处理方案进行系统研究，才可能有效地解决问题。

（2）沟谷处黄土由于成岩作用差，大孔隙发育，土颗粒胶结不强，一般具有较强的湿陷性。设计不当或施工质量差导致沟底排水设施损坏，引起地基湿陷；其次地基变形、涵洞变形拉裂、沉降缝防水失效，导致水分渗入地基引起湿陷变形。对湿陷性黄土地基应进行有效、合理的处理，目前常采用强夯、换填、石灰土加固等方法进行处理，有一定效果，但科学性不足，且经济性较差，尚需认真思考和研究。

（3）地基承载力标准问题。据有关调查资料显示，黄土地区高路堤、坝式路堤高度变化较大，最小30 m，最大82 m。不同高度的路堤对地基承载力的要求有较大的差异，所以根据沟谷地基的工程地质条件和路基填筑高度，确定相对应的地基承载力标准，为地基处理提供理论依据，是减少高路堤和坝式路堤不均匀沉降变形的重要内容。

3）自然坡体产生不均匀沉降的原因

填方压实土体与两侧自然边坡土体衔接地段的斜坡土体产生不均匀沉降。一般斜坡土体，风化较严重，土体成因复杂，一般多为新黄土Q_3或Q_4，土体固结性和稳定性差，易产生沉降变形、横向错台。调查发现，从路堤纵向看两头凹、中间反而高。过去此类地段常采用挖横向反台阶的方法处理，目前一般采用强夯，铺设土工格栅、格室进行不均匀沉降处理。调查显示大部分地段经处理后效果较好，但有些路段仍产生不均匀沉降变形，主要有以下原因：

（1）自然坡体与填土压实土体、干密度不同，当填方土体的压实度在93%左右时，其干密度为1.7～1.8 g/cm³，而自然坡体的天然干密度为1.4～1.6 g/cm³。在同样的垂直土压力作用下，其压缩沉降量会有差异。黄土地区的黄土沟谷两侧岸坡坡度一边较陡，《规范》要求填挖交界需挖横向平台，以利衔接。这样在衔接部位，填方土体错台靠压在压缩性较大的天然土体上。目前虽然采用强夯，铺设土工格栅、格室进行处理，但具体应处理多宽、多深，才能防止不发生较大沉降变形或差异沉降变形，还需进行探讨和研究。

（2）自然坡体由于长期风化作用，裂缝、孔洞、陷穴等较发育，施工时仅处理与填方体相衔接部分的自然坡土体。调查显示，坝式路堤很少对衔接部分以外的自然坡体进行处理。由于黄土中裂缝、孔洞、陷穴常常连通较远，降水沿这些通道渗入衔接部位，造成湿陷性沉降变形。

（3）由于不按设计要求或施工规范组织施工，监理监管不到位、施工质量不高、路堤压实度不足，导致不均匀沉降变形。

4）黄土高路堤和坝式路堤产生不均匀沉降或破坏的原因

对黄土高路堤和坝式路堤来讲，沉降和破坏的影响因素很多，且较为复杂。设计时必须进行详细调查和勘探，依据《规范》要求，通过试验和计算，结合当地公路设计经验进行设计。调研发现，铁路和公路部门修筑的高路堤或坝式路堤产生的病害相似，这说明铁路和公路部门在黄土地区高路堤或坝式路堤设计中都存在缺陷和不足，主要有以下原因：

（1）黄土高路堤或坝式路堤在理论和设计方面存在许多技术问题，目前尚未解决。如不同压实度的黄土在自重应力作用下、浸水作用下的变形问题，高路堤的压实标准问题，不同填方高度对地基承载力的要求问题等。这些技术问题，如没得到解决，设计就不可能不出现问题。所以应加强和开展黄土高路堤或坝式路堤设计理论和设计技术方面的研究。

（2）水是黄土路基病害的最大影响因素。黄土地区的气候特点一般是降雨稀少、蒸发量大，地表水或地下水都相对贫乏，但降雨主要集中在7月、8月、9月。对于易冲蚀、易崩解、易湿陷的黄土来说，水对黄土路基的影响较大，少量入渗或地下水都能引起黄土的湿陷和崩解。所以，在黄土地区公路设计时，截排水系统合理、完善的设计至关重要。调查表明，许多黄土路基病害都与截排水系统设计不合理、不完善有关。如排水沟设置不当，出水口据边坡太近，急流槽未设置在边坡底部，没有消能结构，造成边坡冲蚀、坡体滑塌或路（坝）体下部冲毁。涵洞位置设置不当，沉降缝止水设计和施工不佳、涵洞基础设计和施工不好，造成涵洞沉降变形、断裂，使水渗入堤或坝基础，使路堤或坝体产生沉降。

5）边坡、路基产生滑塌等病害的原因

对于黄土路堤来说，边坡滑塌、冲沟，路基范围内的陷穴，防排水设施的损坏，路基滑坡、整体滑移等病害一般多出现在二级及二级以下公路中，而高速公路路堤边坡发生病害的情况较少，多为拱形或菱形骨架内土方掏空。产生这些病害有以下原因：

（1）黄土固有的大孔隙、欠压密、湿陷性、垂直节理发育、易溶蚀、易冲刷等特性，导致黄土路堤边坡受水的影响较大。

（2）黄土地区特殊的气候条件，年降水量不大，但降雨集中，经常出现暴雨天气，日降水量较大，对路基边坡和防排水设施产生不利影响。

（3）防排水设施的设计标准低，部分设计不合理；施工质量较差，导致防排水设施受损严重，从而影响了路基的整体稳定性，加剧了一些病害的发生。

2.6.2 黄土路基主要病害防治措施

1.减少黄土地区公路填方路基病害的措施

在地形、地质情况已探明的情况下，路基的施工工艺及沉降处治措施应遵循尽量减小不均匀沉降的原则进行设计。主要有以下4种：

1）采用完善的地表综合排水设施

进行路基防排水设计时，不应一味套用标准图，应根据路段的具体情况而定，以期达到最佳效果。

路基宜采取集中排水的方式（坡面上的急流槽需铺砌加固以防渗），若地势平坦，需每隔一定间距在路两侧设置蒸发池，以汇集其间边沟水流，避免浸泡坡脚并向基底入渗。目前一般路基采用的主要防水措施为：将灰土垫层作为防水层，以减小下卧层天然黄土地基的浸水概率，同时也使地基应力得以扩散，增加地基的稳定性。在地势低凹、有排碱渠、路基综合排水不畅等有可能积水的路段，在路基两侧增设隔水墙，防止地下水、地表水入渗。桥涵应在桥头引道内部设置完善的台背排水系统，加长涵底的铺砌；涵洞连接急流槽的，急流槽长度一定要够，防止涵底基础以下被掏空。

2）路基及地基的特殊处理

影响黄土地区公路路基质量的主要因素是路基填料工程性质与施工质量，这两者最终都归结为路基压实度不足与压实不均匀，这是黄土地区路基病害发生的根本原因。黄十路基病害的实质是路基土体在应力作用下发生塑性变形，包括压缩变形和湿陷变形。病害的发生过程分为两个阶段，第一阶段主要发生压缩变形，第二阶段主要发生湿陷变形，水为主要影响因素。对黄土路基病害应以预防为主，工后处置为辅。预防措施应着重提高路基土体的压实度和压实均匀性，从控制路基填料和施工质量来防止病害的发生。由于黄土对水的特殊敏感性，路基路面排水设施的合理设计和严格施工是防止黄土地区公路路基病害发生的重要措施。目前，甘肃省黄土路基和地基处理措施主要有：强夯加固、冲击压实等。

（1）强夯加固技术。强夯是使用吊升设备将具有较大质量（一般为8～14 t，最重达200 t）和一定结构规定的夯锤起吊至较大高度（一般为8～20 m，最高达40 m）后，使其自由下落，强大的冲击能量（一般为1100～4000 kJ，最大达8000 kJ）使地基产生强烈的振动和很高的动应力，从而在一定范围内使土体的强度提高，压缩性降低，并可改善砂土地基抵抗振动液化的能力，消除黄土的湿陷性和提高土层的均匀程度，是一种快速加固软弱土地基的方法。

（2）冲击压实技术。冲击压实法是利用三叶形凸轮轮廓非圆曲线滚动时对地表施以揉压-碾压-冲击的综合效果，使土体从上部至下部深层随着压力波的传递得到压实。冲击压实机在压实作业中，突破了传统的碾压方式，当其一角立于地面向前碾压时，产生巨大的冲击波，由于碾压顺序冲击地面，可使土体碾压均匀密实。冲击压实机能以每秒冲击压实地面2次的低频率高振幅冲击压实土体，并周期性冲击地面，产生强烈的冲击波向下深层传播，能显著提高深层土体的密实度，增加分层压实厚度和压实影响深度。冲击压实技术主要特点：

① 能高深度压实路堤或路堑路床的天然地基，影响深度可达2.5 m。

② 能实现高效填方分层压实，其松铺厚度可达80～100 cm，碾压速度12～15 km/h，比振动压实提高两倍。

③ 可适当放宽对含水率的要求。冲击压实机冲击能量大，其相应的击实功甚至大于重型击实标准，对于不同土质含水率可比最佳含水率降低5%或提高3%，可大大减少干土增湿的加水量并能压实过湿的地基。

④ 冲击压实机的高能量冲击能力易于发现软弱、高含水率等缺陷地段，可以起到检验普通压实机具碾压效果的作用。

目前，甘肃省黄土地区的巉柳、柳忠、白兰、兰临等多条已建和在建的高速公路在路堤修筑过程中均采用了强夯加固技术，部分路堤填筑或路基补强采用冲击碾压技术。这两种技术在处理湿陷性黄土地基，减少填挖交界处路基不均匀沉降方面，均取得了一定的效果。

（3）化学加固法。化学加固法本质上是通过注浆、拌合等方式向黄土中掺加固化剂，通过固化剂自身或是与土体颗粒间发生化学反应产生胶结物并将原本松散的土体颗粒联结成整体，从而达到优化土体结构，增大土体强度的目的（冯志焱，2009；孙建中等，2013）。其中石灰、水泥、硅酸钠等传统固化材料由于来源广泛，生产技术成熟，价格低廉，在我国不良土质地区的道路、边坡以及地基处理等工程建设中使用广泛。

（4）垫层法。垫层法有素土垫层、灰土垫层和砂砾垫层。在湿陷性黄土地基上设置土垫层是一种具有悠久历史的地基处理方法，也是目前湿陷性黄土地区普遍采用的一种地基处理方法，主要应用于桥涵及防护构造物基础下湿陷性黄土地基的处理，用以消除基底下黄土层的湿陷性，提高地基的承载力，减小地基的变形。在垫层法处理湿陷性黄土地基时，3∶7或2∶8的灰土垫层应用最广。灰土垫层具有较高的承载能力和良好的隔水性能，随着龄期的增加，其压缩模量和强度还会不断增加，隔水性和水稳性也会进一步加强，从而为构造物基础提供良好的持力层，并可以大大减小其下部土层浸水湿陷的概率。素土垫层主要用于灰土垫层下过湿土挖出回填的处理，砂砾垫层则主要用于地下水位较高及黄土层下伏鹅卵石或岩石出露地段。

（5）挤密法。挤密法适用于加固地下水以上的湿陷性黄土地基，它是利用打入钢套管，或是振动沉管或爆扩等方法，在土中成桩孔，然后在孔中分层填入素土（或灰土）并夯实而成。在成孔和夯实过程中，原处于桩孔部位的土全部挤入周围土层中，使桩周在一定距离内的天然土得到挤密，从而消除桩间土的湿陷性并提高承载力（孙建中等，2013）。

（6）预浸水法。预浸水法是在修建建筑物前预先对湿陷性黄土场地大面积浸水，使土体在饱和自重压力作用下，发生湿陷产生压密，以消除全部黄土层的自重湿陷性和深部土层的外荷载湿陷性。当浸水坑面积较大时，可分段进行浸水，浸水坑内水位不应小于30 cm，连续浸水时间以湿陷变形稳定为准。稳定标准为最后5天的平均湿陷量小于5 mm。地基预浸水结束后，在基础施工前应进行补充勘查工作，重新评定地基的湿陷性，并采用垫层法或强夯法等处理上部湿陷性黄土层。预浸水法一般适用于湿陷性黄土厚度大、湿陷性强的自重湿陷性黄土场地。由于浸水时场地周围地表下沉开裂，容易造成“跑水”穿洞，影响附近建筑物安全，所以在空旷的新建地区较为适用。在已建场地采用时，浸水场地与已建建筑物之间要留有足够的安全距离（孙建中等，2013）。

（7）桩基础。桩基础是将桩穿过湿陷性黄土层，落在其下坚实的非湿陷性土层中，以便安全支撑从上部结构传来的荷载，如一旦地基受水浸湿，就可以完全避免湿陷的危害。桩基础按施工方法可以分为预制桩、钻孔灌注桩和爆扩灌注桩3类。

3）结构措施

在湿陷性黄土地基上设计合理的构筑物结构，减小或调整构筑物湿陷不均匀沉降，使构筑物适应黄土地基的变形。

4）加强施工监理

严格按照设计要求或施工规范组织施工，加强施工监理，提高施工质量，提高路堤压实度，减少路堤沉降变形。

2.处置各路段病害具体情况的措施

路基病害发生后，仔细勘查现场，在认真分析病害产生原因的基础上，根据各路段病害的具体情况提出以下相应的处置措施：

1）处置路堤沉降较严重路段的措施

重新填筑或采用冲击碾压对原路基进行补强。此法针对病害产生的原因，对路基进行处理，效果较好，但处置时需要封闭交通，施工工期长，经济费用较高。

2）处置路面沉陷、裂缝较轻路段的措施

重新铺筑一层路面。此法为简易方法，施工简单易行，工期短，经济费用低，但未解决路堤沉降问题，往往过段时间后，新铺筑的路面继续沉陷、裂缝，导致反复铺筑路面，效果差。

3）处置防排水设计不当路段的措施

根据病害路段的具体情况，完善、优化防排水设施设计，提高施工质量。防排水设施设计不当或损毁，会造成黄土路堤浸水，是其沉降变形过大的重要原因。因此在黄土路堤病害处置时，防排水设施设计的优化和提高施工质量十分重要，在进行处置时，都应配合防排水设计的完善和优化。

3　黄土路基水热盐变化规律现场监测研究

为研究季节冻土区黄土路基湿陷病害和冻融规律，研究人员通过对黄土地区的现场调研，确定G30连霍高速公路永登至古浪段（原甘肃省永登徐家磨至古浪汽车专用二级公路K2299+666段）与G22青兰高速公路巉口至柳沟河段K1754+400两段作为已运营高速公路黄土路基监测断面，在路基内部不同深度埋设温度传感器、含水率传感器以及数据采集系统，监测路基内部不同深度土体温度与含水率的变化情况。通过对所采集数据的整理、分析，研究黄土路基内温度与含水率的变化规律，为黄土路基湿陷病害和冻害研究提供重要现场监测数据。

3.1　G30连霍高速公路永登至古浪段监测断面

3.1.1　黄土路基监测断面传感器布设方案

研究人员通过实地调研，选定G30连霍高速公路永登至古浪段（原为甘肃省永登徐家磨至古浪汽车专用二级公路K2299+666段，以下简称永古高速）为黄土地区路基监测断面，监测断面温度传感器、含水率传感器埋设如图3-1所示，该区域为湿陷性黄土分布地区，黄土湿陷等级为中、强。图中虚线部分为原路堤开挖部分（图3-2）。监测断面温度传感器、含水率传感器埋设位置距原路肩1 m左右。路堤内原地面线下，每组传感器以1 m为间隔，由下至上埋设3组，深度分别为地面线下2.0 m、地面线下1.0 m、天然地面附近。路堤内原地面线上，每组传感器以0.5 m为间隔，由下至上埋设（图3-3）。

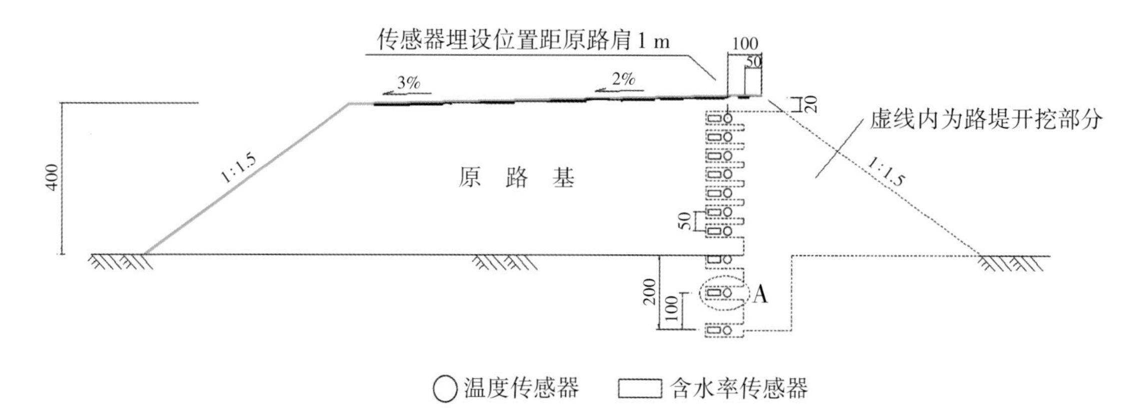

图3-1 G30连霍高速公路永古段监测断面传感器布设方案

图3-2 原路堤开挖

图3-3 传感器埋设

3.1.2 监测结果分析

G30连霍高速公路永登至古浪段监测断面于2010年7月开始监测路堤内部不同位置黄土的体积含水率与温度数据，具体监测结果如下：

1.体积含水率变化

该监测断面路堤内部不同位置黄土体积含水率变化情况如图3-4、图3-5和图3-6所示。

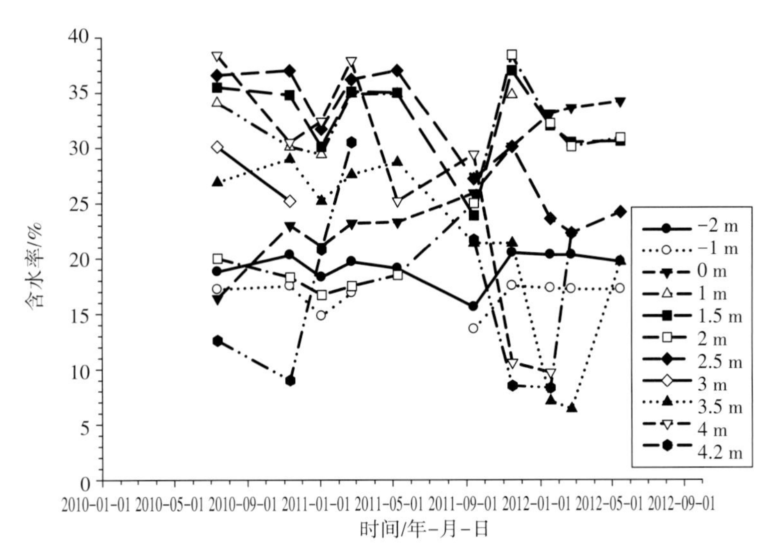

图3-4 G30连霍高速公路永古段监测断面黄土体积含水率随时间变化曲线

图3-4为黄土路堤内不同位置黄土体积含水率随时间变化曲线。-2 m、-1 m数据分别为路堤内地面线下2 m、1 m处黄土体积含水率，0 m数据为路堤内地面线处黄土体积含水率，4.2 m数据为路堤内地面线上4.2 m处黄土体积含水率，此处为路堤顶面。监测结果表明地面线上土体含水率变化趋势较为一致，季节性变化明显。自2010年7月起含水率逐渐降低，2010年11月—2011年2月冬季期间，路堤顶面含水率（4.2 m）由13%降至8.8%。2011年5—9月期间，含水率逐渐增加，路堤顶面含水率（4.2 m）已超过30%。2011年11月—2012年2月冬季期间，含水率又逐渐降低，路堤顶面含水率（4.2 m）降至8%左右。而地面线下2.0 m与1.0 m含水率（-2.0 m、-1.0 m）虽也表现出一定的季节性变化特征，但变化幅度较小。-2.0 m含水率最高为20.5%，最低为15%；-1.0 m含水率最高17.5%，最低为13%。研究区域属温带大陆性气候，降水多集中在每年的6～9月，降水由路面或边坡入渗，原地面线上路堤部分含水率受降水影响较大，季节性较为明显。原地面线下含水率随时间变化幅度不大，受降雨影响较小。

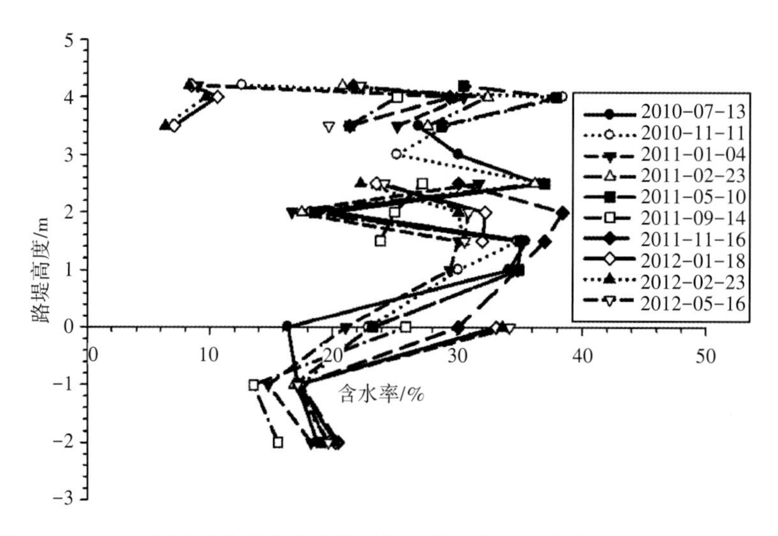

图3-5 G30连霍高速公路永古段监测断面黄土体积含水率随路堤高度变化曲线

图3-5为路堤不同位置黄土体积含水率随路堤高度变化曲线，由图可知，路堤内土体（0～4.2 m）含水率变化幅度较大，在6%～38%之间；路堤内部地面线下土体（-2～-1 m）含水率变化幅度较小，在13%～18%之间。

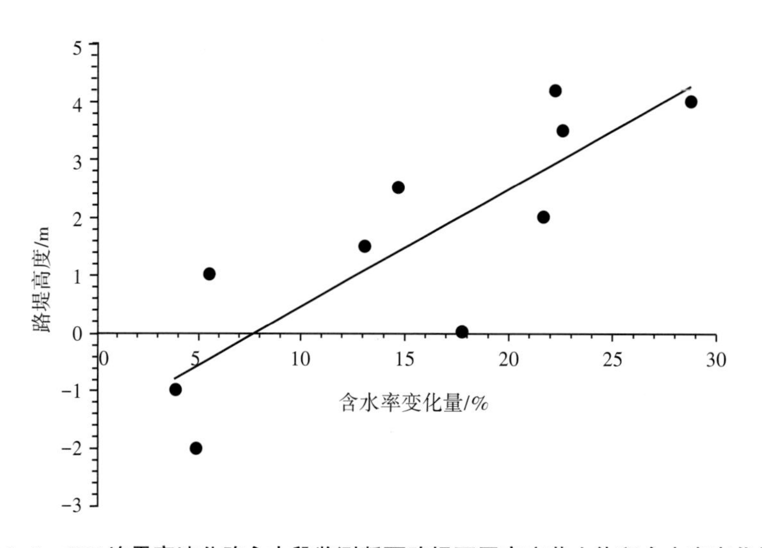

图3-6 G30连霍高速公路永古段监测断面路堤不同高度黄土体积含水率变化量

图3-6为路堤不同高度土体2010—2012年期间体积含水率变化量。含水率变化量指监测期间某一高度压实黄土含水率的最大值与最小值之差，它可以表征监测期间该处土体经历干湿循环的剧烈程度，其值越大，则干湿循环越剧烈。由图可知，路堤内土体含水率变化量较大（5%～29%）；而地面线下土体含水率为5%左右，且随路堤高度的降低，含水率变化量逐渐减小。监测结果表明路堤黄土较地面线下黄土会发生更为剧烈的干湿循环现象，越接近路堤顶面，干湿循环越剧烈。

2.温度变化

G30连霍高速公路永登至古浪段监测断面路基内部不同深度土体的温度变化情况如图3-7、图3-8所示。

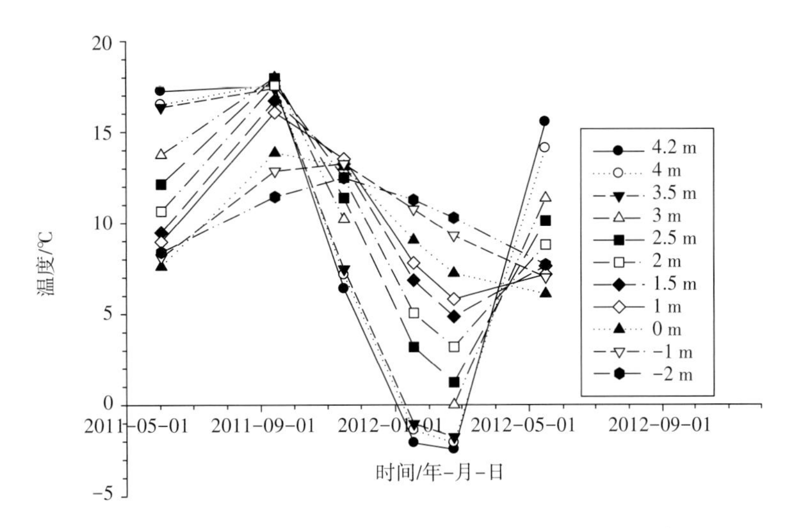

图3-7 G30连霍高速公路永古段监测断面土体温度随时间变化曲线

图3-7为路堤不同深度土体温度随时间变化曲线。该断面不同深度土体温度变化趋势基本一致，均表现出季节性变化特征。2011年9月秋季前后土体温度较高，在11.2～18 ℃之间，后逐渐降低。2012年1—2月冬季期间，温度降为最低，在-2.5～10 ℃之间；地面线上4.2 m（路堤顶面）、地面线上4 m与地面线上3.5 m的土体温度均降到0 ℃以下；地面线上3 m土体温度接近0 ℃；地面线上4.2 m（路堤顶面）土体温度最低，为-2.5 ℃。后温度又逐渐回升至0 ℃以上。

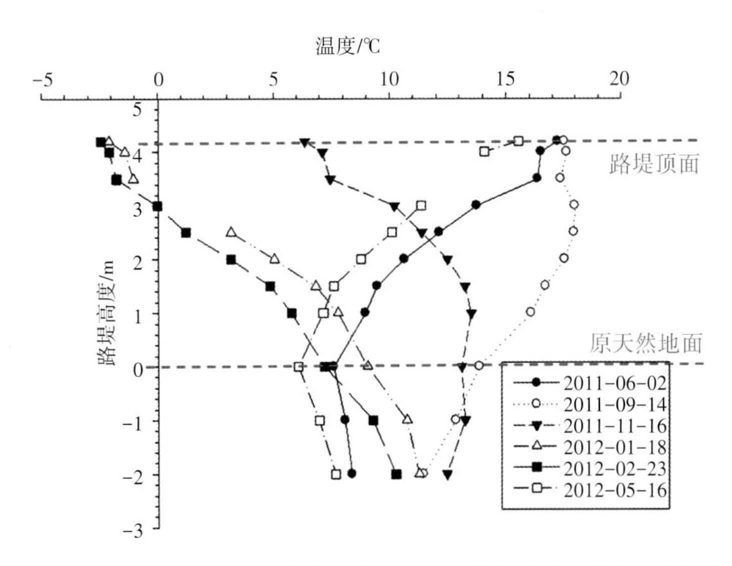

图3-8 G30连霍高速公路永古段监测断面土体温度随路堤高度变化曲线

图3-8为路堤不同深度土体温度随路堤高度变化曲线。由图可知，监测期间地面线下土体温度变化较小，在5.1～13 ℃之间。地面线上路堤部分土体温度变化幅度较大，在-2.5～18 ℃之间，且越接近路堤顶面，温度变化越剧烈。路堤顶面下1.2 m范围内，土体在2012年1月至2月冬季期间，温度降至0 ℃以下，土体发生冻结。监测结果表明路堤顶面下1.2 m范围内压实黄土出现明显的冻融循环现象。

3.2 G22青兰高速公路巉口至柳沟河段监测断面

3.2.1 黄土路基监测断面传感器布设方案

2011年，研究人员在G22青兰高速公路巉口至柳沟河段K1724+400段路基内部埋设温度传感器与含水率传感器，并安装自动数据采集仪及太阳能供电系统，如图3-9所示。传感器埋设位置在路肩向路中线方向1.5 m处，自路面结构层、黄土路基顶面向下，每组传感器以0.5 m为间隔，分层埋设，共埋设5组传感器，各组传感器深度分别为：路基顶面、路基顶面下0.5 m、路基顶面下1.0 m、路基顶面下1.5 m、路基顶面下2.0 m。

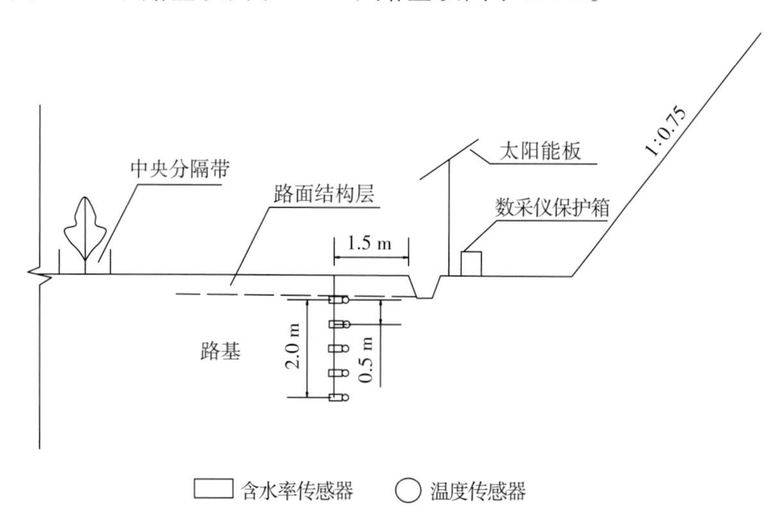

图3-9 G22青兰高速公路巉柳段监测断面传感器布设方案

3.2.2 监测结果

G22青兰高速公路巉口至柳沟河段监测断面于2011年10月开始监测路基内部不同位置黄土的体积含水率与温度数据，具体监测结果如下：

1.体积含水率变化情况

该监测断面路基内部不同深度黄土体积含水率变化情况如图3-10、图3-11和图3-12所示。0 m数据为路基顶面处土体含水率，-0.5 m数据为路基顶面下0.5 m处土体含水率，-1 m数据为路基顶面下1 m处土体含水率，-1.5 m数据为路基顶面下1.5 m处土体含水率，-2 m数据为路基顶面下2 m处土体含水率。

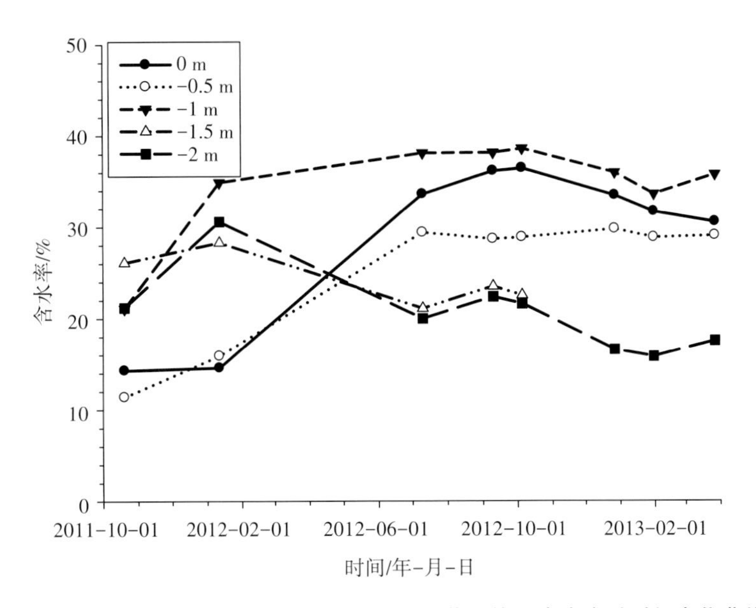

图3-10　G22青兰高速公路巉柳段监测断面黄土体积含水率随时间变化曲线

图3-10为2011年10月—2013年3月期间G22青兰高速公路巉柳段监测断面路基黄土体积含水率变化情况。由图可知，路基顶面下1 m范围内（0 m、-0.5 m、-1 m）土体含水率变化趋势较为一致，均表现出季节变化特性，夏季含水率高，冬季含水率低。其中以路基顶面处（0 m）土体含水率变化最为明显，2011年11月—2012年2月冬季期间，土体含水率在14%左右。2012年6—10月期间，含水率逐渐增加到35%左右。2012年11月—2013年2月冬季期间，含水率又逐渐降低至30%左右。而路基顶面下1.5～2 m范围内（-1.5 m、-2 m）土体含水率变化趋势基本一致，未表现出明显的季节性变化特性。

图3-11为2011年10月—2013年3月期间G22青兰高速公路巉柳段监测断面土体体积含水率随路基深度变化曲线。由图可知，2011年10月—2013年3月期间，土体含水率变化幅度随路基深度增加而逐渐减小。路基顶面下1 m范围内（0 m、-0.5 m、-1 m）含水率变化较为剧烈，在10%～39%之间。路基顶面下1.5 ~ 2 m范围内（-1.5 m、-2 m）含水率在14%～30%。

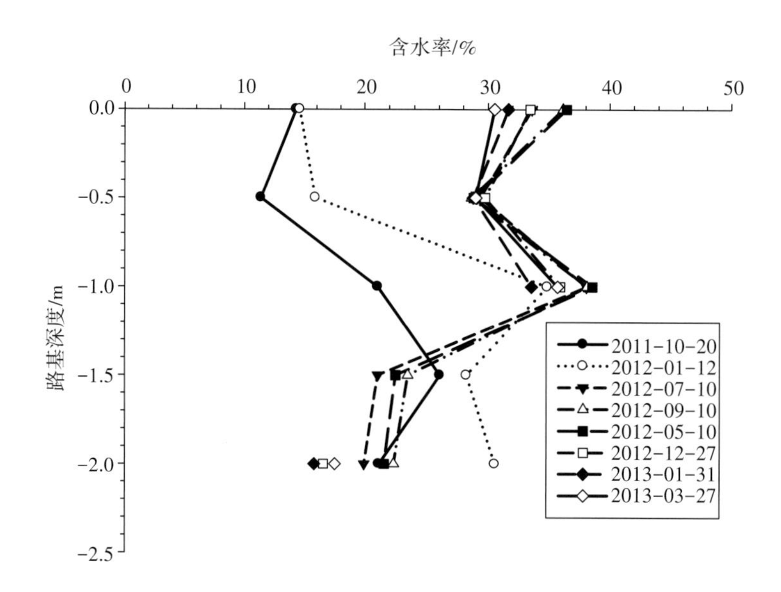

图3-11　G22青兰高速公路巉柳段监测断面黄土体积含水率随路基深度变化曲线

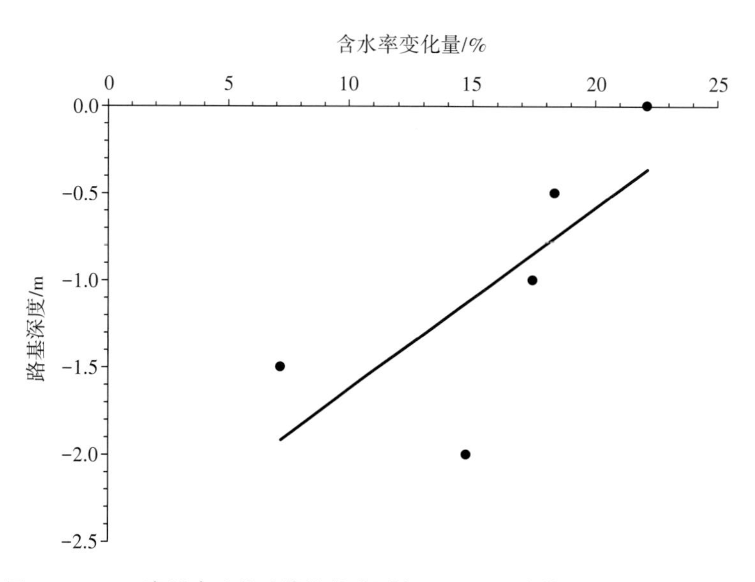

图3-12　G22青兰高速公路巉柳段监测断面不同深度黄土体积含水率变化量

图3-12为2011年10月—2013年3月期间G22青兰高速公路巉柳段监测断面不同深度黄土体积含水率变化量。由图可知，路基顶面（0 m）含水率变化量达到22%左右，发生了较为剧烈的干湿循环现象。路基顶面下1～2 m范围内土体含水率变化较小，-1.5 m处土体含水率变化量为7%左右，-2 m处土体含水率变化量为15%左右，小于上部土体含水率变化量。结果表明该部分土体会发生一定的干湿循环，但剧烈程度较路基顶面下1 m范围内的土体轻。

监测结果表明路基顶面下1 m范围内土体含水率受降水影响较大，季节性变化较为明显，干湿循环现象发生剧烈。该区域高速公路黄土路堑段路基土体受降水的影响深度约在路基顶面下1 m范围内。

2.温度变化情况

G22青兰高速公路巉柳段监测断面路基内部不同深度土体的温度变化情况如图3-13、图3-14所示。

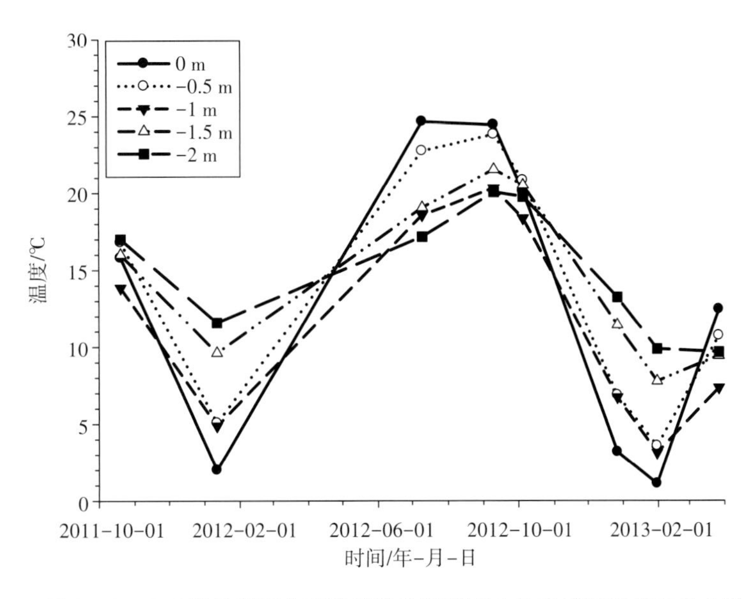

图3-13　G22青兰高速公路巉柳段监测断面土体温度随时间变化曲线

图3-13为路基内部不同深度土体温度随时间变化曲线。由图可知，该断面路基内部不同深度土体温度变化趋势基本一致，受季节影响较为明显，冬季温度低，夏季温度高。2012年1月土体温度在3～11.5 ℃之间，2012年9月土体温度在19.5～24.5 ℃之间。

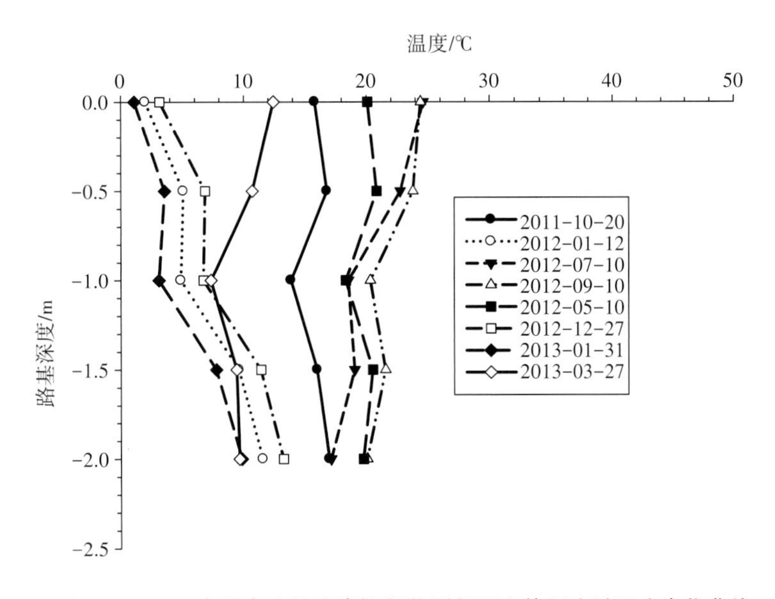

图3-14　G22青兰高速公路巉柳段监测断面土体温度随深度变化曲线

图3-14为路基内部不同位置土体温度随路基深度变化曲线。由图可知，2011年10月—2013年3月期间，该断面路基内部土体温度变化幅度随路基深度的增加而逐渐减小。路基顶面（0 m）土体温度在3～25 ℃之间，变化幅度最大；路基顶面下2 m（-2 m）处土体温度变化幅度最小，在11.5～20 ℃之间。同时，监测期间各深度土体温度均无负温出现，说明该路段黄土路基不发生冻融循环现象。

3.3 国道G247线靖远至会宁段监测断面

3.3.1 黄土路基土样取样方案

国道G247线（景泰至昭通公路）靖远至会宁段公路位于甘肃省白银市靖远县和会宁县境内，起点位于靖远县黄河南岸，终点位于会宁县侯家川，主线全长149 km，按二级公路标准设计，路基宽度12 m。该公路是甘肃省“十二五”交通运输发展规划的重点建设项目，也是国道G247线（景泰至昭通公路）的重要组成部分。

国道G247线靖远至会宁段地处干旱半干旱地区，降雨稀少，蒸发强烈，蒸发量为降水量的6倍以上，年降水量不足以淋洗掉土壤表层累积的盐分。天然地表及以下1 m范围内易溶盐含量大约1.5%，Cl^-/SO_4^{2-}比值约1～2之间。按盐渍化程度和含盐性质对公路工程危害性的高低划分，此类盐渍土属于中盐渍土；按盐渍土的性质划分，其为亚氯盐渍土。氯化物盐渍土中氯化物溶解度大，从溶液中结晶时，体积不发生变化且能使冰点显著降低，且有明显的保湿性，使土体长期处于潮湿、饱和状态，易产生“液化”现象，从而容易造成路基的溶蚀、冻胀和翻浆等病害。

国道G247线靖远县附近路基不均匀沉降较大，主要原因可能是自然条件改变或外界因素作用下路基内部水分和盐分运移，进而导致盐渍土路堤密实度减小，影响路基稳定性和路用性。为了研究氯盐渍土地区路基稳定性，研究人员在靖远县附近现场（36° 39′17.01″N，104°33′08.47″E）进行了钻孔取样，取样平面布置如图3-15所示。

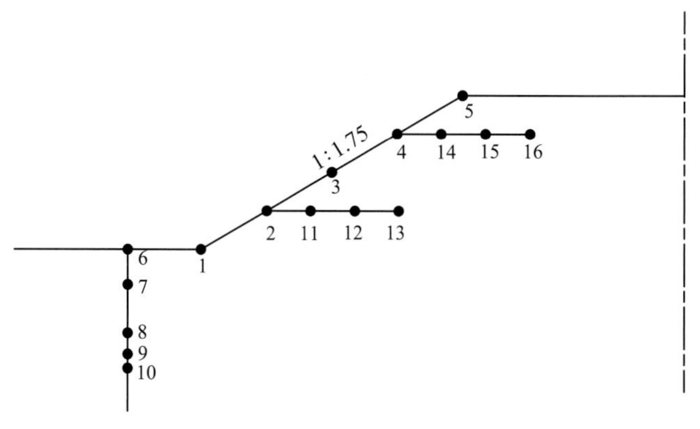

图3-15 国道G247线靖会公路路基现场取样方案

3.3.2　试验结果

1. 路基内部土样易溶盐含量测试结果

国道G247线靖远至会宁段取样点路堤内部与天然地面孔土样取得后，在中国科学院西北生态环境资源研究院冻土工程国家重点实验室进行易溶盐含量与天然含水率测试，具体测试结果见表3-1。

表3-1　盐渍土易溶盐含量分析表

土样编号	易溶盐含量/%								
	易溶盐含量	Na^+	Ca^{2+}	Mg^{2+}	Cl^-	SO_4^{2-}	Cl^-/SO_4^{2-}	性质	定名
1	7.201	1.942	0.281	0.241	2.789	1.850	1.507	亚氯盐渍土	强盐渍土
2	5.888	2.603	0.231	0.208	2.571	1.178	2.183	亚氯盐渍土	强盐渍土
4	3.040	0.618	0.308	0.106	1.346	0.557	2.419	亚氯盐渍土	中盐渍土
5	1.637	0.331	0.180	0.026	0.417	0.624	0.669	亚硫酸盐渍土	中盐渍土
7	1.589	0.416	0.094	0.030	0.514	0.514	1.002	亚氯盐渍土	中盐渍土
8	1.639	0.432	0.098	0.031	0.550	0.500	1.099	亚氯盐渍土	中盐渍土
10	1.425	0.428	0.045	0.024	0.509	0.390	1.306	亚氯盐渍土	中盐渍土
11	2.086	0.636	0.057	0.051	0.962	0.339	2.842	亚氯盐渍土	中盐渍土
13	1.571	0.472	0.051	0.029	0.628	0.357	1.760	亚氯盐渍土	中盐渍土
14	1.027	0.280	0.057	0.024	0.450	0.189	2.387	亚氯盐渍土	中盐渍土
16	1.656	0.406	0.133	0.024	0.518	0.527	0.983	亚硫酸盐渍土	中盐渍土

表3-1可以看出，该地区盐渍土阳离子以Na^+为主，占易溶盐总量的20%～44%，占阳离子总量的58%～85.7%。阴离子以Cl^-和SO_4^{-2}为主，Cl^-占易溶盐总量的25.5%～46.1%，占阴离子总量的38.1%～72.1%；SO_4^{-2}占易溶盐总量的16.2%～38.1%，占阴离子总量的25.4%～48.8%。

根据路堤内部土样易溶盐含量测试结果，易溶盐含量随边坡坡面高度、路堤水平深度及天然孔深度变化情况如图3-16、图3-17和图3-18所示。

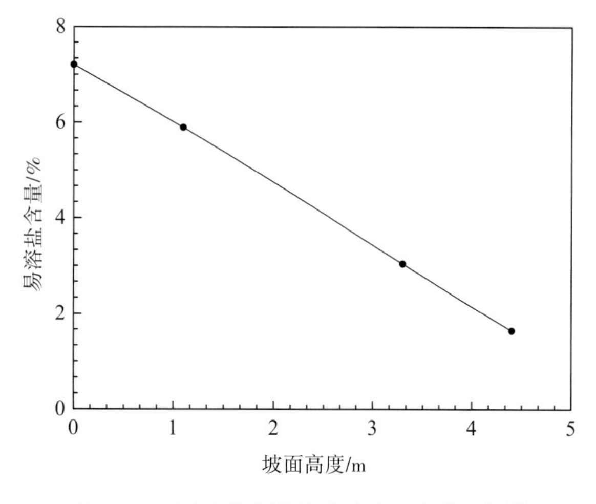

图3-16 易溶盐含量随边坡坡面高度变化情况

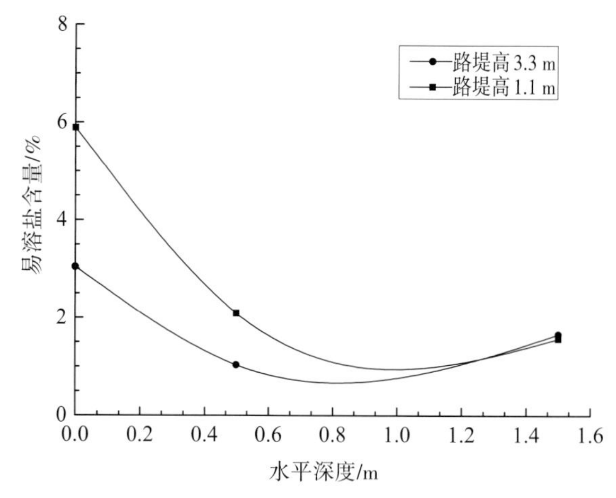

图3-17 易溶盐含量随路堤水平深度变化情况

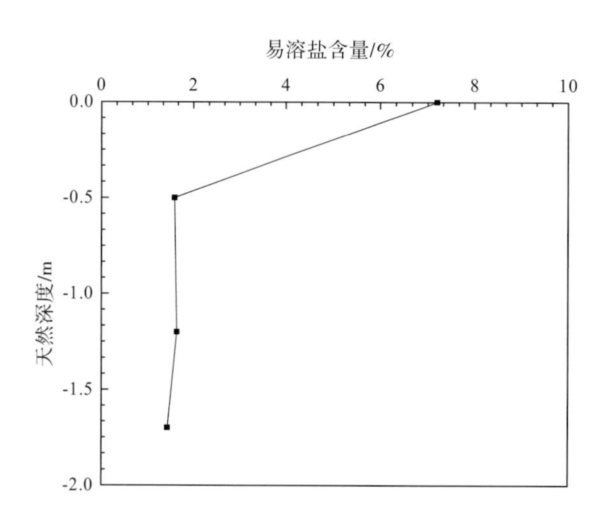

图3-18 易溶盐含量随天然孔深度变化情况

图3-16为路堤内部土样易溶盐含量随边坡坡面高度逐渐线性减小的变化情况，坡脚处含盐量最大为7.2%，坡顶易溶盐含量为1.6%，说明抬高路基是盐渍化路基处理的有效措施之一。天然地表至地表以下0.5 m范围内易溶盐含量变化剧烈，从7.2%减小到1.6%；地表以下0.5 m范围内含盐量基本不变，属于中盐渍土，会造成轻度盐胀和翻浆等病害。

图3-17为易溶盐含量随路堤水平深度变化情况。由图可知，沿路堤水平深度方向，路堤内部含盐量约1.6%。由于亚氯盐渍土的保湿作用，路基内部填土处于潮湿、饱和状态。

2. 路基内部土样天然含水率测试结果

根据路基内部土样含水率测试结果，含水率随边坡坡面高度、路堤水平深度及天然孔深度变化情况如图3-19、图3-20和图3-21所示。

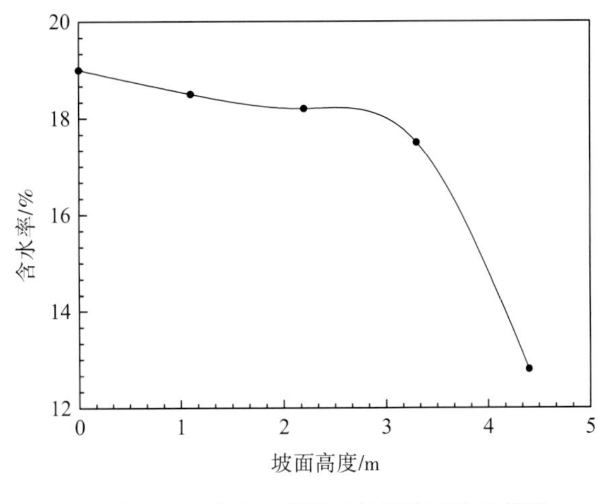

图3-19　含水率随边坡坡面高度变化情况

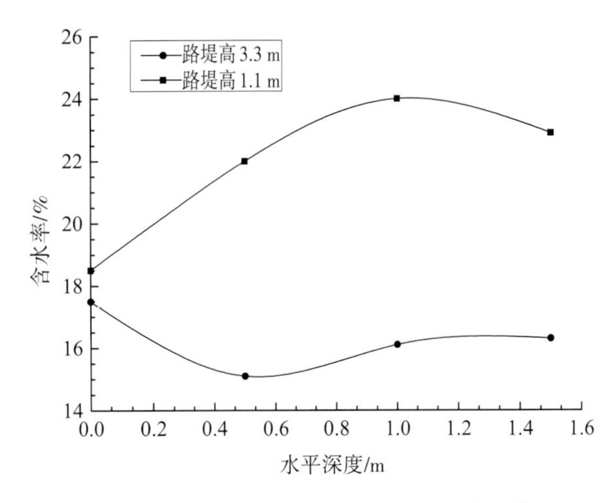

图3-20　含水率随路堤水平深度变化情况

图3-19为路堤内部土样含水率沿路堤边坡坡面高度增加而逐渐减小的变化情况，坡脚处含水率达到19%，比坡顶含水率大6.2%；路堤顶部1.1 m范围内，含水率在12.8%～17.5%变化；天然地表至路堤高3.3 m范围内含水率变化不大，在17.5%～19%之间。

由图3-20可知，路堤高1.1 m处，含水率随水平深度的增大而增大；路堤高3.3 m处，含水率随水平深度的变化不大；路堤水平深度1 m范围内含水率在16%左右。沿路堤深度方向，路堤内部含水率增大基本一致，在7%左右。

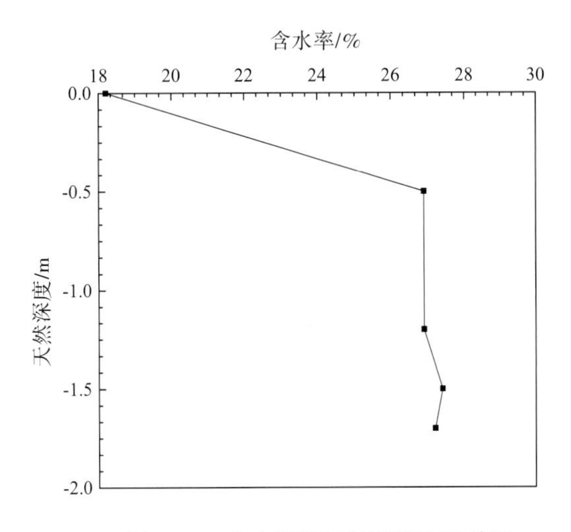

图3-21　含水率随天然深度变化情况

由图3-21可知，天然地表至地表以下0.5 m范围内含水率变化剧烈，从18.2%增大到26.9%，增大了8.7%；地表0.5 m以下范围内含水率随垂直深度的变化基本不变，在27%左右。

3.4 G7011十天高速公路徽县至天水段监测断面

3.4.1 公路及监测断面概况

G7011十堰至天水高速公路徽县至天水段是国家高速公路网十堰至天水国家高速公路的甘肃段，也是福州至银川国家高速公路横向联络线的重要组成路段。该段公路跨越甘肃省陇南市、天水市，路线从东到西依次经过徽县、成县、西和县、礼县、天水市秦州区。起点位于徽县大石碑，顺接十堰至天水高速公路陕西段终点，终点位于天水市皂郊镇，与已建成宝天高速公路天水过境段相接，路线总体走向由东南向西北方向行进。该段公路地处中国第二级阶梯向第三级阶梯的过渡地带，位于秦巴山区、青藏高原、黄土高原三大地形交汇区域，西向青藏高原北侧边缘过渡，北接陇中黄土高原，东与西秦岭和汉中盆地连接，南邻四川盆地，整个地形西北高东南低。

以G7011十天高速公路K700+060段作为黄土路基监测断面（图3-22）。该断面位于礼县境内，处于中温带，年平均气温9.9 ℃，历年7月平均气温21.3 ℃，历年极端最高气温35.6 ℃，历年极端最低气温-20.1 ℃。年平均降水量499.4 mm。最大季节冻土深度54 cm。岩性为第四系全新统冲洪积、风坡积黄土，以黄土状粉质黏土为主，含钙质结核和砾石，土质均一，具大孔隙，垂直节理发育，具有一定的湿陷性。监测断面区黄土自重湿陷量Δ_{zs}为0～362.4 mm之间，总湿陷量Δ_{zs}为28.2～1280.9 mm之间，涵盖Ⅰ～Ⅳ级湿陷性黄土。

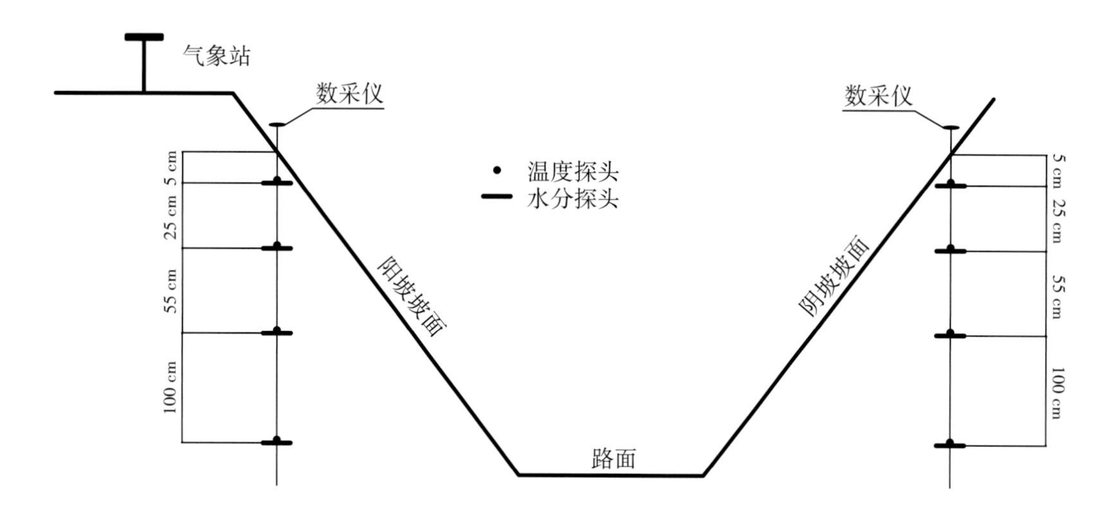

图3-22 G7011十天高速公路黄土路基监测断面布设方案

3.4.2 监测方案

2014年8月，在G7011十天高速公路K700+060处左右边坡不同深度埋设温度传感器、含水率传感器及自动数据采集仪，并在附近架设自动气象站（图3-23）和现场监测点（图3-24）。传感器在左右两处边坡分层埋设。温度与含水率传感器分别位于坡面下5 cm、25 cm、55 cm和100 cm处，左右边坡各埋设4组传感器。监测断面安装完成后，开始采集温度与含水率数据。

图3-23　自动气象站

图3-24　现场监测点

3.4.3　监测结果

1.地温变化情况

图3-25为坡面下5 cm处地温变化曲线。监测结果表明，阳坡和阴坡坡面下5 cm处地温变化整体趋势较为接近，阳坡坡面下5 cm处地温稍高于同一位置阴坡地温。2014年11月之前，阴阳坡坡面下5 cm处地温较为接近。自2014年9月起，阳坡和阴坡坡面下5 cm处地温逐渐降低。2015年1月阴坡坡面下5 cm处地温开始低于0 ℃，2月3日出现最低值，之后逐渐上升，3

月之后高于0 ℃，之后逐渐上升；而阳坡坡面下5 cm处地温在2015年1月中旬之后低于0 ℃，2月2日出现最低值，之后逐渐上升，2月中旬之后高于0 ℃。阳坡和阴坡坡面下5 cm处地温在2015年7月之后逐渐下降。

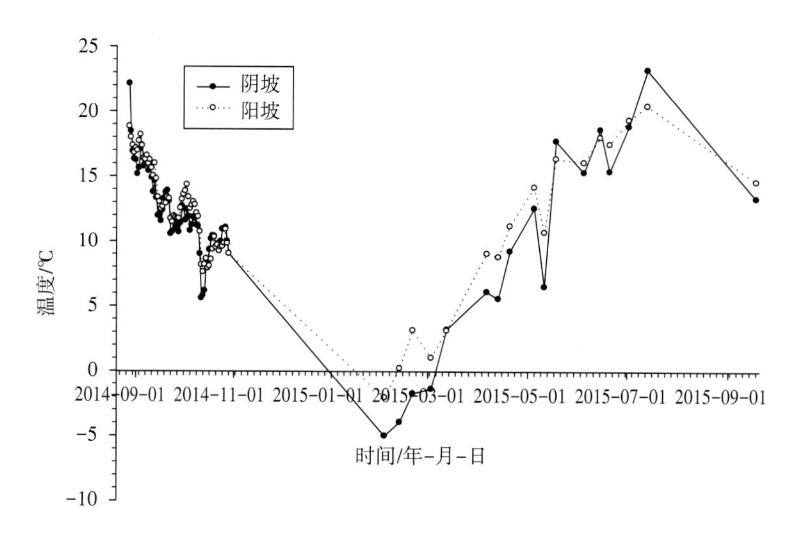

图3-25 坡面下5 cm处地温变化曲线

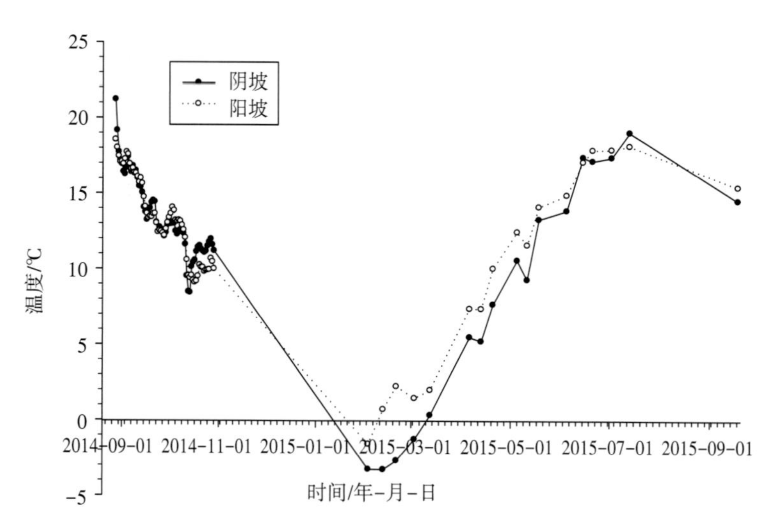

图3-26 坡面下25 cm处地温变化曲线

图3-26为坡面下25 cm处地温变化曲线。由图可知，阳坡坡面下25 cm处地温高于同一位置阴坡地温。2014年11月之前，阳坡和阴坡坡面下25 cm处地温较为接近。自2014年9月起，阴阳坡坡面下25 cm处地温逐渐降低。2015年1月中旬，阴坡坡面下25 cm处地温开始低于0 ℃，2月12日出现最低值，之后逐渐上升，3月中旬之后高于0 ℃，之后逐渐上升；而阳坡坡面下25 cm处地温在2015年1月下旬之后低于0 ℃，2月3日出现最低值，之后逐渐上升，2月上旬之后高于0 ℃。阳坡和阴坡坡面下25 cm处地温在2015年7月之后逐渐下降。

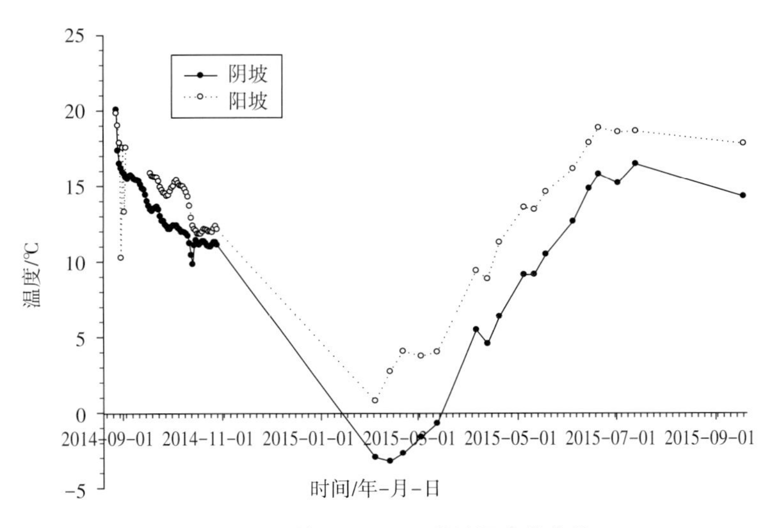

图3-27　坡面下55 cm处地温变化曲线

图3-27为坡面下55 cm处地温变化曲线。由图可知，阳坡坡面下55 cm处地温始终高于0 ℃，阳坡坡面下55 cm处地温明显高于同一位置阴坡地温。自2014年9月起，阳坡和阴坡坡面下55 cm处地温逐渐下降。2015年1月中旬，阴坡坡面下55 cm处地温开始低于0 ℃，2月12日出现最低值，之后逐渐上升，3月中旬之后高于0 ℃，之后逐渐上升；而阳坡坡面下55 cm处地温始终高于0 ℃，在2015年2月3日出现最低值，之后逐渐上升。阳坡和阴坡坡面下55 cm处地温在2015年7月之后逐渐下降。

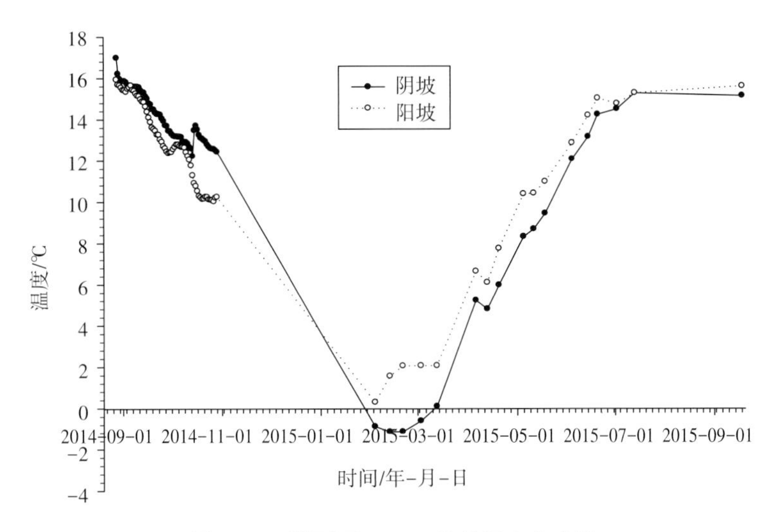

图3-28　坡面下100 cm处地温变化曲线

图3-28为坡面下100 cm处地温变化曲线。由图可知，阳坡坡面下100 cm处地温始终高于0 ℃。2015年1月之前，阴坡坡面下100 cm处地温高于同一位置阳坡地温，2015年1月之后阴坡坡面下地温低于阳坡。自2014年9月起，阳坡和阴坡坡面下100 cm处地温逐渐下降。2015

年2月，阴坡坡面下100 cm处地温开始低于0 ℃，2月12日出现最低值，之后逐渐上升，3月中旬之后高于0 ℃，之后逐渐上升；而阳坡坡面下100 cm处地温始终高于0 ℃，在2015年2月3日出现最低值，之后逐渐上升。

上述分析表明，路堑边坡开挖，改变了坡面与外界热交换的条件，由于路线走向的影响，两侧边坡受到的太阳辐射、对流换热等边界条件造成两侧边坡热交换不同，从而导致边坡下土体温度存在差异，阳坡坡面下土体温度高于相同位置阴坡坡面下土体温度，且在55 cm以上边坡土体温度随着深度增加，两者差值逐渐增大。阳坡冻结期明显晚于阴坡，冻结深度小于阴坡，冻融循环对阴坡土体的影响大于阳坡土体；两侧边坡浅层土体在每年6—8月期间较为接近。表明夏季浅层土体温度可能受气温影响，导致两侧边坡浅层土体温度较为接近；而冬季除受气温影响外，还受太阳辐射和对流的影响，导致浅层土体温度差异较大。

2.含水率变化情况

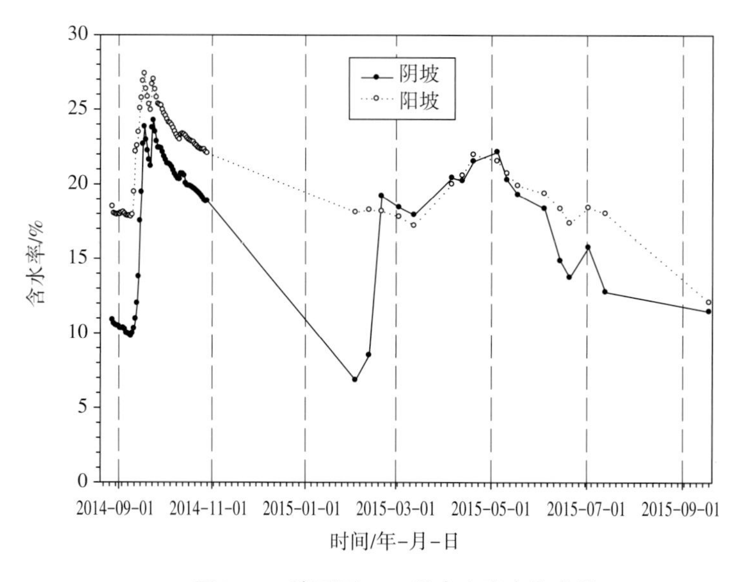

图3-29 坡面下5 cm处含水率变化曲线

图3-29为坡面下5 cm处含水率变化曲线。由图可知，阳坡和阴坡坡面下5 cm处含水率变化规律基本一致，变化较大。2015年2月20日之前，阳坡坡面下5 cm处含水率高于阴坡。2014年9月10日起，阳坡和阴坡坡面下5 cm处含水率逐渐增加，在9月18日和9月24日出现峰值，之后逐渐下降。阴坡最低含水率出现在2015年2月3日。自2015年3月12日起，阳坡和阴坡坡面下5 cm处含水率逐渐上升，2015年5月后逐渐下降。

图3-30为坡面下25 cm处含水率变化曲线。由图可知，阳坡和阴坡坡面下25 cm处含水率变化规律基本一致，变化较大，阳坡坡面下含水率高于阴坡。2014年9月11日起，阳坡和阴坡坡面下25 cm处含水率逐渐上升，在9月18日和9月24日出现峰值，之后逐渐下降。阴坡最

低含水率出现在2015年2月3日。自2015年3月12日起，阳坡和阴坡坡面下25 cm处含水率逐渐上升，2015年5月后逐渐下降。

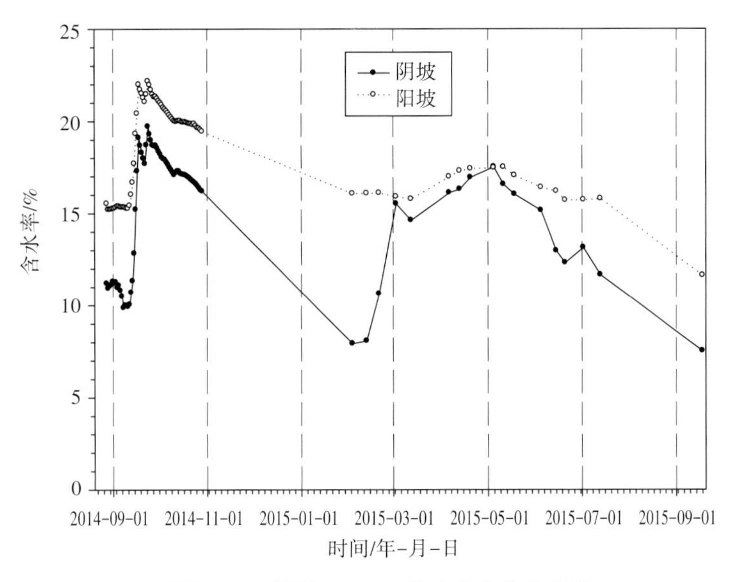

图3-30 坡面下25 cm处含水率变化曲线

图3-31为坡面下55 cm处含水率变化曲线。由图可知，阳坡和阴坡坡面下55 cm处含水率变化规律基本一致，阳坡坡面下含水率高于阴坡；阳坡含水率波动不大，基本稳定。2014年9月18日起，阳坡坡面下55 cm处含水率逐渐上升，在9月26日出现峰值，之后逐渐下降，至2015年3月12日后逐渐上升。阴坡含水率波动较大，2014年9月18日起，阴坡坡面下55 cm处含水率逐渐上升，在2014年10月29日出现峰值，之后逐渐下降。至2015年3月3日后逐渐上升，2015年5月后逐渐下降。

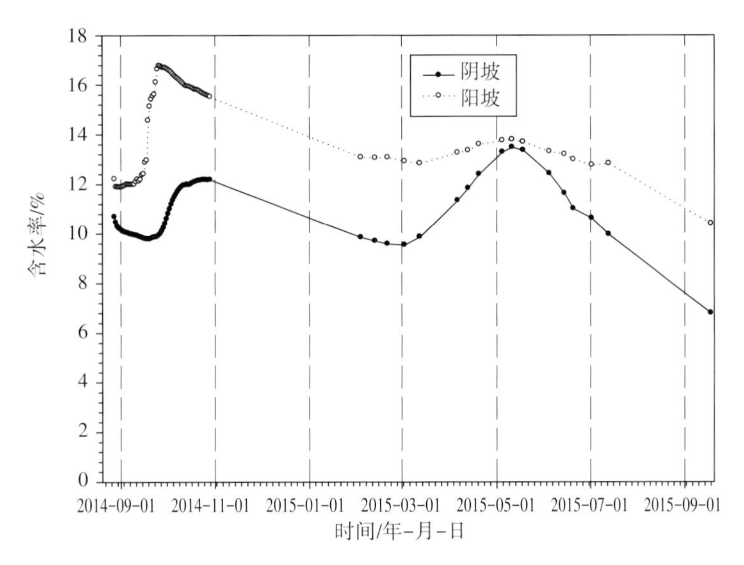

图3-31 坡面下55 cm处含水率变化曲线

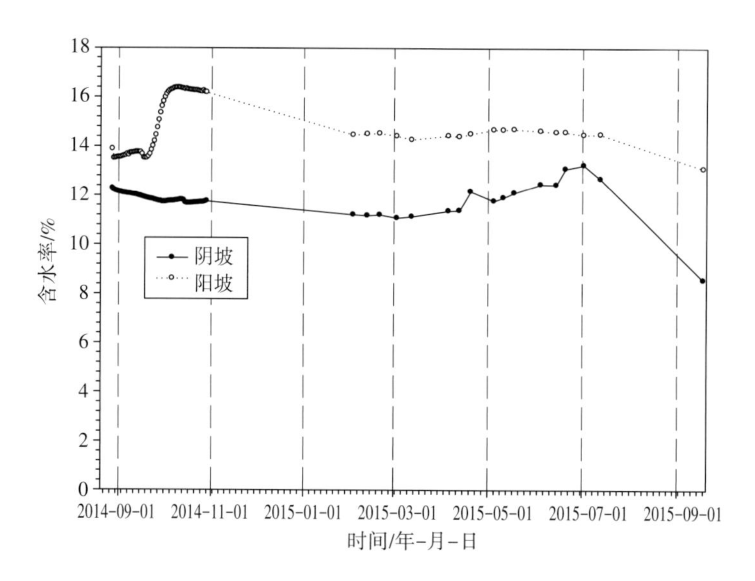

图3-32　坡面下100 cm处含水率变化曲线

图3-32为坡面下100 cm处含水率变化曲线。由图可知，坡面下100 cm处含水率变化基本稳定，阳坡坡面下含水率高于阴坡。2014年9月20日起，阳坡坡面下100 cm处含水率逐渐上升，在10月11日出现峰值，之后缓慢下降，并趋于稳定；阴坡坡面下100 cm处含水率较为稳定，没有大的波动。

上述分析表明，阳坡坡面下含水率大于阴坡，两侧坡面下25 cm以上含水率变化规律基本一致，且变化较大，说明水分在两侧边坡浅层土体中迁移速度基本相同，边坡下浅层土体渗透性基本相同。阳坡坡面下55 cm处含水率波动较小，基本趋于稳定，而阴坡坡面下55 cm处含水率波动较大，说明阴坡含水率变化深度大于阳坡，干湿循环影响深度大于阳坡。

3. 阳坡坡面下含水率与地温变化情况

图3-33为阳坡坡面下5 cm处含水率与地温变化曲线。由图可知，地温变化具有明显的季节性，最高地温出现在2014年8月28日，地温为18.9 ℃；最低地温出现在2015年2月3日，地温为-2.1 ℃。坡面下5 cm处含水率在2014年9月18日和9月24日出现双峰值，分别为27.4%和27%。之后坡面下含水率逐渐减小，2015年2月地温低于0 ℃，对应的含水率较低。之后地温升为正温，并逐渐升高，含水率逐渐增加，2015年4月下旬之后逐渐下降。

图3-34为阳坡坡面下25 cm处含水率与地温变化曲线。由图可知，地温变化具有明显的季节性，最高地温出现在2014年8月28日，地温为18.5 ℃；最低地温出现在2015年2月3日，地温为-1.6 ℃。坡面下25 cm处含水率在2014年9月18日和9月24日出现双峰值，分别为22%和22.2%，之后坡面下含水率逐渐减小，2015年2月地温低于0 ℃，对应的含水率较低。之后地温升为正温，并逐渐升高，含水率缓慢增加，2015年4月下旬之后逐渐下降。

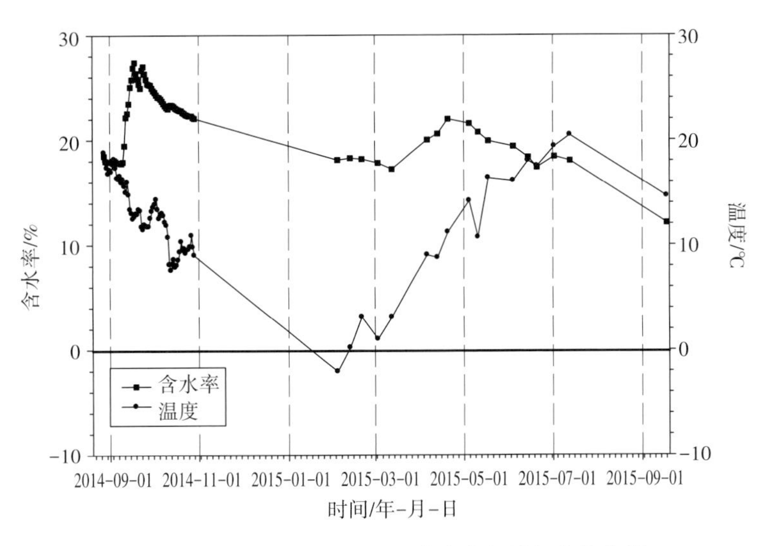

图3-33 阳坡坡面下5 cm处含水率与地温变化曲线

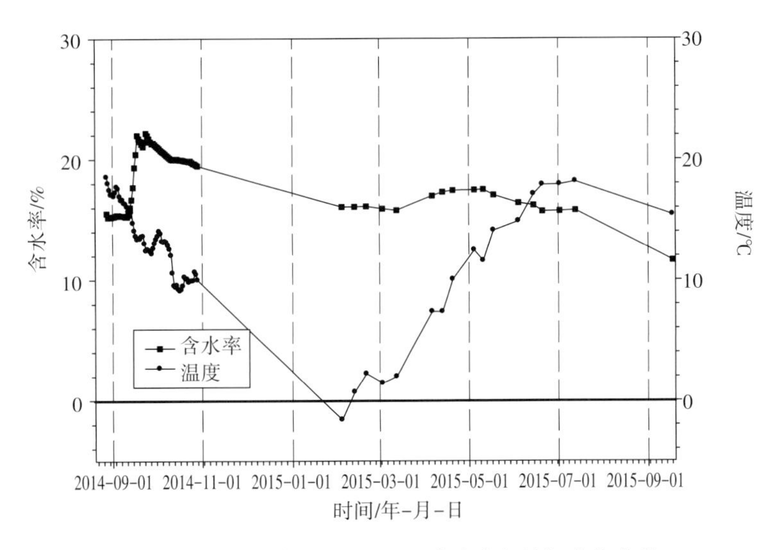

图3-34 阳坡坡面下25 cm处含水率与地温变化曲线

图3-35为阳坡坡面下55 cm处含水率与地温变化曲线。由图可知，地温变化具有明显的季节性，最高地温出现在2014年8月28日，地温为19.8 ℃；最低地温出现在2015年2月3日，地温为0.3 ℃。坡面下55 cm处含水率在2014年9月26日出现峰值，为16.8%。之后坡面下含水率逐渐减小并趋于稳定。

图3-36为阳坡坡面下100 cm处含水率与地温变化曲线。由图可知，地温变化具有明显的季节性，最高地温出现在2014年8月28日，地温为15.9 ℃；最低地温出现在2015年2月3日，地温为0.8 ℃。坡面下100 cm处含水率在2014年10月11日出现峰值，为16.4%。之后坡面下含水率逐渐减小并趋于稳定。

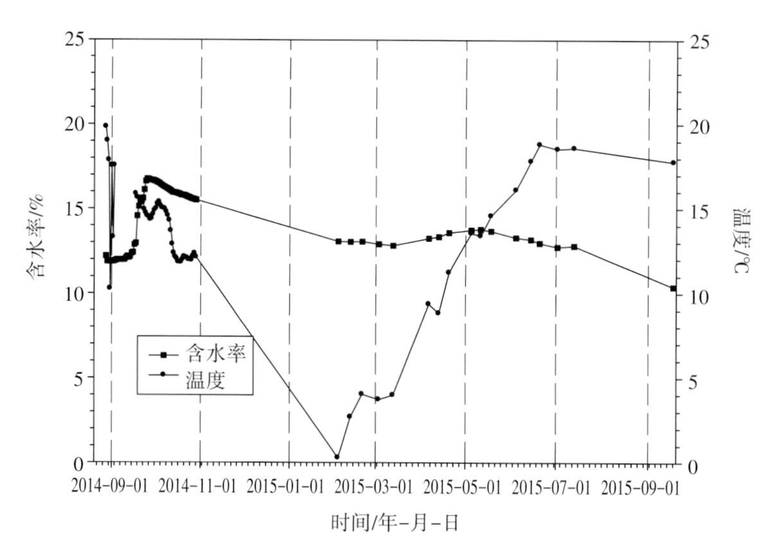

图3-35　阳坡坡面下55 cm处含水率与地温变化曲线

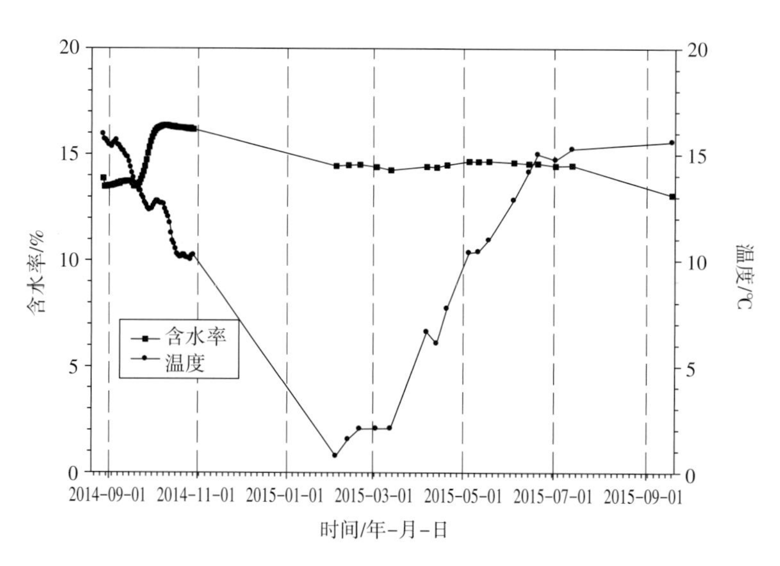

图3-36　阳坡坡面下100 cm处含水率与地温变化曲线

上述分析表明，土体各层含水率与地温间并不存在明显的对应关系。夏季阳坡25 cm以上含水率变化剧烈，25 cm以下含水率波动较小，基本处于稳定状态；夏季浅层土体干湿循环作用显著。冬季阳坡坡面下浅层土体冻结时间短，地温稍低于0 ℃，浅层土体经历冻融循环作用并不强烈，此时，浅层含水率并不为零，这是由于土体中含有易溶盐，导致土体中水冻结温度低于0 ℃。

4.阴坡坡面下含水率与地温变化情况

图3-37为阴坡坡面下5 cm处含水率与地温变化曲线。由图可知，地温变化具有明显的季节性，最高地温出现在2014年8月28日，地温为22.1 ℃；最低地温出现在2015年2月3日，

地温为−5 ℃。坡面下5 cm处含水率在2014年9月18日和9月24日出现双峰值，分别为23.8%和24.2%，之后坡面下含水率逐渐减小。2015年2月地温低于0 ℃，对应的含水率较低，之后地温升为正温，含水率逐渐增加，5月4日出现峰值，为20.4%，之后逐渐下降。

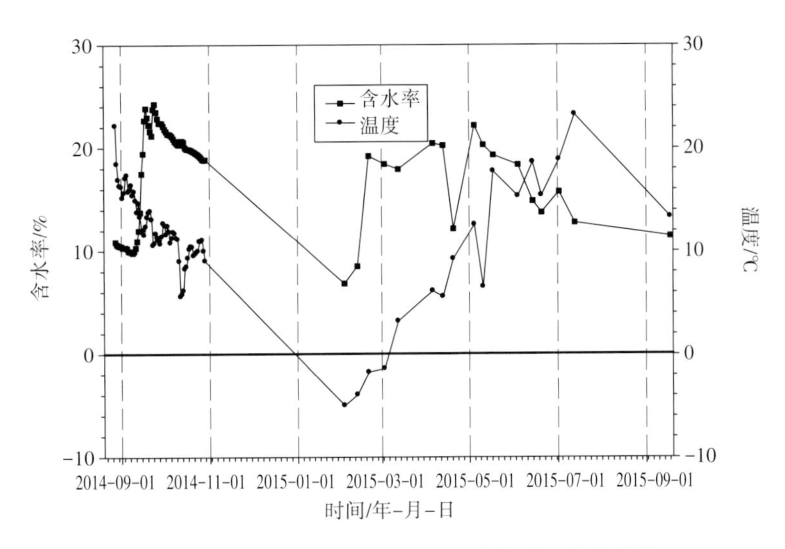

图3−37　阴坡坡面下5 cm处含水率与地温变化曲线

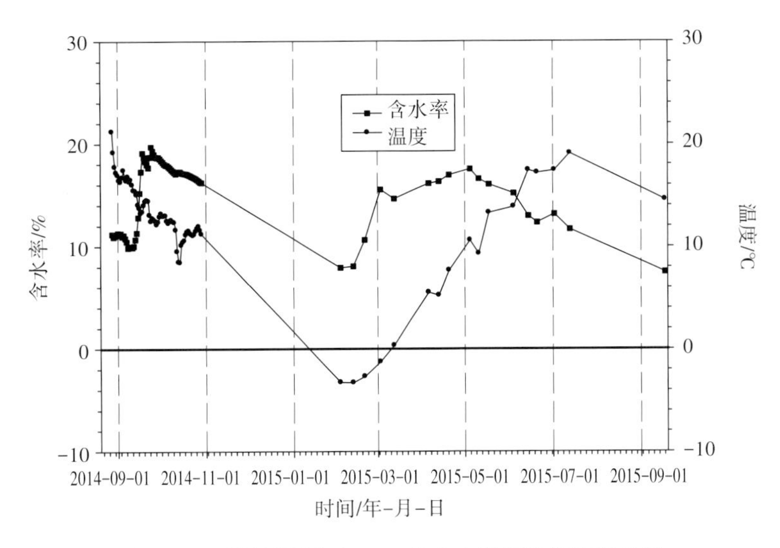

图3−38　阴坡坡面下25 cm处含水率与地温变化曲线

图3−38为阴坡坡面下25 cm处含水率与地温变化曲线。由图可知，地温变化具有明显的季节性，最高地温出现在2014年8月28日，地温为21.2 ℃；最低地温出现在2015年2月12日，地温为−3.3 ℃。坡面下25 cm处含水率在2014年9月18日和9月24日出现双峰值，分别为19.1%和19.7%。之后坡面下含水率逐渐减小，2015年2月地温低于0 ℃，对应的含水率较低。之后地温升为正温，含水率缓慢增加，2015年5月4日出现峰值，为17.5%，之后逐渐下降。

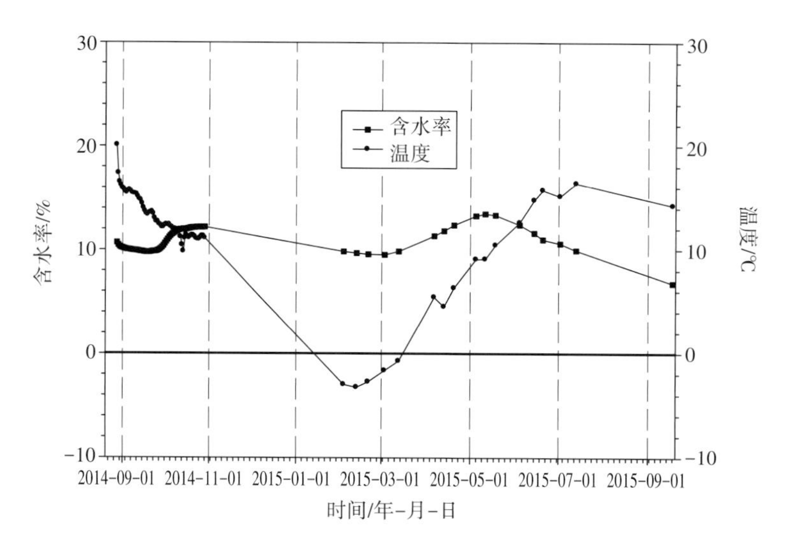

图3-39　阴坡坡面下55 cm处含水率与地温变化曲线

图3-39为阴坡坡面下55 cm处含水率与地温变化曲线。由图可知，地温变化具有明显的季节性，最高地温出现在2014年8月28日，地温为20.1 ℃；最低地温出现在2015年2月12日，地温为-3.2 ℃。坡面下55 cm处含水率在10月29日增加至12.2%。之后坡面下含水率逐渐减小并趋于稳定，2015年2月地温低于0 ℃，对应的含水率较低。之后地温升为正温，含水率缓慢增加，2015年5月11日出现峰值，为13.5%，之后逐渐下降。

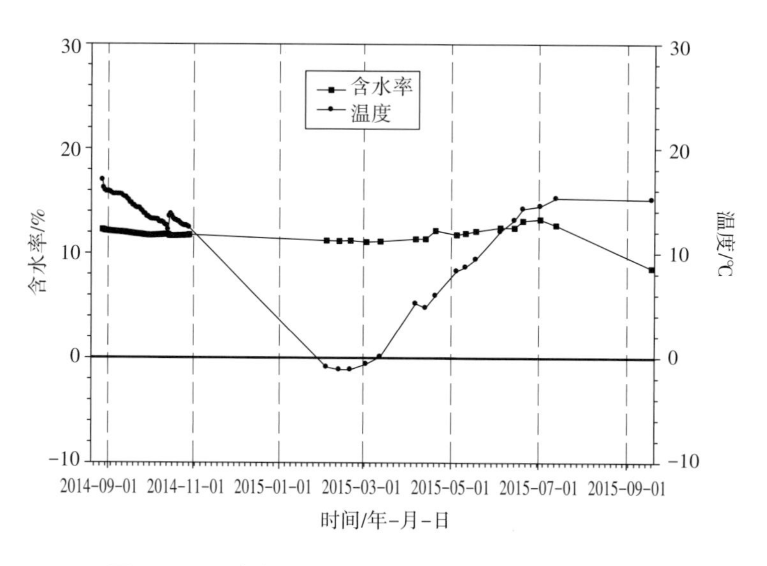

图3-40　阴坡坡面下100 cm处含水率与地温变化曲线

图3-40为阴坡坡面下100 cm处含水率与地温变化曲线。由图可知，地温变化具有明显的季节性，最高地温出现在2014年8月28日，地温为17 ℃；最低地温出现在2015年2月12日，地温为-1.1 ℃，对应的含水率较低。阴坡坡面下100 cm处含水率较为稳定，没有大的波动。

上述分析表明，土体各层含水率与地温间并不存在明显的对应关系。冬季阴坡坡面下观测范围内土体冻结，且冻结时间较长，表明土体经历较强的冻融循环作用，此时，阴坡坡面下土体温度低于0 ℃，对应的含水率较小，并不为零，这是由于土体中含有易溶盐，导致土体中水的冻结温度低于0 ℃。

5.阳坡和阴坡坡面下不同深度含水率变化情况

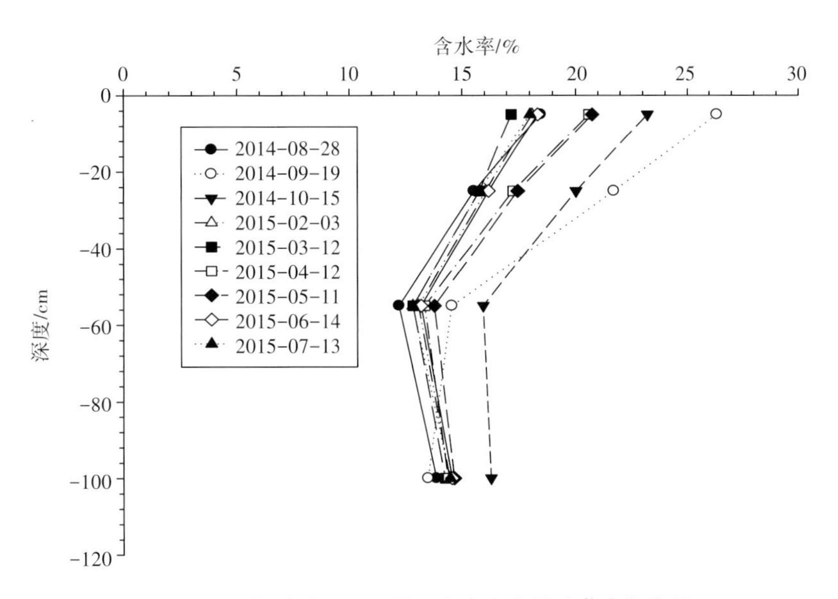

图3-41　阳坡坡面下不同深度含水率随季节变化曲线

图3-41为阳坡坡面下不同深度含水率随季节变化曲线。由图可知，阳坡坡面下55 cm以上含水率随季节变化较大，而55 cm以下含水率基本稳定，变化较小。各季节坡面下含水率随深度变化先减小后增大，各层位中，55 cm处含水率最低；5 cm和25 cm处含水率变化量大于55 cm和100 cm处含水率变化量，100 cm处含水率变化量最小，较稳定。

上述分析表明，土层中含水率随深度、季节发生不同的变化，55 cm以上土层中含水率随季节变化较大，土体经历着干湿循环过程。

图3-42为阴坡坡面下不同深度含水率随季节变化曲线。由图可知，观测期间，同一层位含水率冬季最低，夏季和秋季含水率较高，除100 cm处含水率较稳定外，其他各层位含水率变化较大。这表明，坡面下100 cm以上土体也经历了一定的干湿循环过程。

6.阳坡和阴坡坡面下不同深度地温变化情况

图3-43为阳坡坡面下不同深度地温随季节变化曲线。由图可知，冬季各层位地温最低，最大冻结深度为坡面下55 cm，夏季各层位地温最高，秋季地温高于同一位置春季地温。

上述分析表明，地温随深度、季节发生不同的变化，55 cm以上土层中温度随季节发生的变化较大，土体经历着冻融循环过程。

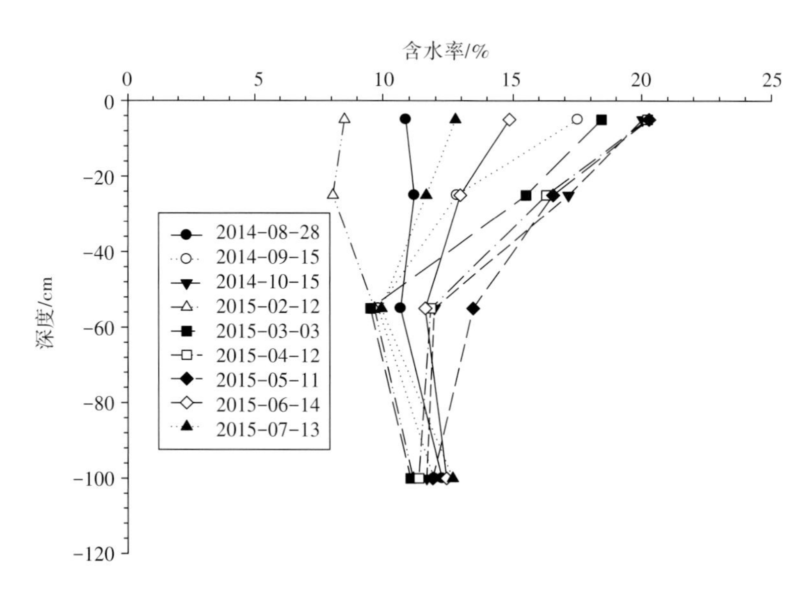

图3-42 阴坡坡面下不同深度含水率随季节变化曲线

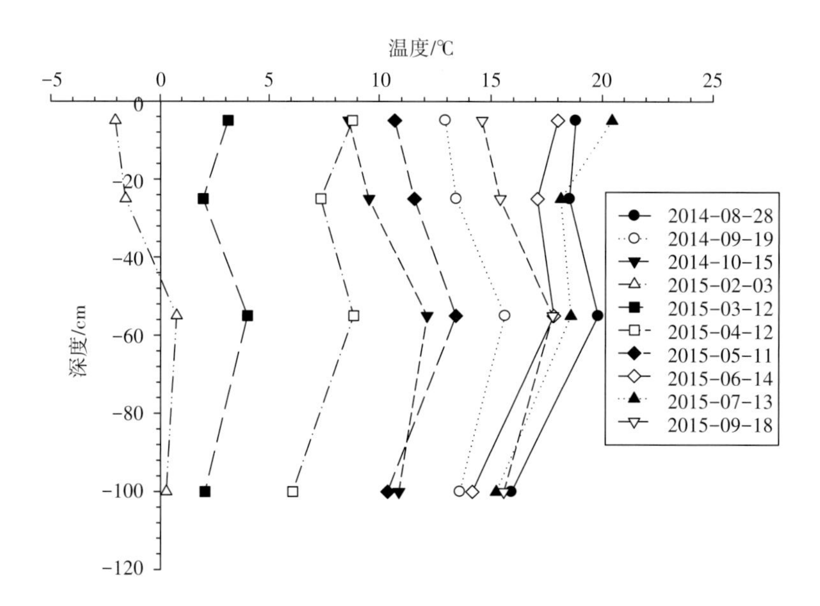

图3-43 阳坡坡面下不同深度地温随季节变化曲线

图3-44为阴坡坡面下不同深度地温随季节变化曲线。由图可知，冬季各层位地温最低，最大冻结深度>100 cm，通过曲线拟合公式计算得到最大冻结深度在138.9 cm（图3-45）；夏季各层位地温最高；秋季地温高于同一位置春季地温。

上述分析表明，地温随深度、季节发生不同的变化，100 cm以上土层中温度随季节发生的变化较大，土体经历着冻融循环过程。

通过阳坡和阴坡土体含水率和地温的分析表明，阳坡和阴坡土体都经历着干湿循环过程和冻融循环作用，但经历这两种过程和作用在阳坡和阴坡土体中的显著程度不同，且影响深度不同。阳坡含水率大于阴坡，尤其是25 cm以上浅层土体含水率较大，季节变化较大，经历着显著的干湿循环过程，同时45 cm以上土体也经历着冻融循环过程；阴坡地温随季节变化较大，最大冻结深度较深，观测范围内土体经历着显著的冻融循环过程，含水率低于阳坡，但变化范围大于阳坡，55 cm以上土体也经历着一定的干湿循环过程。

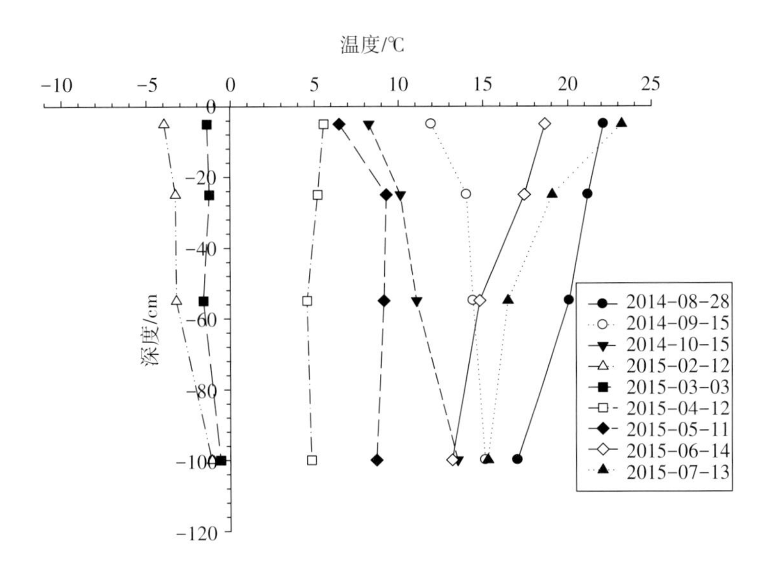

图3-44 阴坡坡面下不同深度地温随季节变化曲线

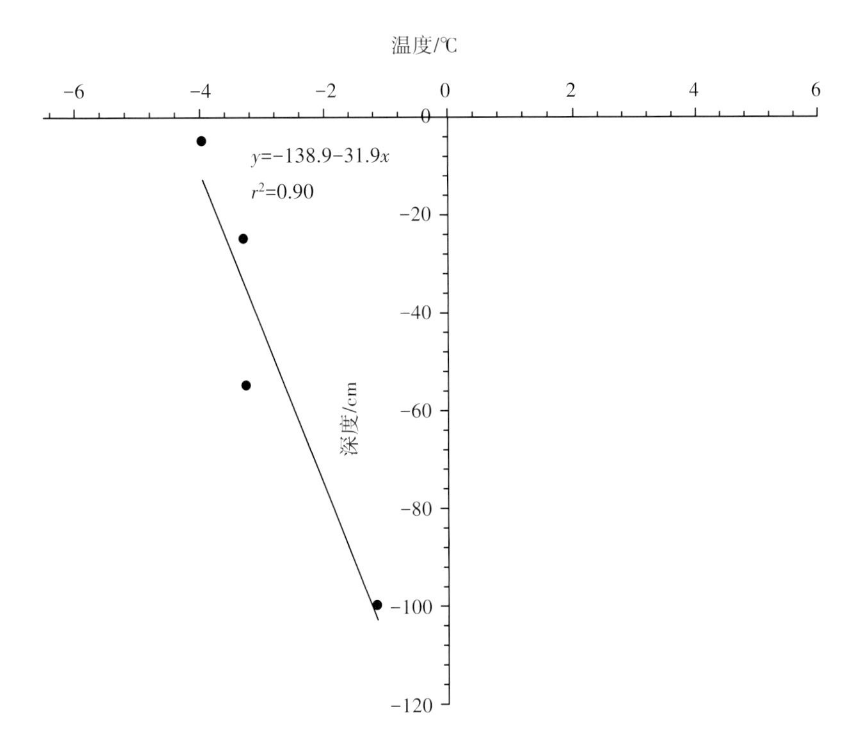

图3-45 阴坡坡面下最大冻结深度拟合曲线

7.阳坡和阴坡坡面下地温与气温变化情况

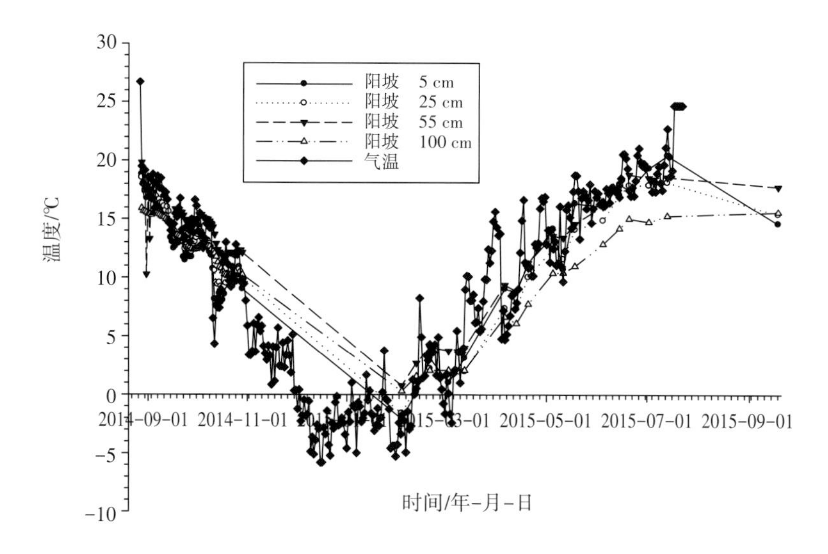

图3-46　阳坡坡面下地温与气温变化曲线

图3-46为阳坡坡面下地温与气温变化曲线。由图可知，气温在冬季低于各土层土体温度，在夏季高于各土层土体温度，坡面下各层土体温度变化与气温变化趋势较为一致，在2015年2月各层土体温度出现最低值；自2014年9月起，各层土体温度随气温逐渐降低，55 cm处地温高于其他土层，5 cm处地温最低，25 cm处地温低于100 cm处地温；2015年2月中旬之后，各层地温随气温升高而逐渐上升，5 cm处地温上升较快，3月12日之后高于其他层位地温；100 cm处地温在2015年3月3日之后，低于其他层位地温；5 cm、25 cm和55 cm处地温变化趋势与气温基本一致，表明土体温度受气温影响显著。

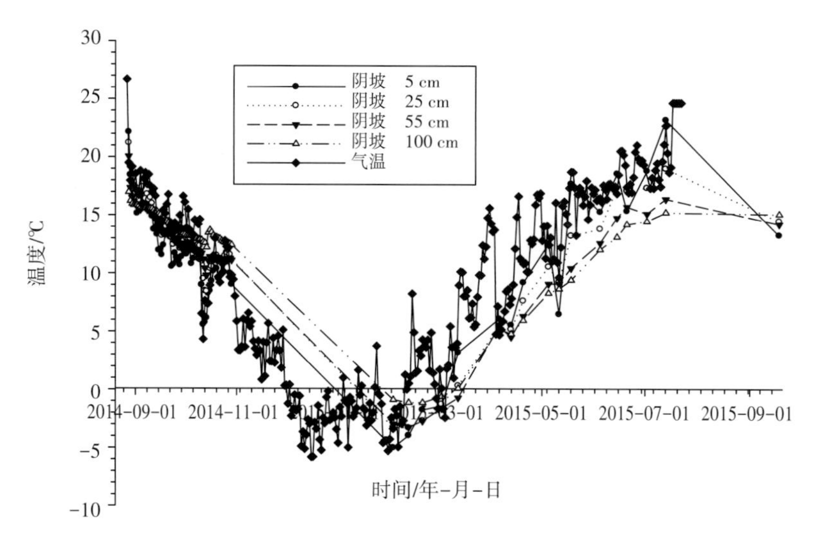

图3-47　阴坡坡面下地温与气温变化曲线

图3-47为阴坡坡面下地温与气温变化曲线。由图可知，气温在冬季低于各土层土体温度，在夏季高于各土层土体温度，坡面下各层土体温度变化与气温变化趋势较为一致，在2015年2月各层土体温度出现最低值。自2014年9月起，各层土体温度随气温逐渐降低，100 cm处地温高于其他土层，5 cm处地温最低，25 cm和55 cm处地温基本相同。2015年2月中旬之后，各层地温随气温升高而逐渐上升，5 cm处地温上升较快，3月3日之后高于其他层位地温。100 cm处地温在2015年4月12日之后，低于其他层位地温；5 cm、25 cm和55 cm处地温变化趋势与气温基本一致，表明55 cm以上土体温度受气温影响显著。

上述分析表明，阳坡地温高于阴坡，坡面下土体温度随深度、随季节发生变化，具有明显的季节性，夏季地温随深度逐渐降低，冬季地温随深度逐渐升高，坡面浅层地温变化规律与气温变化较为一致，受气温影响显著。

8.阳坡和阴坡坡面下含水率与降水量变化情况

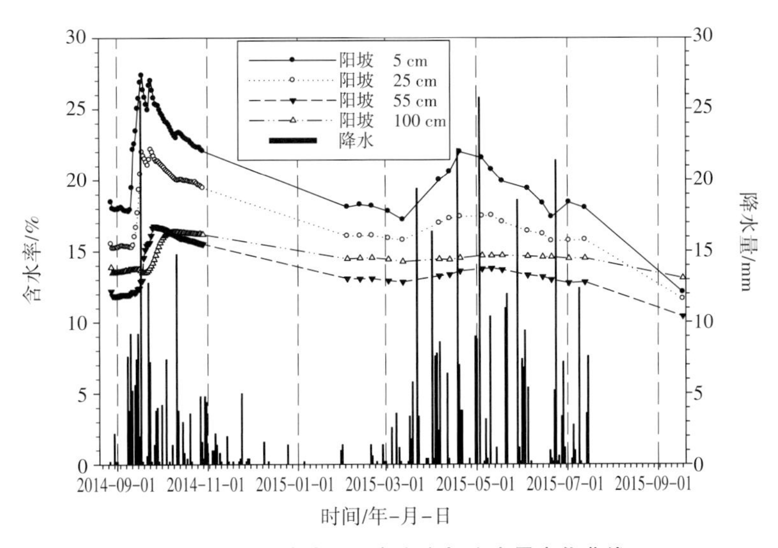

图3-48　阳坡坡面下含水率与降水量变化曲线

图3-48为阳坡坡面下含水率与降水量变化曲线。由图可知，各层土体含水率与降水量关系密切，含水率随降水量的变化发生不同程度的变化，25 cm以上浅层土体含水率受降水率影响显著，25 cm以下土体含水率受降水量影响较小；坡面下5 cm和25 cm处土体含水率均大于55 cm和100 cm处含水率，5 cm处含水率最大；坡面下5 cm处土体含水率随降水量变化发生明显变化，降水量增加时，含水率增大。2014年9月8日—10月12日期间，降水量较大，坡面下5 cm处土体含水率逐渐增加，2014年9月18日和9月24日含水率出现较大值，分别为27.4%和27%，之后逐渐降低。在2015年3月12日之后，降水量突增，对应的坡面下5 cm处土体含水率突增，在2015年4月19日出现较大值，为22%。坡面下25 cm处土体含水率受降

水量影响显著，并低于5 cm处土体含水率。2014年9月8日—10月12日期间，降水量较大，坡面下25 cm处土体含水率分别于2014年9月18日和9月24日出现较大值，分别为22%和22.2%，之后逐渐降低。在2015年3月12日之后降水量增加，25 cm处土体含水率有所上升。坡面下55 cm和100 cm处土体含水率受降水影响较小。除在2014年9月8日—10月12日期间，降水量较大时有所增加外，变化幅度较小，较为稳定。

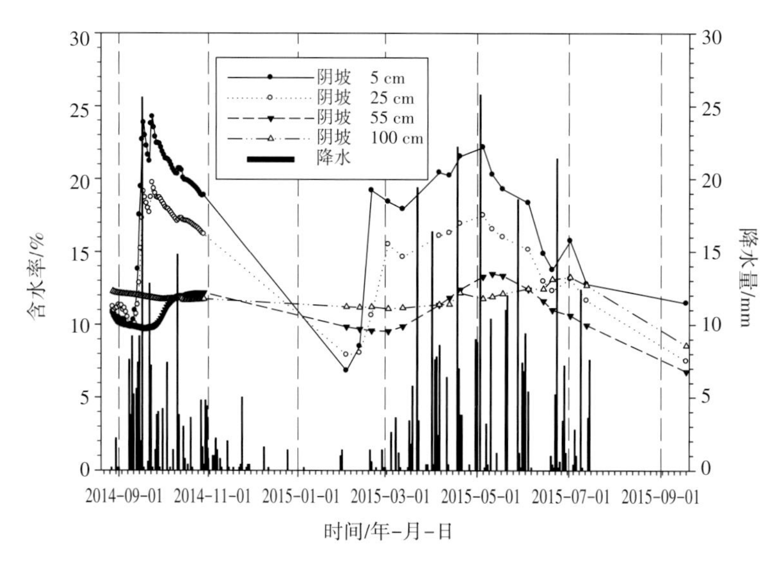

图3-49 阴坡坡面下含水率与降水量变化曲线

图3-49为阴坡坡面下含水率与降水量变化曲线。由图可知，各层土体含水率与降水量关系密切，随降水量的变化发生不同程度的变化，25 cm以上浅层土体含水率受降水量影响显著，以下土体含水率受降水量影响较小；除冬季外，坡面下5 cm和25 cm处土体含水率均大于55 cm和100 cm处含水率，5 cm处含水率最大；坡面下5 cm处土体含水率随降水量变化发生明显变化，降水量增加时，含水率增大。2014年9月8日—10月12日期间，降水量较大，坡面下5 cm处含水率逐渐增加，2014年9月18日和9月24日含水率出现较大值，分别为23.8%和24.2%，之后逐渐降低。在2015年3月12日之后降水量突增，对应的坡面下5 cm处土体含水率逐渐增加。坡面下25 cm处土体含水率受降水量影响显著，并低于5 cm处土体含水率。2014年9月8日—10月12日期间，降水量较大，坡面下25 cm处土体含水率分别于2014年9月18日和9月24日出现较大值，分别为19.1%和19.7%，之后逐渐降低。在2015年3月12日之后，降水量增加，25 cm处土体含水率逐渐增加，坡面下100 cm处土体含水率受降水量影响较小，变化幅度较小，较为稳定。

上述分析表明，阳坡受降水量影响的深度小于阴坡。降水量主要影响阳坡25 cm以上浅层土体含水率，而深部含水率变化稳定；在降水影响下，阳坡5 cm和25 cm处土体含水率同时出现峰值，且25 cm处土体含水率明显低于5 cm处土体含水率，表明水分在浅层土体中的迁移速度较快，但迁移量较小。而对于阴坡，降水量主要影响55 cm以上土体含水率，100 cm处土体含水率变化稳定；在降水影响下，阴坡5 cm、25 cm和55 cm处土体含水率变化规律基本一致，表明水分在5 cm、25 cm和55 cm处浅层土体中的迁移速度较快，但迁移量逐渐减小。

4 冻融循环对黄土路基多次湿陷影响机理研究

冻融循环作为一种强风化作用，能够显著影响土体的物理力学性质，如干密度、含水率、孔隙比、结构性、颗粒连接方式、渗透性、应力应变关系、强度等（李国玉等，2011，2014；穆彦虎等，2011；王飞，2016；毛云程，2015），所有这些都与黄土路基多次湿陷密切相关，因而冻融循环对压实黄土工程特性的影响成为黄土路基多次湿陷机理研究的重要内容。

4.1 冻融循环对压实黄土工程特性影响研究

4.1.1 变形特性

为了研究冻融循环作用下压实黄土变形响应，研究人员开展了补水和不补水条件下的冻融循环模拟试验。试验采用冻土工程国家重点实验室的冻融循环模拟试验系统，该试验系统主要由变形传感器、顶板、绝缘层、底板、冷浴、温度传感器以及补水系统等组成（如图4-1所示）。试验过程中，顶板、底板和环境温度可以通过冷浴来控制，利用补水系统可以对试样底面进行补水，以模拟现场地下水补给。关闭补水系统，可进行不补水条件下的冻融循环试验。

1.不补水条件下的冻融循环试验

天然土体一般是由矿物颗粒构成的土骨架、土骨架孔隙内充填的水和空气组成的三相体系。当作用在土体中的应力发生变化时，土的体积缩小称为压缩变形。土体的压缩变形依赖于其所受有效应力的变化，即压缩变形是外力作用引起土体变化的主要部分，也是路基沉降的主要部分。

在外力作用下，引起土体压缩变形的因素包括土体组成部分的压缩和结构性的压缩。土

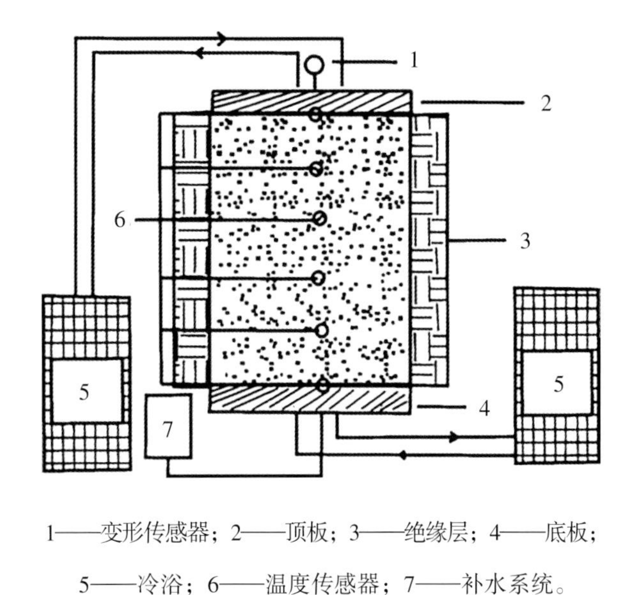

1——变形传感器；2——顶板；3——绝缘层；4——底板；
5——冷浴；6——温度传感器；7——补水系统。

图4-1　冻融循环试验系统及其结构示意图

体组成部分的压缩来源于孔隙中气体的压缩和孔隙中水和空气被挤出后引起土体孔隙减小的压缩。考虑到土颗粒的压缩量比土骨架的压缩量小很多，且孔隙中气体的压缩所占的比例很小，另外人工压密土虽总是表现一定的结构性，但其对土体压缩变形的影响较小，故两者一般都忽略不计。因此人工压密土的压缩变形主要是由于孔隙中的水被挤出而引起的。物性指标对压实黄土压缩变形的影响主要表现为：压实度对压缩变形的影响程度随含水率的提高而增大；含水率对压缩变形的影响程度随压实度的提高而减小。

为测定冻融循环对压实黄土压缩变形的影响，开展了无荷载不补水条件下的冻融循环试验。首先制备干密度为1.8 g/cm^3（对应压实度95%）、含水率为13%的压实黄土样，后采用冻土工程国家重点实验室的可程式超低温冻融循环试验机（图4-1）对制备好的压实黄土样在封闭系统下进行1次、3次、5次、7次、10次快速多向冻结、融化试验。冻结温度为-15 ℃，融化温度为16 ℃，一个冻融循环历时24 h，冻结和融化各12 h，最后对经历不同冻融循环次数后的试样进行压缩试验。

图4-2为依据割线模量法［式（4-1）］整理的土体压缩试验结果。由图可知，随着冻融循环次数的增加，各级压力下侧限压缩应变无明显变化。原因可能是压实黄土压缩变形主要由于土颗粒间孔隙水被挤出而引起，而在含水率一定的条件下，土体原位冻结引起土体压缩变形的增加与试样含水率随冻融循环次数逐渐减小引起土体压缩变形的减小作用相当。

$$\varepsilon_{s_i} = \frac{h_0 - h_i}{h_0} \times 100\% \tag{4-1}$$

式中：ε_{s_i}为第i级压力下土样的侧限压缩应变；h_0为试样初始高度（mm）；h_i为第i级压力

下试样变形稳定后的高度（mm）；s为完全侧限条件。

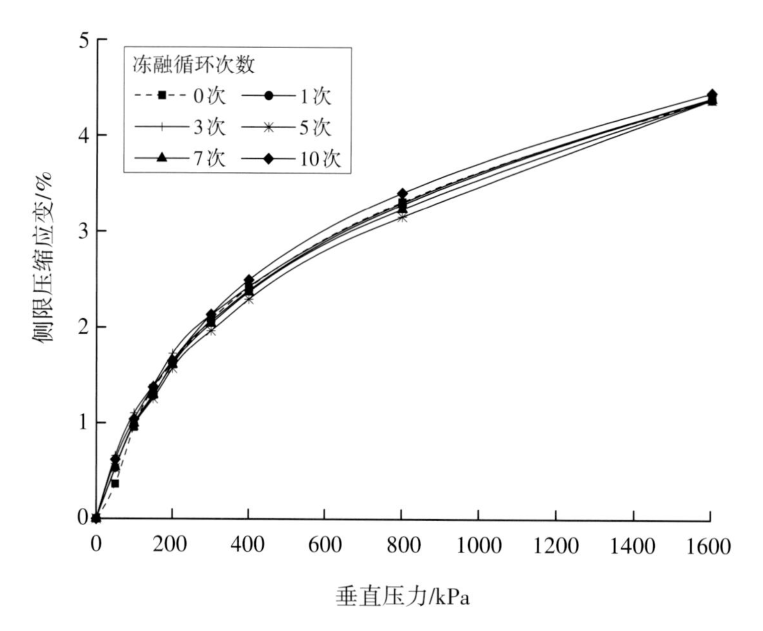

图4-2　不同冻融循环次数后侧限压缩应变与压力关系曲线

表4-1是用Gunary模型［式（4-2）］拟合不同次数冻融循环作用下土体应力-应变关系的相关系数。随着冻融循环次数的增加，参数A、B先减小，后增大，其中第1次冻融循环对试样的扰动最大，其所对应的A、B值降低幅度也最大。冻融作用下该模型仍能相对准确地描述实际曲线的发展趋势，即冻融作用仍然只改变压实黄土压缩系数、压缩模量、割线模量等压缩特性参数，而不改变曲线的反映形式。

$$\varepsilon_{s_i}=\frac{p_i}{(A+B_{p_i}+C\sqrt{p_i})} \tag{4-2}$$

其中A，B，C均为试验常数。

表4-1　用Gunary模型拟合不同冻融循环次数下压实黄土p_i关系相关系数

冻融循环次数/次	A	B	C	相关系数
0	7311.113	13.913	181.555	0.9945
1	5606.174	10.659	347.124	0.9987
3	3435.546	8.801	474.870	0.9990
5	4497.133	7.508	504.701	0.9983
7	5071.475	9.637	404.017	0.9986
10	5189.777	11.055	327.669	0.9998

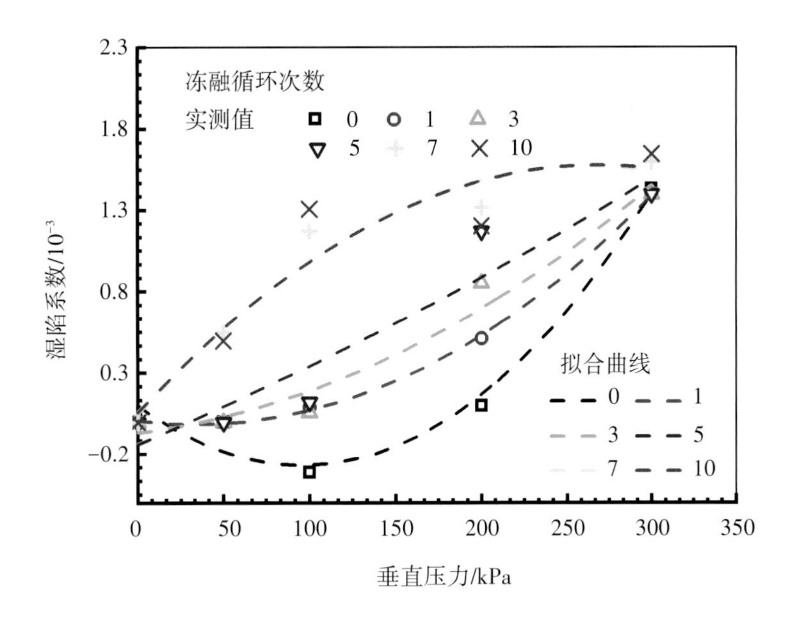

图4-3 不同冻融循环次数后土样湿陷系数与压力关系曲线

基于双线法测定了不同冻融循环次数后压实黄土的湿陷系数［式（4-3）］。图4-3为压实黄土试样经历不同次数冻融循环作用后的δ_s-p_i关系，由图可知，随着冻融循环次数的增加，压实黄土湿陷系数略有增大。冰晶体在形成过程中土体内产生楔形力，并在土体内部产生应力累积，当应力累积量超过颗粒间的黏结力时，颗粒原本的联结被破坏，造成局部区域颗粒的移动和错位，增大了土体内贯穿的孔隙和裂隙；融化后冻胀应力消失，被撑大的孔隙失去支撑，颗粒不规则边界将塌落，边缘逐渐趋于平滑近似圆形，骨架的连接出现点接触（穆彦虎等，2011），造成土体湿陷变形增加，但是不足以形成一定数量的架空孔隙，而出现土体孔隙周围的颗粒落入孔隙内发生湿陷的现象。

$$\delta_s = \frac{h_p - h_p'}{h_0} \tag{4-3}$$

式中：h_0为试样初始高度（mm）；h_p为各级压力下试样变形稳定后的高度（mm）；h_p'为各级压力下试样浸水变形稳定后的高度（mm）。

2.补水条件下的冻融循环试验

对压实黄土进行不同次数的冻融循环试验，利用补水系统可以对试样底面进行补水，以模拟现场地下水补给，同时在冻融循环过程中实时监测土体顶部的变形量。图4-4为不同冻融循环次数条件下土样变形过程，图4-5为不同冻结阶段土样温度场分布。冻融循环开始时，土体未变形，此时顶板温度为正温，土体未冻结。随着冻融循环的进行，顶板温度变为负温，土体由上至下开始逐渐冻结，变形开始增加，土体表现为冻胀变形；在顶板温度变为正温时，变形开始减小，土体表现为融沉变形。在冻融刚开始的几个循环内，冻胀量大于融沉量，土体总体表现为膨胀。随着冻融循环次数的增加，在一定的冻融循环次数后，土体冻胀量与融沉量基本相当，土体总体变形趋于稳定。反复冻融作用引起的冻胀和融沉会使压实黄土试样体积膨胀，导致土样疏松，密度减小。

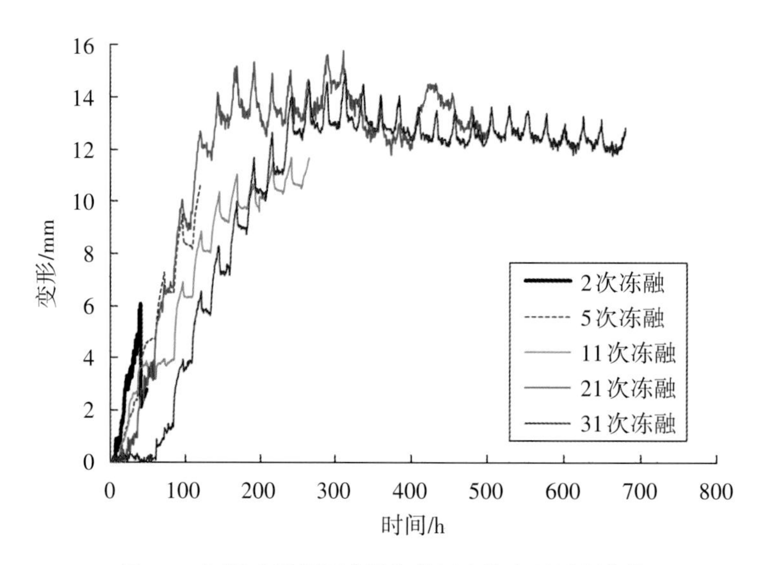

图4-4 不同冻融循环次数条件下土体变形过程曲线

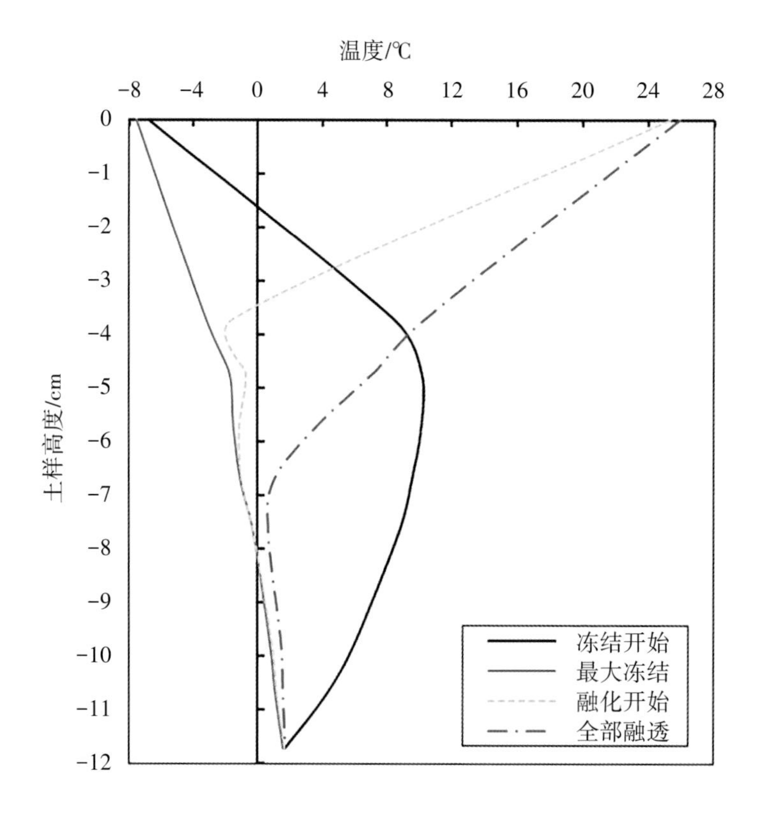

图4-5 不同冻融阶段土样温度场分布

补水条件下的冻融循环模拟试验结束后，土样在冻结状态下快速拆样，并在低温实验室将土样自上而下按间距1 cm分层取样，用烘干法测其含水率，分析不同次数冻融循环后土样的水分重分布规律。不同冻融循环次数后土样不同位置含水率试验结果如图4-6所示。由图可以看出土样的初始含水率为11.6%，在经历多次冻融循环后，各位置土体含水率均明显增加。在土样上部，含水率随冻融次数的增加而增加，土样下部含水率变化不大；含水率在土样高度上的分布表现为从底层到顶层含水率不断增大；经历不同次数的冻融循环后，土样底部含水率分别在15.09%～17.9%之间变化，上部含水率分别在21.87%～28.47%之间变化。

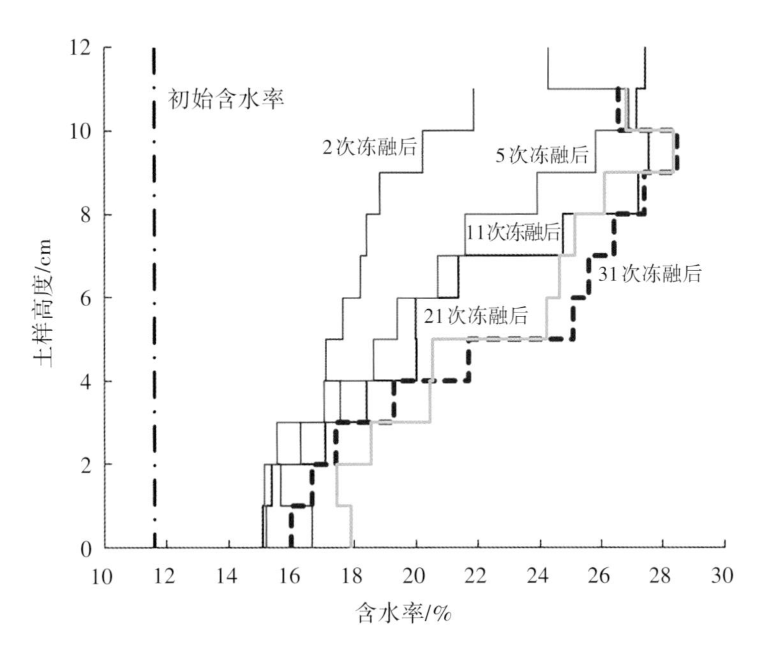

图4-6　不同冻融循环次数后土样含水率分布图

补水条件下的冻融循环试验结果表明：在冻融循环作用下，土样中的水分不断向上迁移并逐渐向顶板聚集，导致土样上部含水率最大，这主要是由于土样顶板温度为负温且封闭。土样上部冻结，水分在温度梯度作用下从未冻结区（下部）向冻结区（上部）迁移，直到冻结结束；当顶板温度变为正温时，土体上部开始融化，中部尚未融化，土体存在冻结夹层。这时上部土体水分在重力作用下向下迁移，遇到冻结夹层后在冻结夹层上聚集。同时土样下部（未冻结）水分在温度梯度作用下向冻结界面迁移。随着融化的进行，当土样中部的冻结夹层全部融化后，土体上部的水分才能继续向下迁移。由于冻结夹层的出现，土样融化时上部水分不能完全向下迁移，温度梯度引起的向上迁移的水分大于重力作用下向下迁移的水分。因此，土样经过多次冻融循环后，水分在中上部逐渐聚积，以上过程如图4-7所示。这种水分在土样中上部的聚集对黄土路基产生多次湿陷原因的解释具有重要的启示意义。

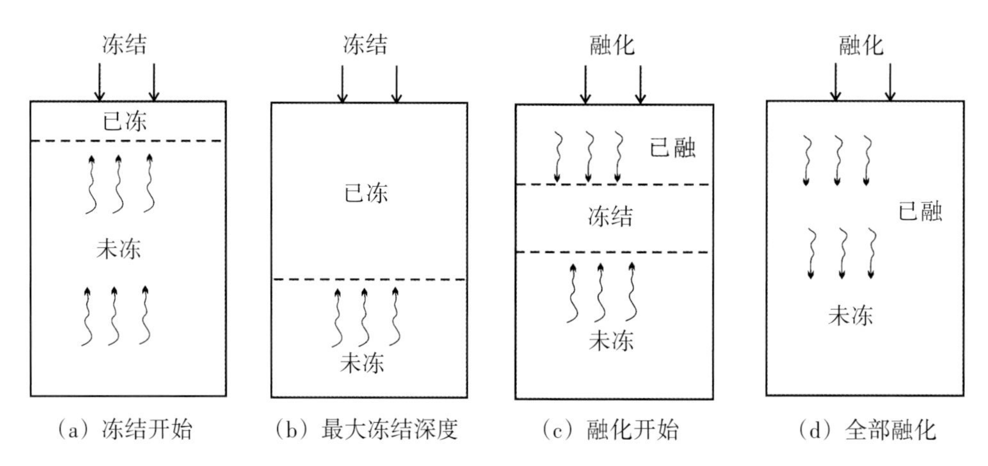

图4-7　冻融过程中水分迁移过程示意图

补水条件下的冻融循环模拟试验结束后，土样在冻结状态下快速拆样，分别测试距土样顶面与底面3 cm位置处的含水率与干密度，结合比重计算土样上下部的孔隙比，以此研究压实黄土干密度与孔隙比随冻融循环的变化规律，具体试验结果如图4-8、图4-9所示。

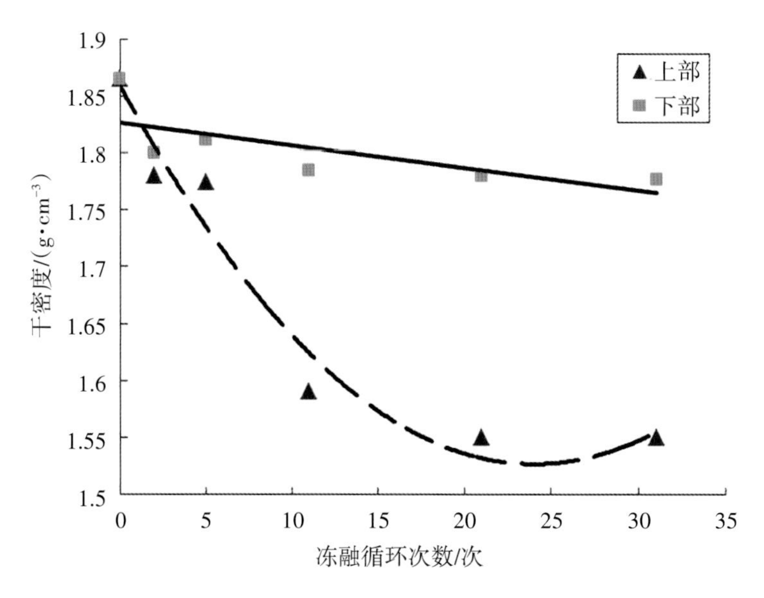

图4-8　干密度随冻融循环次数变化过程

由图4-8可知，随着冻融循环次数的增加，压实黄土干密度逐渐减小，且上部土体干密度减小更加明显。主要原因是上部土体经历了强烈的冻融循环作用，而下部土体仅仅是水分增加而未经历冻融循环。经历一定次数的冻融循环后，上部土体干密度变化逐渐缓和且趋于一个定值。土体上部初始干密度为1.86 g/cm^3，经过21次和31次冻融循环后，变为1.55 g/cm^3；土体下部虽未经历冻融循环，但干密度也逐渐减小，且减小速度较上部土体缓慢，干密度从初始的1.86 g/cm^3，变为31次冻融循环后的1.78 g/cm^3。

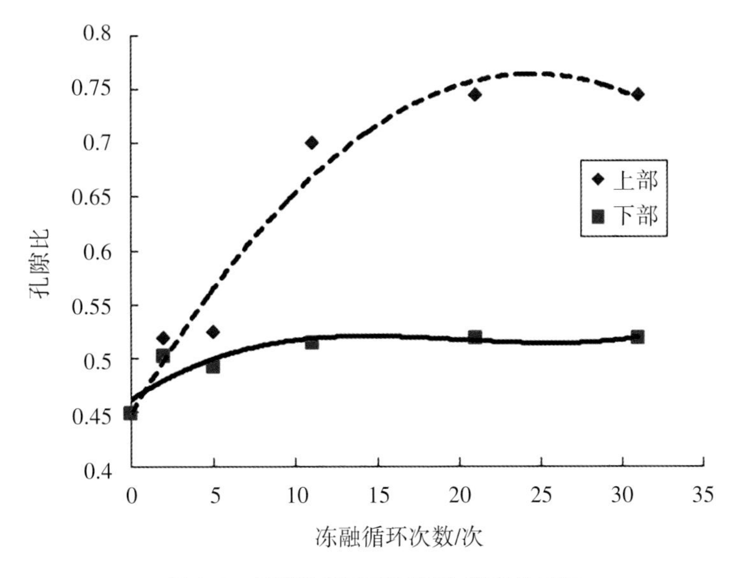

图4-9　孔隙比随冻融循环次数变化过程

由图4-9可以看出，随着冻融循环次数增加，压实黄土孔隙比逐渐增加。上部土体孔隙比在冻融循环初期增加速度较快，经历一定次数的冻融循环后，其孔隙比增加速度减缓且趋于一个定值。上部土体孔隙比经过31次冻融循环后，从最初的0.45增加到0.74；下部土体虽未经历冻融循环，但孔隙比也逐渐增加，且速度与上部土体相比较缓慢，经过31次冻融循环后，孔隙比从最初的0.45增加到0.52。以上结果表明，经历冻融循环的上部土体的干密度与孔隙比变化都较未经历冻融循环的下部土体剧烈。

补水条件下的冻融循环模拟试验结束后，分别测试不同次数冻融循环后土样上部和下部的湿陷变形，研究冻融循环对压实黄土湿陷变形的影响，试验结果如图4-10所示。

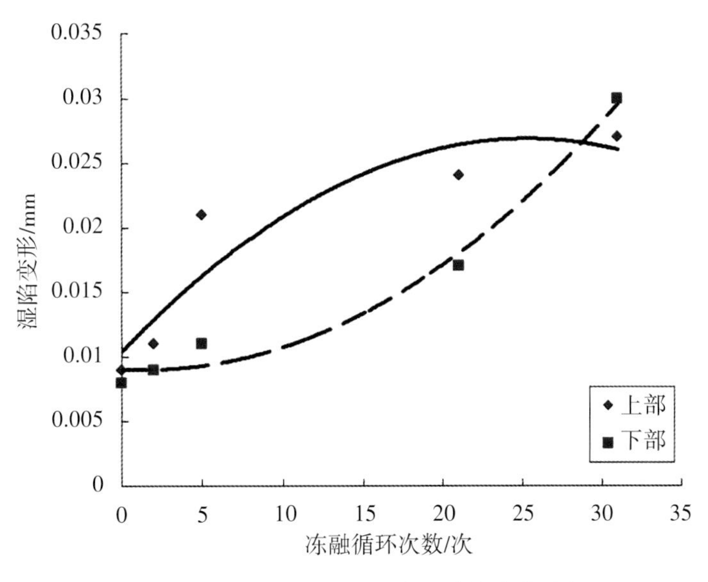

图4-10　湿陷变形随冻融循环次数变化过程

由图4-10可知，随着冻融循环次数的增加，上部与下部土体湿陷变形均逐渐增加。上部土体湿陷变形在冻融循环初期增加速度较快，5次冻融循环后，湿陷变形虽仍有增加，但已逐渐趋于稳定；下部土体湿陷变形在冻融循环初期增加相对较慢，5次冻融循环后，土体湿陷变形迅速增加。结合不同次数冻融循环后上、下部土体干密度与孔隙比的变化情况，分析其主要原因可能是上部土体在冻融循环初期经历了强烈冻融循环作用，其内部结构已发生明显改变，因此，初期湿陷变形较大，后期湿陷变形趋于稳定；而下部土体在冻融循环初期仅仅是水分增加而没有经历冻融循环作用，内部结构变化不大，故湿陷变形增加缓慢。随着冻融循环次数的增加，下部土体虽未发生冻融循环作用，但频繁的水分迁移以及相应的盐分迁移对内部结构的影响开始显现，内部结构可能发生较大改变，从而导致湿陷变形的迅速增加。

4.1.2 强度变化特征

1.无侧限抗压强度

无侧限抗压强度是岩土材料的重要力学性质指标，也是工程建设中基础设计的一个重要依据。图4-11是典型冻融循环作用下压实黄土的全应力-应变曲线，可以看出，当应力达到破坏强度时，曲线急剧下降，试样破裂，土样破坏方式呈现典型的脆性破坏，破坏面基本沿一定的破坏角发展。整个压缩过程大致可分为弹性阶段、塑性屈服阶段和软化破坏阶段。

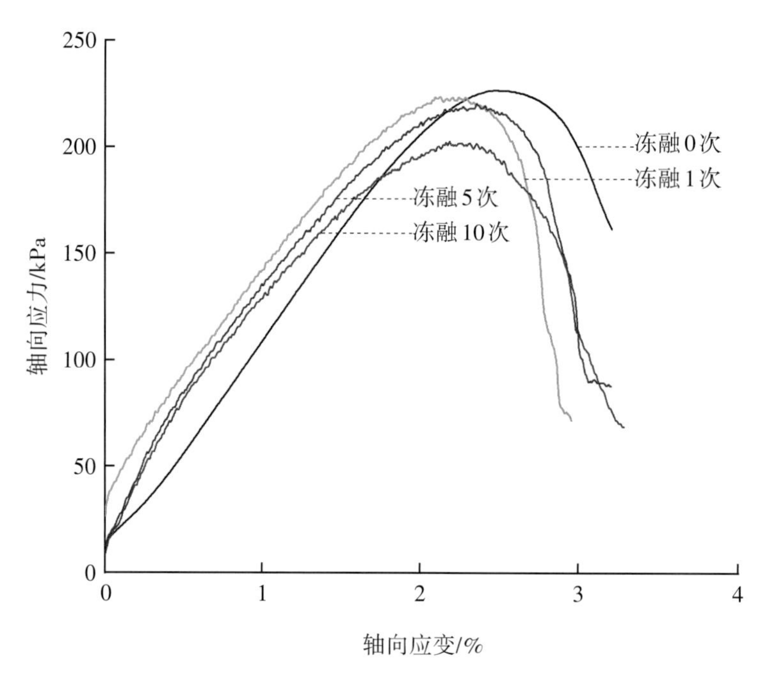

图4-11 不同冻融循环作用下压实黄土全应力-应变关系曲线

全应力-应变曲线的峰值应力作为无侧限抗压强度σ_c，相应于σ_c的应变为破坏应变。应力-应变曲线上直线段的斜率为弹性模量E_e。表4-2为不同冻融循环作用下压实黄土无侧限抗压强度试验结果。随着冻融循环次数的增加，压实黄土平均无侧限抗压强度逐渐减小，从未经历冻融循环作用的228.62 kPa下降到冻融循环10次后的200.33 kPa，降低幅度为12.37%；压实黄土平均弹性模量E_e随着冻融循环次数增加呈幂函数递减规律，降低幅值大约为不经历冻融循环作用试样的7%～18%；冻融循环作用下土体的破坏应变在2.12%～3.08%之间波动，整体上呈减小趋势，其中第1次冻融循环作用对试样扰动最大，其所对应的平均破坏应变降低幅度也最大。

表4-2 不同冻融循环作用下压实黄土无侧限抗压强度试验结果

试件编号	冻融次数/次	无侧限抗压强度/kPa		弹性模量/MPa		破坏应变/%	
		样本值	平均值	样本值	平均值	样本值	平均值
FT -1-1	1	225.65	221.27	9.33	8.96	2.36	2.35
FT -1-2		224.24		8.36		2.19	
FT -1-3		213.91		9.18		2.49	
FT -3-1	3	231.65	218.12	8.64	8.61	2.12	2.44
FT -3-2		224.42		8.86		2.26	
FT -3-3		205.04		8.32		2.66	
FT -3-4		211.37		8.6		2.7	
FT -5-1	5	228.47	15.6	8.81	8.4	2.32	2.32
FT -5-2		221.32		8.49		2.35	
FT -5-3		221		7.99		2.17	
FT -5-4		191.59		8.32		2.43	
FT -7-1	7	216.77	211.47	7.89	7.97	2.13	2.36
FT -7-2		218.15		7.99		2.28	
FT -7-3		203.85		7.78		2.45	
FT -7-4		207.11		8.22		2.56	
FT -10-1	10	203.52	200.33	7.98	8.13	2.35	2.41
FT -10-2		203.39		7.64		2.17	
FT -10-3		197.89		8.45		2.58	
FT -10-4		196.51		8.46		2.54	

冻融循环作为一种强风化作用会导致压实黄土劣化。因此，其在黄土路基工程安全性评价、使用年限确定时，仍是一个不可忽视的问题。业界普遍认为，冻融循环作用会降低土的强度，主要是伴随着水的相变，土体冻结时增大的孔隙体积在融化时无法恢复到初始状态，原有土体结构被破坏，从而使土体变得疏松，土颗粒之间的黏结力降低、强度降低。无水分补给条件下，土体主要发生原位冻结，土体中水分和盐分迁移可以忽略不计。在负温下，土中水分冻结，硫酸钠盐结晶，使得土颗粒间距增大，联结形式发生变化，土体体积膨胀。当温度升高至正温时，土中的冰融化，硫酸钠晶体溶解，部分土颗粒失去晶体支撑从而回落，部分土颗粒由于其内摩阻力、黏结力等作用并不发生回落，导致部分孔隙无法恢复到初始状态，土颗粒之间的连接力降低，从而强度减小。

2.抗剪强度

1）直接剪切试验

土体的破坏通常是剪切破坏，因此抗剪强度是土的主要力学性质之一。对经历不同冻融循环次数的试样进行直剪试验，其结果见表4-3。试验结果表明，随着冻融循环次数的增加，压实黄土的黏聚力总体上呈减小趋势。压实黄土每经历1次冻融循环作用后，土颗粒之间的距离将有不同程度增大，这与无侧限抗压强度随冻融循环次数降低的分析结果相似。但是冻融循环作用下压实黄土内摩擦角变化无明显规律可循，在经历0～10次完整冻融循环的过程中，其值在33.37°～43.57°之间波动。

表4-3　不同垂直压力下压实黄土最大抗剪强度

冻融循环次数/次	抗剪强度/kPa				黏聚力/kPa	内摩擦角/°
	50 kPa	100 kPa	150 kPa	200 kPa		
0	83.05	123.05	155.3	200.5	44.33	37.59
1	88.5	110.2	168	204.3	41.45	39.04
3	87.25	128.73	175	230.27	36.48	43.57
5	77.4	102.1	140	188.1	34.40	36.52
7	73.9	99.3	142.5	169.2	38.95	33.37
10	60.35	137.79	141.5	188.5	34.99	37.84

对经历不同冻融循环次数的试样进行直剪试验，其结果见表4-4，图4-12、图4-13为压实黄土的黏聚力和内摩擦角随冻融循环次数变化而发生变化的过程。可以看出，随着冻融循

环次数的增加，黏聚力逐渐减小，而内摩擦角先增加后稳定在一个相对稳定的角度。

表 4-4 不同冻融循环次数下压实黄土黏聚力和内摩擦角变化表

冻融循环次数/次	0	5	11	31
黏聚力/kPa	60	42.5	28.8	9.8
内摩擦角/°	35	37	36	36

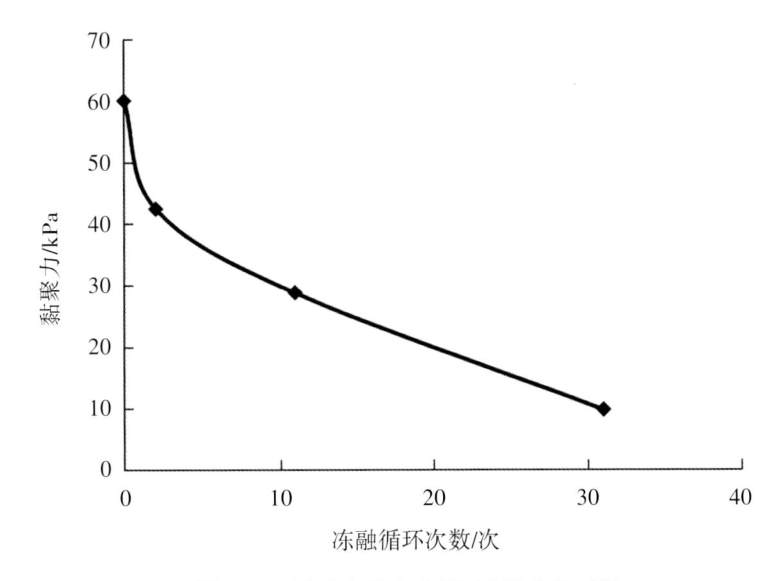

图 4-12 黏聚力随冻融循环次数变化过程

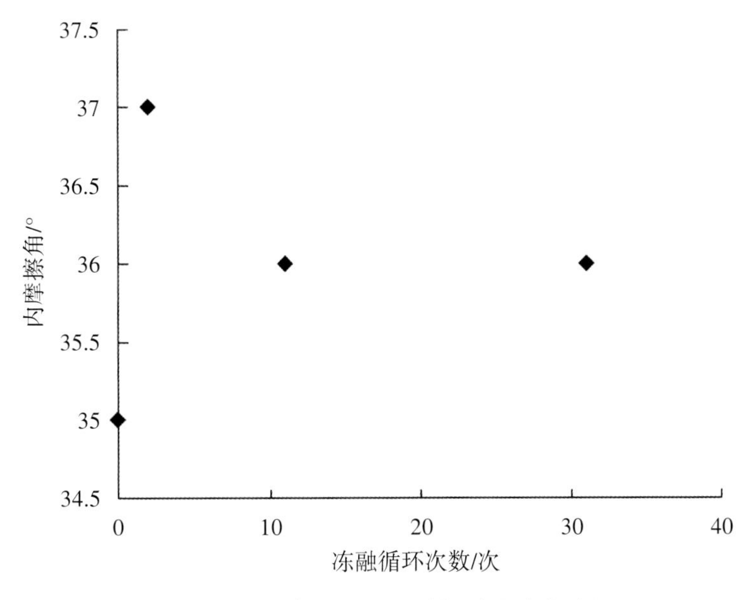

图 4-13 内摩擦角随冻融循环次数变化过程

土的黏聚力主要来自于自由分子力（真黏聚力）、颗粒间胶结力以及毛细力等的共同作用。由于自由分子力主要取决于矿物成分和密度，冻融使得土中较大孔隙被保留下来，土样密度降低，使得黏聚力降低。土结构的冻融破坏使得胶结力减小，黏聚力进一步降低。冻融循环后土样内摩擦角变化的主要原因是：冻融循环后尽管较大孔隙增加了，但是较小孔隙结构遭到破坏，导致较小孔隙附近土颗粒接触点增加，摩擦力增加。

2）三轴剪切试验

分析冻融循环对三轴抗压强度和变形模量的影响过程，具体结果如图4-14、图4-15所示。

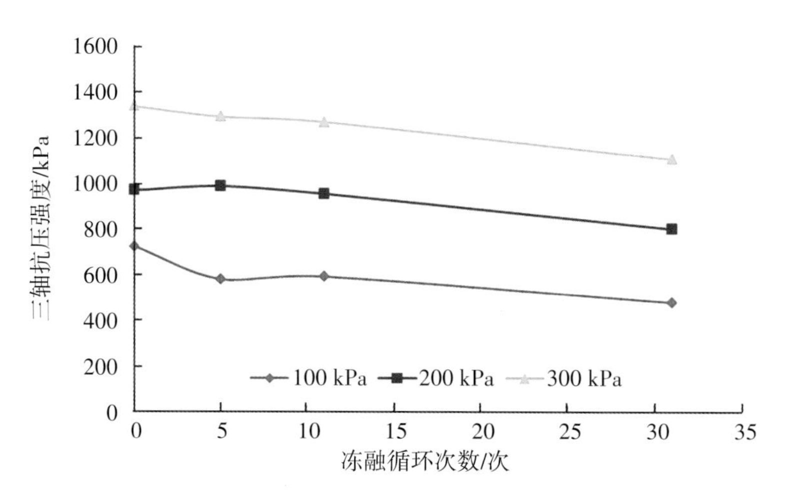

图4-14 不同围压条件下三轴抗压强度随冻融循环次数变化过程

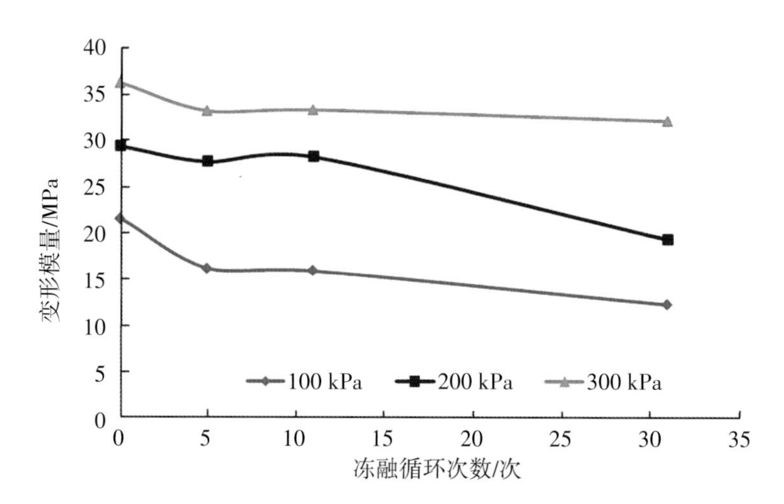

图4-15 不同围压条件下土样变形模量随冻融循环次数变化过程

图4-14为不同围压条件下压实黄土三轴抗压强度随冻融循环次数变化过程，可以看出，随着冻融循环次数的增加，土样抗压强度逐渐降低，说明冻融循环对土样的结构有弱化作用。随着围压的增加，土样抗压强度逐渐增大，这主要是试验过程中围压限制了土样的径向膨胀，

且围压越大，这种控制效果越明显，使得土样强度随着围压的增大而增加。

图4-15为不同围压条件下土样变形模量随冻融循环次数变化过程［变形模量为相应应力（偏应力）-应变曲线上应变在0.5%～2%之间的直线段斜率］，由图可知，变形模量随围压的增大而增加，随冻融循环次数的增加而减小。

冻融循环造成压实黄土强度、变形模量降低的主要原因是土样在冻结时，土中水变成冰，体积膨胀，引起土颗粒移动，形成较大的孔隙和微裂纹等结构缺陷；土体融化后，孔隙冰变成水，土体体积减小，土颗粒重新移动，孔隙和微裂纹逐渐恢复。经过多次冻融循环作用后，土颗粒、孔隙、微裂纹形成一个新的平衡状态，相比初始的孔隙结构，较大的孔隙和微裂纹等结构缺陷被保留下来，引起了土体的强度降低，破坏应变减小，土体整体结构弱化。而因水成冰后土体体积膨胀、土颗粒移动形成的新的较大空隙，则是冻融循环后压实黄土再次湿陷的主要原因。

冻融循环主要是通过土体中水分的相变来影响土体的颗粒和孔隙特征，进而影响土体的抗剪强度，主要体现在抗剪强度指标黏聚力的影响上。冻融循环试验中可能对抗剪强度参数造成影响的因素有冻融循环次数、水分迁移和冰晶析出等。在最佳含水量条件下，土颗粒之间的水膜比较薄，且在-15 ℃时土中水基本上原位冻结，水分迁移不明显，进而形成不了较大的冰晶。但是未冻融试样干密度较大，土骨架颗粒多以集粒状和凝块状为主，骨架连接多为面-面接触，土体孔隙比较小，冻结时较小冰晶的形成就会导致土体膨胀，密度降低，自然导致黏聚力的降低。另外，硫酸钠盐在冻融循环过程中发生结晶-溶解变化对土体黏聚力的降低也具有一定的推动作用。

4.1.3　黄土动力工程特性研究

1.试验条件

西北地区主要是黄土广泛分布的季节性冻土区，其工程基础构筑物必须考虑黄土和冻土两类特殊土的基本物理和力学性质及其对冻融循环过程的响应规律。而高速铁路和高速公路又是国家投入最大、分布最广的基础设施，其路基铺装的耐久性材料（沥青和水泥）和路堤材料（粗颗粒、碎石、填土材料）将不可避免受到交通动力荷载、地震动力荷载与冻融循环过程的耦合作用，其在反复冻融后的动力工程特性对于路基的合理设计、安全运维将有极其重要的意义。因此有必要开展冻结黄土在冻融循环后的循环三轴动力测试，进一步揭示累积变形、回弹变形、小应变刚度、阻尼比随冻融循环过程的基本演化规律。本节研究的取土地点位于甘肃省兰州市红古区，其地处黄土高原西南部，属于典型的黄土分布区和季节性冻土区。路基土的颗粒级配分布曲线如图4-16所示，其基本的土体物理参数见表4-5。试样的冻融过程采用无补水冻融循环系统完成，为防止土样在0 ℃以下的不充分冻结或未冻结的发生，冻融循环过程中的冻结温度设置为-3 ℃、-10 ℃和-20 ℃，正温为20 ℃，以此确保试样充分的融化。冻融周期为24 h与自然周期一致，冻融循环次数分别为0次、3次、6次、9次和12次。试样经冻融循环后迅速开展动力学三轴试验，分别进行小应变分级循环测试和大应变单级循环测试，动力学三轴试验的温度为-3 ℃，其测试条件见表4-6。为获得冻结试验在小应变条件下刚度的衰减规律，采用小应变分级循环测试的方法，其中20个动应力幅值被采用在多级循环加载中，每一级有15个正弦加载脉冲，如图4-17所示。而大应变单级循环测试主要测试冻结试样在大变形过程中塑性累积变形和回弹变形的发展演化规律。另外冻融循环（包括冻结温度和循环次数）、围压、循环应力幅值、加载频率、初始应力比对动力特性的影响在本研究中也被充分考虑。

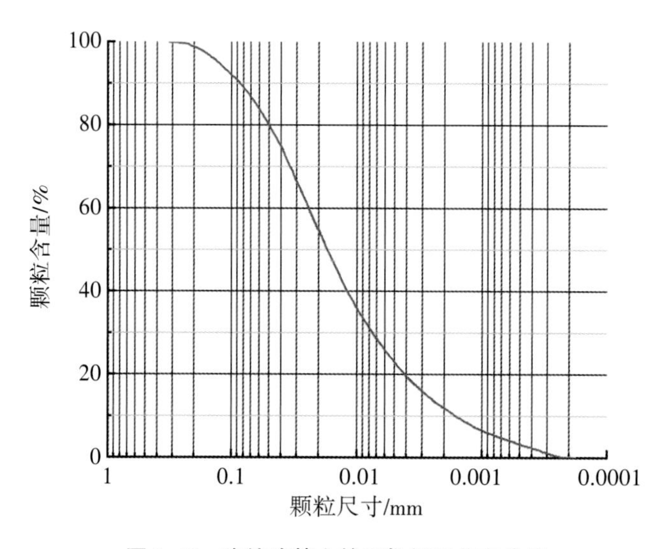

图4-16 冻结路基土的颗粒级配分布曲线

表4-5 路基土物理参数

塑限/%	液限/%	塑性指数	最大干密度/(g·cm^{-3})	最大含水率/%
16.5	28.2	11.7	1.78	17.1

表4-6 测试条件

（a）分级加载测试

编　号	围压/MPa	初始应力比	加载频率/Hz	冻融循环次数/次	冻结温度/℃
TN-(1～4)	0.1,0.5,1,1.5	1	1	0	*

续表4-6

编　号	围压/MPa	初始应力比	加载频率/Hz	冻融循环次数/次	冻结温度/℃
TN-(5~7)	0.1	1	0.1,10,20	0	*
TN-(8~11)	0.1	3,5,7,10	1	0	*
TN-(12~15)	0.1	1	1	3,6,9,12	-3
TN-(16~19)	0.1	1	1	3,6,9,12	-10
TN-(20~23)	0.1	1	1	3,6,9,12	-20

（b）单级加载测试

编　号	围压/MPa	初始应力比	循环应力幅值/MPa	加载频率/Hz	冻融循环次数/次	冻结温度/℃
TN-(24~27)	0.1,0.5,1,1.5	1	0.8	1	0	*
TN-(28~30)	0.1	1	0.8	0.1,10,20	0	*
TN-(31~34)	0.1	3,5,7,10	0.8	1	0	*
TN-(35~39)	0.1	1	0.1	1	0,3,6,9,12	-20
TN-(40~44)	0.1	1	0.4	1	0,3,6,9,12	-20
TN-(45~48)	0.1	1	0.8	1	3,6,9,12	-20
TN-(49~53)	0.1	1	1.2	1	0,3,6,9,12	-20
TN-(54~57)	0.1	1	0.8	1	3,6,9,12	-3
TN-(58~61)	0.1	1	0.8	1	3,6,9,12	-10

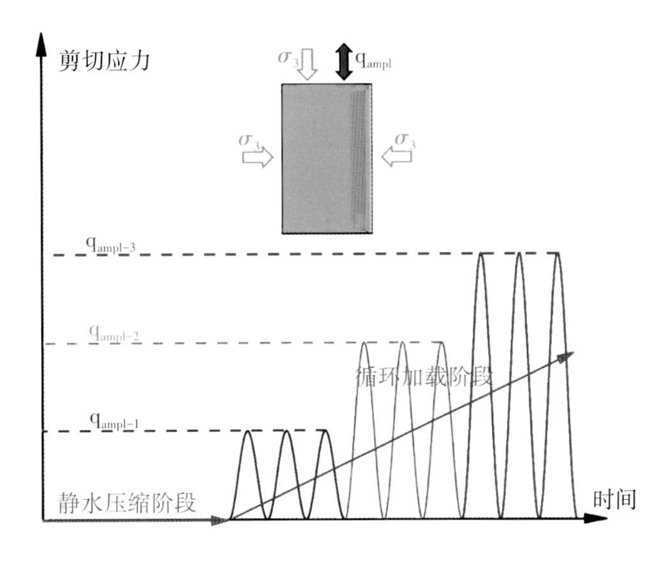

图4-17　小应变分级加载试验示意图

2. 结果和讨论

1）动剪切模量与阻尼比

（1）加载条件的影响

图4-18为4组围压条件下动剪切模量和阻尼比随剪切应变的演化关系。其发展特征可以分成两个阶段：初始稳态阶段（剪切应变<0.001）和快速衰减阶段（剪切应变>0.001）。动剪切模量的小应变演化规律跟其他土工材料的试验结果基本一致。

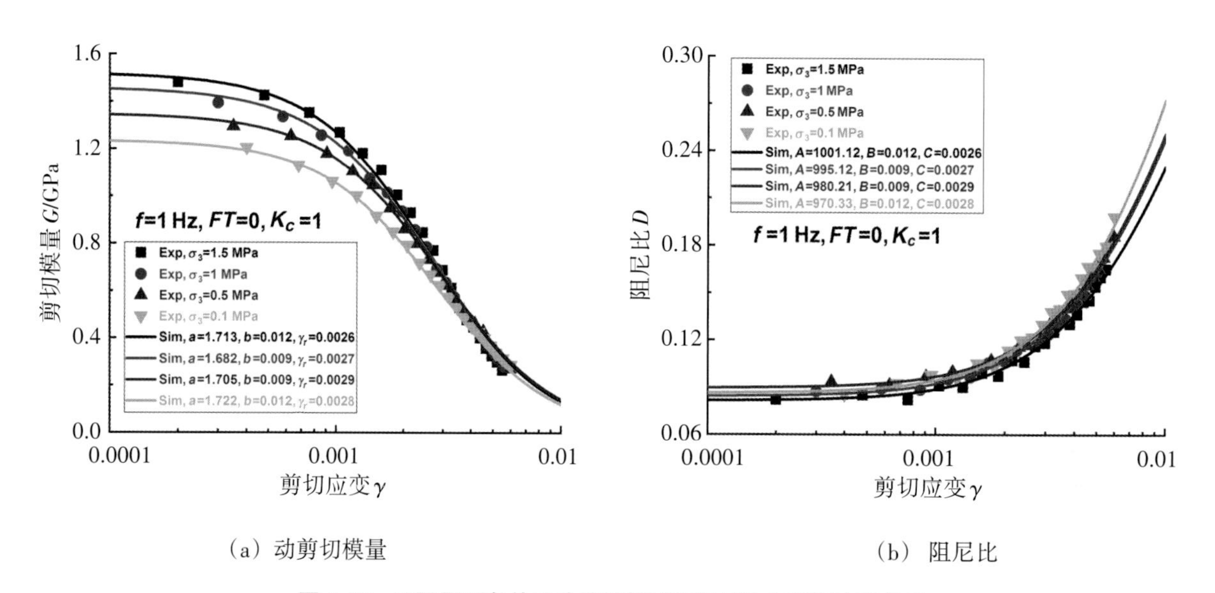

（a）动剪切模量　　（b）阻尼比

图4-18　不同围压条件下动剪切模量和阻尼比与剪切应变关系

为了定量描述冻结路基土动剪切模量的发展，采用两个已有的理论模型来进一步评估在不同动荷和冻融循环条件下标准化剪切模量和剪切应变之间的关系。其中一个修正型的双曲线模型表达式如下：

$$\frac{G}{G_{\max}}=\frac{1}{1+(\gamma/\gamma_r)^m} \tag{4-4}$$

其中$G_{\max}$是最大剪切模量，m是密切相关于刚度损伤过程的材料参数，γ_r为参考剪切应变。参考剪切应变的值等于剪切模量为最大剪切模量一半时对应的剪切应变值，其可以通过试验结果拟合的方法确定。另一个理论模型最初应用于水坝设计中评估土石坝材料的动剪切模量演化特征，其表达式如下：

$$\frac{G}{G_{\max}}=\frac{1}{1+(\gamma/\gamma_r)^{a(\gamma/\gamma_r)b}} \tag{4-5}$$

其中a和b是密切相关于刚度损伤过程的材料参数。图4-19为4组围压条件下标准化剪切模量的试验结果，用于评估两个理论模型对冻结路基土的适用性。参考剪切应变γ_r用两个理论模型确定的结果分别为0.0028和0.0029，在剪切应变小于参考剪切应变的条件下两个模型都能较好的模拟标准化剪切应变的发展特征。但是当剪切应变大于参考剪切应变时，理论模型1［式（4-4）］的预测结果略微大于试验结果。因此为了进一步评估两个模型对路基土小应变剪切刚度的适用性，参量$G_{max}/G-1$随剪切应变的定量变化规律被总结在图4-20中，两个模型都展示出大致的线性关系在双对数坐标系下。而4组围压下的测试数据都能被理论模型2［式（4-5）］较好地预测，理论模型1对试验结果的模拟存在一定程度的偏差，特别是在剪

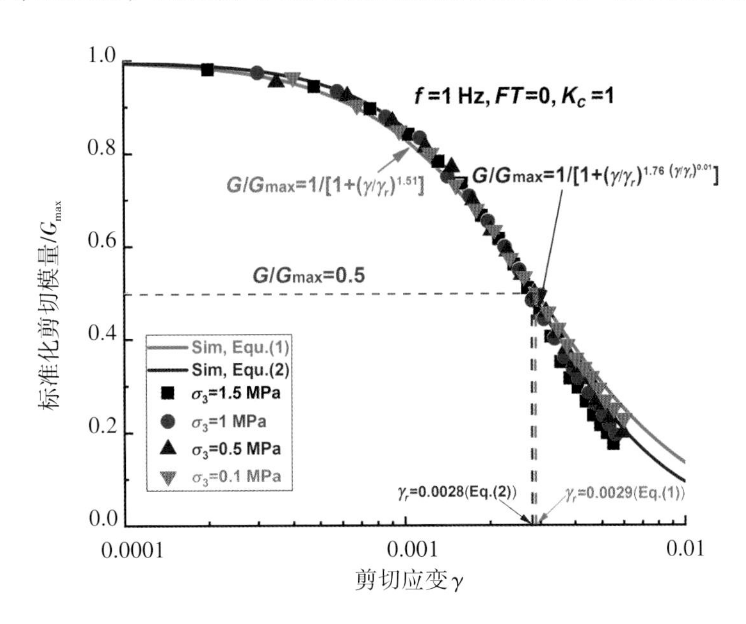

图4-19 不同围压条件下试验测试和模型预测标准动剪切模量

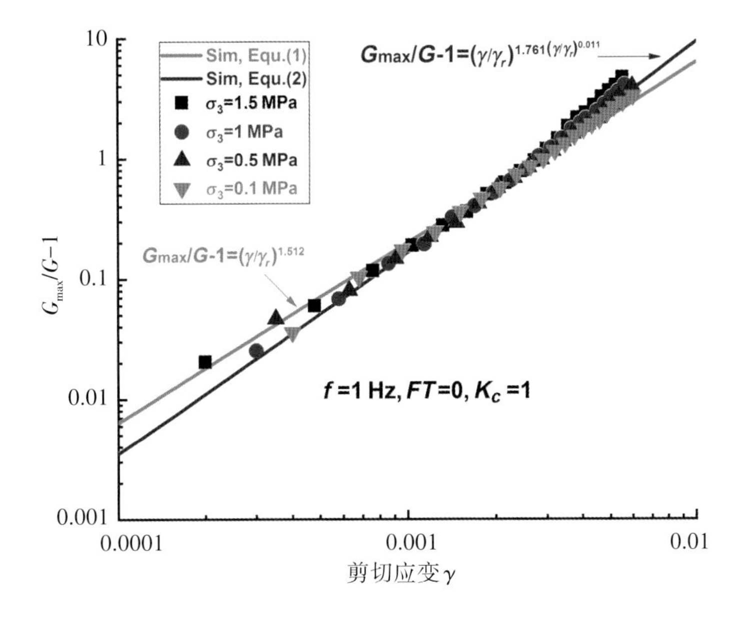

图4-20 不同围压条件下参数$G_{max}/G-1$与剪切应变关系

切应变大于参考剪切应变的范围内。这表明在合理的确定参数值的条件下描述土石坝小刚度的理论模型2［式（4-5）］可以引申引用于冻结路基土。接下来在不用动载条件和冻融循环条件下的试验结果将被采用来进一步考察该理论模型对冻结路基土的应用性。从［式（4-5）］和图4-18（a）可知，随着围压的增大最大剪切模量值也进一步提高，其在4个围压条件下的范围值为1.238～1.512 GPa。围压对动剪切模量的影响在初始稳态阶段较为显著，其主要原因是围压的固结作用强化了冻结试样动态剪切刚度属性。由于剪切应变引起的微结构损伤导致了动态剪切模量的迅速减低，在这个阶段（剪切应变>0.001）围压不再是主导其水平的主要因素。

4组围压下冻结试样阻尼比随剪切应变演化的结果如图4-18（b）所示。由图可知，阻尼比的演化敏感于剪切应变，冻结路基土阻尼比的两个阶段发展特征被试验进一步验证。阻尼比首先保持大致的恒定水平（剪切应变<0.001），然后极速的增大（剪切应变>0.001）。在围压为0.1 MPa、0.5 MPa和1 MPa的3组条件下，测试散点值基本上保持一致，在0.1～1 MPa范围内围压对阻尼比的影响可以忽略不计。但是在围压1.5 MPa下的试验结果在相同剪切应变条件下均小于上述3组围压下的结果。这表明当围压超过0.1 MPa时，阻尼比的演化规律与冻结试样的径向变形密切相关。这是由于围压越高，颗粒间（包括冰和土颗粒）的相互咬合更加紧密，所以在相同剪切应变条件下阻尼比的值越小。为进一步定量描述阻尼比与剪切应变的发展关系，本文提出了一个理论模型如下：

$$D = f\left(\frac{G}{G_{\max}}\right) = A \times e^{-B\left(\frac{G}{G_{\max}}\right)^{C}} \tag{4-6}$$

其中A，B，C是材料参数。该理论模型能够较好地描述4组围压下阻尼比随剪切应变的发展规律，如图4-20所示。在后文部分，该模型对冻结路基土的预测能力将被不同动力荷载和冻融循环条件下的试验结果进一步验证。

图4-21（a）为加载频率在0.1～20 Hz内动剪切模量随剪切应变的发展规律。当剪切应变<0.0001时，动剪切模量值在0.84～1.72 GPa范围内。这暗示着由于率相关材料冰的存在，最大剪切模量强烈依赖于加载频率，冻结路基土在小应变条件下率相关材料的刚度演化特征被进一步实验证明。上述结果跟率相关材料的刚度特征一致。如图4-21（b）所示，在4个加载频率下，阻尼比的演化规律基本一致，但是曲线水平略微敏感于加载频率。在相同剪切应变条件下，随着加载频率的减小阻尼比的值略微增加，更多的能量耗散发生于振动波的传播过程（每一个加载循环）。当剪切应变<0.001时，在4个加载频率条件下阻尼比大致保持一个恒定值。因此冻结路基土的初始阻尼比这里定义为剪切应变=0.0001时的模型3拟合值，这种定义方法不会引起初始阻尼比值的太大误差，这个确定值可以认为是冻结试样在未损伤状态下的固有属性水平。

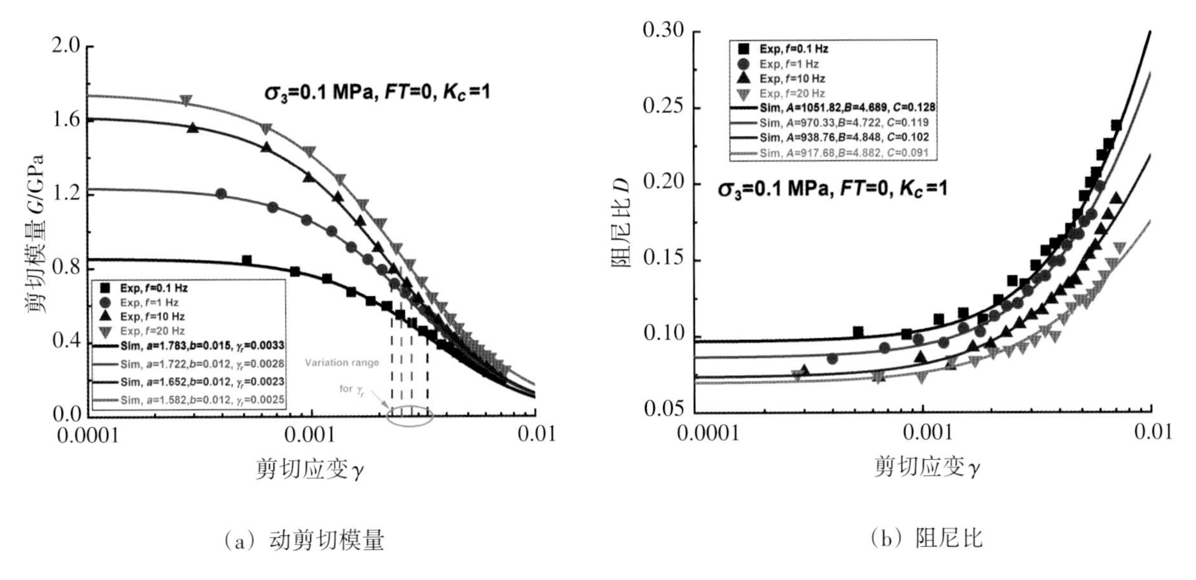

（a）动剪切模量　　（b）阻尼比

图4–21　不同频率下动剪切模量和阻尼比与剪切应变关系

图4–22为4个加载频率下最大剪切模量和初始阻尼比在半对数坐标系下的演化规律。由图可知，随着加载频率的增加，最大剪切模量线性增加而初始阻尼比线性的减小。在加载频率0.1～20 Hz范围内，最大剪切模量和初始阻尼比的增长率分别为104.8% 和–27.7%。这表明冻结路基土与初始刚度密切相关的小应变能量耗散行为强烈率相关。

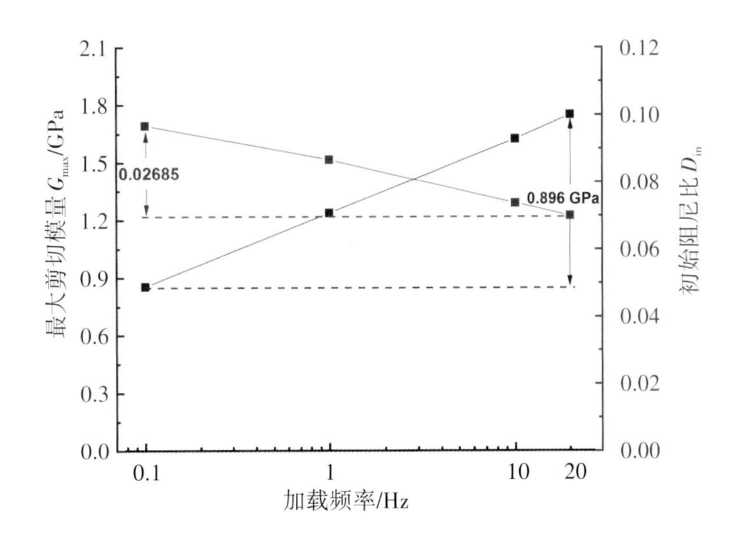

图4–22　动剪切模量（阻尼比）与加载频率关系

冻结试样在初始应力比1～10范围内的动剪切模量曲线如图4–23（a）所示。当剪切模量＜0.001时，初始应力比随着剪切模量曲线的抬升而增加。但是当剪切模量达到0.001时，初始应力比对剪切模量的影响可以忽略。这表明随着试样微结构损伤的增加预加载应力率对动刚度的影响持续弱化。

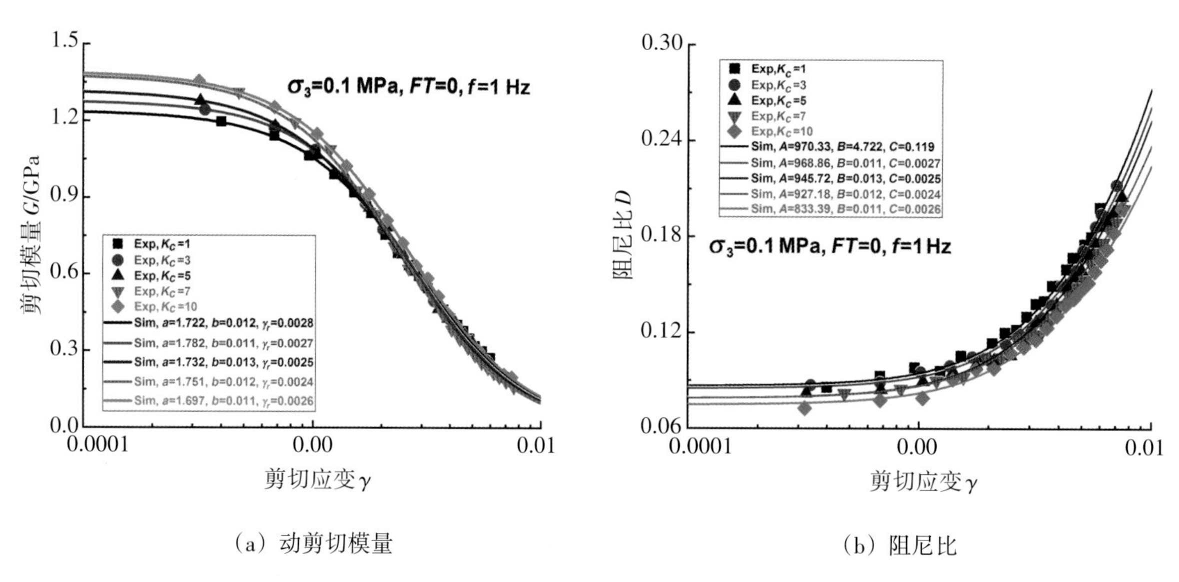

（a）动剪切模量　　（b）阻尼比

图4-23　不同初始应力比下动剪切模量和阻尼比与剪切应变关系

图4-24为冻融循环次数、初始应力比和最大剪切模量在3D坐标系下的定量关系图。初始阶段最大剪切模量随着初始应力比的增加而增加。而随着初始固结结束之后（转折点K_c=7），由于试样被持续压密引起了刚度的强化，曲线的斜率降低。在5个初始应力比下，试样的最大剪切模量在1.238～1.393 GPa之间。图4-23（b）为初始应力比在1～10范围内阻尼比与剪切应变的变化关系，阻尼比曲线水平随着初始应力比的发展逐渐降低。其主要原因是随着初始应力比的增加，各向异性固结效果显著增强。在动力循环加载过程中初始应力比的增

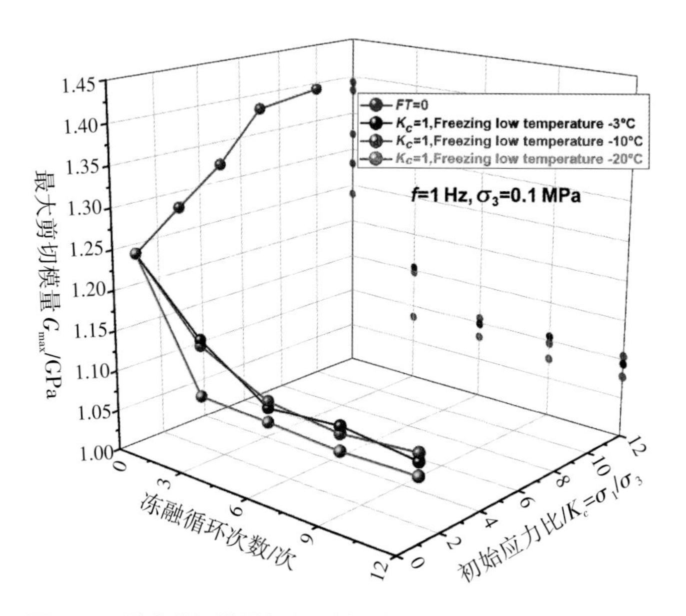

图4-24　最大剪切模量与冻融循环次数、初始应力比三者的关系

加又发生了更小的能量耗散。图4-25为初始阻尼比、冻融循环次数以及初始应力比在3D直角坐标系下的定量关系图。随着初始应力比的增加初始阻尼比降低。由于各向异性固结（初始应力比）引起的初始刚度强化在初始阻尼比演化过程中起着决定性作用。

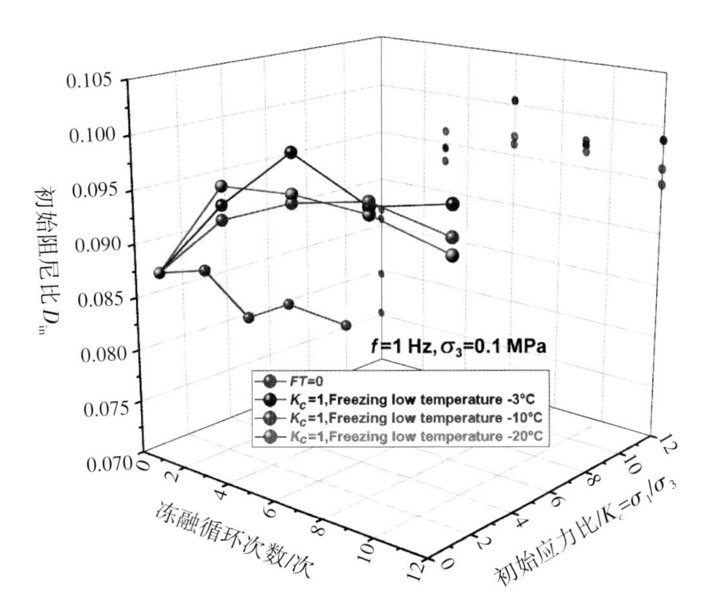

图4-25　初始阻尼比与冻融循环次数、初始应力比三者的关系

（2）冻融循环的影响

冻结试样在不同冻融循环条件下动剪切模量和剪切应变之间的定量关系如图4-26～图4-28所示。3个不同冻结温度的目的是揭示冻结路基土在遭受冻融循环后的动力特性对冻融循环次数以及冻结温度的响应。

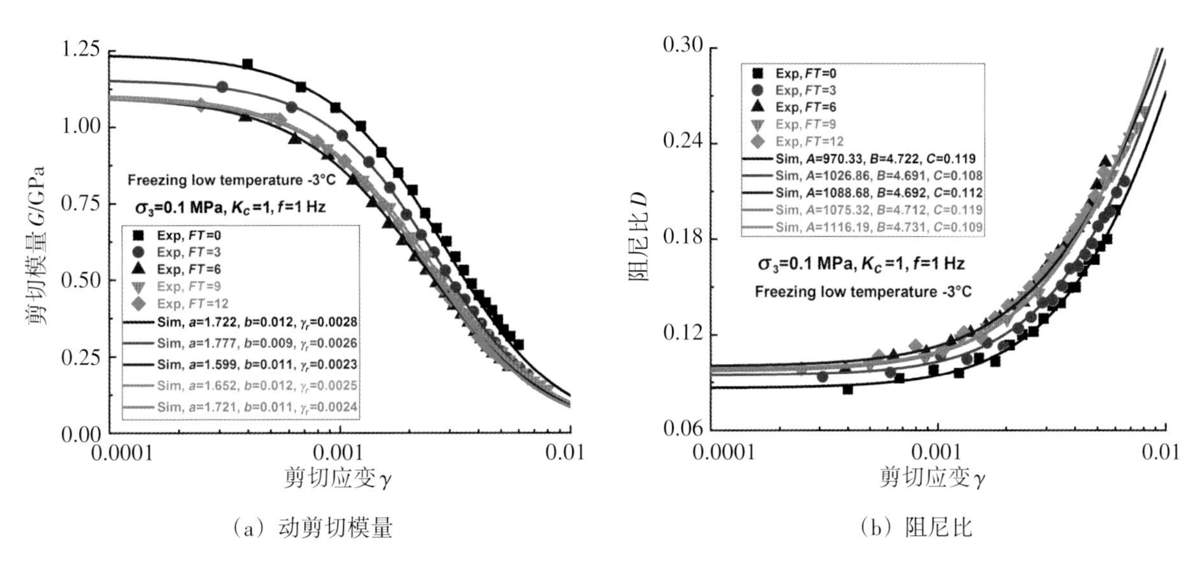

（a）动剪切模量　　　　（b）阻尼比

图4-26　不同冻融循环条件下动剪切模量和阻尼比与剪切应变关系（冻结温度-3 ℃）

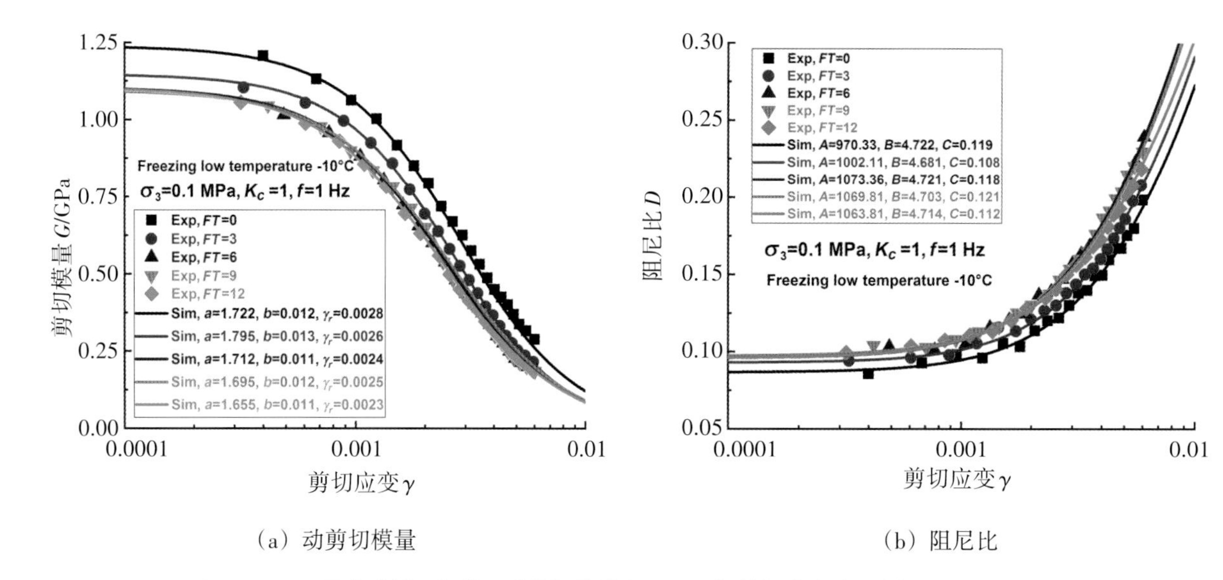

（a）动剪切模量　　（b）阻尼比

图4-27　不同冻融循环条件下动剪切模量和阻尼比与剪切应变关系（冻结温度-10 ℃）

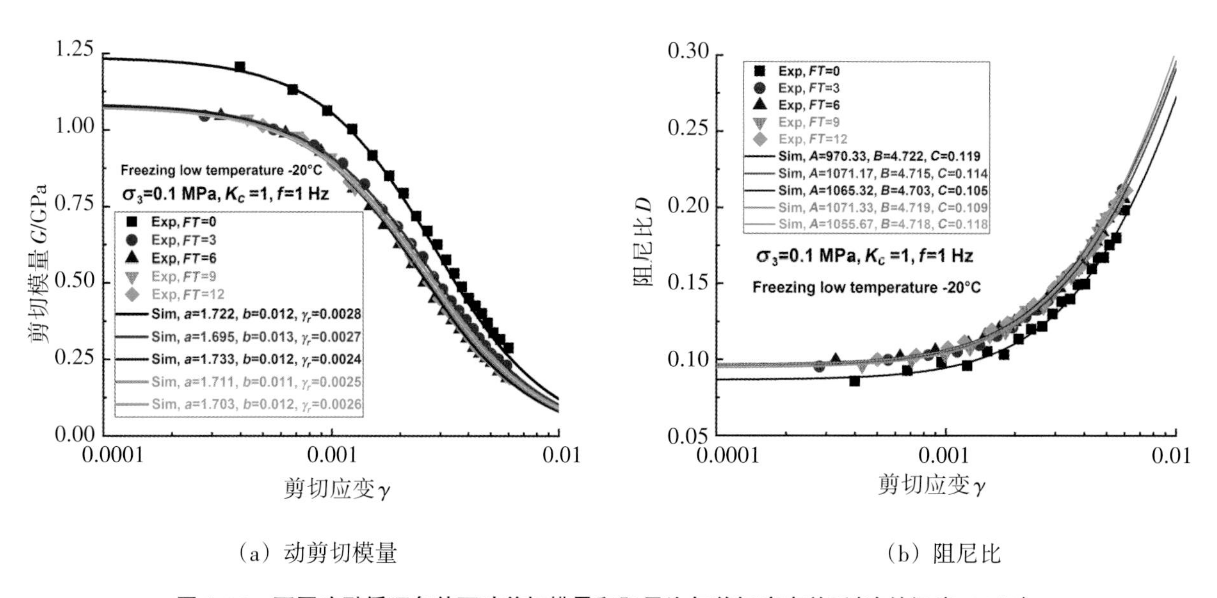

（a）动剪切模量　　（b）阻尼比

图4-28　不同冻融循环条件下动剪切模量和阻尼比与剪切应变关系（冻结温度-20 ℃）

如图4-26～图4-28所示，动剪切模量的曲线水平依赖于冻融循环条件，其演化特征在不同冻融循环条件下的规律基本一致。最大剪切模量值随着循环次数的增加而减小。当循环次数达到6次时，在冻结温度为-3 ℃和-10 ℃条件下，动剪切模量的试验散点大体一致。但是对于冻结温度在-20 ℃条件下，只要循环次数达到3次其曲线基本保持一致。这表明冻融循环次数在4～6次可以当作是冻结路基土稳态属性的临界循环次数。这种临界循环次数的定义方法跟未冻土中的概念是一致的。此外冻融循环过程中的冻结温度对于冻结路基土的稳态属性是不可忽略的。值得注意的是随着冻融循环次数的增加导致了土样结构性退化（冰晶的形成、生长和消失过程以及样品微观结构中冷生构造的形成），包括样品孔隙率的增大和固体颗粒间连接模式的减弱。在冻融循环过程中试样孔隙的变化、扩展将引起新的颗粒骨架结构的形成，这本质上是改变了矿物颗粒和冰晶体之间的连接方式。而微结构中反复的冻胀和融塌过程是导致试样结构性损伤和性能退化的主要原因。但是当试样的孔隙率超过某一值时，由冻融过程引起冰晶体积的变化对试样微结构有着不可忽略的影响。最大剪切模量、冻融循环次数以及初始应力比三者之间的定量关系被进一步总结在3D坐标系中，如图4-24所示。在冻结温度-20 ℃条件下，最大剪切模量曲线水平略微高于冻结温度-3 ℃和-10 ℃条件下的结果。冻融循环过程中冻结温度对冻结路基土最大剪切模量的影响再一次被证实。这里提出了一个冻融退化系数模型来定量描述冻土在遭受冻融循环后刚度和强度的退化特征：

$$f(\overline{A},\ \overline{B}) = (1-\overline{A})e^{-\overline{B}n} + \overline{A} \tag{4-7}$$

其中$f(\overline{A},\ \overline{B})$是冻土的物理或力学指标，$n$是冻融循环次数，$\overline{A}$和$\overline{B}$是依赖于冻融循环过程的材料参数。其中$\overline{A}$相关于物理或力学参数的稳态率，其大致等于物理参数在未冻融和临界冻融循环次数N下稳态值之比。N是对应物理或力学指标的临界冻融循环次数，即冻融循环次数达到该值，物理或力学参数将保持稳定。$\overline{B}$是稳态系数其强烈依赖于临界冻融循环次数N。

图4-29对比了上述理论模型的预测曲线和最大剪切模量的试验值，其中$G_{\max-i}$表示在经历i次冻融循环次数后的最大剪切模量值。

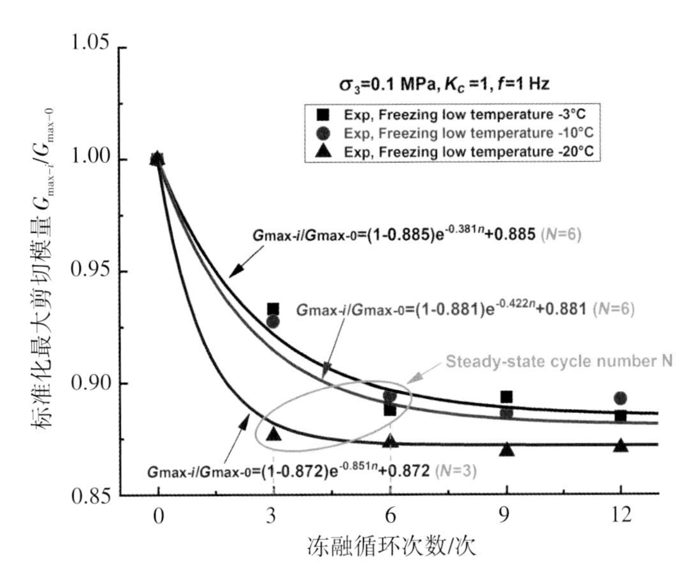

图4-29　不同冻融循环条件下标准化最大剪切模量演化规律

由图可知，该模型能够在广泛冻融循环次数范围内较好地描述冻结路基土动剪切模量的发展演化规律。另外该模型能够清楚地表明在不同冻结温度条件下临界冻融循环次数值。冻结温度-3 ℃条件下标准化最大剪切模量的测试值与冻结温度-10 ℃的结果基本一致，但是冻结温度-20 ℃条件下的结果略小于上述两组低温条件。这些结果清楚地表明，冻结温度在-20 ℃条件下的冻结试样在经历了3次冻融循环后微结构即保持稳定，而这一过程在冻结温度-3 ℃ 和-10 ℃条件下需要6次左右的冻融循环。所有冻融循环后冻结试样的剪切模量可以被理论3［式（4-6）］较好地描述，模型的参数值都总结在图4-30中，3个参数的平均值与标准方差也被总结在图4-30中。参考剪切应变值的范围在0.00231～0.00331之间，其平均值为0.00257；标准方差值为0.00022。74%的试验散点在标准方差值之内，这表明参考剪切应变的平均值可以认为是等效值。类似的参数a的范围值在1.599～1.795之间，其平均值为1.7064；标准方差值为0.0531。而参数b的范围值在0.0093～0.151之间，其平均值为0.0116；标准方差值为0.0014。如图4-31所示，所有冻融循环条件下标准化剪切模量试验值都被用来评估理论模型的可靠性。3个理论曲线分别被两个模型参数的上下边界值和平均值来确定。对比结果表明该模型能够较好地描述所有的试验结果。不同冻融循环条件下动剪切模量的模拟和测试值对比结果被总结在图4-32，两者的相关系数为0.962，测试结果均分布在模拟结果的±15%范围内。这暗示了该理论模型对冻结路基土有较好的适用性。

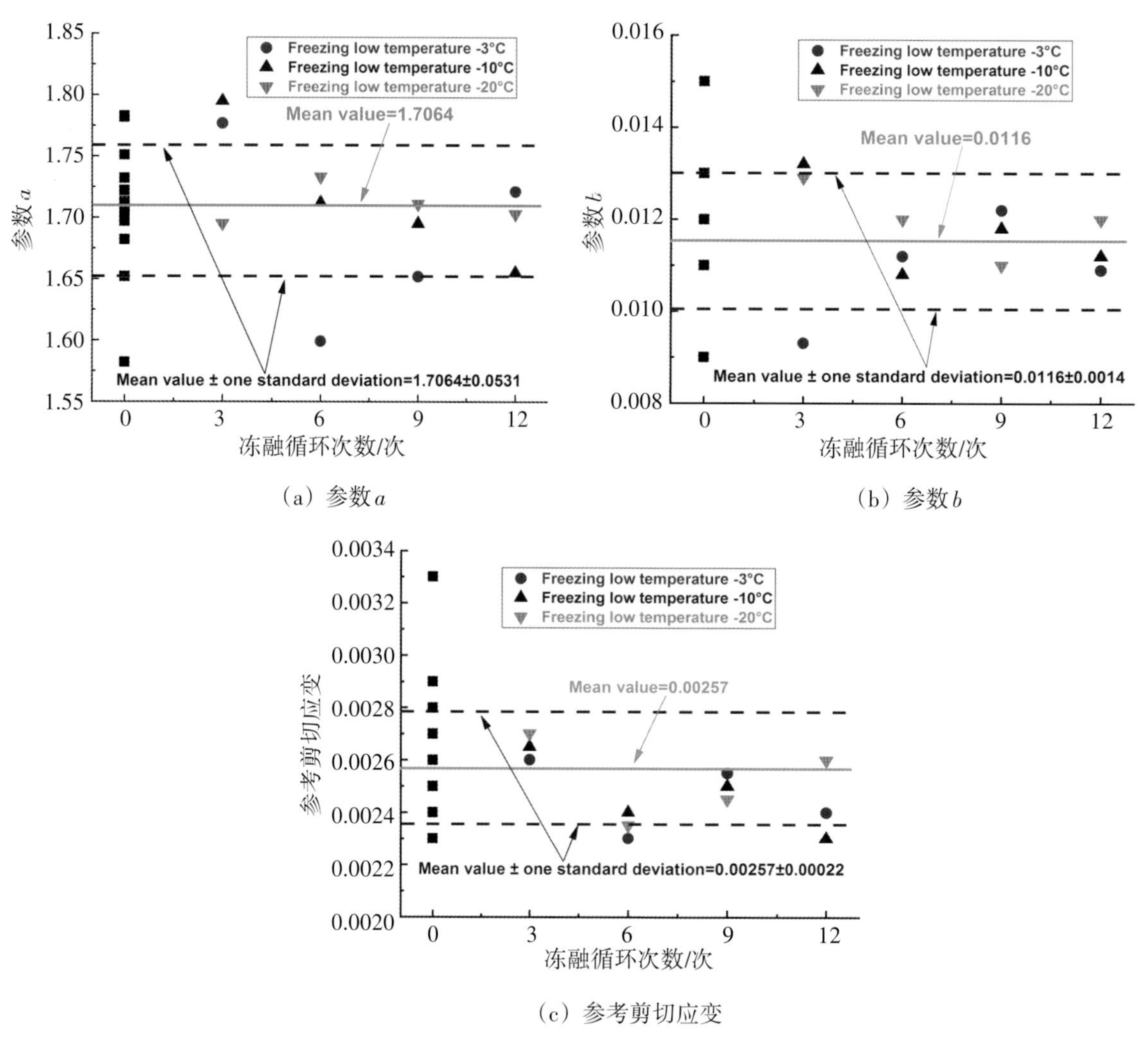

（a）参数a　（b）参数b

（c）参考剪切应变

图4-30 模型参数随冻融循环次数演化规律

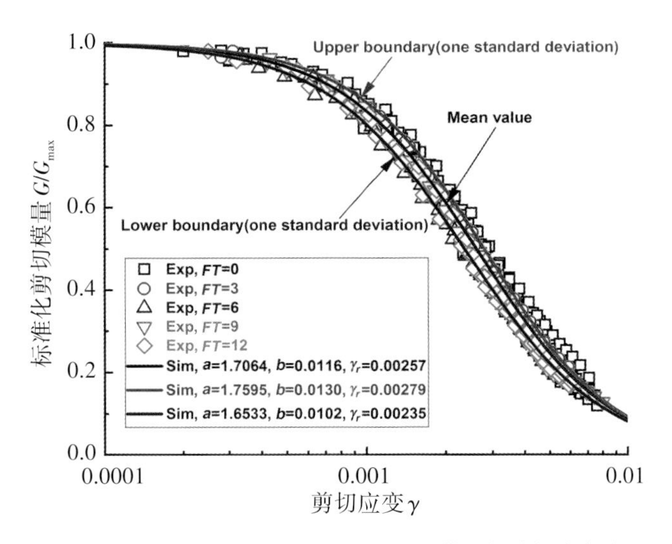

图4-31　不同冻融循环条件下标准化剪切模量与剪切应变关系图

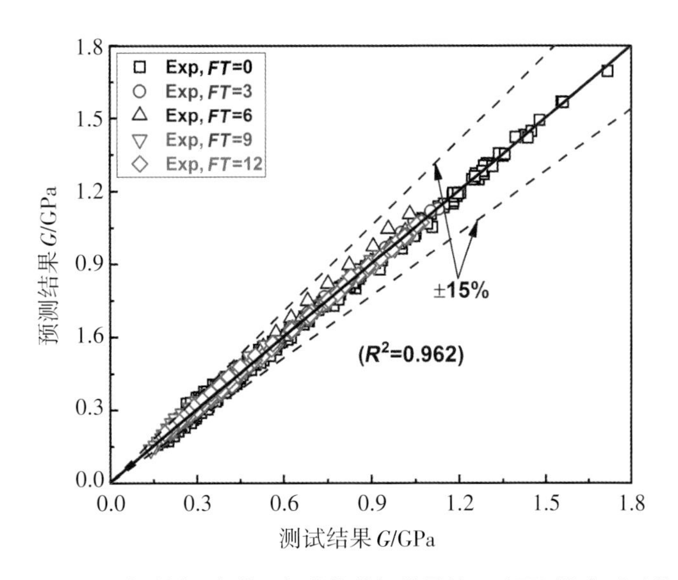

图4-32　不同冻融循环条件下标准化剪切模量的理论预测值与试验值对比

图4-33为不同冻融循环条件下阻尼比和剪切应变的定量关系，阻尼比曲线水平随着冻融循环次数的降低而降低。另外理论3［式（4-6）］可以较好地描述不同冻融循环条件下冻结路基土试样阻尼比曲线的增长。在冻结温度-3 ℃和 -10 ℃条件下，当冻融循环次数>6次，阻尼比的试验结果进一步保持恒定。但是对于冻结温度-20 ℃条件下，阻尼比的临界循环次数可以认为是3次。另外必须要指出的是对于不同冻结温度下的临界循环次数阻尼比与剪切模量的结果保持一致。这表明阻尼比和剪切模量两个刚度参量对冻融循环过程的响应是一致的，由于冻融循环过程引起的微结构损伤是冻结路基土刚度退化的主要原因。随着冻融循环次数的增加，土样的孔隙结构进一步松散，在循环加载过程中能量耗散进一步增加。此外，冻结温度对阻尼比损伤退化规律的影响不能忽略。

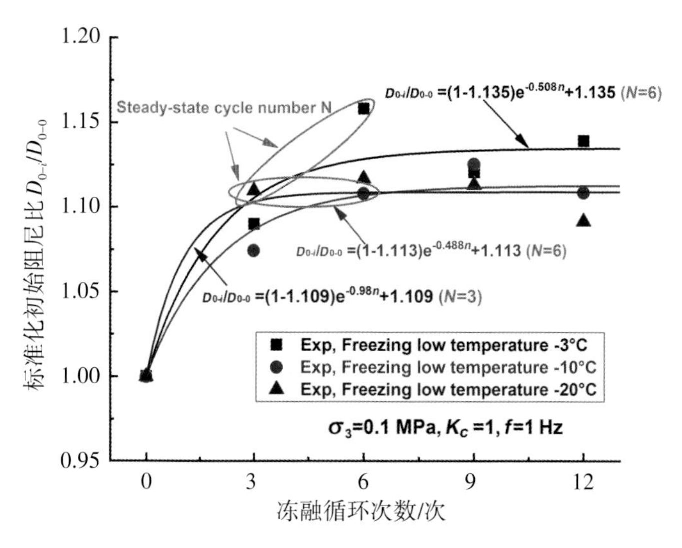

图4-33 不同冻融循环条件下标准化初始阻尼比演化规律

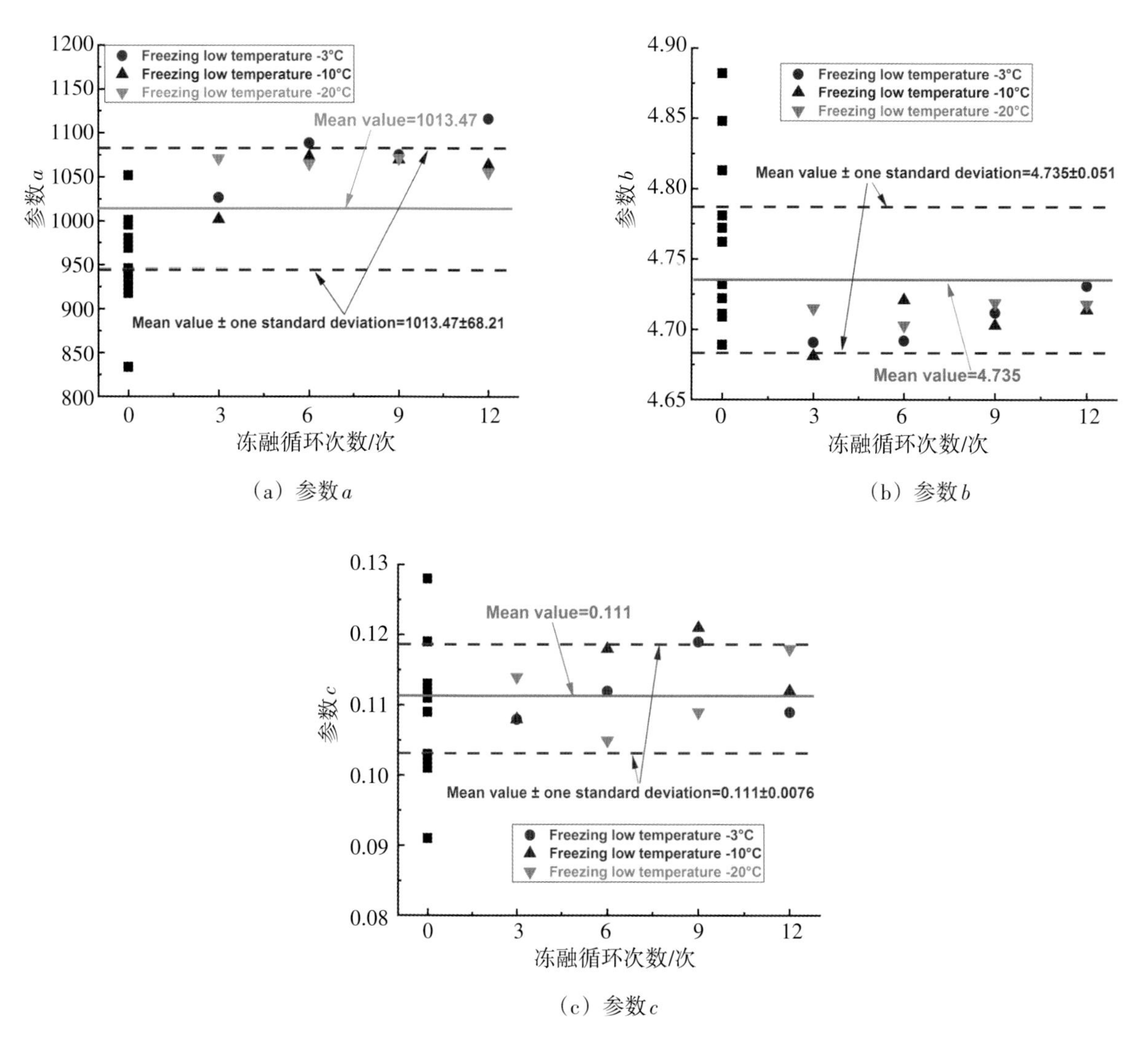

（a）参数a

（b）参数b

（c）参数c

图4-34 模型参数随冻融循环次数演化规律

图4-25展示了初始阻尼比、冻融循环次数和初始应力比三者之间的定量关系。初始阻尼比先增大后保持稳定，3个不同冻结温度条件下的稳态值在0.093～0.096之间，其结果受冻结温度的影响可忽略。用冻融衰减系数［式（4-7）］评估标准化初始阻尼比随冻融循环次数发展的演化规律。由图可知，3个不同冻结温度下的稳态循环次数，标准化初始阻尼比的稳态值在1.08～1.15之间。式4-6中的3个参数值如图4-34所示，其在不同冻融循环条件下的平均值、标准方差如图4-34所示。参数a的范围值在833.39～1116.19之间，其平均值为1013.47；标准方差值为68.21，80%的试验散点在标准方差值之内。参数b的范围值在4.681～4.882之间，其平均值为4.735；标准方差值为0.051。而参数c的范围值在0.091～0.128之间，其平均值为0.111；标准方差值为0.0076。

如图4-35所示，所有不同动力荷载和冻融循环条件下的阻尼比数据被用来评估理论模型3［式（4-6）］，所有的试验散点值都分布在0.073～0.261之间。图4-35和图4-36中3个理论曲线分别被两个模型参数的上下边界值和平均值来确定。该模型可以较好地定量描述不同动力荷载和冻融循环条件下冻结路基土的标准化阻尼比随剪切应变演化规律。相同条件下阻尼比的模拟值和测试值被总结在图4-37。两者的相关系数为0.975，测试结果均分布在模拟结果的±10%范围内。这清楚表明了该理论模型对冻结路基土在不同载荷和冻融循环条件下阻尼比演化有较好的预测性。

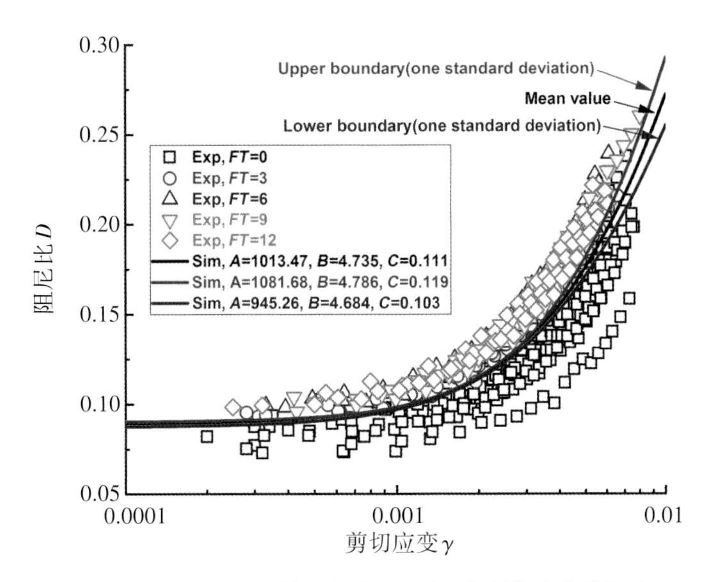

图4-35　不同冻融循环次数下阻尼比与剪切应变的关系

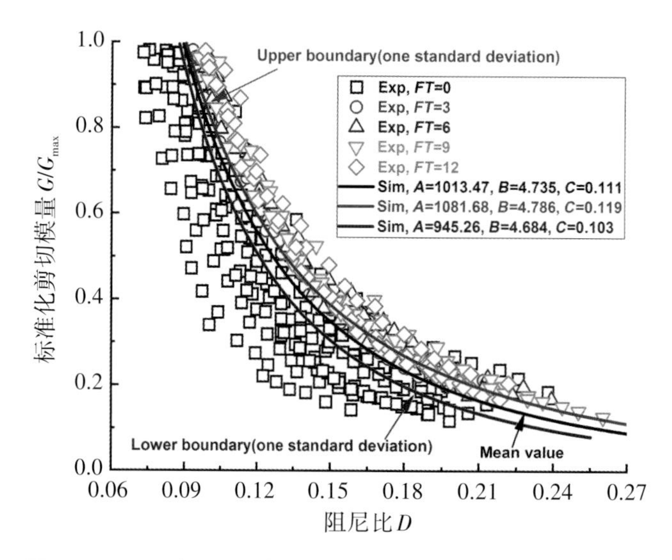

图4-36 不同冻融循环条件下阻尼比与标准化剪切模量的关系

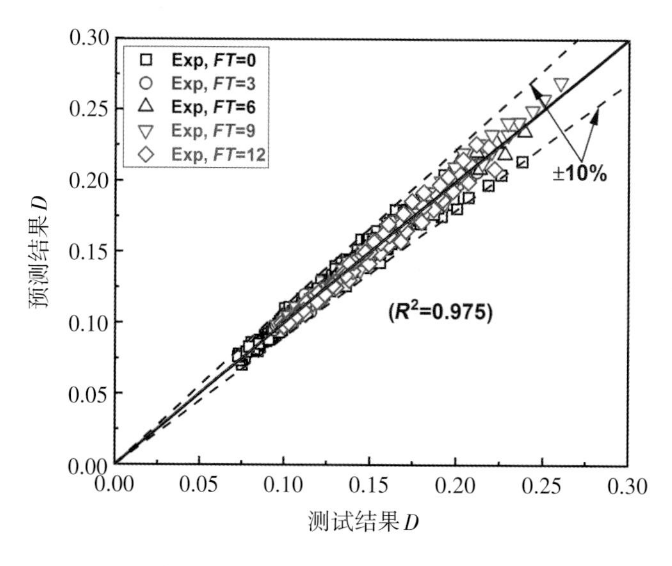

图4-37 不同冻融循环条件下阻尼比的理论预测值与试验值对比

2）累积塑性变形与回弹模量

（1）加载条件的影响

4个围压条件下冻结路基土的累积轴向塑性应变随加载次数的发展如图4-38（a）所示。围压在0.1～1.5 MPa范围内对冻结路基土累积变形的影响显著。

如图4-38（a）所示，冻结路基土轴向累积塑性变形的演化过程可以分成两个阶段：初始加载阶段（$N<1500$）和稳态上升阶段（$N>1500$）。这个发展特征跟其他类型的冻土是一致的。大的围压可以强化冻结试验在初始加载和稳态上升阶段土性的硬度。换句话说，围压越大累积塑性变形发展越困难。围压在0.1～1.5 MPa范围内，土体微结构中颗粒间的咬合力随着围压增大显著增加，这将直接抑制试样累积塑性变形的发展。为了进一步分析和讨论围压

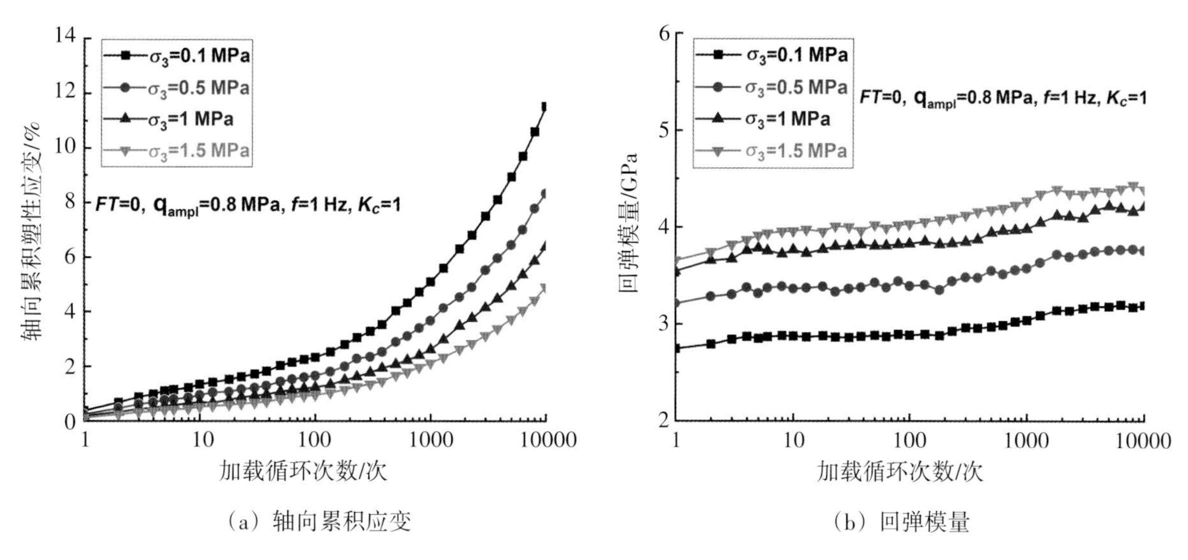

（a）轴向累积应变　　（b）回弹模量

图4-38　不同冻融循环条件下轴向累积塑性应变和回弹模量的演化规律

和循环应力幅值对累积塑性变形发展的耦合影响，图4-39为7个循环次数下（100th，500th，1000th，3000th，5000th，8000th，10000th）循环应力比与累积变形的定量关系。由图可知，累积塑性应变随着循环应力比的增加而线性增加。随着加载次数的增加，围压对累积变形的抑制影响进一步强化。在相同的加载循环次数下，累积塑性应变随循环应力比（围压）的增加而增加。此外随着循环应力比的增加，在2个循环次数下（100th，10000th）累积塑性应变差值进一步扩大。因此提出了一个关于循环应力比q_{ampl}/σ_3的累积塑性应变模型：

$$\varepsilon_p = \alpha(q_{ampl}/\sigma_3)^{\beta} \tag{4-8}$$

其中α和β是材料参数。这个模型在广泛循环应力比下的预测曲线如图4-39所示，此外模型可以被应用于评估不同加载循环下累积塑性应变，这一点对于工程应用是极其重要和有意义的。

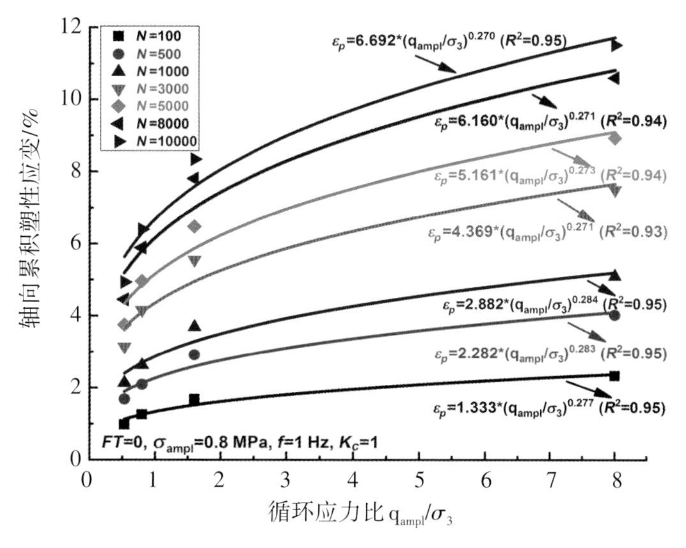

图4-39　不同加载次数下轴向累积塑性应变与循环应力比的关系

图4-38（b）为4个围压下回弹模量与加载循环次数之间的定量关系。4组围压下回弹模量随加载循环次数的分布规律进一步表明，即使循环应力幅值在4个围压下是相等的，在相同循环加载次数下低围压也将引起较高的回弹模量值。冻结路基土回弹模量随加载次数两个阶段的发展特征被进一步试验验证，类似的结果在土工材料中有较多的研究，但是对于两个阶段发展及其拐点的物理机制则较为复杂。对于冻结路基土在整个循环加载变形中两个阶段发展的拐点应该被认为是后压实压缩阶段与二次循环压缩阶段的分界点。在本试验结果中这个拐点主要分布在N=1200th～2000th。值得注意的是，在所有加载条件和冻融循环条件下的测试结果中，回弹模量发展的初始稳态点大致对应着累积塑性变形发展过程中的初始衰减变形阶段和之后稳态变形阶段的分界点。而二次循环压缩阶段初始点指标（累积塑性变形、循环次数、循环应力水平）对于道路工程而言是一个关键的设计参数，另一方面它也是安定性理论评估需要的一个重要指标。这种现象（轴向塑性应变曲线和弹性模量曲线的两个拐点之间的一致性关系）清楚地表明，在一定围压和循环应力幅下，加载循环次数到达临界值时（拐点），包括冰和矿物颗粒在内的固体颗粒之间能够完全实现相互自锁状态。这种自锁状态可以看作是在特定循环应力水平下冻结试样固结过程的终点状态。需要注意的是，冻土的这种自锁状态强烈依赖于动应力幅值、低温和固结程度。因此，本研究将弹性模量曲线初始稳定点（次循环压缩阶段初始点）处的加载循环数定义为冻土的临界循环数。该定义方法能够有效、合理地表征冻土累积塑性变形（回弹变形）两个阶段演化过程的微观机制。为了定量预测不同循环应力比下弹性模量的稳定状态值，提出了式（4-8）建立的经验模型，如图4-40所示。回弹模量稳定状态值随围压的增大在3.16～4.35 GPa之间变化，该经验模型可以准确地表征回弹模量的变化规律。

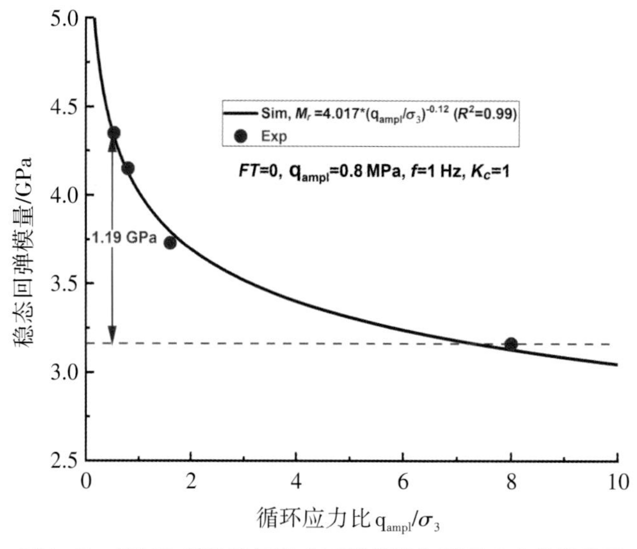

图4-40 不同加载次数下稳态回弹模量与循环应力比的关系

4个加载频率下轴向塑性应变随加载周期数的变化曲线如图4-41（a）所示，在加载初期，累积塑性应变随着加载周期数的发展迅速增加（$N<1500^{th}$）。当加载周期数>1500次时，累积塑性应变增量速率保持稳定。同时，轴向永久应变从5%逐渐增加到10%。随着加载循环次数的增加，加载频率对轴向永久应变发展的影响逐渐增强。加载周期数N=10时，4种加载频率下累积永久应变的最大差值仅为1.09%。但在加载循环次数$N=10000^{th}$时，该最大差值可达2.12%。这说明随着加载频率的增加，循环剪应力引起的冻融试样微观结构损伤增强。图4-41（b）为4种加载频率下弹性模量与加载周期数的关系。随着加载频率的增加，弹性模量的曲线水平显著提高。弹性模量稳态值随加载频率变化如图4-42所示。回弹模量的稳态值随着加载频率的增加迅速增大，回弹模量的稳态值分布在2.76～4.68 GPa之间。由于冰的存在，冻土的弹性刚度特性具有强烈的速率依赖性和温度依赖性。

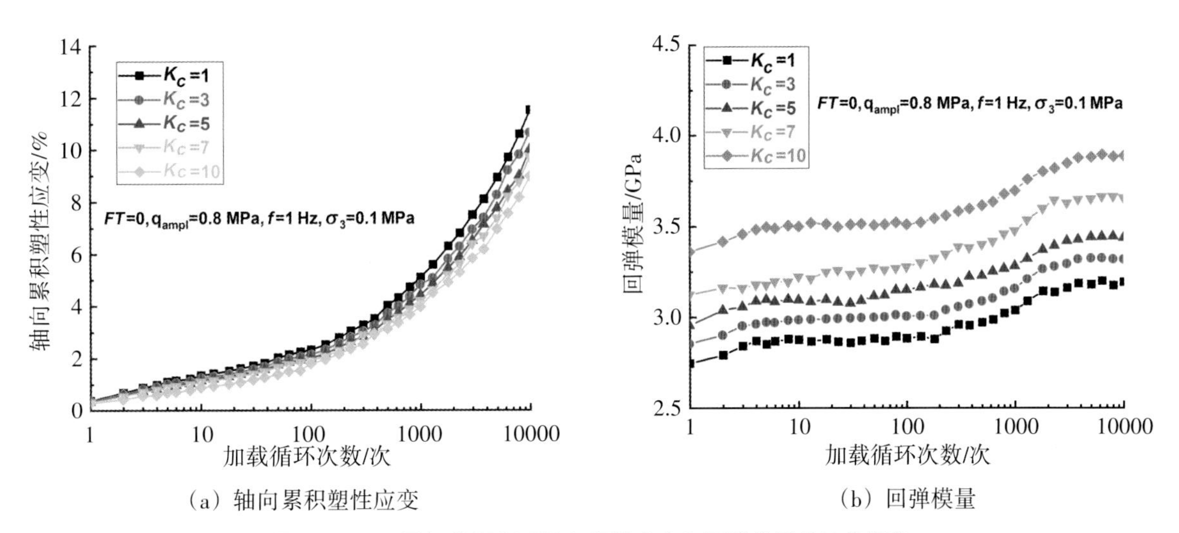

（a）轴向累积塑性应变 （b）回弹模量

图4-41 不同加载频率下轴向塑性应变和回弹模量的演化规律

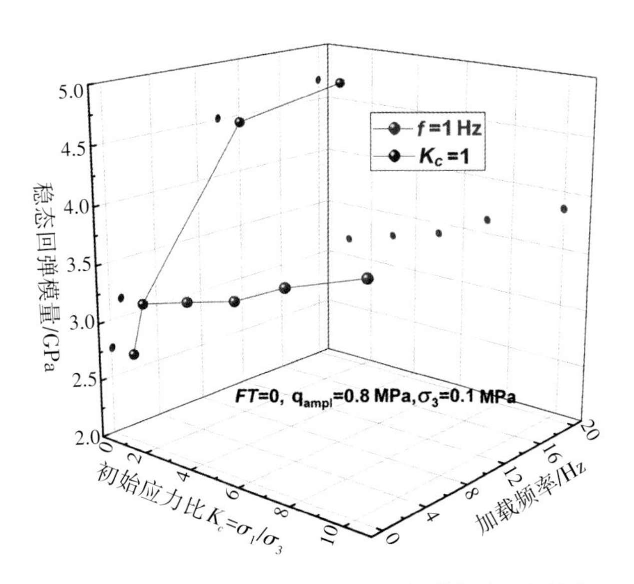

图4-42 稳态回弹模量、初始应力比和加载频率之间的关系

图4-43（a）为不同初始应力比的冻结路基土轴向累积塑性应变-加载循环数曲线。5种初始应力比条件下，N=10000[th]时的加载循环次数下的累积塑性应变分别为9.01%、9.73%、10.02%、10.67%和11.53%。轴向累积塑性应变随着初始应力比的发展而减小，说明累积塑性变形受初始应力比的影响显著，且随着加载循环次数的增加，累积塑性变形受初始应力比的影响增强。实际上，轴向永久应变的快速发展得益于冻结试样的初始松散状态，没有遭受较大的固结程度。初始应力比K_c=5的冻结试样在仅0.1 MPa的围压下，呈现各向异性压缩。图4-43（b）描述了5种初始应力比下冻结试样在0.1 MPa围压下的弹性模量与加载循环次数的关系。从回弹模量的初始水平和演化特征可以看出，回弹模量曲线依赖于初始应力比。如图4-43（b）所示，随着初始应力比的增加，加载循环次数N=1[th]时的初始值由2.75 GPa提高到3.36 GPa。初始应力比对弹性模量稳态值的影响如图4-43（b）所示。可见，初始应力比不仅影响加载循环次数N=1[th]时（压实后压缩阶段）的初始值，也影响二次循环压缩阶段的弹性模量的稳态值。

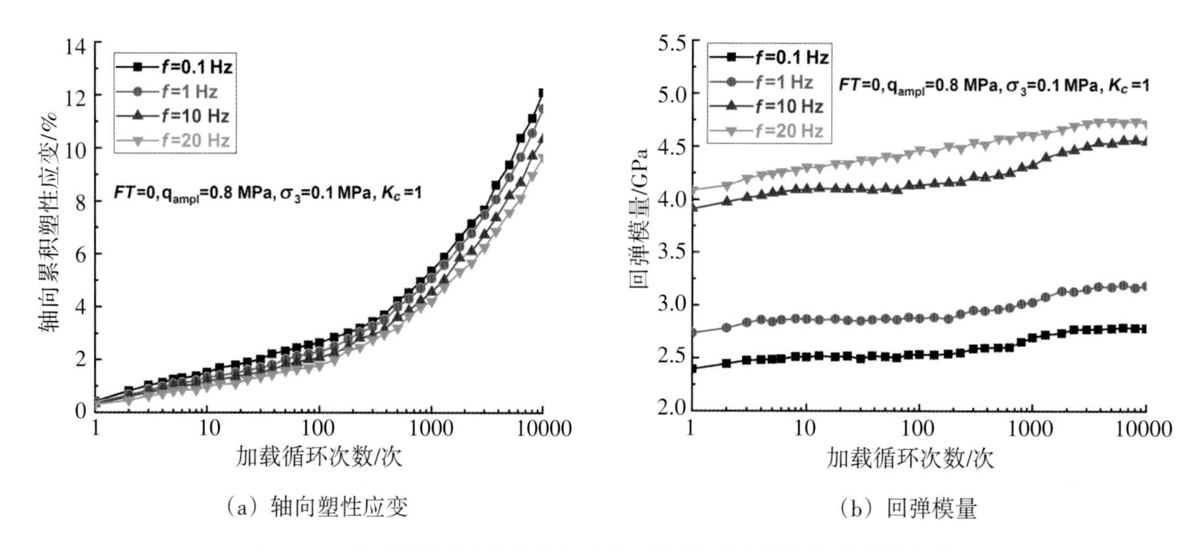

（a）轴向塑性应变　　　　（b）回弹模量

图4-43　不同初始应力比下轴向累积塑性应变和回弹模量的演化规律

（2）冻融循环的影响

图4-44为4种循环应力幅值条件下，遭受不同冻融循环冻结试样的轴向累积塑性应变随加载循环次数变化的曲线图组。在不同循环偏应力幅值和冻融循环试验条件下，累积塑性变形的统一性行为得到了明确的验证。由图可知，在一定的循环应力和围压水平下，冻融循环对累积塑性变形有明显的影响。在相同的加载循环次数下，轴向累积塑性应变随着冻融循环次数的减少而减小。循环偏应力q_{ampl}=1.2 MPa条件下的冻融试样（冻融循环次数从0到12）在加载循环次数N=10000[th]时轴向永久应变分别为循环偏应力q_{ampl}=0.1 MPa的冻融试样的56.08倍、56.52倍、56.98倍、55.81倍和58.09倍，如图4-42所示。类似的对于循环偏应力q_{ampl}=0.8 MPa（0.4 MPa）条件下，冻结试样在N=10000[th]时加载循环次数下轴向累积塑性应变分别为循环偏应

力 q_{ampl}=0.1 MPa条件下的43.51倍（13.12）、43.62倍（13.01）、44.89倍（13.74）、46.11倍（13.65）和41.66倍（13.52）。通过上述对冻结试样累积塑性变形的分析，可以得出循环偏应力和冻融循环条件对轴向永久应变的耦合影响的物理机制是复杂的，定量分析和预测不同循环偏应力幅值下轴向永久应变随冻融循环的演化规律具有重要意义。

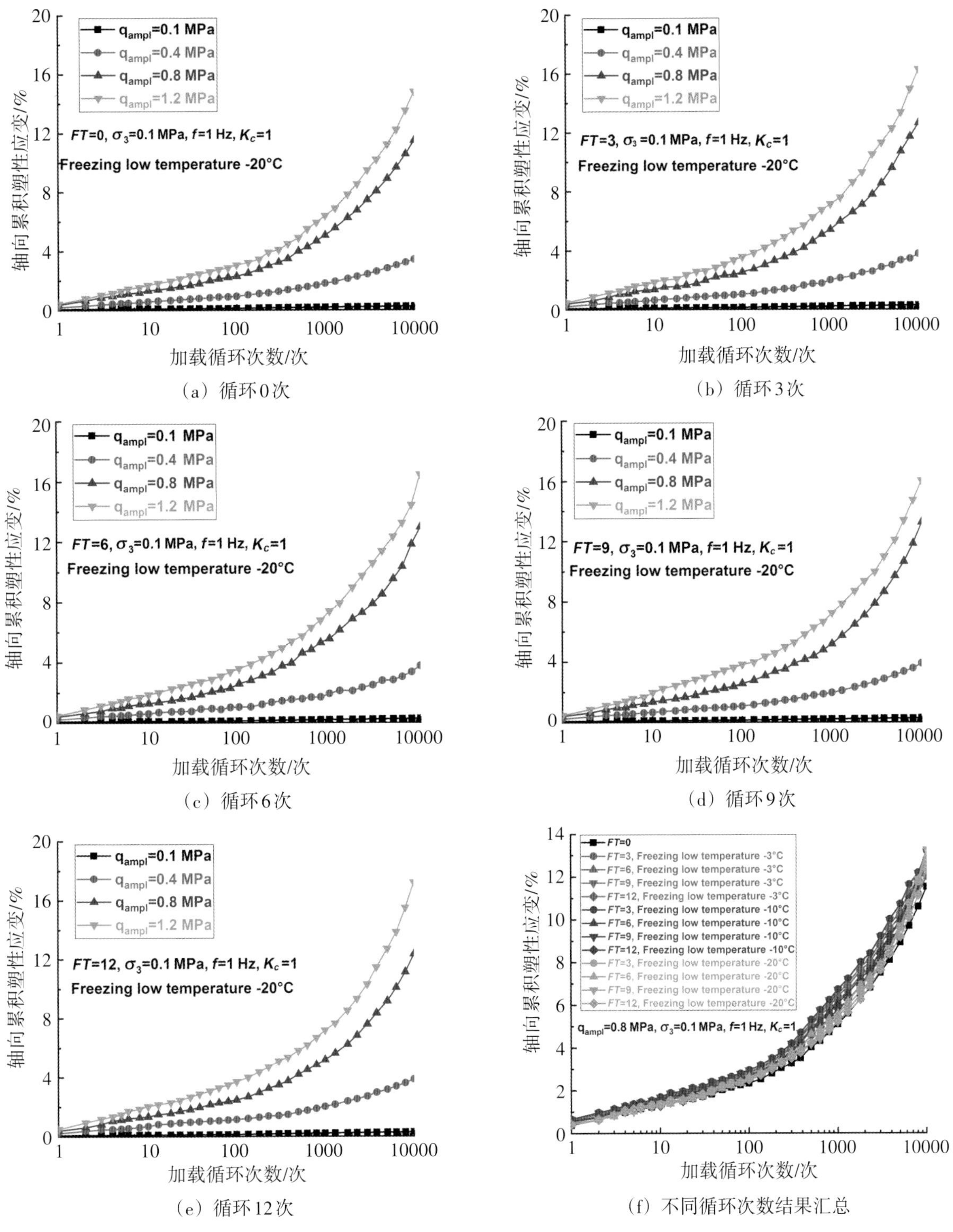

（a）循环0次　（b）循环3次

（c）循环6次　（d）循环9次

（e）循环12次　（f）不同循环次数结果汇总

图4-44　不同冻融循环条件下轴向累积塑性应变随加载循环次数演化规律

因此，采用未冻融条件下试验的累积塑性应变对不同冻融循环条件下冻结试样的轴向塑性应变进行标准化处理，然后采用式（4-7）来进一步评估标准化累积塑性应变在不同动应力幅值和冻结温度条件下的特性，如图4-45所示。为了验证式（4-7）中冻融衰减系数对冻融

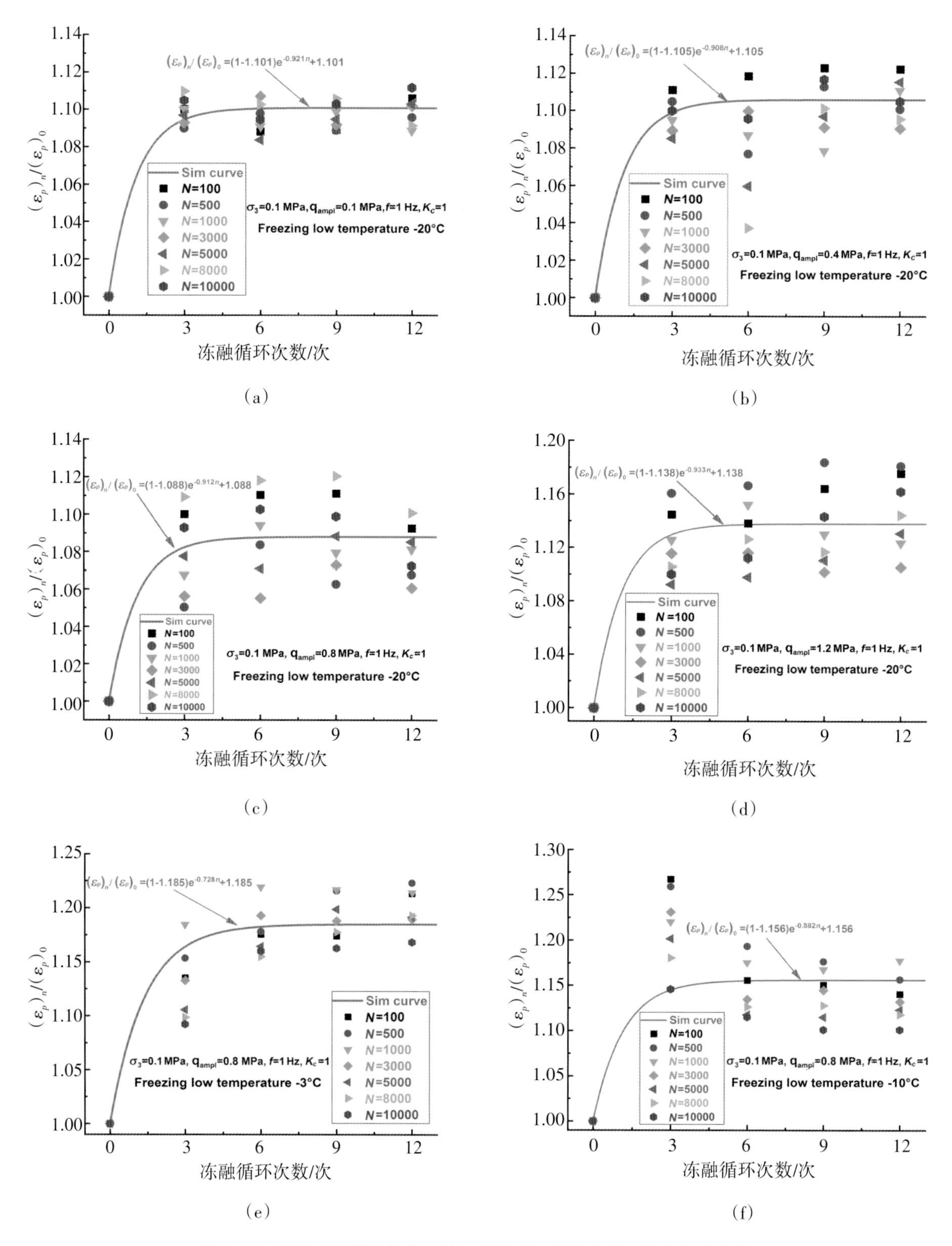

图4-45 不同冻融循环条件下轴向塑性应变随冻融循环次数演化规律

循环作用下冻土累积塑性变形的预测能力，选取了7个加载循环次数来进行评估，如图4-45所示。对于4个循环偏应力幅值，冻融循环次数N=3为冻结试样在-20 ℃冷冻温度下累积塑性变形发展的临界循环次数。但在冻结温度-3 ℃时，临界循环次数N=6；在冻结温度-10 ℃时，临界循环次数N=3，如图4-45所示。对比3个冻结温度下的试验结果表明，冻融循环次数和冻结温度对冻融试样的累积塑性性能有一定的耦合影响。随着循环偏应力幅值的增大，由于轴向永久应变的增大，同一冻结试样在不同加载循环次数下的试验结果进一步分散式发展。

为了评价循环应力幅值和冻融循环对累积塑性变形发展特征的耦合影响，采用经验模型［式（4-8）］模拟了7个加载循环次数下的轴向累积塑性应变发展，如图4-46所示，该经验模型可以很好地预测7个加载循环次数下的轴向累积塑性应变值。需要指出的是，由于循环应力幅值对累积塑性变形起主导作用，在循环应力比为0～12时，轴向累积塑性应变评价曲线与图4-44所示曲线不同。该经验模型可为冻土在不同循环应力幅和冻融循环作用下的累积塑性变形提供合理评价。

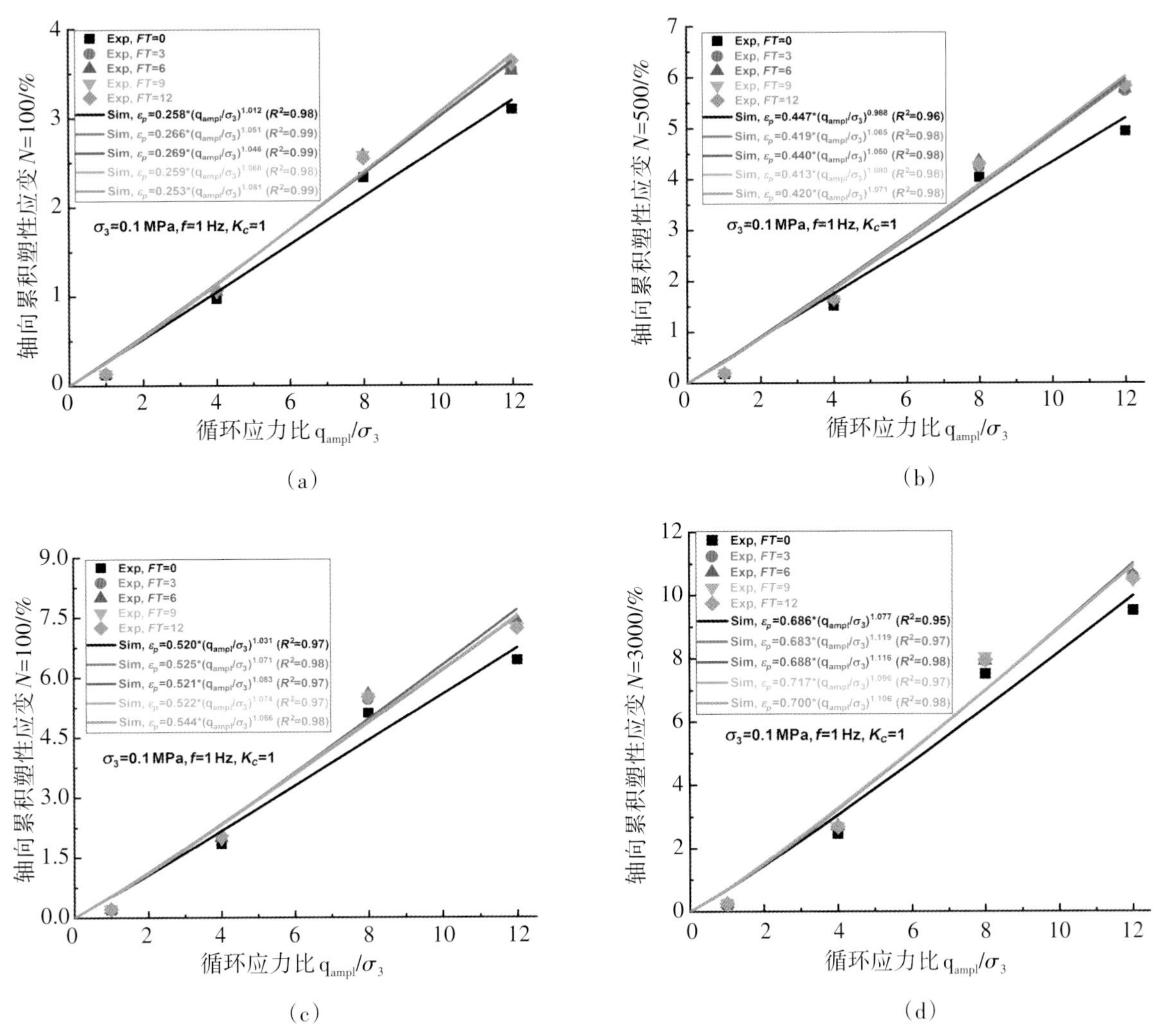

图4-46　不同冻融循环次数下轴向累积塑性应变与循环应力比的关系

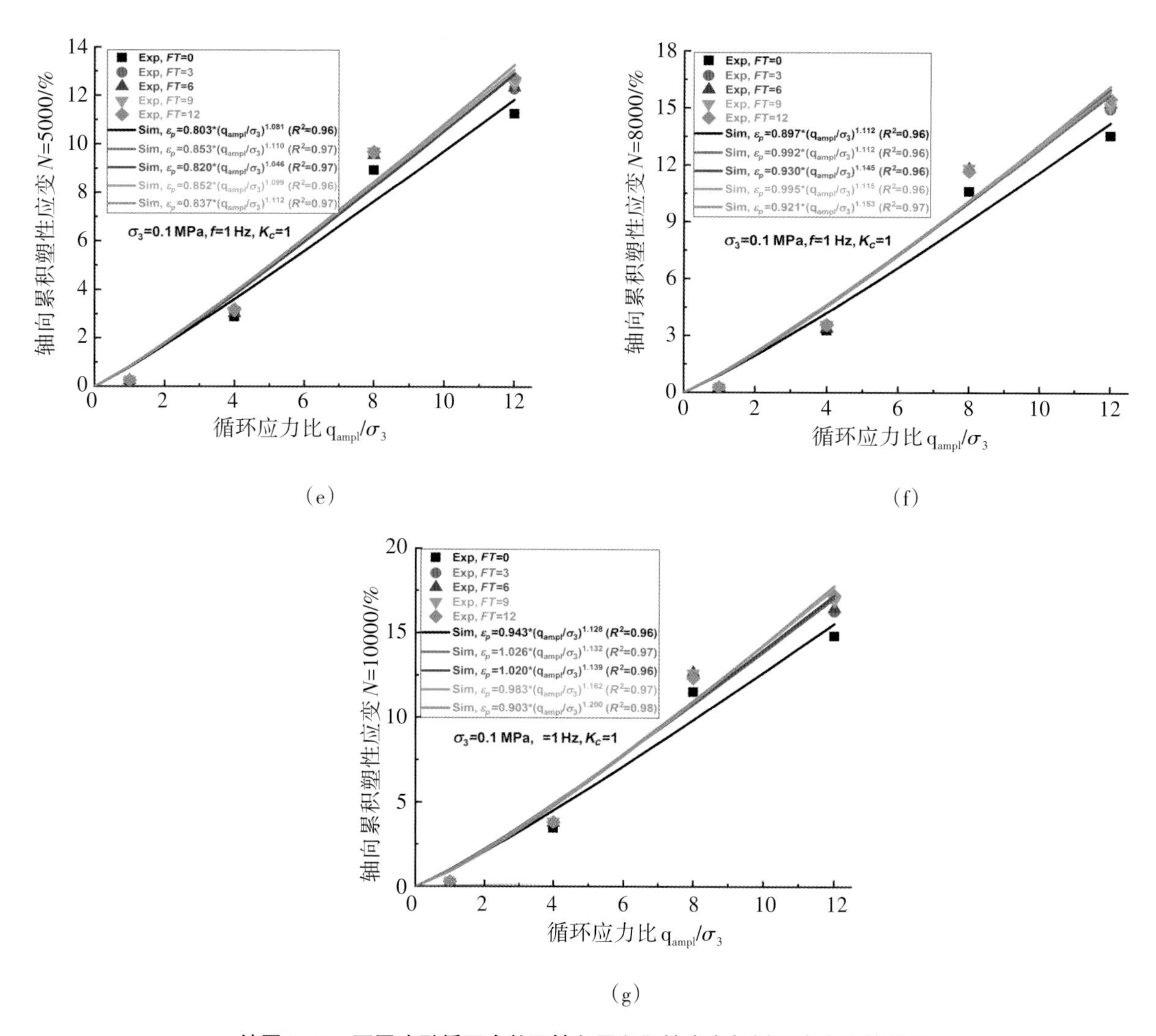

续图4-46 不同冻融循环次数下轴向累积塑性应变与循环应力比的关系

图4-47为不同冻融循环次数下，冻结试样在4个循环应力幅下的弹性模量随加载循环次数的变化曲线。由图可知，在所有冻融循环次数条件下循环偏应力q_{ampl}=0.1 MPa下的回弹模量发展趋势明显小于其他3个循环应力幅下的回弹模量发展趋势。压实后压缩阶段回弹模量随加载循环次数的增加而明显增加，在此循环压缩阶段保持大致的稳定水平。随着冻融循环次数由0次增加到12次，循环偏应力q_{ampl}=1.2 MPa条件下的冻结试样在二次循环压缩阶段的弹性模量（稳态值）分别是循环偏应力q_{ampl}=0.1 MPa条件下冻结试样的2.23倍、2.07倍、2.06倍、2.10倍和2.11倍。同样对于循环偏应力q_{ampl}=0.8 MPa（0.4 MPa）时，随着冻融循环次数的增加冻结试样在二次循环压缩阶段的弹性模量（稳态值）分别为q_{ampl}=0.1 MPa时1.80倍（1.51）、1.71倍（1.46）、1.75倍（1.49），1.68倍（1.47）和1.73倍（1.51）。上述结果表明在循环动力加载过程中，循环应力幅值是决定冻结试样弹性模量水平的关键因素。

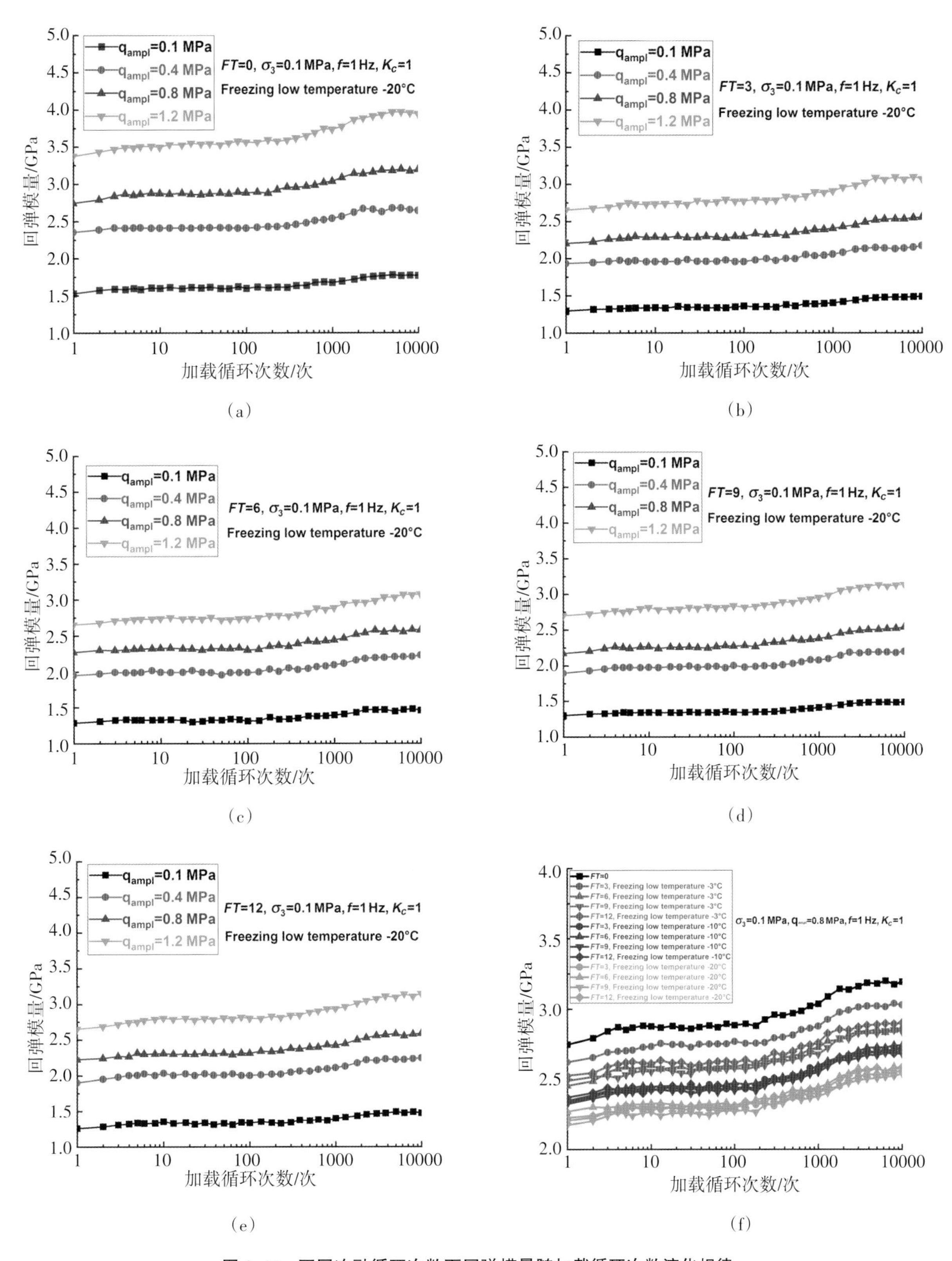

图4-47　不同冻融循环次数下回弹模量随加载循环次数演化规律

为进一步讨论循环应力幅值和冻融循环对回弹行为发展特性的耦合影响，图4-48采用了一个经验模型来描述在冻结温度-20 ℃条件下冻结试样稳态弹性模量（M_r）随循环应力比的发展规律。在每个冻融循环次数下，稳定弹性模量随循环应力比的增加呈非线性增长。冻融循环次数≥3时，稳定回弹模量的发展特征和离散程度基本一致。该经验模型能够准确描述不同循环应力幅值和冻融循环条件下冻结路基土稳定弹性模量（M_r）的发展规律。

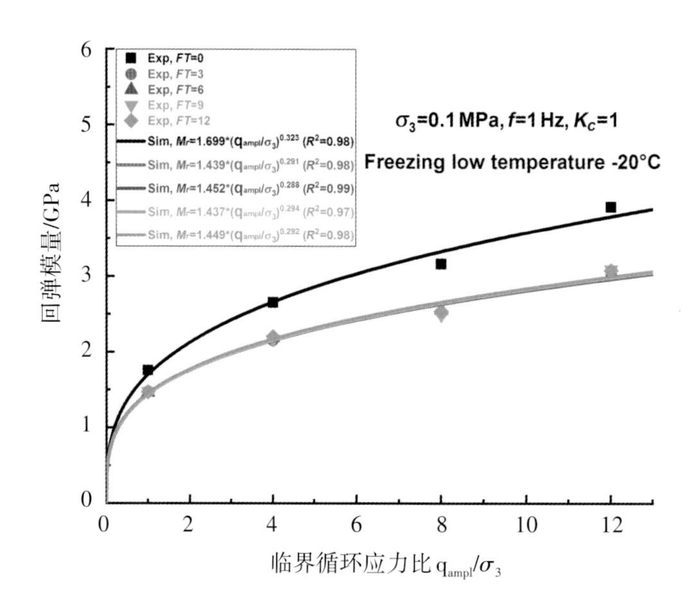

图4-48 不同冻融循环次数下稳态回弹模量与循环应力比的关系

考虑到稳定回弹模量在路基路面工程中的重要意义，图4-49总结了在冻结温度-20 ℃条件下归一化稳态回弹模量与冻融循环次数的定量关系。需要说明的是，图中对不同冻融循环条件下冻融试样的稳定弹性模量（M_{r-i}）用未冻融循环条件下冻结试样的稳定弹性模量（M_{r-0}）进行归一化处理。如图所示，对于不同的循环偏应力幅值，稳态弹性模量的临界循环次数均为N=3，冻结温度-20 ℃条件下，随着冻融循环次数的增加，冻结路基土的弹性刚度特性很快达到稳定状态，但标准化弹性模量的稳定值与循环偏应力幅值有很强的相关性。如图4-47所示，标准化弹性模量的稳定值随循环应力幅值的减小明显增大。此外，将式（4-7）冻融衰减系数扩展应用到冻结路基土的回弹模量指标上，可用于模拟和预测4个循环偏应力幅值下标准化弹性模量与冻融循环次数之间的关系。

图4-50为不同冻结温度条件下归一化稳态回弹模量与加载循环次数的定量关系。曲线水平对冻结温度有很强的依赖性，造成这种现象的原因可能是冻融循环下路基土试样微观结构骨架的稳定性对冻融低温具有不可忽略的响应，其弹性刚度特性与微观结构骨架的稳定性密切相关。冻结温度对当时归一化弹性模量的影响如图4-50所示。冻结温度不仅影响临界循环次数，而且影响标准化弹性模量的稳定水平。对于4个循环偏应力幅值，冻融循环次数N=6是冻结试样在冻结温度-3 ℃条件下归一化弹性模量的临界循环次数。但在冻结温度-10 ℃

和-20 ℃时，临界循环次数N=3。利用冻融衰减系数预测了3种冻结温度下归一化弹性模量的演化特征。对比结果表明试验结果与理论模型的模拟曲线吻合较好。

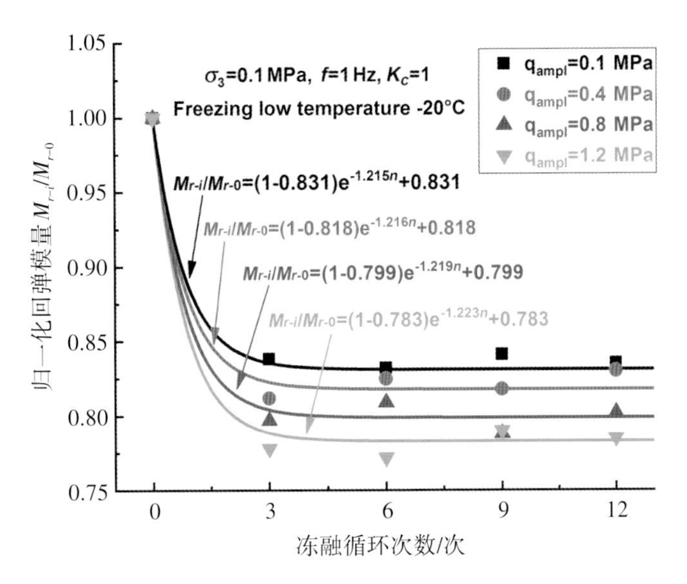

图4-49 不同循环偏应力幅值下归一化稳态回弹模量与冻融循环次数的关系

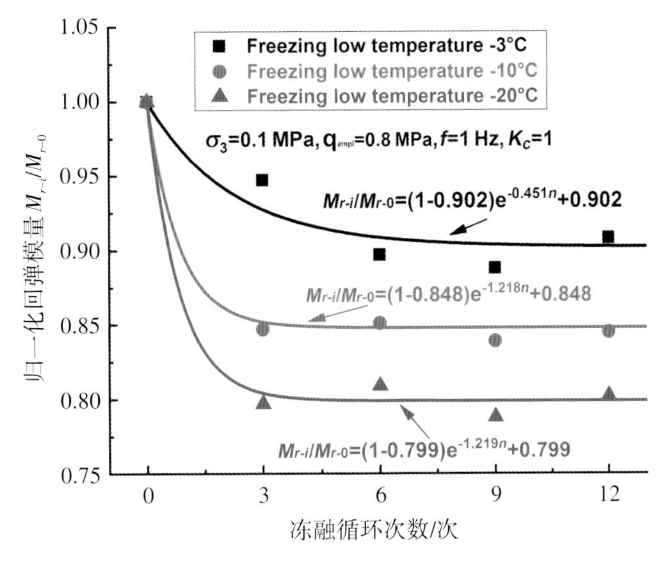

图4-50 不同冻结温度条件下归一化稳态回弹模量与冻融循环次数的关系

4.2　冻融循环对压实黄土细微观特征影响研究

土体宏观物理力学性质变化的根本原因在于土体结构性的变化。因此，研究土的微观结构对评价土的工程性质、估算和预测土的某些性质的变化范围和趋势、为研究土体工程性质的方法提供依据具有非常重要的意义。

4.2.1　冻融循环对压实黄土微观特征影响

采用冻土工程国家重点实验室的Quanta 450FEG场发射扫描电子显微镜系统，对不同次数冻融循环试验前后的压实黄土的微观结构进行观测，并利用GIS软件对电子显微镜扫描图像中的孔隙进行数据提取，统计分析其主要特征参数。在电子显微镜扫描图像处理中，尽管可以看出孔隙的立体结构，但无法对其体积进行统计分析，只能从平面上测量孔隙的分布情况，从面孔隙度和孔隙分布曲线两方面进行统计分析。面孔隙度是指孔隙面积之和占图像总面积的百分比。孔隙分布曲线主要包括孔隙面积及孔隙等效直径（与孔隙面积相等的圆的直径）分布曲线，其中孔隙面积分布曲线指小于某个面积的孔隙面积之和占所有孔隙面积之和的百分比，而孔隙等效直径分布曲线是指小于某个等效直径的孔隙个数占所有孔隙个数的百分比。

黄土土样的土骨架颗粒形态及其连接形式可以通过肉眼观察电子显微镜扫描图像来判断。在图4-51（a）中，土样经历了0次冻融循环，即为原始压实土样（压实度97%），可以看出其土骨架颗粒形态多为集粒状和凝块状，骨架连接方式多为面接触。这种骨架颗粒形态及连接方式从微观结构上表明压实黄土基本上消除了其湿陷性，因此能够保证路基的强度和稳定性要求。但随着冻融循环次数的增加，土样孔隙中冰晶的生长导致土颗粒受到挤压，增加了土颗粒的团聚性，孔隙体积增加，如图4-51（b）所示。由此也导致土样骨架颗粒连接方式发生转变，出现了一些点接触，如图4-51（c）所示。

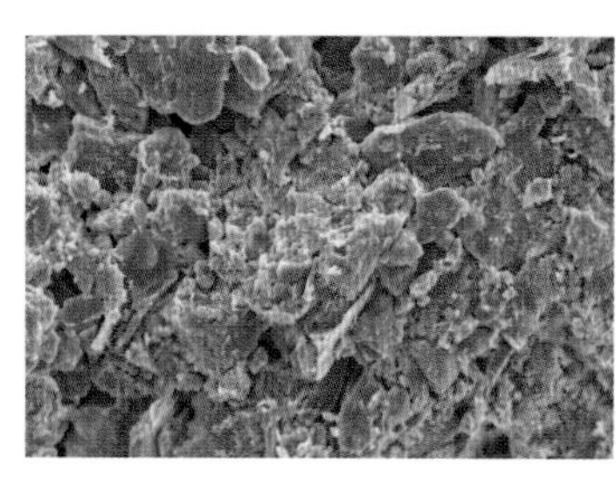
（a）0次冻融循环

（b）2次冻融循环

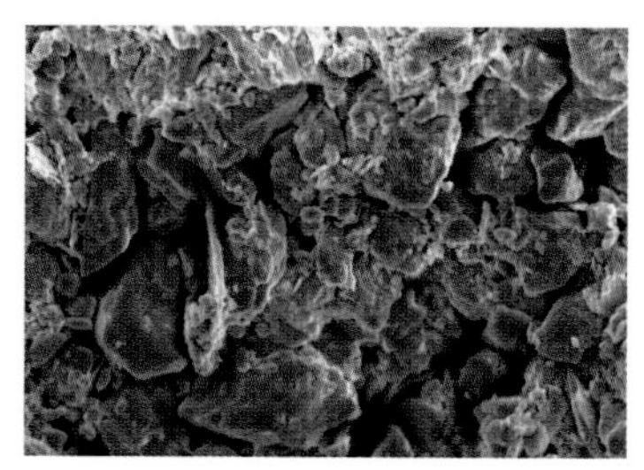
（c）31次冻融循环

图4-51　不同冻融循环次数后土样电子显微镜扫描图像

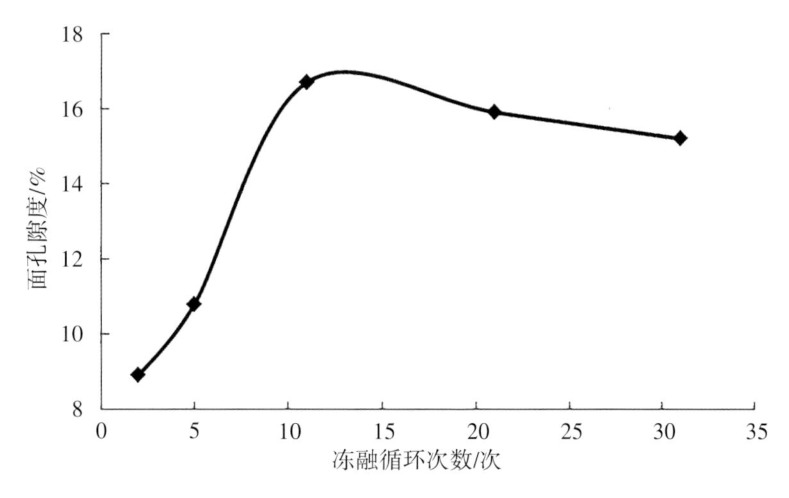

图4-52 不同冻融循环次数后土样面孔隙度

图4-52为不同冻融循环次数后土样面孔隙度的统计结果，2次冻融循环后土样面孔隙度为8.9%，随着冻融循环次数增加，面孔隙度不断增加，至11次冻融循环后为16.7%，之后变化减小，31次冻融循环后为15.2%。土样面孔隙度随冻融循环次数的增加是由土样内部冰晶的生长和冷生结构的形成造成的。对于压实黄土土样来说，冻融作用打破了其原有的平衡状态。冻融作用初期，冻结过程中内部冰晶的生长和冷生结构的形成使得孔隙面积增加，土颗粒受到挤压并形成新的土骨架结构，宏观上土样表现为冻胀变形；而融化过程中，内部冰晶的融化不能引起土骨架结构的完全恢复，因此土样表现为冻胀变形，即微观上面孔隙度不断增加。在土样拆除过程中，可以通过肉眼直接观察到微层状冷生结构的形成。随着冻融循环次数的增加，土样内部含水率不断增加，孔隙个数及体积的增加，使得土样黏聚力下降，此时冻结和融化过程中的变形量基本相当，土样体积基本保持不变，反映在微观上其面孔隙度则变化不大。此时土样随着冻融作用的继续达到了一个新的平衡状态。

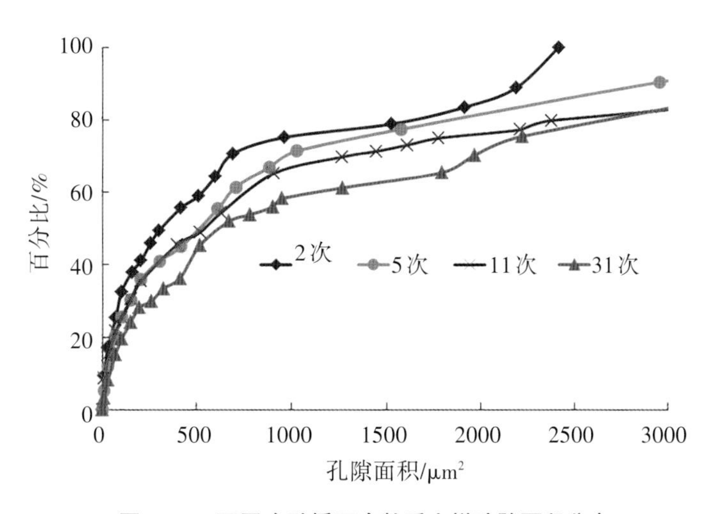

图4-53 不同冻融循环次数后土样孔隙面积分布

图4–53为经历不同冻融循环次数后的土样孔隙面积分布情况，即小于某个面积的孔隙面积之和占总的孔隙面积的百分比。可以看出，随着冻融循环次数的增加，面积较大的孔隙所占孔隙总面积的百分比不断增加。根据雷祥义（1987）对黄土孔隙粒径大小的划分，本次试验中土样经历2次冻融循环后，微小孔隙面积占孔隙总面积的百分比为22%，而大、中孔隙面积占孔隙总面积的百分比为78%，且其中多为中孔隙。而经历31次冻融循环后，上述两数值分别变为约10%、90%，并且主要以大孔隙为主，即大、中孔隙所占孔隙总面积的百分比相比2次冻融循环增加12%。土样的最大及平均孔隙面积，2次冻融循环后分别为2414 μm²、32 μm²，而31次冻融循环后分别增加至6612 μm²、72 μm²，其中平均孔隙面积增加超过1倍。对黄土而言，大、中孔隙及由其组成的架空孔隙的出现，控制着黄土的湿陷性。

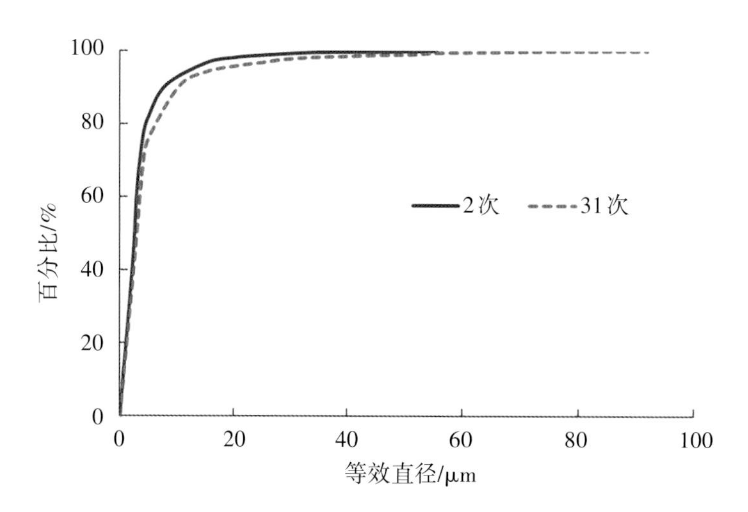

图4–54　2次、31次冻融循环后土样中孔隙等效直径分布

孔隙等效直径分布图可以更好地反映出土样中所有孔隙的大小分布情况。图4–54为2次、31次冻融循环后土样中孔隙等效直径分布图。虽然孔隙等效直径分布图随冻融循环次数变化不大，但仍有较好的规律性，因此其他冻融循环次数孔隙等效直径分布未在图中给出。可以看出，冻融次数增加后，等效直径较大的孔隙所占孔隙总个数的百分比有所增加。这与前面图中所反映的大中孔隙所占孔隙总面积的百分比随冻融循环次数的增加而增加是一致的。

4.2.2　冻融循环对压实黄土细观特征影响

1. 冻融循环前后压实黄土细观结构变化

冻融循环会引起土体内部细观结构的细微变化，可以通过CT图像和CT值的变化来直接观测和反演土样内部结构的变化过程。土样在经历不同循环过程的CT扫描图像如图4-55所示。

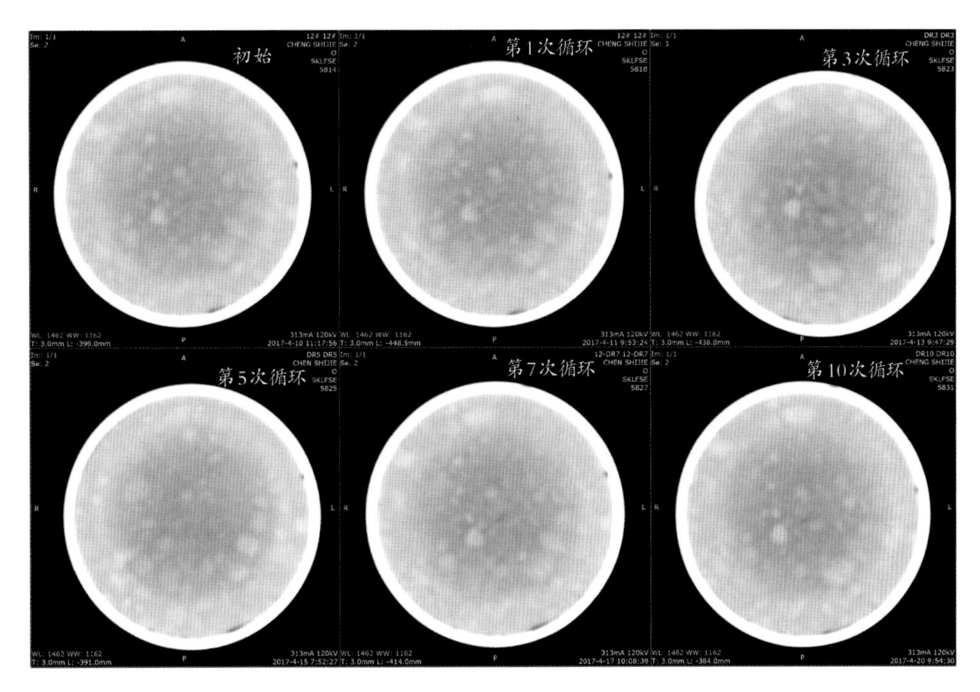

图4-55　冻融循环前后CT图像

从以上图中可以看出，土体在初始状态及在整个循环过程中的CT图像上有明显的大粒径的白色亮点和暗点交替无规则分布，表明土样细观结构在空间上分布都不均匀，高密度区（亮色）与低密度区（暗色）交错出现，其中密度越大代表CT值越大，图像越亮，密度越小则CT值越小，图像则较暗。

不同的循环作用对土体的影响过程不同，在土体经历整个冻融循环过程前后，均未出现肉眼可观测的裂隙或裂纹，如图4-55所示。图中可见的较大白色亮点即高密度区域也未出现重组变化，表明在分辨率为24 lp/mm的条件下，其内部结构在毫米级及以上范围变化不大。CT图像变化过程，在冻融循环作用影响下的土体前后CT图像细观变化不明显。

2. 冻融循环前后压实黄土密度分布特征

由于每次扫描控制点处的试样含水率及扫描位置都是固定的，当内部土颗粒发生位移或破坏或有物质的迁移时，均会导致不同位置处的细观结构和密度分布发生变化，这种变化均会在密度分布曲线中反映出来，其中曲线中的低密度区域表征其缺陷部位，缺陷越大密度越低，其频率数也越高。高密度区域表征的是土颗粒分布区域，土体团聚越紧密，密度值也越大。由于不同区域位置的离散性比较大，所以可以通过统计学的方法利用密度曲线不同区间的变化间接反演细观结构的变化。

对冻融循环过程的土体内部密度分布状况进行分析。设r表示图像中的像素CT值，它可看作是一个随机变量。作归一化处理后，被限定在［0，1］范围内，假定每一时刻它是连续的随机变量，那么就可以用$p_r(r)$来表示原始图像的CT值分布。用直角坐标系的横轴代表CT值r，纵轴代表CT值的概率密度函数$p_r(r)$，可做出一条曲线，这条曲线被称为概率密度曲线。在离散形式下，用r_k代表离散CT值，用$p_r(r_k)$代表$p_r(r)$，则有下式成立：

$$p_r(r_k) = \frac{n_k}{n},\ 0 \leqslant r_k \leqslant 1,\ k = 0,\ 1,\ 2,\ \cdots,\ l - 1 \tag{4-9}$$

式中：n_k为图像中出现r_k级CT值像素数，n是图像像素总数，而n_k/n即为频数。在直角坐标系中做出r_k与$p_r(r_k)$的关系图形，即称为该CT图像的概率密度曲线。

按照Hounsfield建立的医用CT机的标准方程：

$$H = \frac{\mu_t - \mu_w}{\mu_w} \times 1000 \tag{4-10}$$

式中：H为CT值；μ_t、μ_w分别为材料和水的线性衰减系数。

其中材料的线性衰减系数μ_t的定义为：

$$\mu_t = \mu_m \cdot \rho \tag{4-11}$$

式中：μ_m为某材料的质量吸收系数；ρ为该材料的密度。

将式（4-11）代入式（4-10），可得：

$$\rho = \frac{\mu_w\left(1 + \frac{H}{1000}\right)}{\mu_m} \tag{4-12}$$

式中：μ_w为水的吸收系数值，取值为1，当扫描条件和材料的元素组分不发生变化时，材料的μ_m为定值，已知初始状态下的材料密度ρ_0和CT值H_0，则可求得μ_m：

$$\mu_m = \frac{1 + \frac{H}{1000}}{\rho_0} \tag{4-13}$$

则可以建立CT值与材料物理密度之间的关系：

$$\rho_i = \rho_0 \times \frac{1000 + H_i}{1000 + H_0} \tag{4-14}$$

则式（4-9）可以表征为：

$$p_r(\rho_i) = \frac{n_i}{n},\ k = 0,\ 1,\ 2,\ \cdots,\ l - 1 \tag{4-15}$$

式中：n_i为图像中出现ρ_i级密度值像素数。

通过式（4-15）就可以将CT图像转化为密度图象，同时也将概率密度曲线转化为具有物理意义的密度曲线。由于每次扫描控制点处的试样含水率及扫描位置都是不变的，土体内部任何结构变化都会导致其密度曲线的变化，所以可以间接从密度曲线变化来反演结构变化。

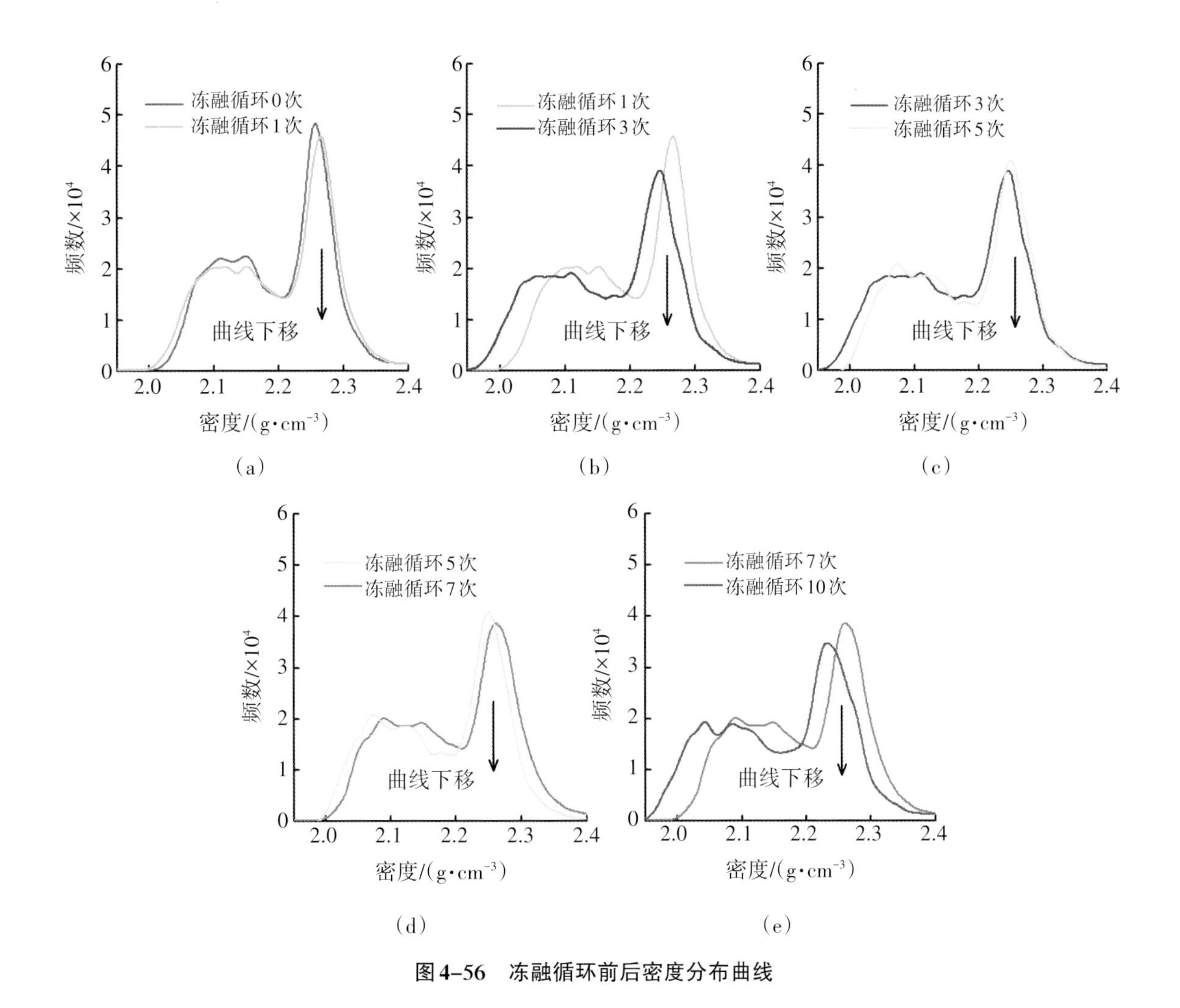

图4-56　冻融循环前后密度分布曲线

图4-56为不同冻融循环过程、不同时刻下的密度分布曲线，它是表征土体细观结构变化情况的一种重要手段。用密度分布曲线可以比较直观地看出土体细观特性的分布状态，对于细观信息的分布状况一目了然，便于判断其总体结构分布情况，可以反演出土体经历不同循环过程后不同阶段的细观结构变化规律。

由密度分布曲线可以看出，不同冻融循环过程土体均呈现出一种双峰型分布，分别代表高密度区域和低密度区域，在经历不同循环过程后其峰值强度的幅值及位置均发生变化。冻融过程的密度分布曲线可以分为3个阶段，第1个阶段为冻融循环1次至冻融循环3次之间，高密度区域和低密度区域的曲线均往下移；第2个阶段为冻融循环3次至冻融循环5次之间，高密度区域出现了一个阶段性的上移，但是低密度区域向下移动；第3个阶段为冻融循环5次至冻融循环10次之间，随着冻融循环次数的增加曲线逐渐下移。由以上3个阶段的变化规律可以得出，在冻融循环1次到冻融循环3次之间，土体内部有物质迁出，导致其高密度区域和低密度区域的幅值均减小，结合冻融循环3次后样品表面有大量盐分析出的现象，说明在这期间导致高、低密度区域均减小的主要原因是盐分的析出所造成的。冻融循环3次至冻融循环5次之间出现了一个阶段性的上移，表明其微观结构发生变化，使得疏松部分更加疏松，密实部分更加密实。冻融循环5次之后，随着冻融次数的增加，土体疏松部分继续弱化，密实部分略有强化但幅度较小，弱化占主导表现为整体密度逐渐减小。

4.3 黄土的冻融结构势

结构性是指土颗粒、土孔隙与土中水的组成、形态、分布、排列，以及颗粒间的接触和联结作用的总称。它包含3个方面：① 土体的三相物质组成；② 土颗粒和土孔隙的几何形态与分布；③ 土体骨架的结构与力学联结。冻融循环对不同种类土体物理力学性质的影响也不尽相同。土体的宏观物理力学性质是土体结构性的外在表现，结构性则是宏观物理力学性质的内在机理。

谢定义等（2000）提出了一个能够综合起来描述各种土的结构性特征的定量化指标——综合结构势。土的结构性主要表现在两个方面：① 在未达到临界条件时，土体保持原有结构不被破坏的能力，即结构可稳性；② 土体原有结构一旦被破坏，强度陡然降低和变形量急剧增加的能力，即结构可变性。因此，可利用扰动、浸水和加荷来破坏土的结构性，以结构性被破坏时的难易程度和被破坏后的变形程度，即结构势，来反映土体结构性的强弱程度和演变规律。建议以原状土样与重塑土样在某一级压力P作用下的侧限压缩量之比S_0/S_r反映土颗粒的结构排列在外力作用下被破坏的难易程度和破坏后的变形程度，以浸水饱和土样与原状土样在压力P作用下的侧限压缩量之比S_s/S_0反映土颗粒之间的联结作用在浸水条件下被破坏的难易程度和破坏后的变形程度，在此基础上提出了一个通用的结构性定量参数——综合结构势：

$$m_p = \frac{S_s/S_0}{S_0/S_r} = \frac{S_s \cdot S_r}{{S_0}^2} \tag{4-16}$$

式中，S_r、S_s、S_0分别是通过侧限压缩试验得到的重塑土、浸水饱和土和原状土在压力P下的压缩量。由式（4-16）可知，综合结构势可以定量的反映土体结构性随外界压力变化的规律。谢定义等（2000）对综合结构势作为结构性参数进行了试验验证，说明了综合结构势对具有不同粒度、密度、湿度的结构性土均有很好的归一性和稳定性，并且能够反映湿陷性、灵敏性、膨胀性等各种结构性土的特殊性质，并证明了“综合结构势”作为一般土的结构性定量参数，在土的结构性定量评价中的合理性和广泛适用性。

4.3.1　冻融结构势

基于综合结构势用浸水饱和破坏颗粒联结、用扰动重塑破坏颗粒排列，以使结构势释放的思路进行拓展：重塑扰动使原状土的初始结构一次性完全破坏；而冻融循环扰动则是随着循环次数的增加，扰动程度不断增加；土体原始结构随冻融循环次数的增加而逐渐发生破坏，次生结构逐渐形成；当冻融循环次数达到一定的数量时，其对土体的初始结构将达到完全破坏的程度。因而，可以建立一个既能考虑冻融循环扰动的影响，又能反映随着扰动程度不断增加的过程中结构性演化规律的定量参数——冻融结构势（M_N^i），即：通过试验分别得到原状土、浸水饱和土和经历N次冻融循环土样的性质参数（郑郧，2016），定义：

$$M_N^i = \frac{E_{sat}^i}{E_0^i} \cdot \frac{E_N^i}{E_0^i} = \frac{E_{sat}^i \cdot E_N^i}{(E_0^i)^2} \tag{4-17}$$

式中，E_0为原状土的性质参数，E_{sat}为浸水饱和土的性质参数，E_N为N次冻融循环土的性质参数。参数E不再局限为综合结构势中的侧限压缩变形量，或是某一应变下所对应的剪切强度；而可以是从其他方式的力学试验所得到的强度、失效应变、能量耗散、回弹模量等，或者也可以是从物理试验、细微观试验和其他试验得到的任意一个可以反映三者差别的性质参数或指标，分别用上标i来进行区分。

由式（4-17）可知，冻融结构势是在综合结构势的思路上进行扩展而建立的，因而继承了综合结构势的诸多优点，可以定量反映出土的结构性随着含水率和压力的变化情况。更重要的是，冻融结构势将冻融循环对结构性的影响考虑在内，能够反映土体结构性随冻融循环次数增加的演化过程。此外，还可以发现，当冻融循环次数趋于无限大时（或达到某一值时），式（4-17）中的参数E_N会无限接近重塑土样的相应指标，此时的冻融结构势就相当于土体结构完全破坏后的综合结构势，也就是说，在一定情况下可以将综合结构势看作是冻融结构势在冻融循环次数趋于无穷大（或某一定值）时的一种特殊情况。

1. 应力冻融结构势（M_N^S）

相对原状土、浸水饱和土和N次冻融循环土（N=1，3，5…），在它们的单轴压缩应力应变曲线上，某一轴向应变ε_a对应的应力S_0、S_{sat}、S_N代入式（4-16），便可以得到N次冻融循环后土在该应变下以应力S表示的冻融结构势，称之为“应力冻融结构势（M_N^S）”，其表达式为：

$$M_N^S = \frac{S_{sat} \cdot S_N}{{S_0}^2} \tag{4-18}$$

利用不同应变（ε_a）下的应力冻融结构势（M_N^S）则可以得到应力冻融结构势在应变增长

的过程中的变化情况。图4-57为不同冻融循环次数下的应力冻融结构势（M_N^S）随轴向应变的变化曲线，由图4-57可以发现，在不同冻融循环次数下，应力冻融结构势（M_N^S）随轴向应变的变化曲线具有相似的形状，均是随着轴向应变的增加，M_N^S先增大，后减小，可以用$y=a\varepsilon_a^2+b\varepsilon_a^2+c$形式的抛物线函数对各次数下的曲线进行拟合，均能够得到较高的相关系数，表4-7中是各冻融循环次数下的抛物线拟合系数。M_N^S先随轴向应变增大，是由于土样在较小的轴向应变下，土体内部的微裂隙发生闭合，初始微损伤得到一定的修复，因而土体的强度随轴向应变的增加而增大，即土的硬化造成的。而后又降低，说明轴向应变增大到一定程度后，再继续增大会使土体内部损伤增加，土的强度不再随轴向应变的增加而增大，即出现软化现象造成的。这与各冻融循环次数下的应力-应变曲线均呈现出软化现象是一致的。图4-57中还可以发现，各抛物线的顶点对应的轴向应变，随冻融循环次数的增加，是逐渐减小的，这与失效应变随冻融循环次数的变化趋势也是一致的；也说明随冻融循环次数的增加，土样的结构越容易在较小的轴向应变下发生失稳破坏。

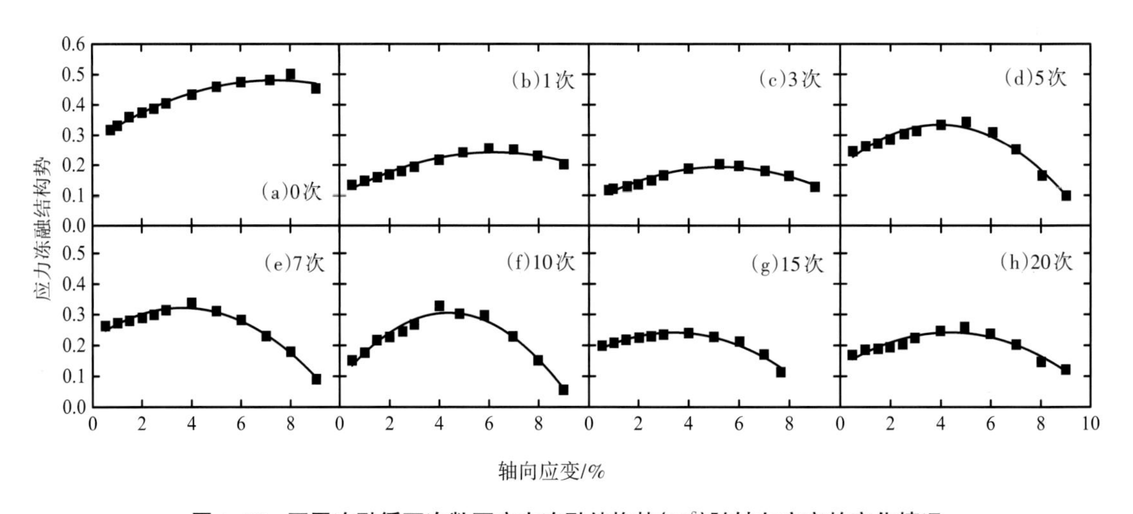

图4-57 不同冻融循环次数下应力冻融结构势(M_N^S)随轴向应变的变化情况

表4-7 不同冻融循环次数下应力冻融结构势(M_N^S)随轴向应变的抛物线拟合曲线系数

冻融循环次数/次	拟合系数			相关系数R^2
	a	b	c	
0	−0.003	0.054	0.278	0.977
1	−0.003	0.045	0.099	0.946
3	−0.004	0.045	0.073	0.940
5	−0.009	0.071	0.193	0.965

续表4-7

冻融循环次数/次	拟合系数			相关系数R^2
	a	b	c	
7	−0.007	0.055	0.221	0.980
10	−0.011	0.1	0.087	0.967
15	−0.006	0.042	0.169	0.950
20	−0.005	0.05	0.131	0.900

应力冻融结构势（M_N^s）随着轴向应变的变化曲线，可以反映出土样的结构性随轴向应变的变化情况，而不同冻融循环次数下的平均应力冻融结构势（M_N^s）（括号内数值代表平均值，下同）则可以反映出土的结构性随冻融循环次数的变化规律。图4-58为不同冻融循环次数下平均应力冻融结构势（M_N^s）变化情况，可以发现，相对原状土（即0次冻融循环土）的M_N^s最高，经历冻融循环后便迅速降低，在3次冻融循环后达到最低，在5～7次循环后略有回升，10次循环后趋于平稳。这与土体的峰值强度变化趋势非常一致，也说明各个冻融循环次数下的M_N^s可以较好地呈现土体结构强度的变化。

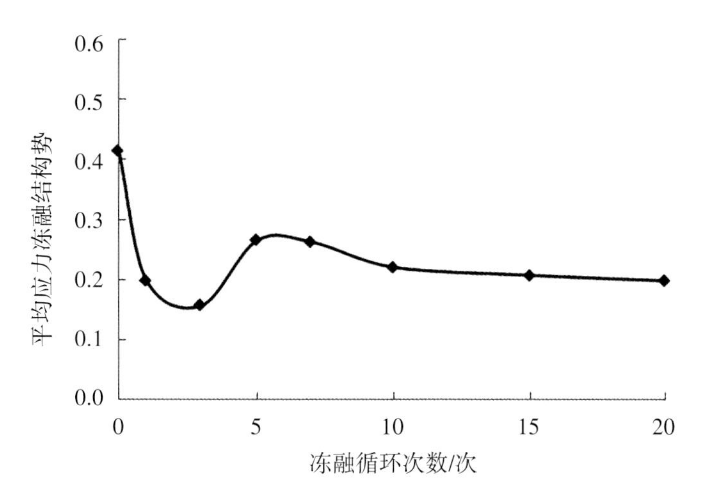

图4-58　平均应力冻融结构势（M_N^s）随冻融循环次数的变化曲线

2. 失效应变冻融结构势（M_N^ε）

利用相对原状土、浸水饱和土和N次冻融循环土样的失效应变ε_0、ε_{sat}、ε_N来构造冻融结构势，即把各失效应变分别代入式（4-18），便可以得到用失效应变表示的冻融结构势，称为“失效应变冻融结构势（M_N^ε）”，其表达式为：

$$M_N^{\varepsilon}=\frac{\varepsilon_{sat}\cdot\varepsilon_N}{{\varepsilon_0}^2} \tag{4-19}$$

相对原状土样的单轴应力-应变曲线为软化型曲线，其峰值强度对应的应变为8%，其峰值应变就是失效应变。而对于浸水饱和土样，其应力-应变曲线呈硬化型，即无峰值，通常针对应变硬化型曲线的常规做法是取15%应变对应的应力作为其强度，而失效应变相应地也取15%。然而，非常有趣的是，浸水饱和土样在强度开始稳定时的应变与原状土的峰值应变（即失效应变）基本相同，均为8%，这说明土颗粒的排列在浸水饱和作用下发生失稳的应变量与原状土发生破坏时的应变量一致，也就是说，土样进行浸水饱和处理后对土颗粒排列产生的影响可以忽略。失效应变实质上就是土体被破坏时的应变——即土样达到峰值强度或残余强度时的应变。浸水饱和土在8%应变以后，随着变形量的增加，其强度基本保持稳定，可以将其理解为土样的“残余强度”，也就是说，在8%应变后，土样的强度就达到了其残余强度。因此，将原状土和浸水饱和土的失效应变均视为8%，一方面可以反映浸水饱和处理对土颗粒的排列没有太大的影响，另一方面可以反映浸水饱和土作为一种扰动土，其所具有残余强度的特点。而且，这样做并不会影响以失效应变表示的冻融结构势随冻融循环次数的变化趋势和规律：从式（4-19）可以看出，不同冻融循环次数下的失效应变冻融结构势（M_N^{ε}），其值会随着ε_N值的变化而发生变化，但ε_0和ε_{sat}是固定的。也就是说，ε_0和ε_{sat}的取值会影响M_N^{ε}的绝对值大小，而不会影响M_N^{ε}随冻融循环次数的变化趋势和规律。无论浸水饱和土的失效应变取8%还是取15%，所反映出来的冻融结构势的变化规律是一样的。因此，将浸水饱和土的失效应变视为8%，将8%应变以后保持稳定的应力水平视为其强度。

图4-59为失效应变冻融结构势（M_N^{ε}）随冻融循环次数的变化曲线，由图可知，M_N^{ε}随冻融循环次数的增加而逐渐减小，在5次冻融循环后趋于稳定。这与失效应变随冻融循环次数

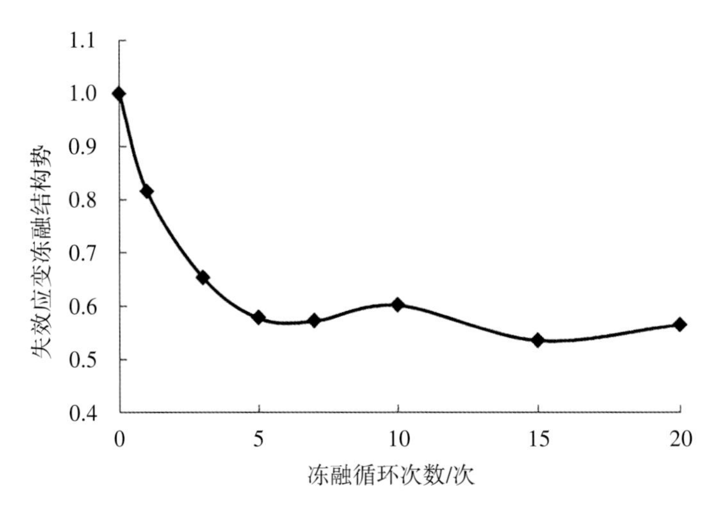

图4-59　失效应变冻融结构势（M_N^{ε}）随冻融循环次数的变化曲线

的变化趋势相一致，这也说明前5次冻融循环对土体的颗粒间联结作用有较大的影响。通常土颗粒间的联结作用越强，土样在应力水平到达其破坏强度前，能够经受的塑性变形量就越大；而随着冻融循环次数的增加，土颗粒间的联结作用逐渐减弱，破坏前所能发生的塑性变形就会逐渐变小，土样在越来越小的变形量下就会发生失稳破坏，即失效应变越来越小。当冻融循环次数超过5次后，土颗粒间的联结作用被破坏到一定程度，并达到一个新的平衡状态，此后土的失效应变几乎就不再受到冻融循环的影响。

3. 强度冻融结构势M_N^q

利用相对原状土、浸水饱和土和N次冻融循环下土样的单轴压缩峰值强度q_0、q_{sat}、q_N来构造冻融结构势，即把各强度分别代入式（4-17），得到用强度表示的冻融结构势，称之为“强度冻融结构势（M_N^q）”，其表达式为：

$$M_N^q = \frac{q_{sat} \cdot q_N}{{q_0}^2} \tag{4-20}$$

图4-60为强度冻融结构势（M_N^q）随冻融循环次数的变化曲线。强度冻融结构势（M_N^q）在未经历冻融循环时最大，经历3次冻融循环后最小，5～10次冻融循环时略有升高，15次冻融循环后趋于稳定。这与强度和平均应力冻融结构势（M_N^S）随冻融循环次数的变化趋势一致，也说明冻融循环对土颗粒排列的影响作用比较复杂。随着冻融循环次数的增加，土颗粒发生破碎，粒度组成发生改变，必然会影响土骨架的结构和土颗粒的排列。3次冻融循环后，土骨架的结构强度最低，因而在较小外力下就会发生失稳破坏；颗粒排列在5～10次冻融循环过程中进一步调整，使土骨架的结构强度得到一定的恢复；在15次冻融循环后，土骨架达到一个新的平衡状态，因而强度也保持稳定。

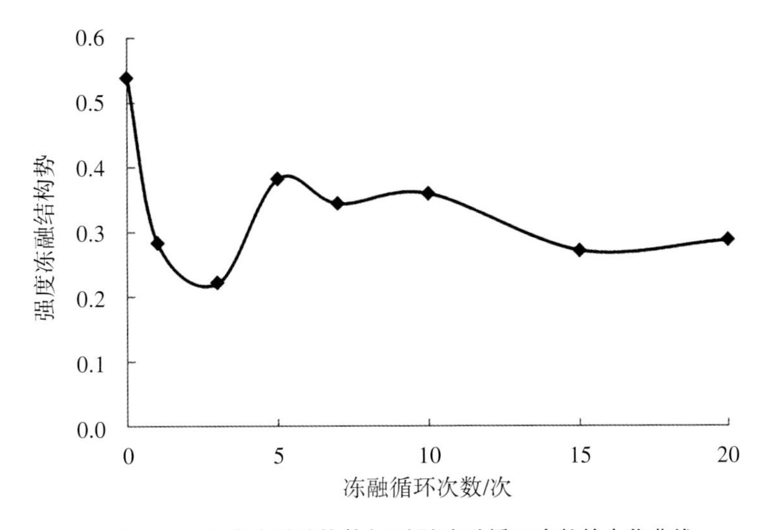

图4-60　强度冻融结构势(M_N^q)随冻融循环次数的变化曲线

4. 回弹模量冻融结构势（M_N^R）

利用循环加卸载试验中，相对原状土、浸水饱和土和不同冻融循环次数土，在不同卸载应变下的回弹模量R_0、R_{sat}、R_N，代入式（4-17），可以得到用回弹模量表示的冻融结构势，称之为“回弹模量冻融结构势（M_N^R）”，其表达式为：

$$M_N^R = \frac{R_{sat} \cdot R_N}{{R_0}^2} \tag{4-21}$$

图4-61为不同冻融循环次数下回弹模量冻融结构势（M_N^R）随卸载应变的变化曲线，可以发现，各个冻融循环次数下曲线的变化形状类似，均是随着卸载次数的增加而逐渐变大；说明在反复加卸载的过程中，回弹模量有增大的趋势。而且除了0次冻融样，不同冻融循环次数下的M_N^R随卸载应变的变化曲线均分布在一个较窄的区域内。在每一个冻融循环次数下，对不同卸载应变下的M_N^R求其平均值，将不同冻融循环次数下的平均回弹模量冻融结构势（M_N^R）进行比较，分析结果见图4-62。可以发现，在1次循环后，土样的M_N^R就急剧降低，而随着后续冻融循环次数的增加，M_N^R逐渐缓慢的略微减小，但基本上不再有太大变化，也就是说，后续增加的冻融循环次数对M_N^R的影响作用大体上是一样的。

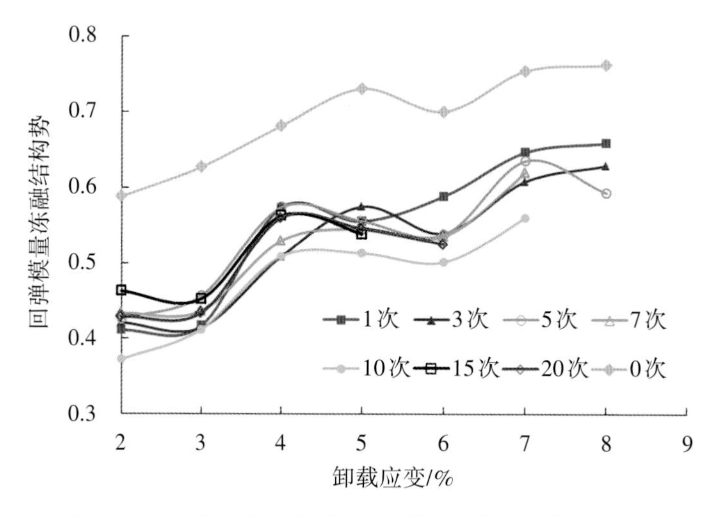

图4-61 回弹模量冻融结构势（M_N^R）随卸载应变的变化曲线

5. 能量耗散冻融结构势（M_N^{Ed}）

同样，利用循环加卸载试验中，相对原状土、浸水饱和土和不同冻融循环次数土，在不同卸载应变下的能量耗散值E_{d0}、E_{dsat}、E_{dN}，代入式（4-17），可以得到用能量耗散表示的冻融结构势，称之为“能量耗散冻融结构势（M_N^{Ed}）”，其表达式为：

$$M_N^{Ed}=\frac{E_{d\text{sat}}\cdot E_{dN}}{E_0{}^2} \tag{4-22}$$

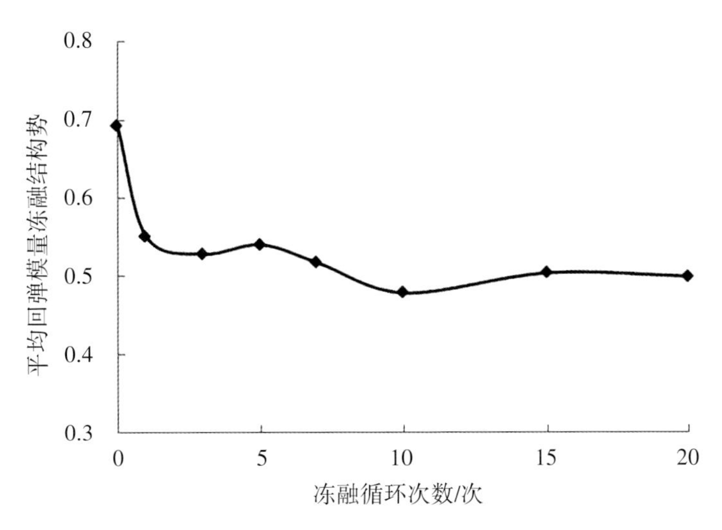

图4-62　平均回弹模量冻融结构势（M_N^{Ed}）随冻融循环次数的变化曲线

图4-63为不同冻融循环次数下M_N^{Ed}随卸载应变的变化曲线，可以发现，M_N^{Ed}随卸载应变的增加，均呈现出先增大后减小的变化趋势，除了0次和3次冻融循环的曲线，其他曲线也分布在一个较窄的区域内。

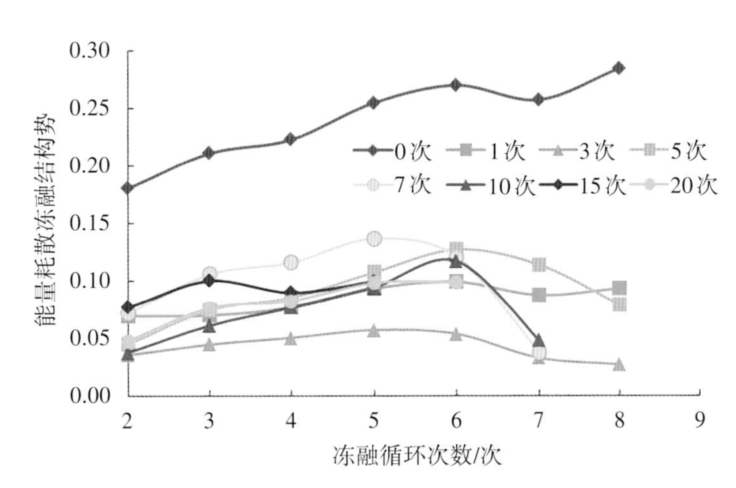

图4-63　能量耗散冻融结构势（M_N^{Ed}）随卸载应变的变化曲线

图4-64为平均能量耗散冻融结构势（M_N^{Ed}）随冻融循环次数的变化曲线，可以发现，相对原状土的M_N^{Ed}值最高，在1次冻融循环后便开始降低，3次冻融循环后达到最低，5次冻融循环后，恢复到与1次冻融循环后的水平，而后冻融循环次数继续增加，平均能量耗散冻融结构势（M_N^{Ed}）保持稳定，不再有明显变化。

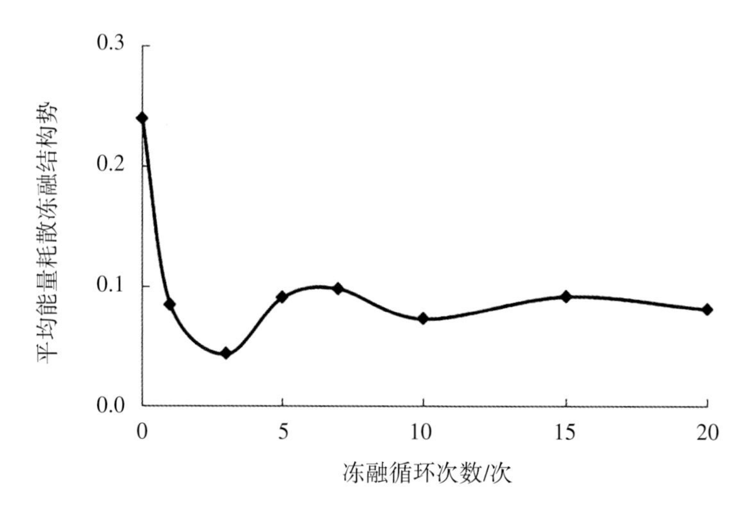

图4-64 平均能量耗散冻融结构势(M_N^{Ed})随冻融循环次数的变化曲线

6.比表面积冻融结构势(M_N^A)

利用比表面积试验中，相对原状土、浸水饱和土和不同冻融循环次数土的比表面积A_0、A_{sat}、A_N，代入式(4-17)，可以得到用比表面积构造的冻融结构势，称之为“比表面积冻融结构势(M_N^A)”，由于浸水饱和土的比表面积与原状土的比表面积相同，即$A_0=A_{sat}$，所以比表面积冻融结构势的表达式可简化为：

$$M_N^A = \frac{A_{sat} \cdot A_N}{A_0^2} = \frac{A_N}{A_0} \tag{4-23}$$

图4-65为比表面积冻融结构势(M_N^A)随冻融循环次数的变化曲线，可以发现，M_N^A随冻融循环次数的增加而逐渐增大，在10次冻融循环后趋于稳定。

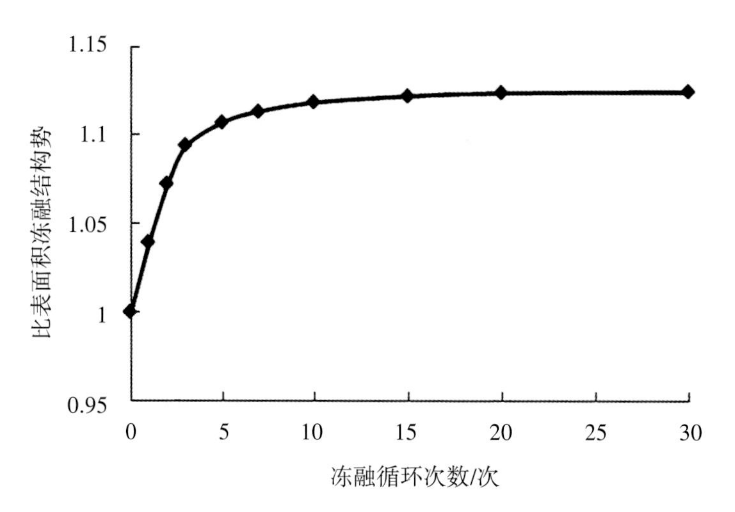

图4-65 比表面积冻融结构势(M_N^A)随冻融循环次数的变化曲线

7. 界限含水率冻融结构势（M_N^W）

分别利用界限含水率试验中，相对原状土、浸水饱和土和不同冻融循环次数土的界限含水率w_0、w_{sat}、w_N（包括：塑限含水率、液限含水率和塑性指数），代入式（4-17），可以得到用各个界限含水率表示的冻融结构势，称之为“界限含水率冻融结构势（M_N^W）”，同样由于浸水饱和处理并不会使界限含水率发生改变，因而w_0=w_{sat}，所以界限含水率冻融结构势的表达式可简化为：

$$M_N^W = \frac{w_{sat} \cdot A_N}{{w_0}^2} = \frac{w_N}{w_0} \tag{4-24}$$

图4-66为塑限、液限和塑性指数分别所构造的冻融结构势（M_N^W）随冻融循环次数的变化曲线，可以发现，塑限、液限和塑性指数3者构造的M_N^W均随冻融循环次数的增加而逐渐增大，在10次冻融循环后趋于稳定。而且，液限M_N^W增大的程度大于塑限M_N^W，塑性指数M_N^W增大的程度最大。

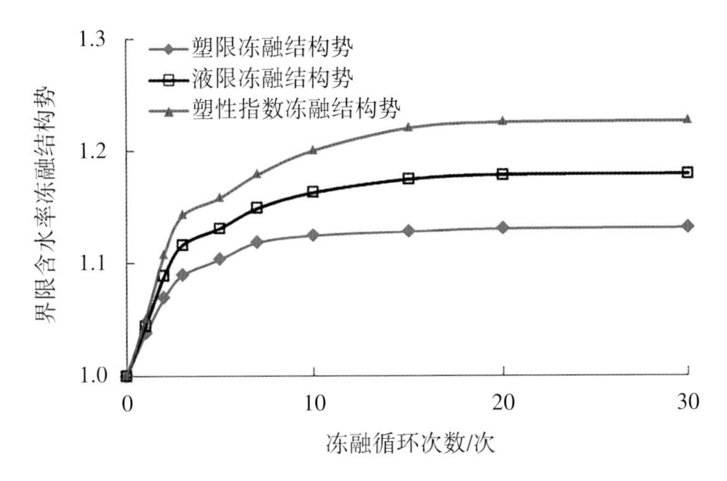

图4-66　界限含水率冻融结构势(M_N^W)随冻融循环次数的变化曲线

8. 活性指数冻融结构势（M_N^I）

把相对原状土、浸水饱和土和不同冻融循环次数土的活性指数I_0、I_{sat}、I_N，代入式（4-17），可以得到用活性指数表示的冻融结构势，称之为“活性指数冻融结构势（M_N^I）”，同样由于浸水饱和处理不会使塑性指数和颗粒组成发生改变，浸水饱和土的活性指数和相对原状土的相同，I_0=I_{sat}，所以活性指数冻融结构势的表达式可简化为：

$$M_N^I = \frac{I_{sat} \cdot I_N}{{I_0}^2} = \frac{I_N}{I_0} \tag{4-25}$$

图4-67为活性指数冻融结构势随冻融循环次数的变化曲线，可以发现，在前5次循环中，M_N^I逐渐减小，5次循环后趋于稳定。

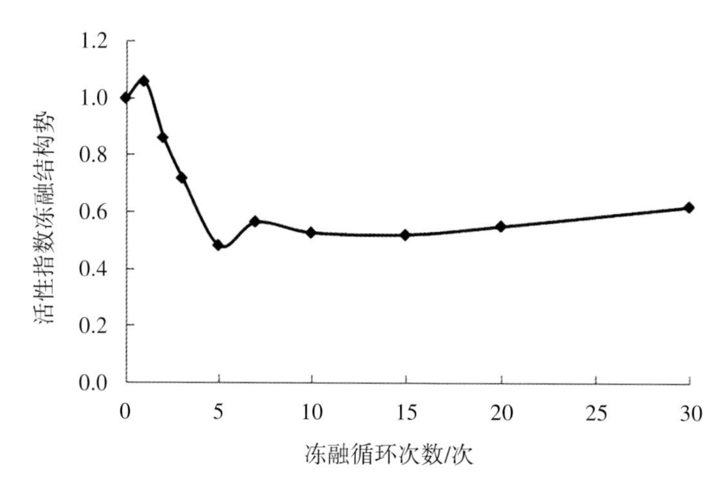

图4-67　活性指数冻融结构势(M_N^I)随冻融循环次数的变化曲线

4.3.2　各参数表示的冻融结构势比较

将使用力学参数构造的各个冻融结构势进行汇总，见表4-8，把力学参数表示的冻融结构势随冻融循环次数的变化曲线绘制在同一幅图中，如图4-68所示；同样对使用细微观参数构造的冻融结构势进行汇总，见表4-9，将细微观试验结果构造的冻融结构势随冻融循环次数的变化曲线绘制在同一幅图中，如图4-69所示。

表4-8　力学参数构造的冻融结构势

冻融循环次数/次	强度冻融结构势M_N^q	失效应变冻融结构势M_N^ε	平均能量耗散冻融结构势M_N^{Ed}	平均回弹模量冻融结构势M_N^R	平均应力冻融结构势M_N^S
0	0.538	1.000	0.240	0.693	0.418
1	0.283	0.816	0.084	0.551	0.198
3	0.222	0.654	0.043	0.529	0.156
5	0.383	0.578	0.091	0.540	0.265
7	0.345	0.572	0.098	0.517	0.262
10	0.360	0.602	0.073	0.479	0.220
15	0.272	0.535	0.092	0.504	0.207
20	0.288	0.565	0.081	0.499	0.198

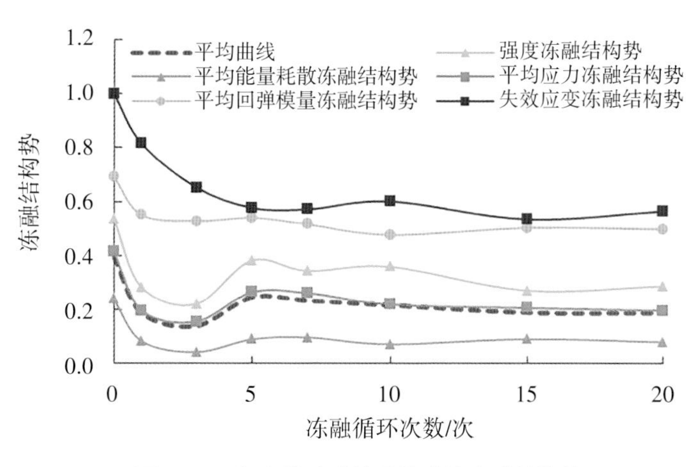

图4-68　各力学试验结果构造的冻融结构势

图4-68中，平均回弹模量冻融结构势（M_N^R）和失效应变冻融结构势（M_N^ε）的曲线形状相似，分布区间也较为接近，可以认为两者近似呈线性关系，由表4-8可以计算得到两者的关系为：$M_N^R \approx 0.83 M_N^\varepsilon$。同样，强度冻融结构势（$M_N^q$）、平均能量耗散冻融结构势（$M_N^{Ed}$）和平均应力冻融结构势（$M_N^S$）3者的曲线形状相似，分布区间也非常接近，这3条曲线的平均曲线如图4-68中的虚线所示。这3条曲线的平均曲线几乎与平均应力冻融结构势（M_N^S）的曲线重合。由式（4-17）对3者之间的比例关系进行计算分析，可以发现，在不同冻融循环次数下，3者呈现出一定的比例关系，具体为：$M_N^{Ed} \approx 0.35 M_N^S$，$M_N^q \approx 1.26 M_N^S$。

表4-9　细微观参数构造的冻融结构势

冻融循环次数/次	活性指数冻融结构势M_N^I	比表面积冻融结构势M_N^A	塑限冻融结构势M_N^{wp}	液限冻融结构势M_N^{wl}	塑性指数冻融结构势M_N^{wIP}
0	1	1	1	1	1
1	1.057	1.039	1.038	1.044	1.051
2	0.861	1.072	1.069	1.089	1.107
3	0.719	1.094	1.089	1.116	1.143
5	0.482	1.107	1.104	1.131	1.158
7	0.564	1.113	1.118	1.149	1.179
10	0.528	1.118	1.125	1.163	1.200
15	0.521	1.122	1.128	1.175	1.220
20	0.551	1.124	1.131	1.178	1.225
30	0.620	1.125	1.132	1.179	1.226

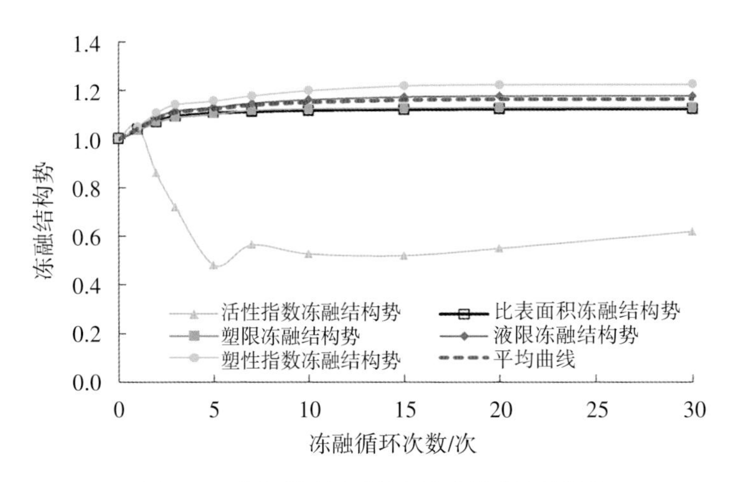

图4-69　各细微观试验结果构造的冻融结构势

图4-69中，除了活性指数冻融结构势（M_N^I）外，比表面积冻融结构势（M_N^A）、塑限冻融结构势（M_N^{wp}）、液限冻融结构势（M_N^{wl}）和塑性指数冻融结构势（M_N^{wIP}）这4条曲线变化规律非常一致且分布在1个较小的范围内，几乎重合，可以用1条平均曲线来表示，如图4-69中的虚线所示。利用表4-9求得此平均曲线的坐标，对之进行拟合分析，发现当N不为0时，可以用双曲线对之进行拟合，且相关系数接近为1，其拟合函数为：

$$M_N = \frac{N}{0.854N + 0.114}\quad (N=1,\ 2,\ 3,\ \cdots) \tag{4-26}$$

以上对各参数构造的冻融结构势进行了分析，可以发现，对于用不同参数表示的冻融结构势M_N^i，无论是其绝对值的大小，还是其随着冻融循环次数的变化趋势，都不可避免的存在差异。这是因为不同参数表示的冻融结构势，更侧重于反映结构性的不同方面。如比表面积、界限含水率等细微观参数构造的冻融结构势，侧重反映土的物性特征在冻融过程中的变化情况；而强度、应力和能量耗散构造的冻融结构势，则侧重于反映影响土体强度的一些结构性特征在冻融循环过程中的变化情况，综合考虑了粒间联结力和土颗粒排列等多个方面；失效应变和回弹模量冻融结构势，则侧重于反映影响土体变形特性的结构性特征在冻融循环过程中的变化情况，可以反映颗粒间的联结作用或者摩擦作用的变化情况，对冻融循环过程中的土颗粒排列的结构稳定性变化没有太多考虑。由此可见，不同参数表示的冻融结构势，侧重于反映结构性的某些方面，既有差异，也有共同之处。因而，尽管各个参数表示的冻融结构势不尽相同，但是它们之间同时也具有一定的联系。正如上文中分析所得到的，M_N^R和M_N^ε之间存在着较好的比例关系，M_N^q、M_N^{Ed}和M_N^S 3者之间也存在着较好的比例关系，而M_N^A、M_N^{wp}、M_N^{wl}和M_N^{wIP}随着冻融循环次数的变化曲线则可以用同一条双曲线进行拟合，各参数所表示的冻融结构势之间的关系就大为简化。其中平均应力冻融结构势（M_N^S）随冻融循环次数的变化曲线不仅与M_N^q、M_N^{Ed}和M_N^S3者的平均曲线几乎重合，而且与强度、能量耗散等多项力学指标随冻融循环次数的变化规律都非常一致。M_N^S随轴向应变的变化曲线，还可以在冻融结构势和应力应变曲线之间建立起一定的联系，更是综合考虑了影响强度和变形等多方面的结构性因素。可以将平均应力冻融结构势（M_N^S）作为一个标准，对土的结构性随冻融循环次数的增加而发生的变化规律进行定量分析，即M_N^S越大，就说明结构性越强；M_N^S越小，则结构性越弱。因此，根据图4-58中M_N^S随冻融循环次数的变化曲线，可得到土的结构性在冻融循环过程中的变化情况：相对原状土（即0次冻融循环土）的M_N^S最高，说明原状土的初始结构性最强；而M_N^S在3次冻融循环后达到最低，只有原状样的1/3，说明3次冻融循环后土体的结构性最弱；M_N^S在5～7次冻融循环后略有回升，10次冻融循环后趋于平稳，说明5～7次冻融循环后土样的结构性得到一定程度的恢复，10次冻融循环后土样的结构性保持稳定，稳定状态下土的结构性约为原状土的1/2。

5 干湿循环对黄土路基多次湿陷影响机理研究

公路路基填筑完成后，一直与自然界进行水分和能量的交换，路基土体含水率会随时间与天气的变化而不断变化。我国西北地区降水量较少，但多集中在6～9月。黄土路基现场监测结果表明，路基内黄土含水率夏季高、冬季低，其中路堤内压实黄土含水率在6%～38%之间变化，路堑段路基顶面下1 m范围内黄土含水率在10%～39%之间变化，路基压实黄土都发生了剧烈的干湿循环现象，对黄土的结构、强度和湿陷变形均造成显著影响。已有研究表明，干湿循环可以导致压实黄土的基质吸力减小、压缩系数增大、内摩擦角减小、强度降低、渗透系数增加（Houston et al.，2001；Gullà et al.，2006；刘宏泰等，2010；张芳枝等，2010；Malusis et al.，2011）。土体含水率越低，干湿循环对其强度的影响越明显。随着干湿循环次数的增加，强度逐渐减小，达到一定循环次数后，土体结构会重新达到平衡，强度也趋于稳定。已有研究成果表明，压实黄土地基回弹模量随干湿循环次数的增加而逐渐减小（李聪等，2009）。胡志平等（2011）发现石灰黄土抗剪强度和渗透系数随干湿循环增加而呈指数型衰减，而单轴抗压强度随干湿循环强度变化不大。通过室内模拟干湿循环试验以及不同干湿循环次数条件下的物理力学参数来研究干湿循环对压实黄土物理力学性质的影响，探讨干湿循环对黄土路基多次湿陷的影响。

5.1 干湿循环对压实黄土工程特性影响研究

5.1.1 变形特性

为测定干湿循环作用下压实黄土的变形特性，开展室内干湿循环模拟试验。制备61.8 mm×20 mm的压实黄土圆柱样，初始压实度分别为80%、85%、90%、95%（最大干密度为1.91 g/cm^3），初始含水量为13%。干湿循环模拟过程中土样含水率变化幅度为1%～18%，

13% 为控制点含水率，具体控制过程如图5-1所示。减湿采用自然风干，含水率控制至1%，增湿则利用滴定管在土样上下两面缓慢滴入，称重计算加水量，含水率达到18%后，用保鲜膜包裹土样并静置24 h，使试样含水率分布均匀，后再进行减湿过程。重复上述步骤至相应的干湿循环次数，且试样达到控制点含水率13%，再次将土样密封静置24 h使含水率均匀分布后进行压缩和湿陷试验。

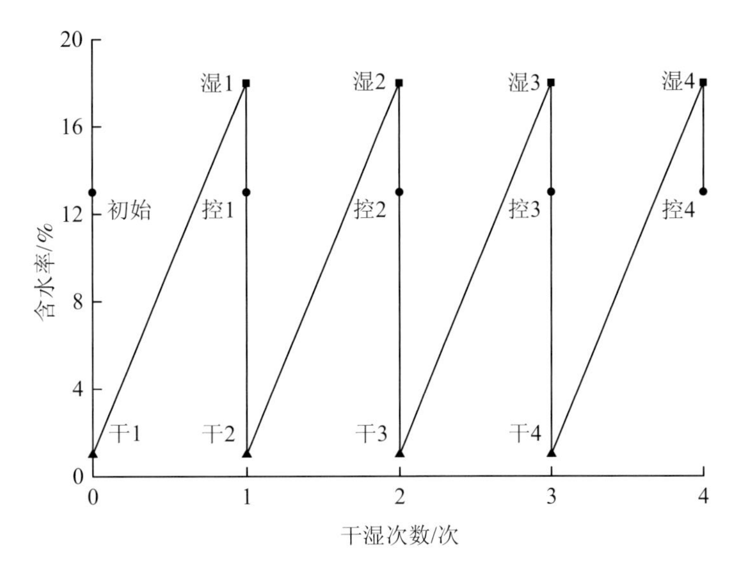

图5-1　干湿循环过程示意图

依据割线模量法整理土体压缩试验资料，如图5-2所示。随着干湿循环次数增加，各级压力下侧限压缩应变增大，一定循环次数后逐渐趋于稳定，即土体的压缩变形达到了一个新的动态平衡。干湿循环作用对高压实度黄土压缩特性的影响较为显著，原因可能是对于压实黄土增湿过程中，伊利石、蒙脱石等亲水性黏土矿物吸水膨胀导致土骨架膨胀；减湿过程中，土骨架发生收缩，这种收缩往往是不均匀的，且土体体积并不能恢复到吸湿前的状态，因此宏观上表现为土体体积的增大。另外，易溶盐含量和成分的变化对土粒表面的双电层外层中的扩散层产生影响，使得扩散层变厚，粒间连接力减弱，使得压缩变形增加。压实度越高，越易产生不可逆的体积膨胀。

经历7次干湿循环作用后压实黄土的$\varepsilon_{si}-p_i$关系曲线，如图5-3所示。侧限压缩应变随着垂直压力的增大而增大，开始阶段变化比较明显，后逐渐趋于平缓。但这个趋势的大小和压实度有一定的关系，压实度越大，侧限压缩应变增大的幅值越大。7次干湿循环作用后压实黄土侧限压缩应变随初始压实度的增大而增大，而干湿循环之前，土样侧限压缩应变随初始压实度增加而减小。该现象表明，路基中压实黄土工程特性虽然比较稳定，但随着干湿循环作用的不断增强，压实黄土仍有可能表现出明显的弱化现象而产生较大变形甚至工程破坏。

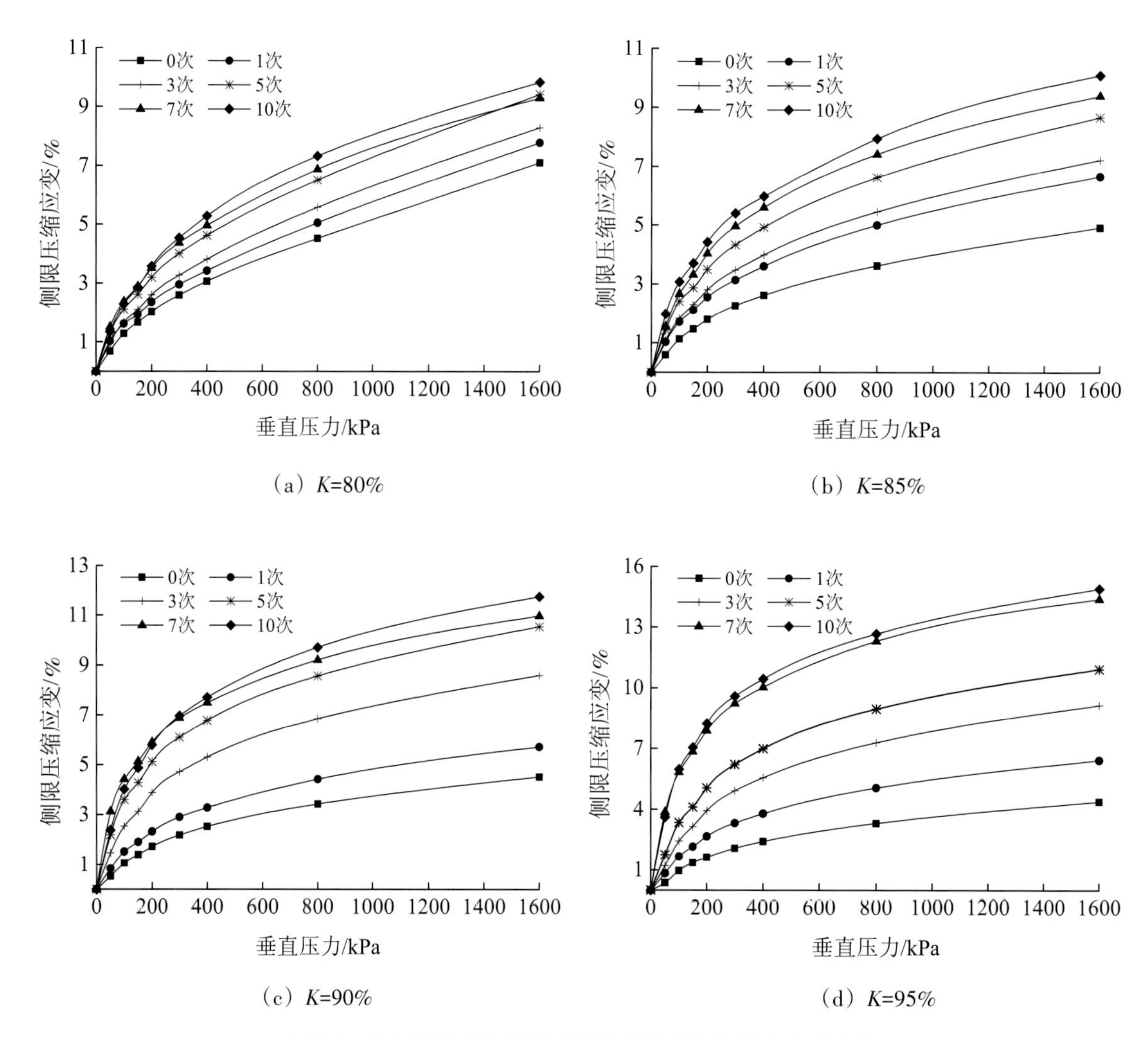

图5-2 不同干湿循环次数后侧限压缩应变与压力关系曲线

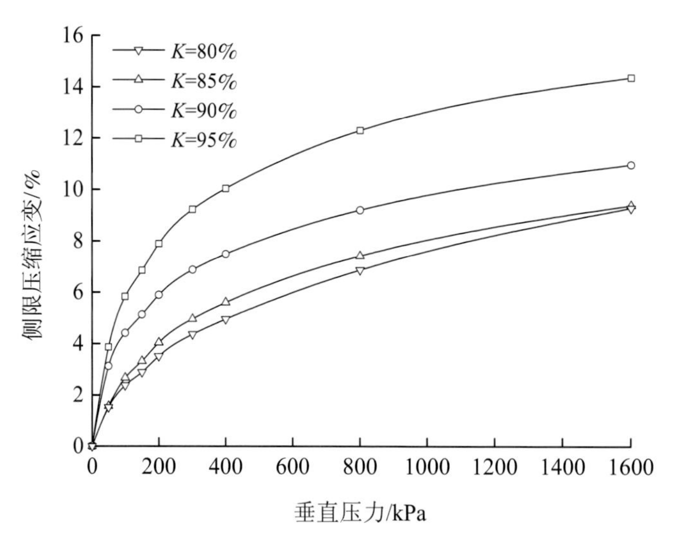

图5-3 干湿循环作用7次后压实黄土侧限压缩应变与垂直压力关系曲线

表5-1是用Gunary模型［式（4-2）］拟合不同干湿循环次数后土体应力-应变关系。结果表明干湿循环作用下该模型仍能相对准确地描述实际曲线的变化趋势，即干湿循环作用只改变压实黄土压缩系数、压缩模量、割线模量等压缩特性参数，而并不改变ε_{si}-p_i曲线的反映形式。干湿循环作用下Gunary模型拟合参数A、B值均随着干湿循环次数的增大而不断衰减。当经历1次干湿循环作用时，参数A从7311.113迅速下降至3747.863，降低幅度高达51.3%。与此同时，参数B从13.913下降至9.785，降低幅度为70.3%。7次循环后，参数A、B值基本趋于稳定。

表5-1　用Gunary模型拟合不同干湿循环次数后压实黄土ε_{si}-p_i关系相关参数

干湿循环次数/次	参数A	参数B	参数C	相关系数
0	7311.113	13.913	181.555	0.9945
1	3747.863	9.785	141.604	0.9981
3	2711.917	7.516	72.130	0.9977
5	1803.804	6.410	66.573	0.9981
7	458.156	4.619	82.561	0.9994
10	634.214	4.832	61.348	0.9977

干湿循环作用改变了土体性状，使得土体向新的动态稳定状态发展。已有研究成果表明：3次干湿循环作用后，土体中易溶盐含量（刘宏泰等，2010），孔隙结构（龚壁卫等，2006），膨胀土试样相对胀缩率、绝对胀缩率及强度均趋于稳定（杨和平等，2006）。为了保证获得反复干湿交替土体的稳定性状，将经历5次干湿作用的试样作为干湿循环后的测试试样。考虑到一般路基施工过程中压实度严格控制在90%及以上，故对压实度K=95%的试样分别进行了1次、3次、5次、7次、10次干湿循环。

1.初始压实度对压实黄土湿陷变形的影响

由于湿陷系数-压力曲线不依赖于人为因素的影响，故将不同初始压实度下的浸水压缩试验成果按湿陷系数δ_s和垂直压力p_i的关系整理，结果如图5-4所示。4组试样湿陷系数均未达到0.015，说明压实黄土未湿陷，即人工压实是减小或消除黄土湿陷的有效方法。另外，压实黄土的湿陷系数随着初始压实度增大而减小。本书试验中，在初始压实度条件下，400 kPa压力范围内无明显峰值存在。0～400 kPa压力区间范围内，低压实度下压实黄土湿陷系数明显大于高压实度。

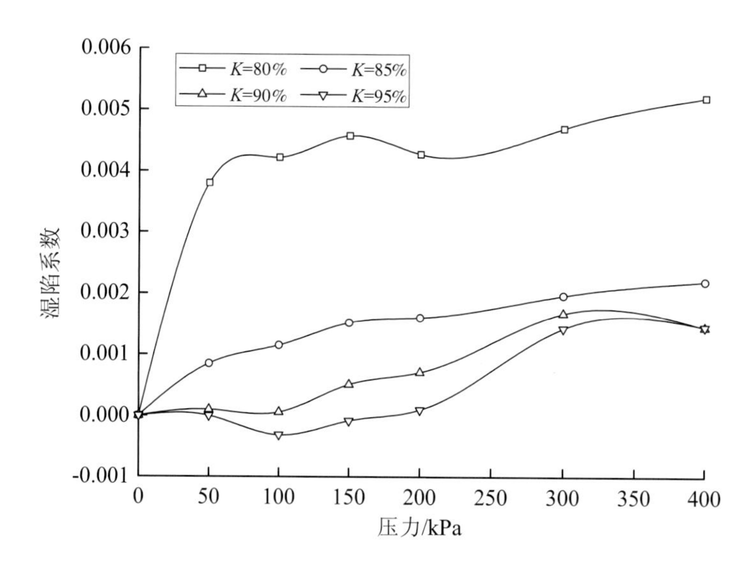

图5-4 不同压实度下土样湿陷系数与压力关系曲线

若以200 kPa压力下的湿陷系数0.015作为判别标准，在最佳含水率下，当压实度>80%，即干密度>1.53 g/cm^{3}时，土样已不存在湿陷性。这与《湿陷性黄土地基》一书中的“对于黄土状亚粘土来说，当干容重达到1.5 g/cm^{3}以上，一般都属于非湿陷性的”相吻合（冯志焱，2009）。但是对于湿陷性黄土的处理不能一概而论，如陈开圣和沙爱民（2009a）的研究表明：当干密度为1.62 g/cm^{3}时，200 kPa压力下的湿陷系数为0.017，压实黄土仍具有湿陷特性。至于低压实度下黄土具有湿陷性的原因可能是大、中孔隙含量过高所致（沙爱民等，2006）。值得一提的是，随着压实度的提高，黄土粒状、架空、接触结构逐渐转变为粒状、镶嵌、接触-胶结结构，但并没有发生化学变化（陈开圣等，2009b）。

2. 干湿循环作用对压实黄土湿陷变形的影响

对经历5次干湿循环作用后的压实黄土样进行浸水（饱和）压缩试验，测定其湿陷系数，并绘制ε_{si}-p_i曲线，如图5-5所示。经历5次干湿循环作用后，各级压力下压实黄土湿陷系数均明显增大。400 kPa压力范围内，湿陷系数存在明显峰值，200～400 kPa压力区间范围内，湿陷系数随着垂直压力的增大而减小。垂直压力的增大，颗粒相对滑动增加，湿陷系数相对增大，但是当压力超过某一值时，湿陷系数反而有所减小，这说明在一定条件下，过大的压力会使土被挤密，压缩变形将占据总变形量相当大的一部分，土的湿陷性将相对减弱（Rao et al.，2006）。其中压实度K=95%的5次干湿循环后黄土样在50 kPa、100 kPa、150 kPa、200 kPa下的湿陷系数分别为0.017、0.020、0.019、0.017，均大于0.015，这说明干湿交替作用使消除湿陷性的压实黄土重新具有了湿陷性，即出现二次湿陷。

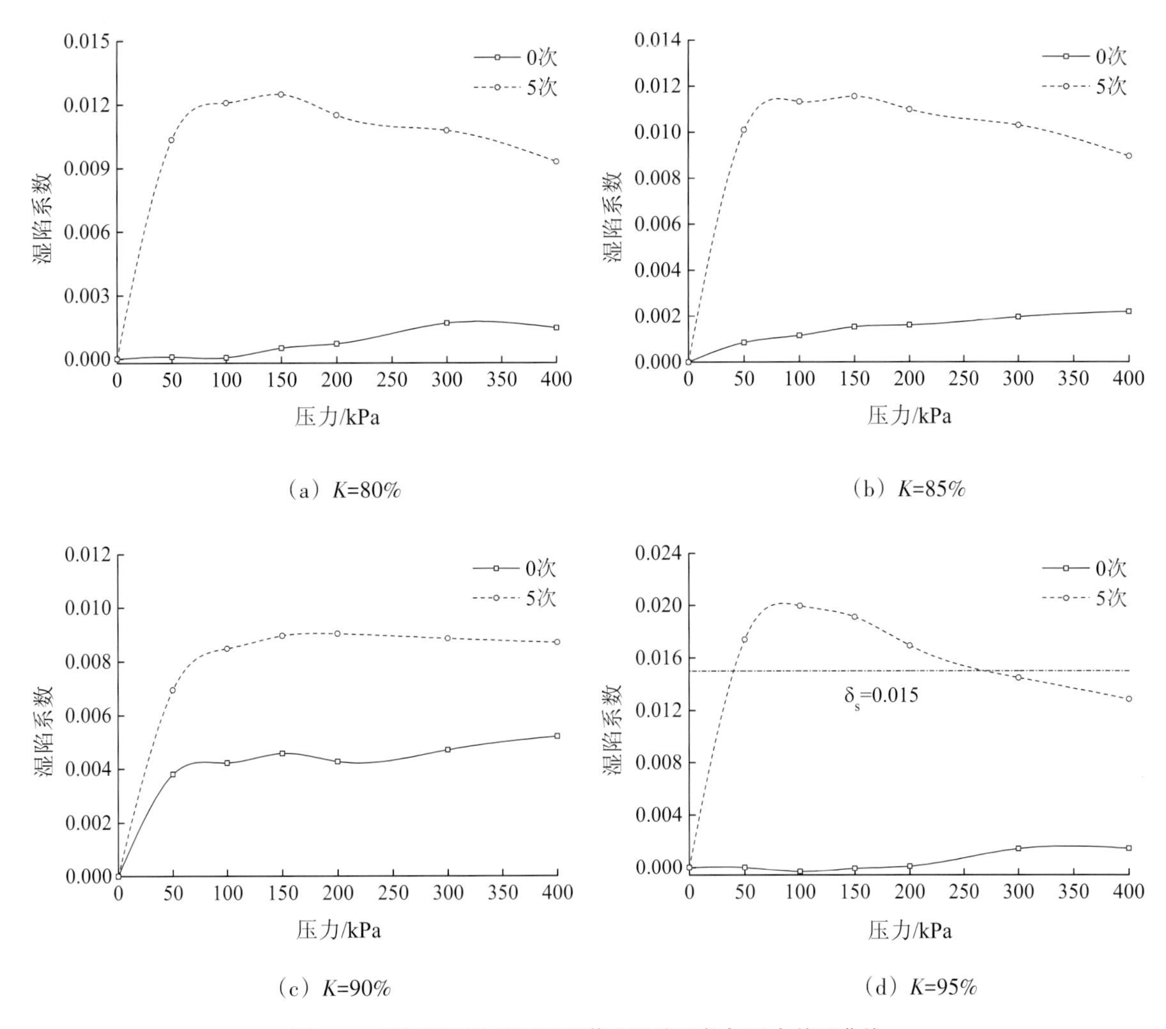

图5-5　干湿循环作用下压实黄土湿陷系数与压力关系曲线

图5-5为无干湿循环（0次）和干湿循环（5次）ε_{si}-p_i曲线的纵坐标差，表示在相应压力下干湿循环对压实黄土湿陷特性的影响。土样含水率在1%～18%之间变化时，不同压实度的压实黄土经历5次干湿循环作用后，湿陷系数最大增长幅值分别为0.005、0.01、0.012、0.02，故干湿循环对压实度高的黄土湿陷特性影响较为显著，其原因可能是压实黄土增湿，聚集体单元的膨胀和崩解引起土的宏观体积的增加；而减湿时，聚集体单元的压缩和聚合引起土的宏观体积的减小，但在整个循环过程中聚集体的膨胀-崩解明显强于聚集体的压缩-聚合，宏观上表现为土体体积的膨胀。压实度越高，越易产生不可逆的体积膨胀，导致土样孔隙比增大，干密度减小，加剧土体的湿陷（魏星等，2014）。

图5-6为95%压实度的土样经历不同次数干湿作用后的ε_{si}-p_i曲线。由图可知，未经过干湿循环作用（0次）的压实黄土在各级压力下湿陷系数均小于0.015，不具有湿陷性，而随着干湿循环次数的增加，压实黄土在各级压力下的湿陷系数不断增大。5次干湿循环作用后，200 kPa浸水压力下湿陷系数为0.017，压实黄土重新具有湿陷特性，即二次湿陷。

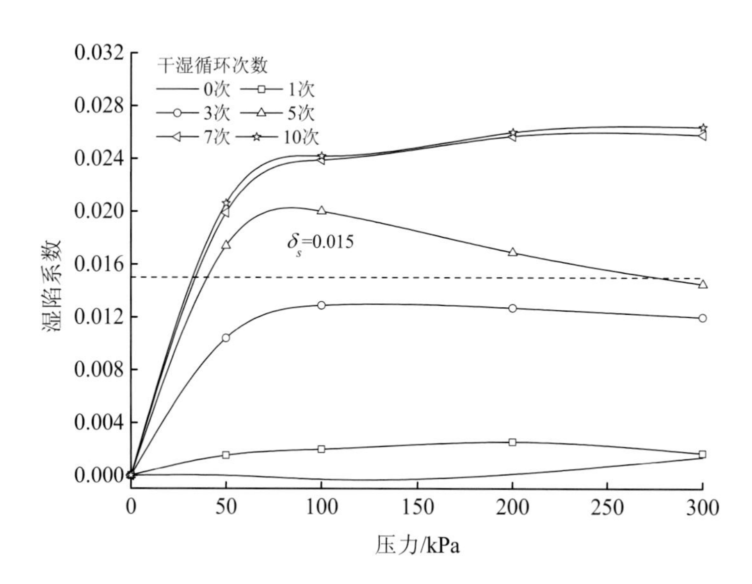

图5-6 不同干湿循环次数后土样湿陷系数与压力关系曲线

湿陷起始压力是反映黄土湿陷的一个重要指标，标志着黄土湿陷的开始，通常是指在饱水时能引起黄土湿陷的最小压力（陈正汉等，1986）。精确确定这一压力的数值很困难，因此规范建议，取湿陷系数=0.015时的压力作为湿陷起始压力。由图5-6可知，经历7次干湿循环作用的压实黄土其湿陷起始压力小于5次干湿循环作用。这在一定程度上说明，随着干湿循环次数增加，压实黄土越容易湿陷。7次干湿循环作用后，各级压力下湿陷系数均大于5次的值。300 kPa压力范围内无明显峰值存在，因此还需进一步研究高压力下干湿循环作用后黄土的湿陷特性，才能更好地揭示干湿循环作用对压实黄土特性影响的过程和机制。

干湿循环作用下压实土体微观结构不可逆的改变是其宏观工程性质变化的根本原因。干湿过程中聚集体单元的膨胀和崩解相对于其压缩和聚合占优，宏观上表现为土体体积的膨胀，对土体中大、中孔隙含量的增加具有一定的推动作用。黄土的黏聚力除去由土颗粒间分子引力形成的原始黏聚力外，由颗粒间的胶结物质（盐类）形成的加固黏聚力也起着重要作用。土样在干燥时，土中水分散失，可溶盐发生迁移并析出。当土样再次浸水时，易溶盐浓度进一步降低，必然引起黏粒表面的胶体化学变化，发生离子交换，导致黏粒散化（高国瑞，1979）。如此往复，黄土颗粒间的不抗水胶结连接作用越来越弱。随着压实黄土中盐分的溶滤及黏粒的散化，加固黏聚力降低或消失，为湿陷时颗粒的滑移提供了条件。综上，干湿循环作用下，压实黄土微观结构上聚集体单元的膨胀-崩解及压缩-聚合的转变、颗粒间不抗水黏土水胶联结的削弱，以及宏观上土体体积的膨胀、易溶盐的析出（图5-7）均能表明干湿循环对压实黄土产生不可逆转的劣化作用，是其重新具有湿陷性的重要因素。

图5-7 经历5次干湿循环作用下的土样照片

5.1.2 强度变化特征

1.无侧限抗压强度

图5-8为典型干湿循环作用下压实黄土全应力-应变关系曲线。未经历干湿循环作用和干湿循环1次后的试样，当应力达到极限强度时曲线急剧下降，试样破裂，应力-应变曲线呈强软化形态。10次干湿循环作用后，试样的应力-应变曲线形态有较大的变化。峰值点后，随着应变的增加，应力只有微小降低、下降平缓，应力-应变曲线呈软弱化形态。可见随着干湿循环次数增加，压实黄土全应力-应变曲线从强软化形态向弱软化形态转变，即干湿循环能够改变土体的应力-应变形式，进而改变无侧限抗压强度、弹性模量及破坏应变的大小。

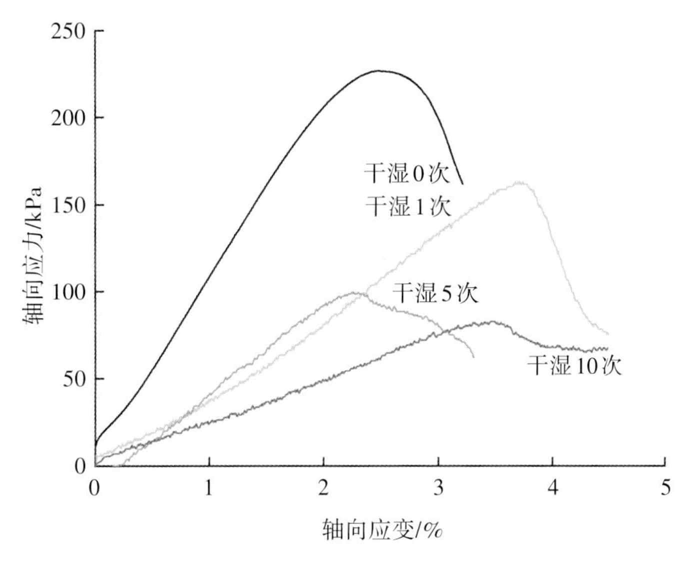

图5-8 干湿循环作用下压实黄土全应力-应变关系曲线

表5-2为不同干湿循环作用下压实黄土无侧限抗压强度试验结果。无侧限抗压强度平均值随着干湿循环次数的增加呈递减规律，平均无侧限抗压强度降低的幅值约为不经历干湿循环作用试样σ_c的32.09%～59.92%，说明干湿循环对压实黄土的强度特性有巨大影响。实际工程中，经常处于干湿交替作用中的压实黄土路基稳定性衰减问题不容忽视。压实黄土平均抗压强度与干湿循环次数之间的关系如图5-9所示。

压实黄土平均弹性模量E_e随着干湿循环次数N_{dw}的增加同样呈递减规律，可以看出，1次干湿循环作用后压实黄土平均弹性模量下降到4.81 MPa，比未经历干湿循环作用的9.68 MPa减小了约50%，总体上呈50%～64%的降低。从曲线变化规律可见，弹性模量以1次干湿循环作用下的值发展，即拟合曲线后半段与x轴平行，不会减小到0，具体结果如图5-10所示。

表5-2　不同干湿循环作用下压实黄土无侧限抗压强度试验结果

试件编号	干湿循环次数/次	无侧限抗压强度/kPa		弹性模量/MPa		破坏应变/%	
		样本值	平均值	样本值	平均值	样本值	平均值
DW-0-1		226.66		10.02		2.48	
DW-0-2	0	223.44	228.62	8.95	9.68	3.05	2.77
DW-0-3		235.77		10.06		2.78	
DW-1-1		147.09		4.52		2.84	
DW-1-2	1	163.44	155.27	5.09	4.81	2.70	2.76
DW-1-3		147.09		4.46		2.81	
DW-1-4		163.44		5.15		2.67	
DW-3-1		136.4		4.77		2.22	
DW-3-2	3	74.87	99.09	4.23	4.61	2.10	2.40
DW-3-3		79.25		4.19		3.03	
DW-3-4		105.82		5.23		2.23	
DW-5-1		115.47		6.41		2.20	
DW-5-2	5	101.1	98.37	4.78	4.55	2.45	2.25
DW-5-3		100.62		5.06		2.27	
DW-5-4		76.27		3.80		2.08	
DW-7-1		76.52		3.04		1.72	
DW-7-2	7	95.58	82.37	4.61	3.74	2.14	2.01
DW-7-3		75.02		3.58		2.18	

续表5-2

试件编号	干湿循环次数/次	无侧限抗压强度/kPa		弹性模量/MPa		破坏应变/%	
		样本值	平均值	样本值	平均值	样本值	平均值
DW-10-1	10	83.19	91.61	3.68	3.47	2.44	2.44
DW-10-2		99.53		3.27		2.70	
DW-10-3		92.12		3.47		2.18	

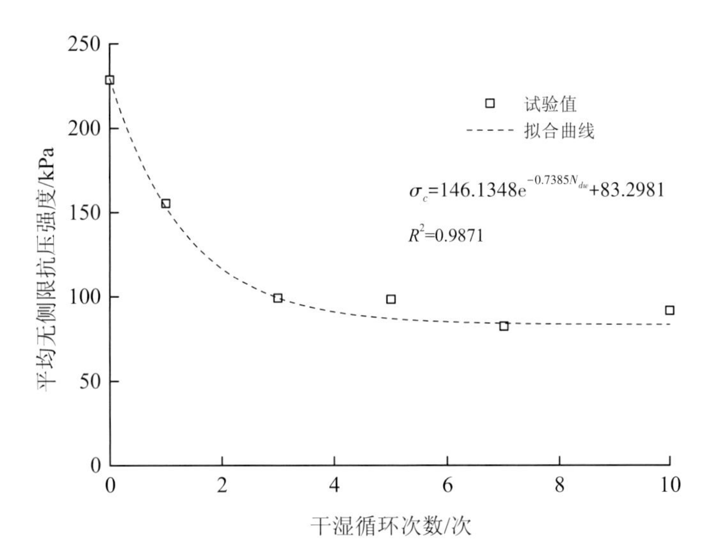

图5-9　平均无侧限抗压强度与干湿循环次数变化关系曲线

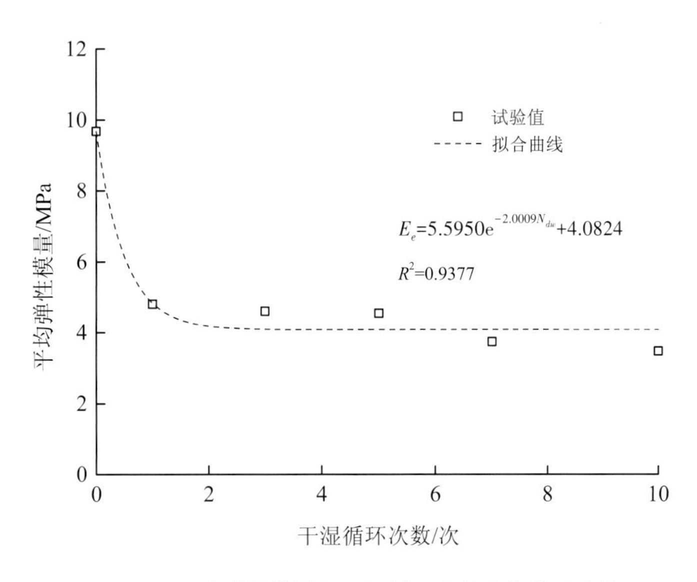

图5-10　平均弹性模量与干湿循环次数变化关系曲线

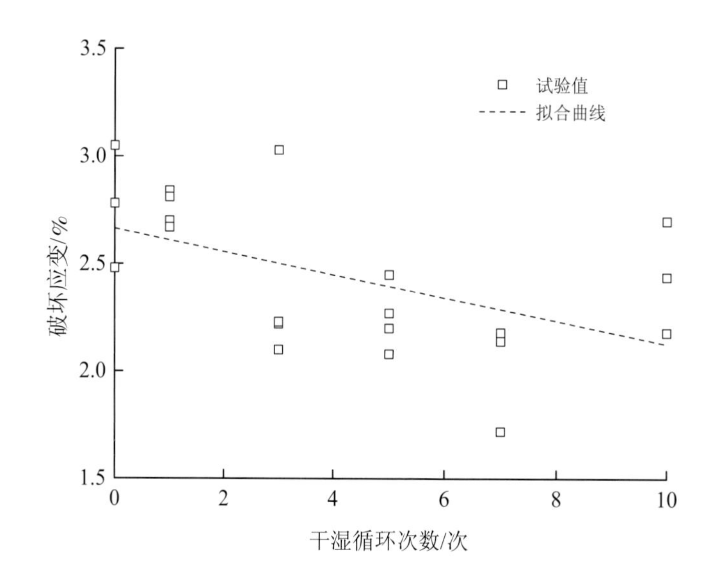

图5-11 破坏应变随干湿循环次数变化过程

图5-11为不同干湿循环次数后压实黄土破坏应变的变化情况，由图可知，压实黄土破坏应变在1.72%～3.08%之间波动，且随着干湿循环次数的增加，平均破坏应变有减小趋势。一定程度上说明随着干湿循环作用次数的增大，土体产生变形破坏的难易程度增加。

以上分析可知，干湿循环幅度为1%~18%条件下，压实黄土无侧限抗压强度和弹性模量均随着干湿循环次数的增加而衰减，一定循环次数后分别趋于83 kPa和4 MPa，说明干湿循环作用使土体从不稳定态向动态稳定态发展。干湿循环作用对压实黄土无侧限抗压强度的劣化，其可能原因有以下两点：

（1）增湿过程中，伊利石、蒙脱石等亲水性黏土矿物吸水膨胀导致土骨架膨胀；脱湿过程中，土骨架发生收缩，这种收缩往往是不均匀的，且土体体积并不能恢复到吸湿前的状态，因此宏观上表现为土体体积的增大。这势必将导致土体颗粒接触状态、相对位置等发生不可逆的变化。

（2）以固体形态存在的盐晶体是土中土骨架的一部分，起着重要的胶结作用，干湿循环过程中盐晶体反复的淋滤造成易溶盐含量和成分的变化，进而对土粒表面的双电层外层中的扩散层产生影响，使得扩散层变厚，粒间连接力减弱。

2.抗剪强度

对经历不同干湿循环次数的试样分别在50 kPa、100 kPa、150 kPa、200 kPa垂直压力下进行直接剪切试验，得到土样破坏时的抗剪强度，对这些数据进行线性拟合后土样的抗剪强度指标见表5-3。随着干湿循环次数的增加，压实黄土的黏聚力由未经历干湿循环作用时的

44.33 kPa，下降至10次循环后的22.44 kPa。随着干湿循环次数的增加黏聚力c值不断减小，1～5次循环时，衰减幅度较大，5次循环后c值变化不大，基本趋于稳定。而内摩擦角φ在34.81°～44.08°之间波动，变化规律不明显。

黄土的黏聚力主要包括土颗粒间的分子引力形成的原始黏聚力和由颗粒间的胶结物质（盐类）形成的加固黏聚力。原始黏聚力与土的密实度相关，加固黏聚力主要取决于矿物成分、形成条件和胶结物质（盐类）的性质。干湿循环作用会降低压实黄土的黏聚力，主要是由于试样在干燥时，土中水分散失，可溶盐发生迁移并析出。当土样再次浸水时，易溶盐浓度进一步降低，必然引起黏粒表面的胶体化学变化，发生离子交换，导致黏粒散化。如此往复，黄土颗粒间的不抗水胶结连接作用越来越弱。随着压实黄土中盐分的溶滤及黏粒的散化，加固黏聚力降低或消失。干湿循环作用导致试样膨胀，孔隙增大，削弱了土颗粒之间的联结，原始黏聚力必然降低。另外，压实黄土作为一种非饱和土，其黏聚力还包括由吸力引起的表观黏聚力，干湿循环作用使土中胶结物溶蚀，土体的持水能力降低，可能导致表观黏聚力的降低。

表5–3　不同垂直压力下压实黄土最大抗剪强度

干湿循环次数/次	抗剪强度/kPa				黏聚力/kPa	内摩擦角/°
	50 kPa	100 kPa	150 kPa	200 kPa		
0	83.05	123.05	155.3	200.5	44.33	37.59
1	76.6	117	152.4	187.4	41.40	36.36
3	69.7	105.9	131.4	177	34.15	34.81
5	77.2	122.2	166.9	223.6	26.50	44.08
7	69	98.2	147.6	187	24.60	38.92
10	62.98	90.06	162.46	171.14	22.44	38.46

5.2 干湿循环对压实黄土细微观特性影响

5.2.1 干湿循环对压实黄土细观特性影响

1. 干湿循环前后压实黄土细观结构变化

干湿循环也会引起土体内部细观结构的细微变化，可以通过CT图像和CT数的变化来直接观测和反演土样内部结构的变化过程。土样在经历不同循环过程的CT扫描图像如图5-12所示。

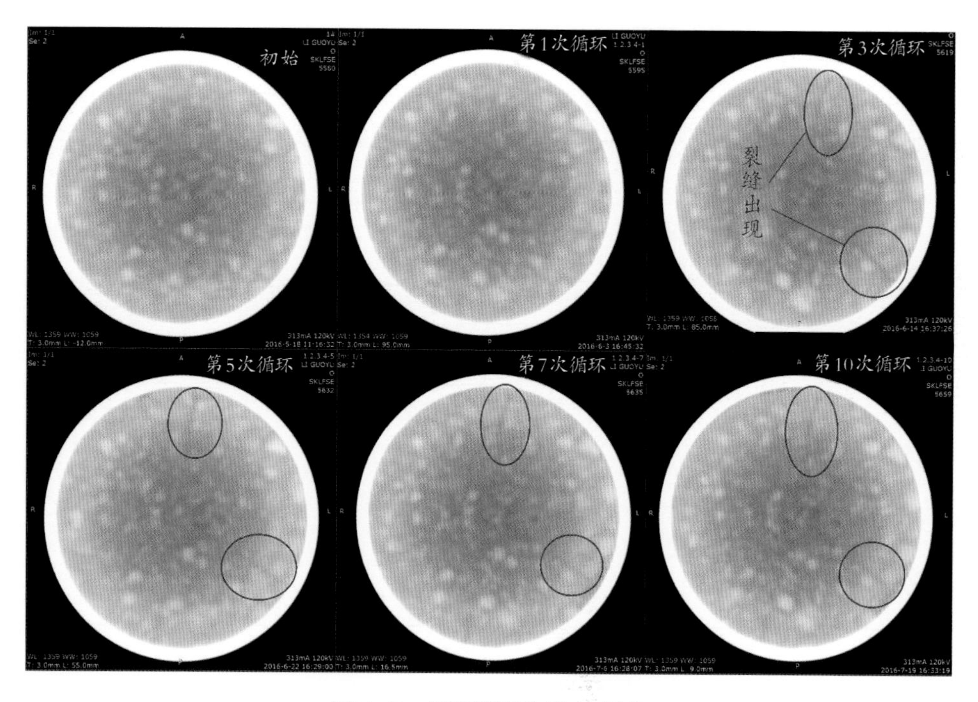

图5-12 干湿循环前后CT图像

干湿循环过程与冻融循环不同，土体在初始状态及1次干湿循环时CT图像上尚未观测到细观裂隙，但在土体经历3次干湿循环后，出现贯穿性的裂隙如图5-12中所标示区域，随着干湿循环次数的增加该裂隙并未闭合和扩展，同时也没有新的裂隙产生。相比较干湿循环裂隙出现的时刻，交替作用下裂隙出现的时间相对较晚，在10次干湿循环时出现裂隙，如图5-12所示，此外还观测发现裂纹均出现在试样边缘位置处，这是因为试验所用的样品是采用首尾两端压实的方法制备而成，在压样和脱模过程中，试样与制样筒边缘处会产生摩擦，尽管在该位置处涂抹了润滑脂减少摩擦力，但是该处的摩擦力仍旧存在，因此容易在试样的边缘处产生应力集中，当经历过干湿循环后易在该位置处产生裂隙。另外在干湿循环作用下，由于试样边缘位置处最先开始失水，导致边缘位置的土体先收缩进而在拉应力作用下率先开裂。综合CT图像变化过程，在冻融循环作用影响下的土体前后CT图像细观变化不明显，干湿循环过程在土体经历3次循环时出现可观测到的裂隙，随着循环次数的增加，裂隙没有闭合，同时也没有继续发育。在交替作用下土体在经历10次循环时出现裂隙，裂隙出现的时间相对较晚。

2.干湿循环前后压实黄土密度分布特征

为了进一步对干湿循环中土体内部密度分布状况进行分析，按本书4.2.2中式（4-15）将干湿循环CT图像转换为密度图象，如图5-13所示。

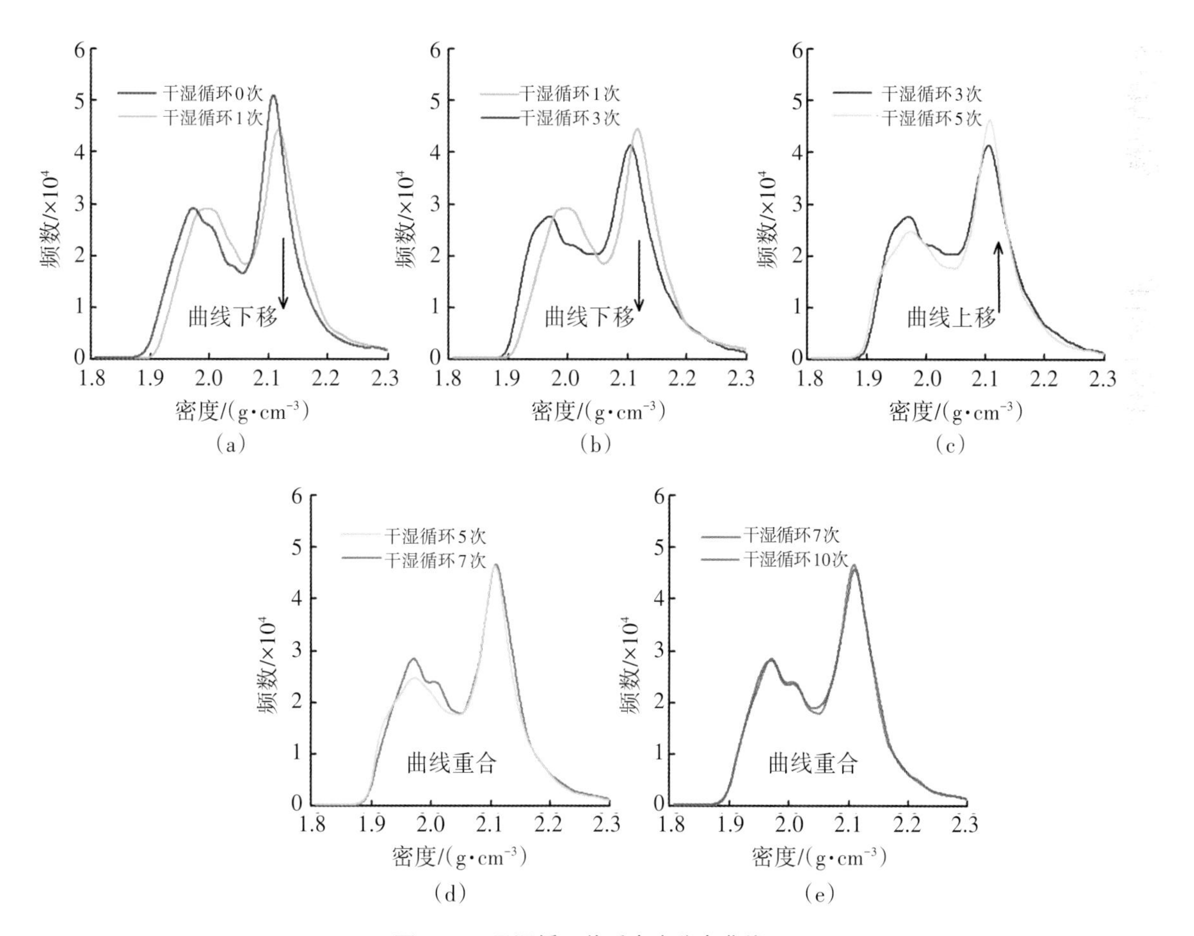

图5-13 干湿循环前后密度分布曲线

图5-13为不同干湿循环过程、不同时刻下的密度分布曲线，它是表征土体细观结构变化

情况的一种重要手段。由密度分布曲线可以看出，干湿循环前后土体密度分布曲线也呈现出一种双峰型分布，分别代表高密度区域和低密度区域，在经历不同循环过程后其峰值强度的幅值及位置均发生变化。在干湿循环过程中，概率密度曲线在经历1次干湿循环到3次干湿循环时均出现下移，并且幅度较大，之后随着干湿循环次数的增加其分布曲线基本一致，不再发生变化，这表明在干湿循环初期阶段即干湿循环1～3次之间土体内部高、低密度区域密度均减小，发生改变的主要原因为微裂隙的产生，导致土体原有的密实结构被破坏。干湿循环3次之后土体内部结构基本趋于稳定，基本不再发生变化，初期发展的微裂隙也未扩展或者闭合。

5.2.2 干湿循环对压实黄土微观特性影响

利用压汞法对不同干湿循环次数下压实黄土试样的孔隙特征进行研究，探讨干湿循环作用下土体孔隙特征的差异和演变规律，从微观方面阐述压实黄土强度及变形的干湿循环效应，进而深入了解压实黄土工程性质劣化的本质和机理。

压汞法定量测定土中孔隙分布是基于汞对一般固体材料不会浸润及无压力作用时非浸润液体不会流入固体孔隙的原理。利用Washburn方程［式（5-1）］可计算出施加的压力与圆柱形孔隙半径的关系。

$$P = -\frac{2\sigma\cos\theta}{r} \tag{5-1}$$

式中：P为施加的压力，kPa；σ为导入液体的表面张力，试验取值0.485 N/m；θ为导入液体与固体材料的接触角，试验取值130°；r为圆柱形孔隙的半径，nm。汞填充的顺序依次是大孔隙、中孔隙及小孔隙，测量每一级压力下进入土体孔隙的进汞量，利用式（5-1）换算出土体孔隙半径，即可得到土中孔隙的分布。

从压汞试验数据中提取孔隙直径与汞压入的体积关系，绘制土的孔隙分布特征。图5-14为不同干湿循环次数下压实黄土孔隙分布特征曲线。图5-14（a）为进汞曲线，即大于某孔径孔隙体积累积曲线，图5-14（b）为孔隙含量与孔隙直径关系曲线，即孔径分布特征曲线。

图5-14（a）所示的孔隙体积累积曲线具有以下特征：①曲线分为明显的3段，第1段直径<0.01 μm对应的孔隙体积累积曲线基本趋于平稳；第2段曲线斜率变化很大，曲线陡降；第3段曲线平缓，斜率基本不变。②随着干湿循环次数的增加，曲线向上移动，累积孔隙体积从未经历干湿作用的0.17 mL/g增加到5次干湿循环后的0.34 mL/g。③随着干湿循环次数的增加，第3段曲线的拐点向大孔隙方向移动。

图5-14（b）所示的孔径分布特征曲线具有以下特征：①该压实黄土的孔径分布主要集中在0.003～100 μm的孔径范围内，同时该区域也是干湿循环作用的主要影响区域；②曲线

的峰值随着干湿循环次数的增加逐渐增大，且波峰向右移动。说明不同次数干湿作用后，土样孔隙含量升高，孔隙直径增大。

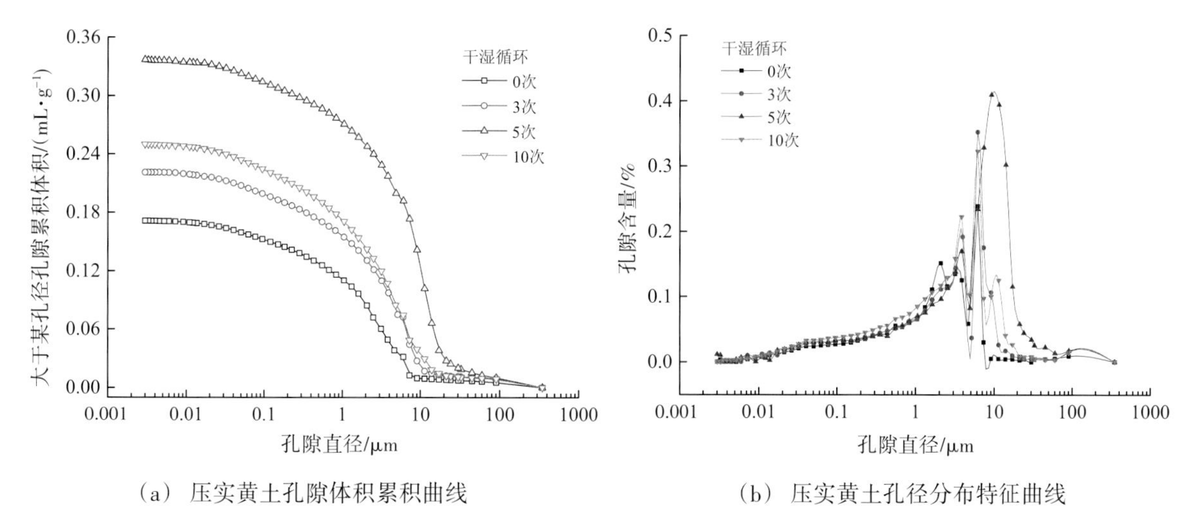

（a）压实黄土孔隙体积累积曲线　　（b）压实黄土孔径分布特征曲线

图5-14　不同干湿循环次数下压实黄土孔隙分布特征曲线

依据雷祥义（1987）对黄土微结构孔隙的分类方案，基于孔隙直径分为大孔隙（$D>32\ \mu m$）、中孔隙（$8\ \mu m<D<32\ \mu m$）、小孔隙（$2\ \mu m<D<8\ \mu m$）、微孔隙（$D<2\ \mu m$）。统计孔隙含量见表5-4。可见随着干湿循环次数的增加试样平均孔隙直径逐渐增大。产生这一现象的原因是当压实黄土遇水，黏粒颗粒膨胀，削弱了颗粒连接点处的结合力，干燥过程中土颗粒收缩聚合，颗粒重新组合排列，致使土体膨胀。反复干湿作用后土样微、小孔隙显著减小，大、中孔隙含量显著增多。黄土湿陷的产生受控于大、中孔隙的含量，大、中孔隙含量越多，湿陷性就越大。随着干湿循环次数的增加，大、中孔隙含量增大，一定次数后其含量达到湿陷的水平，压实黄土表现出二次湿陷现象。这里需要指出的是，$8\ \mu m<D<32\ \mu m$的孔隙受干湿作用的影响最大，为干湿敏感区，说明黄土的湿陷变形主要是由土体中孔隙的含量支配的。

表5-4　不同干湿循环次数下孔隙结构参数的变化

干湿循环次数/次	平均孔隙直径/μm	大孔隙含量/%	中孔隙含量/%	小孔隙含量/%	微孔隙含量/%
0	0.183	4.3	1.5	43.4	50.9
3	0.218	5.0	7.4	46.8	40.9
5	0.267	5.6	36.5	31.5	26.5
10	0.196	4.2	11.5	41.3	43.0

5.3 干湿-冻融交替作用对压实黄土宏细微观性质影响

5.3.1 干湿-冻融交替作用对压实黄土工程性质影响

为测定干湿-冻融交替作用对压实黄土变形特性的影响，开展室内干湿冻融循环模拟试验。首先将土样自然风干至设计减湿含水率，然后滴水至设计增湿含水率后冻结。冻结结束后，进行融化，去除土样保鲜膜，将土样自然风干至控制含水率。即为一个完整的干湿-冻融交替过程，该过程中对于含水率及温度的控制与干湿和冻融单因素作用过程相同。

整理不同次数干湿-冻融交替作用下压实黄土的ε_{si}-p_i关系曲线如图5-15所示。由图可知，随着交替作用次数的增加，各级压力下侧限压缩应变逐渐增加。用Gunary模型拟合不同次数干湿-冻融交替作用下土体应力-应变关系，整理试验结果见表5-5。干湿-冻融交替作用下参数A、B整体上随着交替次数的增加而减小，其中经历1次交替作用，参数A、B减小至初始值的45.8%和58.7%，5次循环后，A、B较之经历3次循环的试样略有增大。

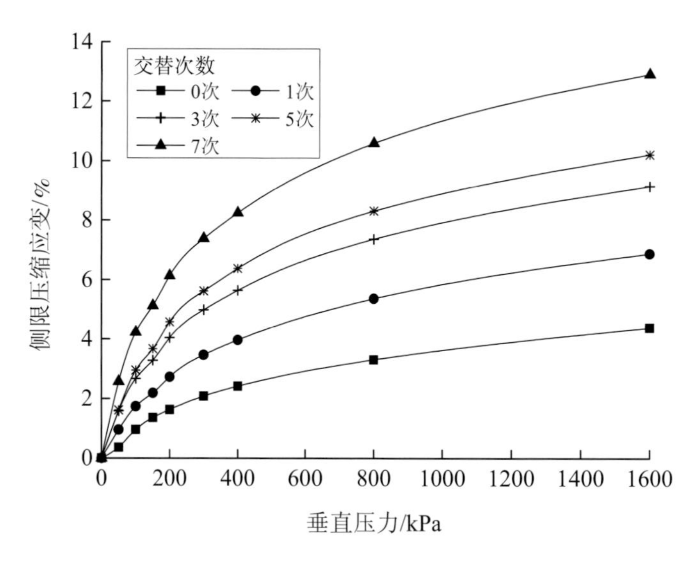

图5-15 不同交替作用下侧限压缩应变与压力关系曲线

依据压缩试验数据绘制干湿、冻融及双重交替作用下试样侧限压缩应变ε_{si}与循环次数的变化曲线，如图5-16所示。由图可知，干湿循环作用下ε_{si}随循环次数的增加显著增大，7次循环后基本趋于稳定；冻融循环作用下ε_{si}无明显变化；干湿和冻融双重作用下ε_{si}随循环次数的增加而增大，这一变化趋势不受垂直压力的影响。另外，干湿循环作用下ε_{si}约为冻融循环作用的1.5～5倍，且随着循环次数的增加先增大而后趋于稳定。纵向比较可知，同一循环次数下，干湿循环作用下侧限压缩应变与冻融循环作用下之比随着垂直压力的增大而不断衰减。

表5-5 用Gunary模型拟合不同交替作用下压实黄土关系ε_{si}-p_i相关参数

交替次数/次	参数A	参数B	参数C	相关系数
0	7311.113	13.913	181.555	0.9945
1	3348.590	8.162	172.800	0.9993
3	1837.042	6.500	132.111	0.9993
5	2009.082	6.531	81.582	0.9989
7	931.597	4.626	102.161	0.9994

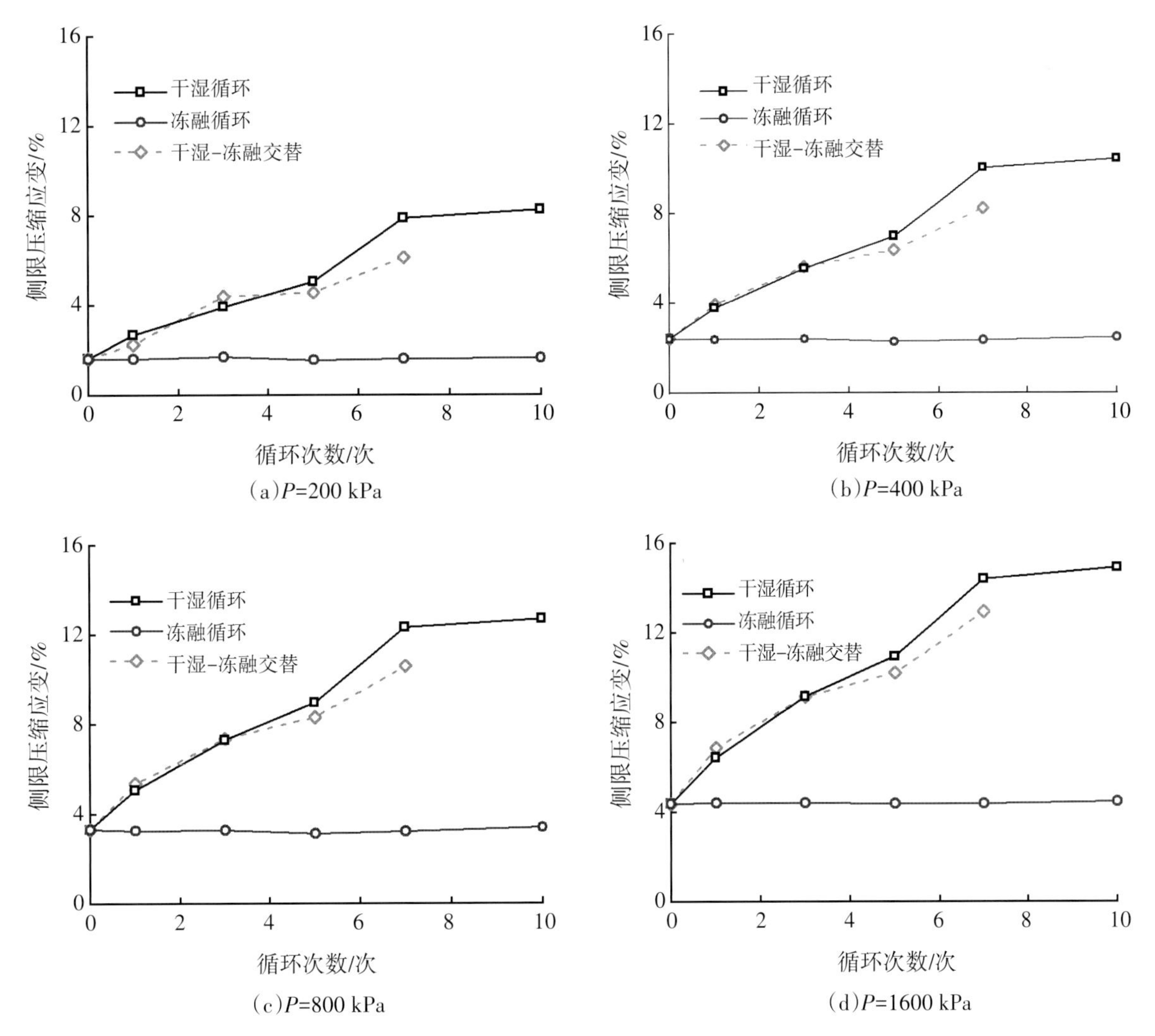

图5-16 干湿、冻融及双重交替作用下土体侧限压缩应变对比分析

前3次循环作用后，干湿和冻融交替作用下压实黄土ε_{si}与干湿作用下基本相等，其原因可能是干湿-冻融交替作用下，增湿作用下引起土骨架的膨胀变形和相对水的体积膨胀引起颗粒间的相对位移占优，减湿作用下土体骨架的收缩相对冰的融化所产生的融化固结占优。因此，干湿-冻融交替作用下土体压缩变形绝大程度上受干湿循环作用的控制，其变化趋势与干湿循环作用下基本一致。

但是干湿-冻融双重循环5次后，干湿作用对压实黄土压缩变形的影响大于交替作用，且随着循环次数的进一步增加，这一趋势有所增大。产生这一现象的原因可基于冻融残余孔隙比概念加以解释（Viklander，1998），即随着交替循环次数的增加，压实土样体积增大，从而孔隙比增大，当试样孔隙比大于冻融残余孔隙比时，冻融作用在一定程度上使土样孔隙比降低从而试样变得密实。换言之，一定交替作用次数后，冻融作用对土样压缩变形的进一步增大具有明显的抑制作用。

以上分析表明，干湿作用对压实黄土压缩变形影响明显强于冻融作用，干湿-冻融交替作用下土体变形不是干湿、冻融单独作用的线性叠加，而是两者相互作用的综合结果。

干湿-冻融交替作用下压实黄土直剪试验结果见表5-6。由表可知，随着交替作用次数的增加，压实黄土的黏聚力不断衰减，内摩擦角无明显变化。干湿循环导致压实黄土体积膨胀，孔隙增大，并且伴有易溶盐的淋滤及黏粒的散化，致使原始黏聚力和加固黏聚力的降低，进而导致土体黏聚力的降低；饱和状态下土体进行冻结，水分的相变势必会引起土体孔隙及颗粒的大小及联结形式的改变，然而无荷载作用下的增湿过程允许试样膨胀，这在一定程度上为原位冻结时冰晶的增长提供了空间，因此干湿-冻融交替作用下土体黏聚力的变化不是两者单独作用的线性叠加。随着交替作用次数的增加，试样体积进一步增大，密度减小，孔隙比增大，当孔隙比大于冻融孔隙比时，冻融作用使得土样孔隙比减小从而变得密实，即随着交替作用次数的增加，冻融循环作用对土体黏聚力的进一步降低有抑制作用。

表5-6 干湿-冻融交替作用下压实黄土直剪试验结果

交替次数/次	抗剪强度/kPa				黏聚力/kPa	内摩擦角/°
	50 kPa	100 kPa	150 kPa	200 kPa		
0	83.05	123.05	155.3	200.5	44.33	37.59
1	72.89	116.43	158.65	187.31	37.45	36.30
3	68.62	95.6	130.62	177.77	27.54	35.96
5	68.71	92.85	148.44	172.86	29.21	37.65

整理干湿、冻融循环作用下压实黄土抗剪强度指标黏聚力c值的变化曲线，如图5-17所示。可见干湿、冻融两种作用及其交替作用下压实黄土黏聚力c值总体上呈衰减趋势，且每次完整的干湿循环过程后压实黄土黏聚力变化率均大于冻融循环过程。10次干湿循环后，c值降低幅值为49%，约为冻融作用降低幅值21%的2.3倍。前3次干湿-冻融交替作用下c值变化率均大于干湿及冻融作用，然而5次循环后，干湿循环作用下土体黏聚力的衰减程度大于交替作用，可见交替作用不是简单的线性叠加，而是干湿、冻融循环作用相互影响的综合作用。

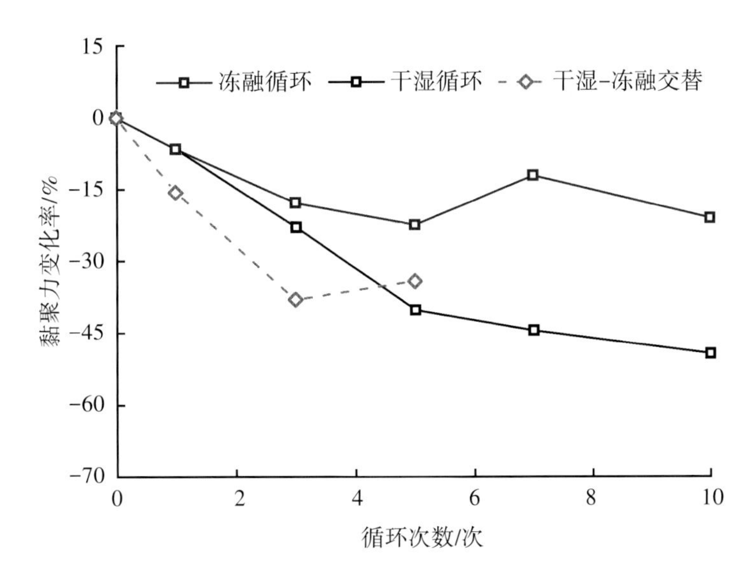

图5-17 压实黄土黏聚力变化率随循环次数变化情况

干湿过程和冻融过程作为两种物理风化作用，其对岩土体的劣化机理不同，进而每次循环后其对岩土体的损伤程度也不一致。直剪试验中选用试样尺寸较小，干湿、冻融循环过程中压实黄土结构损伤信息不能被该尺寸试样完全包含，致使试验有一定的随机误差。因此，有必要进行大环境下的干湿、冻融循环模拟试验，基于三轴压缩试验以研究土体的抗剪强度特性。

5.3.2 干湿-冻融交替作用对压实黄土细观特征影响

1. 干湿-冻融交替循环前后压实黄土细观结构变化

干湿-冻融交替循环会引起土体内部细观结构的细微变化，可以通过CT图像和CT数的变化来直接观测和反演土样内部结构的变化过程。土样在经历不同循环过程的CT扫描图像如图5-18所示。

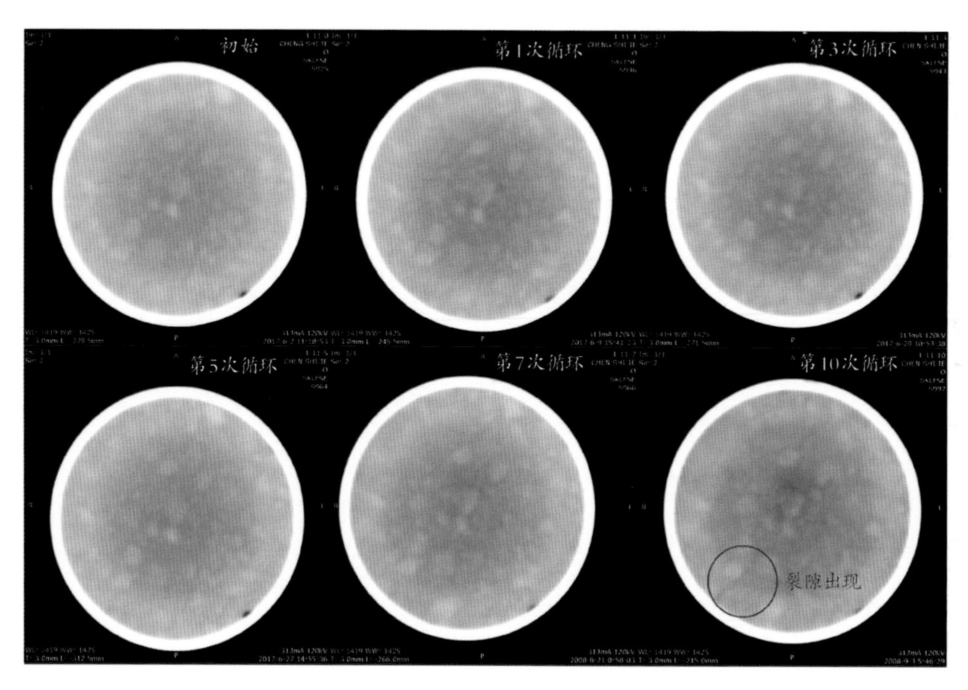

图5-18 干湿-冻融交替循环前后CT图像

同前文所述一样，土体在初始状态及在整个循环过程中的CT图像上有明显的大粒径白色亮点和暗点交替无规则分布，表明土样细观结构在空间上分布都不均匀，高密度区（亮色）与低密度区（暗色）交错出现，其中密度越大代表CT值越大，图像越亮，密度越小则CT值越小，图像则较暗。相比较干湿循环裂隙出现的时刻，交替作用下裂隙出现的时间相对较晚，在循环10次时出现裂隙如图5-18所示。

2. 干湿-冻融交替循环前后压实黄土密度分布特征

为进一步对干湿-冻融交替循环的土体内部密度分布状况进行分析，按本书4.2.2中式（4-15）将干湿-冻融交替循环CT图像转换为密度图象，如图5-19所示。

由密度分布曲线可以看出，不同循环过程土体均呈现出一种双峰型分布，分别代表高密度区域和低密度区域，在经历不同循环过程后其峰值强度的幅值及位置均发生变化。从冻融循环及干湿循环双重交替作用下的密度分布曲线变化可以看出，在经历1次交替循环后曲线下移，在3～5次循环之间曲线基本未发生较大改变，在经历7次循环后曲线下移，并且曲线形状也发生改变。表明在交替作用下细观结构的改变并不是单纯的叠加，而是互相影响，多种因素共同作用的结果，交替作用在初期对土体的改变有抑制作用，但在后期对土体结构的改变有放大效应。

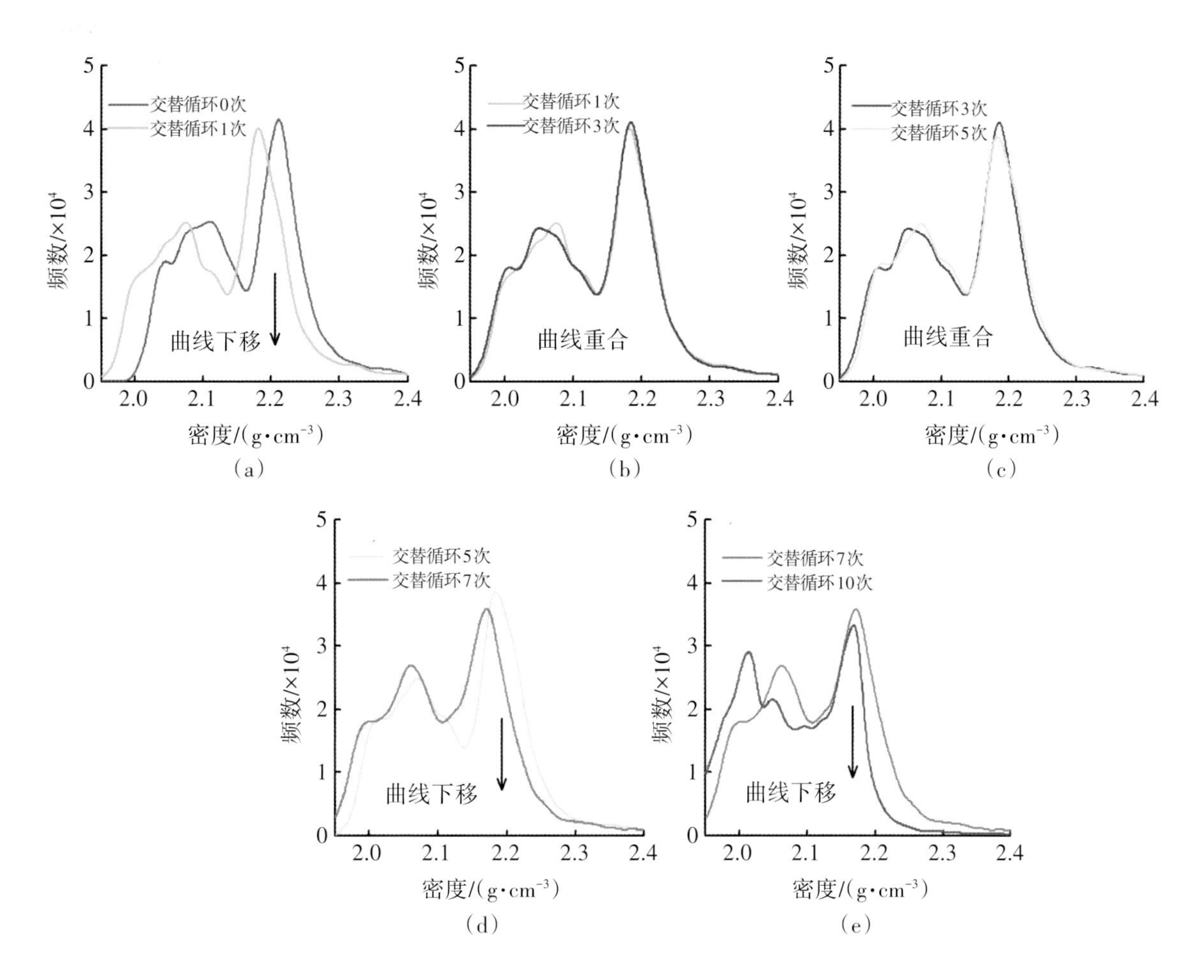

图 5-19　干湿-冻融交替循环前后密度分布曲线

3. 干湿-冻融交替循环前后压实黄土细观损伤特征

土体内部存在天然的孔隙、微裂隙，在外界温度及水分变化过程中，这些天然缺陷或者界面附近会发生微应力累积，当内部应力累积超过了开裂的临界点后，裂隙会沿着缺陷部分逐渐扩展，而土体内部存在的天然缺陷会加剧这一过程的发生。若将这些缺陷视为损伤，那么土体材料是一种带有初始损伤的材料。但是由于土体材料的组成结构较为复杂，且带有初始的损伤，因此很难确定无损状态的损伤变量，但是可以用初始状态的损伤变量来代替无损状态下的损伤变量，同时变化程度也可用损伤增量加以描述。

可以将损伤增量定义为：

$$\Delta D=\begin{cases}0 & \text{初始状态}\\ 0<D<1 & \text{损伤演化阶段}\\ 1 & \text{理想完全破坏状态}\end{cases} \tag{5-2}$$

在不同循环条件下，土体内部结构发生改变，相应的密度也会发生变化，则可按照土体损伤后的密度与初始状态密度的相对变化量来定义损伤变量（Lemaitre et al.，1987）：

$$D=\left(1-\frac{\tilde{\rho}}{\rho}\right)^{2/3} \tag{5-3}$$

式中：$\tilde{\rho}$为损伤状态下的土体密度。

结合式（4-12）和式（5-3）可以得到：

$$\Delta D=\left[1-\frac{\mu_{\mathrm{w}}\left(1+\frac{H_i}{1000}\right)}{\mu_{\mathrm{m}i}}\times\frac{\mu_{\mathrm{m}0}}{\mu_{\mathrm{w}}\left(1+\frac{H_0}{1000}\right)}\right]^{2/3} \tag{5-4}$$

假定在进行干湿循环、冻融循环及交替循环试验时试样内部的元素组分不发生变化，即$\mu_{\mathrm{m}i}=\mu_{\mathrm{m}0}$，则可得到：

$$\Delta D=\left(\frac{H_0-H_i}{1000+H_0}\right)^{2/3} \tag{5-5}$$

考虑到仪器分辨率的影响，式（5-5）可得到风化作用前后土体的损伤增量：

$$\Delta D=\frac{1}{k}\times\left(\frac{H_0-H_i}{1000+H_0}\right)^{2/3} \tag{5-6}$$

式中：ΔD为损伤增量；k为CT机的空间分辨率（本次试验为0.416）；H_0为冻土试样初始状态下CT数均值；H_i为经历风化作用损伤后土体CT数均值。

式（5-6）所表征的物理意义为：在外部因素的作用下，材料内部将形成大量的细观缺陷，这些缺陷的逐渐扩展，将造成材料的逐渐劣化直至破坏，为了表征这种破坏程度对材料的影响，用CT数来定义损伤变量，由于CT数是一个典型的细观结构参数，所以式（5-6）从细观的变化出发来描述材料的衰变过程，ΔD值越大，其结构劣化趋势越大。

此处需要说明的是，由于在干湿和冻融循环过程当中扫描条件和材料的元素组分并没有发生变化，同时由循环前后的CT图像变化可知经历冻融、干湿等循环作用后试样内部并没有出现类似载荷作用下的嵌入、塑性滑移等变化，因此可以直接依据式（4-14）建立密度和CT数的关系，无须再进行密度标定，所得到的损伤公式也与第四章建立的载荷作用下的损伤公式有所不同。

通过式（5-6）可以用CT数来定义损伤增量ΔD，进而描述土体在不同循环条件下的损伤演化规律，图5-20为不同循环条件下的损伤增量演化曲线。

由图5-20中损伤演化曲线可以看出：①各个不同循环影响下的土体损伤程度不同，表现为：$\Delta_{\text{交替循环}}>\Delta_{\text{干湿循环}}>\Delta_{\text{冻融循环}}$；②冻融循环和干湿循环有类似的变化规律，在损伤发展的第一阶段，土体的损伤随着循环次数的增多显著增大，在循环次数达到3次时到达峰值，之后随着循环次数的增加损伤略有增加但趋于平缓。③交替循环作用下的土体损伤与其他条件下的损伤不同，在损伤发展的第1阶段，土体内部损伤显著增大至0.27，增幅达到27%，在第2阶段中，损伤发展并没有趋于平缓，而是在循环5次后出现一个短暂的稳定后随着循环次数的增加损伤持续增大。

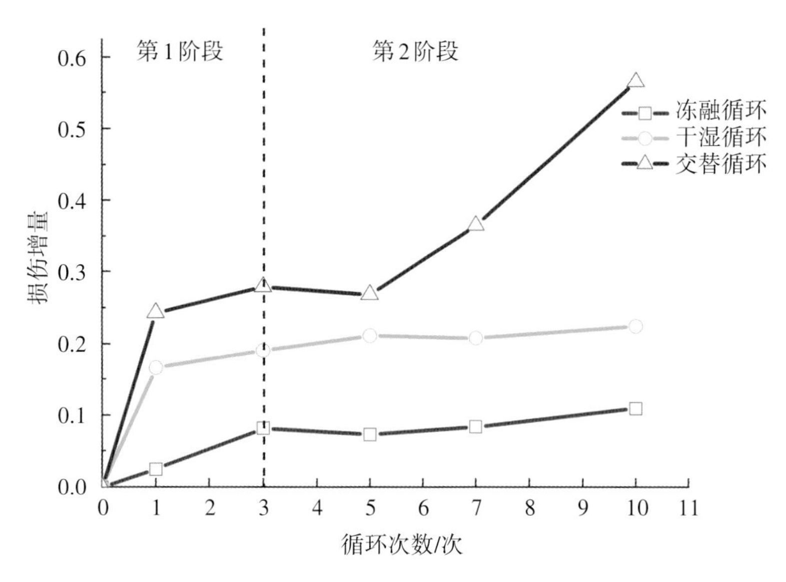

图5-20　不同循环条件下损伤增量演化曲线

在损伤发展的第1阶段，各个循环条件下损伤发展的规律基本一致，在循环过程中随着土体内部微裂隙的逐渐扩展，内部易溶盐也随着水分的迁移析出表面，造成内部密度减小。由于在循环过程中没有任何的外力作用，因此，第1阶段产生损伤的主要原因是易溶盐的析出和微裂隙的扩展双重作用所造成，其中水分迁移和易溶盐的析出在该阶段占主导，同时这种损伤是不可逆转的。在损伤发展的第2阶段，损伤的演化主要是由内部结构的变化所引起，在冻融循环和干湿循环条件下的内部结构变化在经历第1阶段后损伤变化基本不大，趋于一种稳定状态。但在交替循环作用下，其土体内部结构持续劣化，并且劣化趋势随着循环次数的增加而越发明显。

4. 干湿-冻融交替循环前后压实黄土孔隙变化特征

郑郧等（2016）提出了冻融结构势（M_N^i），可以表征随着冻融循环次数的不断增加，其结构性演化规律的量化指标：

$$M_N^i = \frac{E_0^i}{E_{\text{sat}}^i} \cdot \frac{E_0^i}{E_N^i} = \frac{(E_0^i)^2}{E_{\text{sat}}^i \cdot E_N^i} \tag{5-7}$$

式中：E_0^i为原状土的性质参数，E_{sat}^i为浸水饱和土的性质参数，E_N^i为N次冻融循环土的性质参数。

在冻融循环、干湿循环及交替循环作用下不同时刻的CT数能够间接反映土体内部的结构变化规律，由此可以得到新的以CT数为表征的冻融结构势（M_N^f）、干湿结构势（M_N^d）、交替结构势（M_N^c），分别定义为：

$$M_N^f = \frac{(H_0^f)^2}{H_{\rm sat}^f \cdot H_N^f} \tag{5-8}$$

式中：H_0^f为原状土的CT数，$H_{\rm sat}^f$为浸水饱和土的CT数，H_N^f为N次冻融循环土的CT数。

$$M_N^d = \frac{(H_0^d)^2}{H_{\rm sat}^d \cdot H_N^d} \tag{5-9}$$

式中：H_0^d为原状土的CT数，$H_{\rm sat}^d$为浸水饱和土的CT数，H_N^d为N次干湿循环后土的CT数。

$$M_N^c = \frac{(H_0^c)^2}{H_{\rm sat}^c \cdot H_N^c} \tag{5-10}$$

式中：H_0^c为原状土的CT数，$H_{\rm sat}^c$为浸水饱和土的CT数，H_N^c为N次交替循环后土的CT数。按照上述公式，可以得到结构势随不同循环次数增加而呈现的演化规律，如图5-21所示。

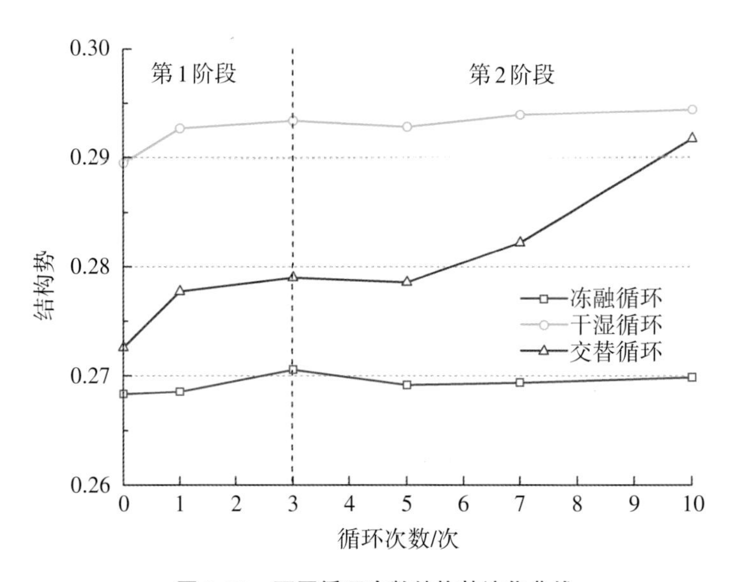

图5-21 不同循环次数结构势演化曲线

土体在经历不同循环作用后结构势曲线呈现出的变化也不同，可以大致上分为两个阶段：在第1阶段，循环次数为0～3次，土体颗粒间的胶结作用变弱导致土体内部结构均呈现劣化趋势并且幅度较大，在3次循环时到达峰值。在第2阶段，循环次数为5～10次，在该阶段下土体在经历3次冻融循环或干湿循环后其结构趋于稳定，处于一种平衡状态。但是在交替作用下土体经历短暂的稳态后，其内部结构持续劣化，并且劣化趋势随着循环次数的增加而持续增大。

5.3.3　干湿-冻融交替作用对压实黄土微观特征影响

从压汞试验数据中提取孔隙直径与汞压入的体积关系，绘制土的孔隙分布特征。图5-22为不同干湿-冻融交替作用次数下压实黄土孔隙分布特征曲线。图5-22（a）为进汞曲线，即大于某孔径孔隙体积累积曲线，图5-22（b）为孔隙含量与孔隙直径关系曲线，即孔径分布特征曲线。

图5-22（a）所示的孔隙体积累积曲线具有以下特征：①曲线分为明显的3段，第1段直径＜0.01 μm对应的孔隙体积累积曲线基本趋于平稳；第2段曲线斜率变化很大，曲线陡降；第3段曲线平缓，斜率基本不变。②随着交替作用次数的增加，曲线向上移动，累积孔隙体积从未经历交替作用的0.17 mL/g增加到3次循环后的0.25 mL/g。③随着交替作用次数的增加，第3段曲线的拐点向大孔隙方向移动。

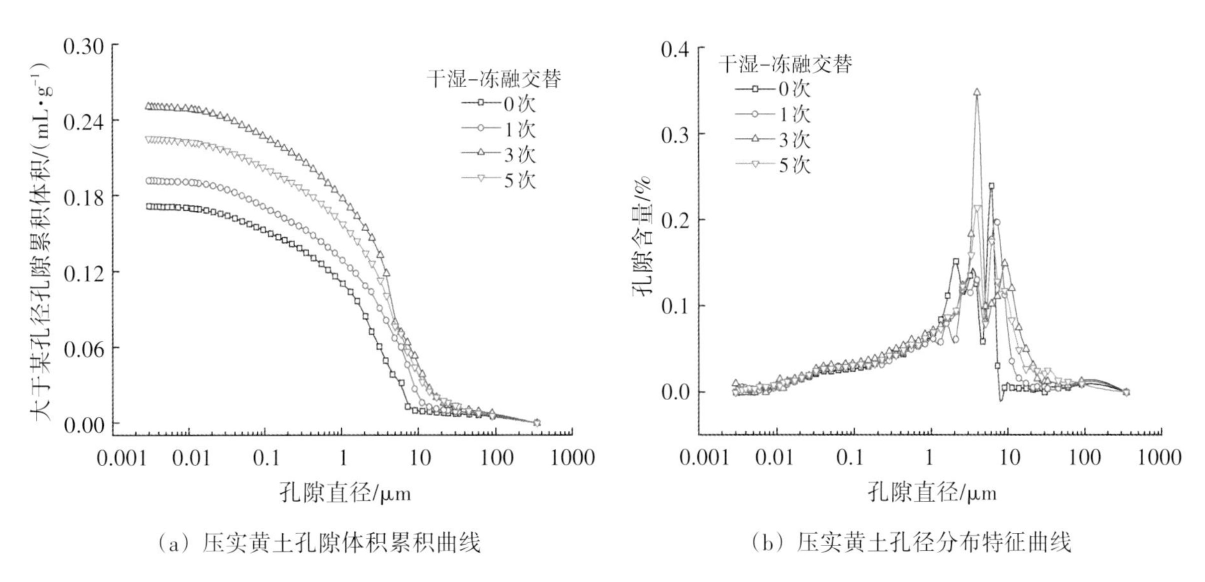

（a）压实黄土孔隙体积累积曲线　　（b）压实黄土孔径分布特征曲线

图5-22　不同交替作用次数下压实黄土孔隙分布特征曲线

图5-22（b）所示的孔径分布特征曲线具有以下特征：①该压实黄土的孔径分布主要集中在0.003～100 μm的孔径范围内，同时该区域也是交替作用的主要影响区域；②曲线的峰值随交替作用次数的增加有着不同程度的增大，且波峰向右移动。说明不同交替作用次数后，土样孔隙含量升高，孔隙直径增大。

统计不同交替作用次数下压实黄土孔隙含量见表5-7。可见随着交替次数的增加试样平均孔隙直径先增大后略有减小。产生这一现象的原因是干湿-冻融交替作用下压实黄土疏松，孔隙比增大，随着循环次数的进一步增加，试样孔隙比大于冻融残余孔隙比，冻融作用使土样孔隙比减小。交替作用后土样微孔隙含量先减小后略有增大，小孔隙含量逐渐减小，中孔隙含量先增加后略有减小，大孔隙含量逐渐增大。8 μm<D<32 μm的孔隙，即中孔隙受交替作用的影响最大，为干湿-冻融敏感区。综上分析可知干湿及交替作用下压实黄土宏观工程性质的劣化在微观层次表现为大、中孔隙与微、小孔隙的演变，主要受控于土体中孔隙的变化。

表5-7　不同交替作用次数下孔隙结构参数的变化

交替次数/次	平均孔隙直径/μm	大孔隙含量/%	中孔隙含量/%	小孔隙含量/%	微孔隙含量/%
0	0.183	4.3	1.5	43.4	50.9
1	0.199	4.8	9.3	42.5	43.4
3	0.207	4.9	16.3	40.4	38.5
5	0.200	5.9	13.7	40.1	40.4

6 盐分对压实黄土物理力学特性影响研究

盐渍土主要分布在内陆干旱、半干旱地区，滨海地区也有分布。全世界盐渍土面积约897万km^2，约占世界陆地总面积的6.5%，占干旱区总面积的39%。中国盐渍土面积为19.08万km^2，约占国土总面积的1.99%，西北地区的新疆、青海、宁夏、甘肃，华北地区的山西、内蒙古，西南地区的西藏等省区的盐渍土面积分布最为广泛。

盐渍土主要以氯化盐渍土和硫酸盐渍土为主，具体分为氯盐渍土、亚氯盐渍土、硫酸盐渍土和亚硫酸盐渍土4大类。以兰州黄土为例，土体中硫酸根离子占比为52.4%，氯离子占比为18.2%，钠离子占比为16.4%，这3种离子占所有离子总量的87%。而盐渍土的来源主要有以下几个方面：由含盐地表水蒸发引起；含盐地下水上升到地表并蒸发致水分脱盐引起；海水渗入蒸发引起；盐湖、沼泽等退化和工业废水排放引起。盐渍土的类型较为复杂，这与盐渍土的成因关系较大，由于不同的气候、地形地貌、水文地质条件及人为因素等，盐渍土的成因和类型各不相同。

盐渍土和普通土体组成不同，因为盐分的存在，土体液相中有盐溶液，固相中有盐晶体。这样的土体组成使盐渍土物理力学性质的测量相对麻烦，且常规土工试验方法对盐渍土性质的测量存在误差。当外界条件变化时，盐分的存在使得土体中不断进行物质变化，这种变化使得土体的性质与外界条件密切相关，且影响因素众多。例如，春季盐渍土浸水后，固态的盐晶体遇水溶解，土体骨架发生塌陷导致地基沉陷；冬季温度降低时，土体孔隙中盐溶液过饱和，盐分结晶析出，因为结合水的存在，盐分结晶后体积膨胀，引起路基盐胀破坏。这种破坏是由于外界条件变化，导致盐分形态改变引起构造物结构变化产生的间接破坏。同时，盐分的腐蚀引发建筑材料强度降低，使建筑物产生直接破坏。当然，这不仅与具体的自然地理、水文条件有关，还与盐分类别和含量相关。无论是哪种方式引起的构筑物破坏，都对人们的生活和生产安全构成威胁，且经济损失巨大。

6.1　含盐量对冻结温度的影响

冻结温度是判断土是否处于冻结状态的指标。土的冻结过程大致分为两个阶段：过冷或形成结晶中心的准备阶段和孔隙水结晶阶段。水结晶的先决条件是水中含有结晶中心或结晶核，结晶中心有多种实现方式，对土中的水来说，土颗粒本身就是结晶核，同时它还促使水分子组成冰格架。结晶中心的形成通常需要比水分冻结更低的温度，再加上土颗粒表面能的作用，水分子必须克服土颗粒表面力的作用才能形成冰格架。这就是水分冻结前的过冷状态，对应的温度就是土体的过冷温度，如图6-1中T_{sc}所示。土中液态水变成固态冰大致要经历3个阶段：先形成较小的分子集团（结晶中心），再变成稍大点的团粒（晶核），最后这些团粒结合生长变成冰晶。冰晶的生长伴随着热量的释放，引起土中温度跃变。随着自由水不断冻结，冰晶开始生长，其释放的结晶潜热与土体降温所需的能量相等，土体中温度保持恒定，此时对应的温度称为冻结温度（如图6-1中T_f所示）。当大部分自由水冻结完成后，小孔隙自由水和束缚水开始冻结，这时其释放的结晶潜热小于土体降温所需要的能量，降温曲线开始缓慢降低。因此，土中水冻结的时间过程一般要经历4个阶段：过冷、跳跃、恒定和递降。图6-1完整表现了土中水冻结的全过程。

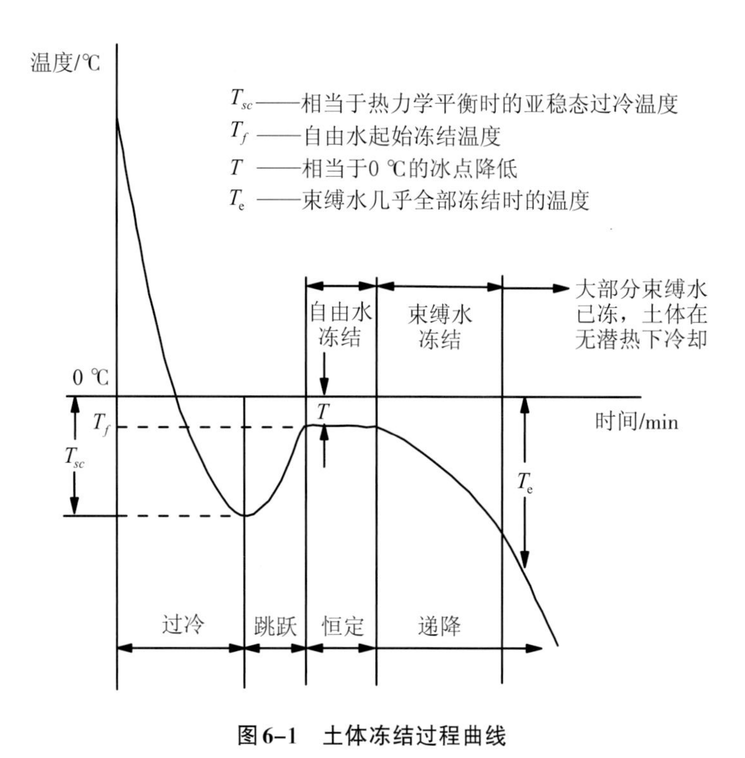

图6-1　土体冻结过程曲线

土体由于土颗粒表面能及外界条件的作用，其冻结温度一般略低于0 ℃。而盐渍土由于相成分的不同，其冻结温度会受到盐分种类和浓度的共同影响。通常情况下，盐分在土体中以离子形式存在于孔隙溶液中，当温度低于冻结温度时，孔隙溶液达到过饱和，溶液中盐分结晶析出。该过程会引发土体产生冻胀和盐胀（Blaser et al.，1969；Puppala et al.，2005；Mokni et al.，2010），而冻胀和盐胀又是冻土路基破坏的主要原因。因此，冻结温度是判断土体是否处于冻结状态的重要指标。土体冻结破坏的主要影响因素是固体颗粒、水分、气体和温度（Zhou et al.，1989；Li et al.，2001），虽然建立了冻结温度与其影响因素之间的耦合方程（O'Neill et al.，1985；Sheng et al.，1995），但皆建立在诸多假设的基础上，且冻结温度的影响因素众多，目前工程实际中一般利用试验解决。因此冻结温度的理论研究具有现实意义，在工程实际和数值模拟中都能起到很好的参考作用。

盐分的存在改变了土体的孔隙比、干密度、强度特性和表面特性，而这些因素也会影响土体的冻结温度（Fagerlund，1973；Sun et al.，2010）。土体的冻结温度与固-液接触面的曲率半径和表面张力有关（Scherer，1999；Setzer，2001）：

$$\Delta T_0 = \frac{\gamma_{sf}\kappa_{sf}}{\Delta s_{fv}} \tag{6-1}$$

式中：γ_{sf}为晶体-溶液接触面的表面张力（J/cm^2）；κ_{sf}为晶体-溶液接触面的曲率半径（m）；Δs_{fv}为单位体积晶体的熔化熵（$J/cm^3 \cdot K$）。

溶液表面张力受粒子成分和溶液浓度共同影响（Qi et al.，2006），一般情况下溶液浓度越高表面张力越大。其表达式如下：

$$\gamma_{sf} = \gamma_{sf}^0 + gm \tag{6-2}$$

式中：γ_{sf}^0为纯水的表面张力（J/cm^2）；m为溶液质量摩尔浓度（mol/kg）；g为与试验类型有关的参数。

土体的冻结温度与孔隙结构有关。如图6-2所示，当孔隙半径逐渐增大时，冻结温度的变化量开始迅速减小，最后不再变化；即当孔隙半径足够大时（$r_p > 10^{-6}$ m），冻结温度将不再受到孔隙大小的影响。孔隙介质中冻结温度的关系式为：

$$T_0 = T_0^* + \frac{2\gamma_{sf}\cos(\varphi)}{r_p \cdot s_{fv}} \tag{6-3}$$

式中：φ为晶体与孔隙壁的夹角（°）；r_p为孔隙半径（m）；T_0^*为体相变温度（℃）；γ_{sf}=0.04 J/m^2；s_{fv}=1.2 $J/cm^3 \cdot K$。

由于冻结温度的影响因素众多，工程中对冻结温度的计算相对比较困难。实验室通过图6-3的试验装置，对原状土和扰动土进行冻结温度测试，并给出了冻结温度的计算式：

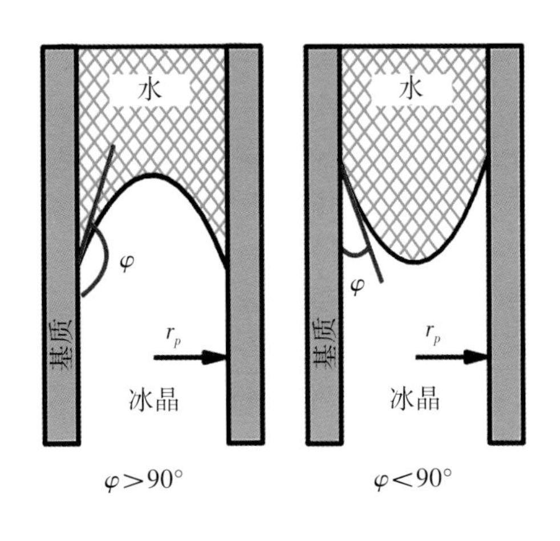

(a) 半径为r_p的圆柱中晶体生长模型

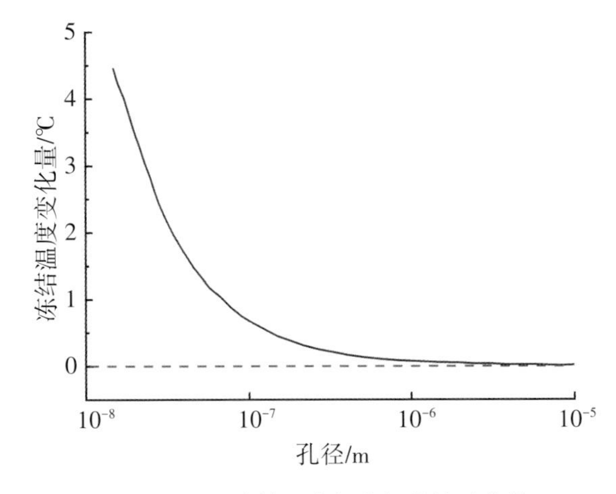

(b) 冻结温度与孔径的关系曲线

图6-2 土体冻结温度与孔隙结构的关系

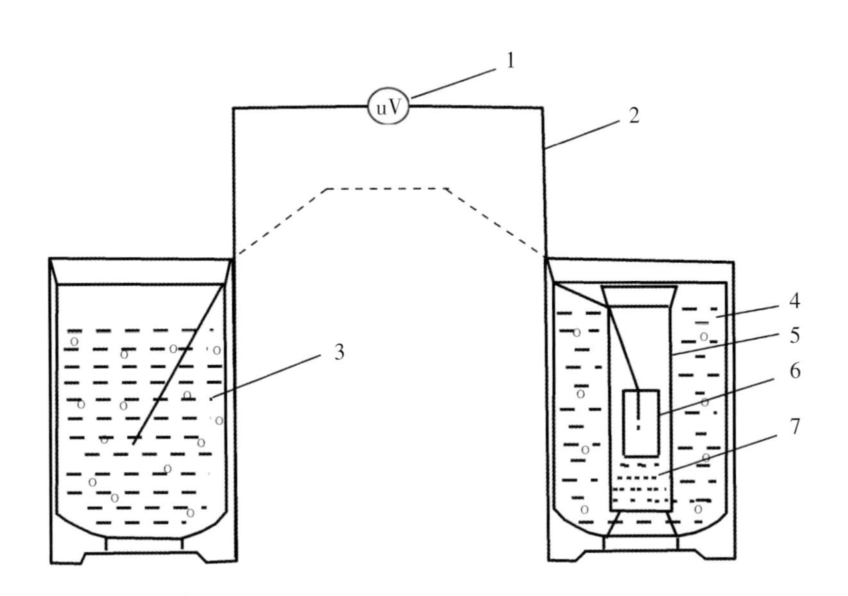

1——数字电压表；2——热电偶；3——零温瓶；4——低温瓶，容积为3.57 L，低熔冰晶混合物，温度为-7.6 ℃；5——塑料管；6——试样杯；7——干砂零温瓶，容积为3.57 L（8P），内盛冰水混合物，温度为0±0.1 ℃。

图6-3 冻结温度试验装置示意图

$$\theta_f = \frac{V}{K} \tag{6-4}$$

式中：θ_f为冻结温度（℃）；V为热电势跳跃后的稳定值（μV）；K为热电偶标定系数（μV/℃）。

Wan et al.（2015）研究了青藏高原粉质黏土的冻结温度，认为在冰水相变过程中降温产生的热量必须克服冰液表面自由能。在此假定下，硫酸钠盐渍土冻结温度主要由两部分组成：一部分是溶液自身冻结所需要的温度差值$T_{f-\text{soil}}$（℃）；一部分是冰液表面自由能引起的温度差值$T_{f-\mathrm{solution}}$（℃）。即：

$$T_{f-\mathrm{soil}} = T_{f-\mathrm{solution}} + \Delta T_{\gamma} \tag{6-5}$$

土体孔隙溶液的水分活度、冰液表面自由能、土颗粒的孔隙半径都会影响土体的冻结温度。因此根据Marliacy（2000）和Steiger（2006）等人在常温下对水分活度的计算结果，运用Pitzer（1975）离子模型计算了低温下土体孔隙溶液的水分活度，进而得到水溶液的冻结温度。最后，通过分析冰晶增长模型和孔隙半径等因素得到青藏高原粉质黏土冻结温度的理论表达式：

$$T_{f-\mathrm{soil}} = \left(\frac{T_f^*}{1 + \dfrac{T_f^* R}{L_{wi}} \ln a_{\mathrm{w}}} - T_f^* \right) + \frac{2\gamma_{sl} v_s T_{f-\mathrm{solution}}}{L_{wi} r_0} \tag{6-6}$$

式中：$T_{f-\mathrm{soil}}$为土体的冻结温度（℃）；L_{wi}为水变成冰的潜热（334.56 J/kg）；a_w为溶液的水分活度；R为气体常数；γ_{sl}为冰液表面自由能（J/m^2）；v_s为冰晶的摩尔体积（l/mol）；r_0为初始冰晶半径（m）。

上式中第1部分由溶液性质决定，第2部分由冰晶大小或者土体孔隙大小决定。当初始冰晶半径为无穷大时，土体冻结温度等于溶液冻结温度。由于考虑水分活度和冰液表面压力等因素，相比较之前对冻结温度的研究（Pécsi, M., 1990; Puppala et al., 2005），这种计算方式考虑的因素更加全面。

为从理论角度分析冻结温度产生变化的原因，以不同硫酸钠含量的兰州黄土为研究对象，进行冻结温度试验，研究硫酸钠对土体冻结温度的影响规律。首先室内配制初始含水率为18%，初始含盐量分别为0、0.2%、0.5%、1.0%、1.5%、2.0%、2.5%、3.0%、4.0%和5.0%的硫酸钠土样，并将配制好的土样置于排空空气的密封袋中恒温24 h，使溶液和土颗粒混合均匀。后将其依次装进直径33 mm、高38 mm的圆柱形铁盒中。温度探头从铁盒盖的小孔中插入土样，并用橡皮泥密封小孔，以防水分蒸发。将装好的样品放入冷浴中，并在25 ℃恒温30 min，使样品各部分温度保持均匀，后以恒定速率降温至-18 ℃，恒温2 h停止试验。数据采集间隔为10 s，测其降温曲线。

不同含盐量黄土降温曲线如图6-4所示。当土体含盐量为0和0.2%时，降温曲线完全符合土体冻结过程曲线，冻结温度就是拐点平衡处对应的温度；当含盐量>0.2%时，可以看出每条降温曲线上都出现了2次拐点（图6-4中虚线所示）。根据冻结温度测试方法和原理分析可知：纯水的冰点是0 ℃；而当土中加入可溶性盐溶液时，随着温度降低，冰晶形成需要克服土颗粒表面能和离子化学势的作用，使孔隙水相变要比纯水更加困难，相应冻结温度也要比纯水更低（0 ℃以下）。同时，土中盐分要比水分含量少，盐分相变潜热相对较小，所以水分相变放出的热量与降温产生的能量平衡持续时间较长。

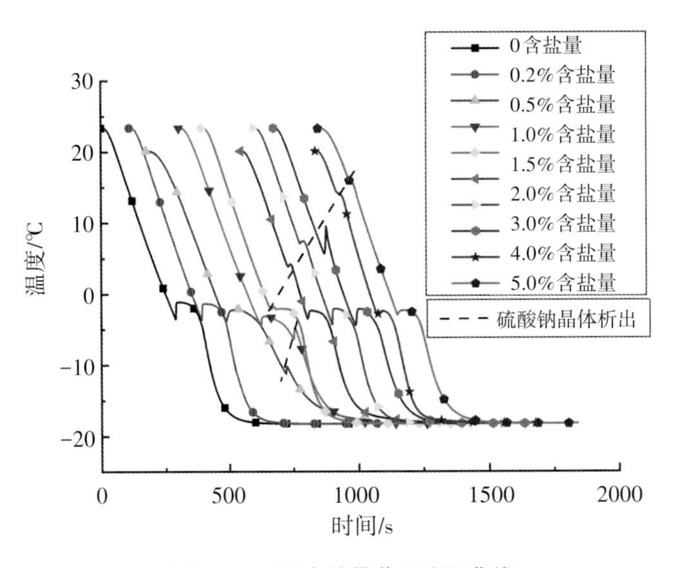

图6-4 不同含盐量黄土降温曲线

图6-5为土体冻结温度随含盐量的变化规律。整体来看，土体的冻结温度随含盐量的增加先减小后增大，最后缓慢下降。由拟合曲线（图6-6）可知，当含盐量<1%及>2%时，冻结温度随含盐量的增加线性减小；当1%<含盐量<2%时，冻结温度随含盐量的增加逐渐增大。根据此前盐分对冻结温度影响规律的研究可知，土体冻结温度随含盐量的增加线性降低，这与含盐量<1%及>2%时的情况一致；但并没有研究表明1%<含盐量<2%时，土体的冻结温度随含盐量的增加而升高。值得注意的是，虽然含盐量为0～1%和2%～5%时，冻结温度随含盐量的增加线性减小，但从拟合曲线可以看出，当含盐量介于0～1%时，冻结温度的降低速率远大于含盐量介于2%～5%时的降低速率。由此可见，土体中含盐量越低，冻结温度随含盐量的增加降幅越大；土体中含盐量越高，冻结温度随含盐量的增加降幅越小。

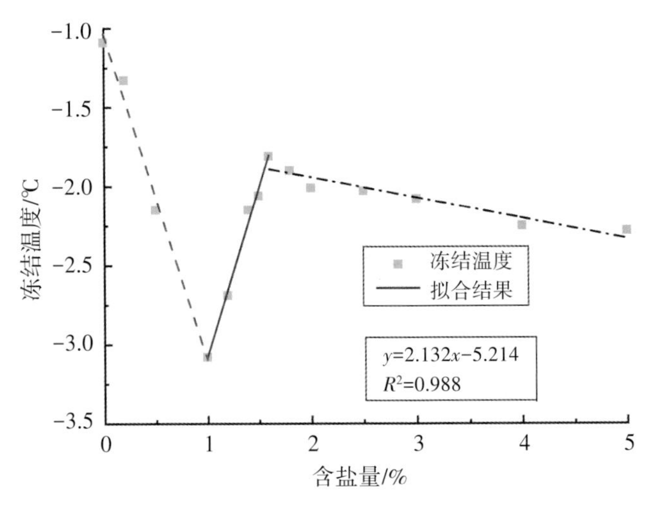

图6-5 土体冻结温度随含盐量的变化规律

当含盐量介于1%～2%时，冻结温度随含盐量的增加突然升高，且变化迅速。由于此处含盐量测试点相对较少，为研究其具体变化规律，我们对含盐量测试点进行补充加密（含盐量分别为1.2%，1.4%，1.6%和1.8%），并在同等条件下进行冻结温度试验，测试结果如图6-6所示。含量为1%～1.6%时，冻结温度随含盐量的增加线性升高；含盐量>1.6%时，冻结温度随含盐量的增加线性降低。

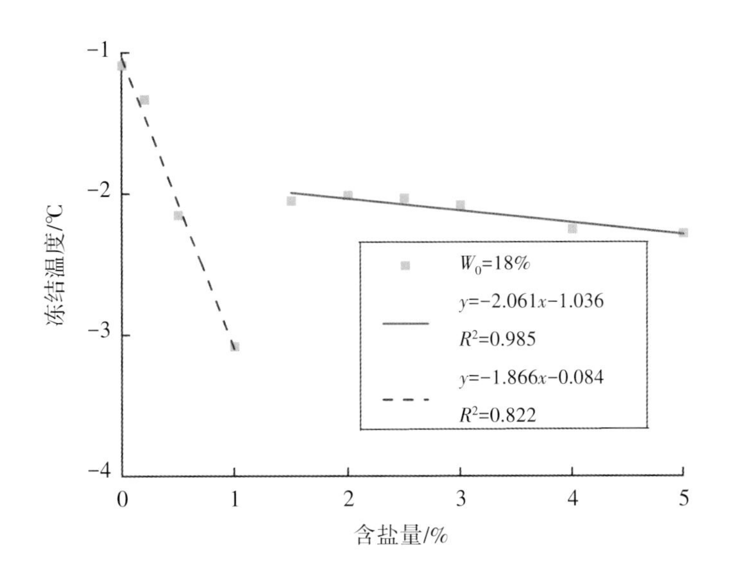

图6-6 土体冻结温度随含盐量的变化规律

冻结温度随含盐量的增加并非简单的线性降低，硫酸钠对土体冻结温度的影响与含盐量有关。由硫酸钠的化学性质可知，当温度低于32.4 ℃时，硫酸钠溶解度随温度的降低迅速减小。在土体降温过程中，孔隙溶液中的硫酸钠会以芒硝的形式结晶析出。而溶液中的硫酸钠变成芒硝的过程中，存在一种过渡态水合物——七水合硫酸钠，其化学性质相当不稳定，随时都可能变成芒硝结晶析出。即硫酸钠盐渍土冻结过程中，土体孔隙中可能同时存在硫酸钠、七水合硫酸钠和十水合硫酸钠3种物质，而且其含量随外界条件的变化不断变化。由于冻结温度受到这3种物质的共同影响，也可能成为冻结温度产生突变点的原因。

6.2 含盐量对未冻水含量的影响

为研究含盐量变化对正温和负温时土体未冻水含量的影响规律，分析未冻水含量与含盐量的变化关系，同时给出未冻水含量的预报模式，采用核磁共振仪测量土体中的未冻水含量，试验参数见表6-1。试验测试温度区间为25～-20 ℃，测试温度点从高到低依次为25 ℃、

19 ℃、13 ℃、7 ℃、1 ℃、-0.2 ℃、-0.5 ℃、-1 ℃、-3 ℃、-5 ℃、-8 ℃、-10 ℃、-12 ℃、-15 ℃、-18 ℃和-20 ℃。为保证盐分在测试前不析出，测试起始温度通过硫酸钠溶解度和盐结晶温度确定。为保证测量准确性，试验过程中每个测试点都至少恒温4 h。当环境温度和测试点温度相同时开始采集数据。

表6-1 试验参数

含盐量/%	0	0.2	0.5	1.0	1.5	2.0	2.5	3.0	4.0	5.0
干土重/g	25.74	25.54	25.49	25.52	25.49	25.51	25.51	25.49	25.53	25.47
含水率/%	17.19	17.99	17.83	17.89	17.82	17.82	17.86	17.79	17.71	17.99
干密度/(g·cm^{-3})	1.797	1.782	1.769	1.766	1.768	1.765	1.767	1.767	1.766	1.768

6.2.1 温度对未冻水含量的影响

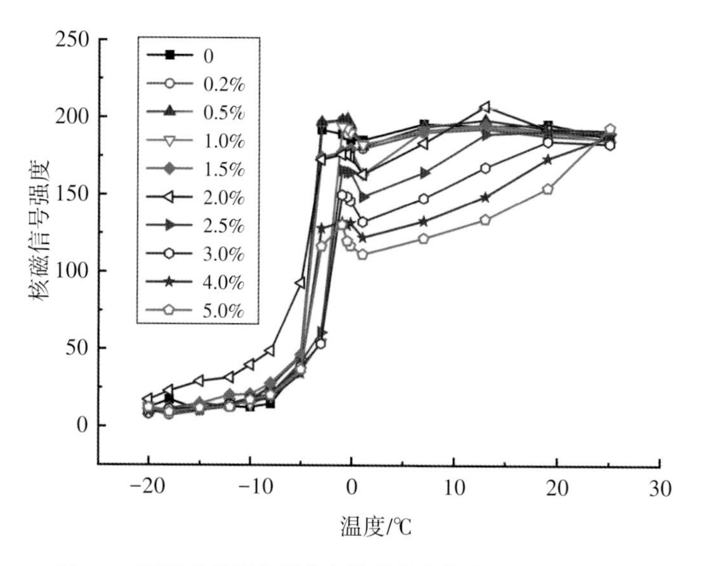

图6-7 不同含盐量兰州黄土核磁信号值随温度的变化曲线

未冻水含量对温度具有极高的敏感性，温度微小的变化都会引起未冻水含量的变化。崔托维奇（1985）认为冻土中的未冻水含量随温度的降低而减小，同时每种土都有十分固定的未冻水含量特征曲线。图6-7是不同含盐量兰州黄土核磁信号值随温度的变化曲线。随着温度降低核磁信号值有规律降低。核磁信号值反映土体中液态水含量的大小，核磁信号值越大液态水含量也越大。由居里定律可知，正温区间土体中孔隙水的核磁信号强度和温度之间呈线性关系，且核磁信号随温度的降低缓慢增大。当温度继续降低时，由于液态水逐渐成冰或者因为其他原因导致液态水含量减少，对应的核磁信号值就会相应减小。在0 ℃附近核磁信号值有波动，这是因为当温度低于0 ℃时，土体中的液态水开始冻结，而成冰的水不会反映在核磁信号上，当温度继续降低液态水继续减少，对应的核磁信号值也持续减小，最后在较低的温度趋于稳定。

图6-8为不同含盐量的土体未冻水含量随温度的变化曲线。随着温度的降低未冻水含量有规律的减小。但是，在正温和负温区间上，未冻水含量随温度的变化与常规测试结果有所不同。为此，对正负温区间上的未冻水含量分别进行分析。

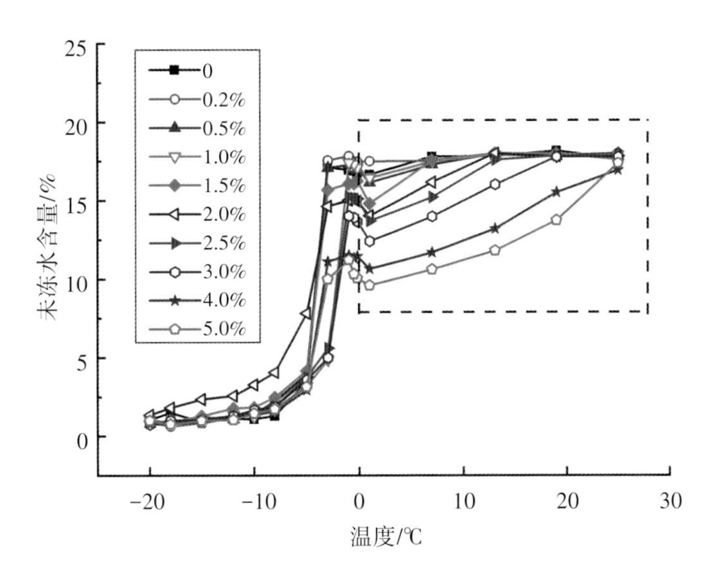

图6-8　不同含盐量兰州黄土未冻水含量随温度的变化曲线

1. 正温时土体孔隙中的液态水含量

由图6-8虚线框部分可见，土体孔隙中的液态水含量在正温时就开始减少，而对不同含盐量的土体来说，液态水开始减小的温度各不相同。但由于正温区间未冻水含量测试点相对较少，所以对于部分含盐量的土体，无法准确判断其液态水含量开始减小的具体温度。为此，首先确定其液态水开始减小的温度区间，然后取其算术平均值作为液态水开始减小的温度点，并对所得结果进行曲线拟合，结果如图6-9所示。正温时不同含盐量土体中液态水含量开始减少，所对应的温度随含盐量的增加呈对数式增长。土体液态水含量的减少主要是由硫酸钠变成芒硝结晶析出所致，芒硝析出量越多，结合水含量越大，土体孔隙中液态水含量则越小。在土体降温过程中，不同含盐量土体中液态水开始减少时，所对应的温度和孔隙溶液达到饱和状态时所对应的温度相当接近，且都随含盐量的增加呈对数式增长。即硫酸钠盐渍土降温过程中，孔隙溶液达到饱和状态时，盐分开始结晶，液态水开始减少。正温时，不同含盐量土体的液态水含量随温度的降低线性减小。土体中液态水含量的变化反应了硫酸钠结晶析出量的变化，即硫酸钠结晶量随温度的降低线性增大，如图6-10所示。

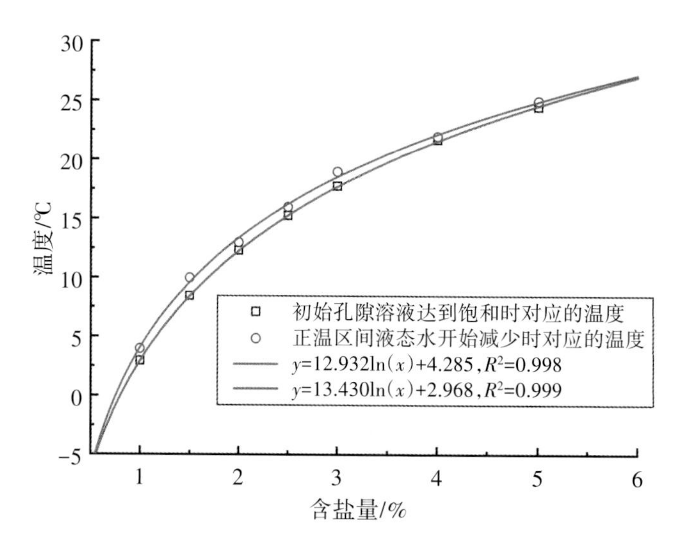

图6-9 降温过程中初始溶液达到饱和时和正温区间液态水开始减少时对应的温度

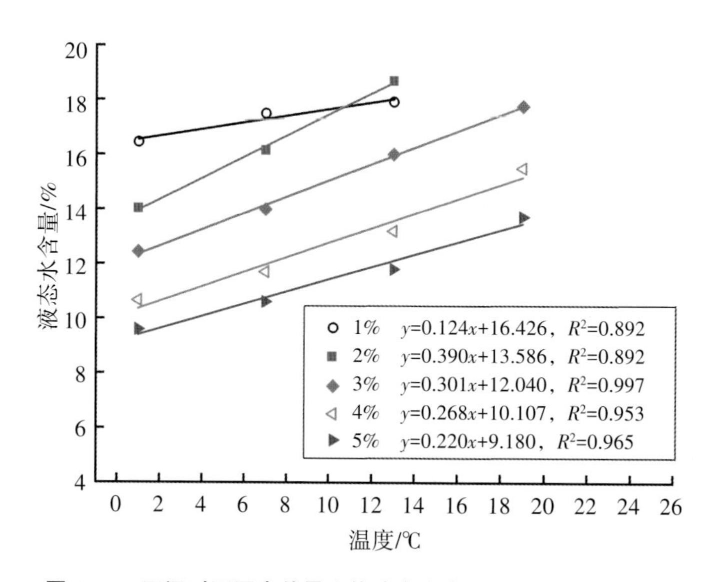

图6-10 正温时不同含盐量土体液态水含量随温度的变化规律

2. 负温时土体孔隙中的液态水含量

对不同含盐量的土体，未冻水含量在低于-1 ℃时开始急剧减小，而且不同含盐量的土体其开始减小的温度值不同，这与不含盐冻土未冻水含量在0 ℃开始急剧降低的情况不同。因为盐分的存在降低了土体的冻结温度，土体中的液态水直到冻结温度点才开始急剧减小。含盐量不同对土体冻结温度的影响程度不同，未冻水含量急剧降低的温度区间为-1～-3 ℃

(图6-11)。随着温度的持续降低，未冻水含量随温度的变化缓慢减小，最后趋于稳定。

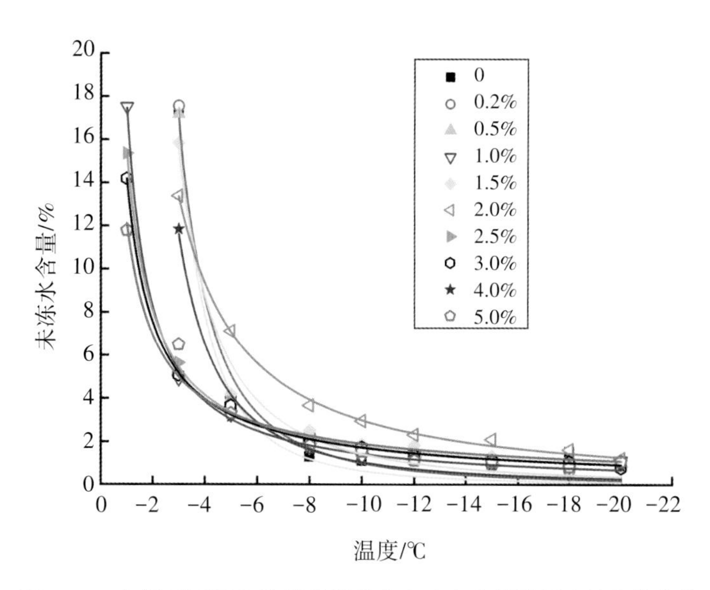

图6-11　负温时不同含盐量兰州黄土未冻水含量随温度的变化曲线

根据崔托维奇（1985）对3个区间的定义，含盐量不同，3个区间温度变化范围也不同。含盐量为1.0%、2.5%、3.0%和5.0%时，未冻水含量剧烈变化区间为-1～-10 ℃，之后逐渐进入缓慢减小阶段；含盐量为2.0%时，未冻水含量从-3 ℃开始急剧减小，直到-15 ℃才进入过渡区，最后随着温度的降低逐渐保持稳定；当含盐量为0、0.2%、0.5%、1.5%和4.0%时，未冻水含量从-3 ℃开始明显减小，-12 ℃以后变化缓慢。不同含盐量土体的未冻水含量随温度的变化率不同，主要是因为盐分改变了土体的组成结构，影响了未冻水的存在形态，导致液态水含量开始降低的温度点发生了变化。

图6-12为-0.2 ℃、-1 ℃、-3 ℃和-5 ℃时不同含盐量土体未冻水含量的变化情况。当温度介于-0.2 ℃和-1 ℃之间时，不同含盐量土体的未冻水含量基本保持不变，所有含盐量土体的冻结温度均小于-1 ℃。因此该温度区间既不属于过冷区，也不属于冻结区。而未冻水含量没有减少，意味着孔隙溶液中没有盐分结晶析出。盐分结晶的必要条件是孔隙溶液必须达到过饱和状态，所以此时盐分没有结晶存在两种情况：①高含盐量土体盐分在正温区间就已经大量析出，导致孔隙溶液处于非饱和状态，即便温度略有降低也不会引起盐分结晶。②低含盐量土体在-1 ℃之前孔隙溶液还未达到过饱和状态，所以盐分不会结晶析出，未冻水含量也不会减少。而当温度达到-3 ℃时，含盐量1%、2.5%和3%的土体未冻水含量急剧减少，这与土体的冻结温度和溶液过饱和比有关。当温度降低到-5 ℃时，未冻水含量大量减少，这主要是大量自由水相变成冰的结果。

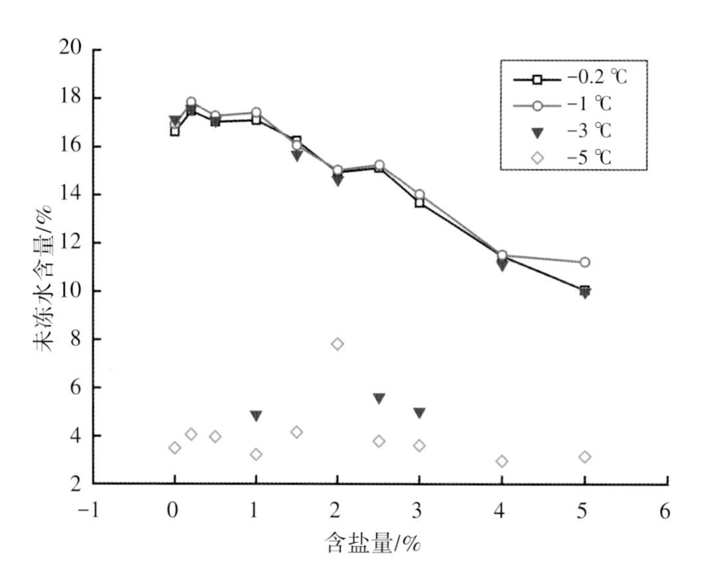

图6-12　不同负温下不同含盐量土体未冻水含量的变化情况

6.2.2　盐分对未冻水含量的影响

硫酸钠的存在降低了土体的冻结温度（其变化范围为-1.09～-3.08 ℃），而含盐量介于0～1%和2%～5%时，冻结温度随含盐量的增加直线增大。为保证所讨论的温度点土体已经完全冻结，选择-5 ℃、-10 ℃、-15 ℃和-20 ℃这4个温度点分析含盐量对土体未冻水含量的影响。未冻水含量先随含盐量的增加缓慢增加，当含盐量为2%时出现一个最高点，之后开始减小，整个过程呈“驼峰”状变化（图6-13）。

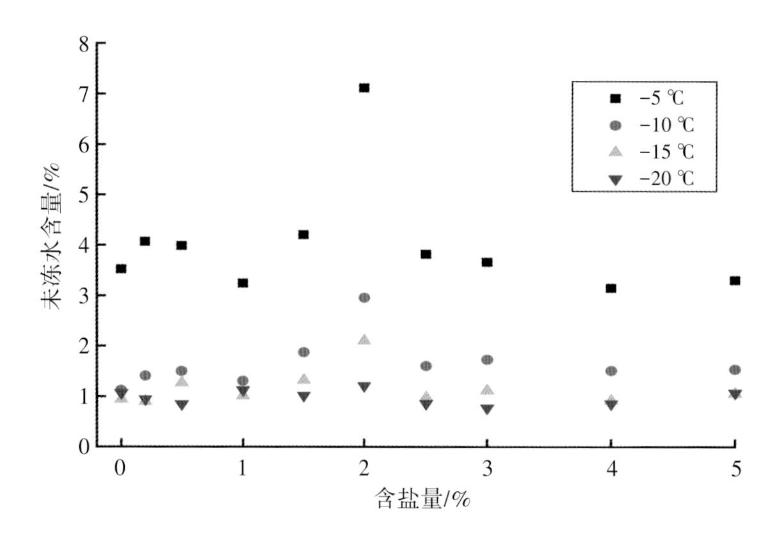

图6-13　含盐量与未冻水含量的关系

当含盐量<1%时，未冻水含量有波动，但变化不明显，最大波动发生在-5 ℃，变化量为0.83%。这是由于黄土本身其他离子含量较多，受到其他杂质离子影响较大，导致在低浓度含盐量时未冻水含量会略微偏低，且温度越高影响越明显，到-20 ℃时波动最大值为0.24%，这说明影响程度与温度有关。当含盐量>2.5%时，未冻水含量随含盐量的增加变化不明显。当含盐量介于1%～2.5%时，未冻水含量先增大后减小，而在含盐量为2%时达到最大值，且这种变化符合指数函数规律。为此对含盐量介于1%～2.5%时未冻水含量的峰值和最大差值分别按照指数公式进行拟合，如图6-14所示，两者的拟合结果较好，相关系数值分别达到0.99和0.97。峰值的存在说明未冻水含量随含盐量的增加并非简单的线性变化，而是存在某一个含盐量使得未冻水含量在此含盐量时突然升高，然后再缓慢减小。根据未冻水含量的影响因素并结合本试验的条件可以看出，盐分的存在是峰值存在的主要影响因素。

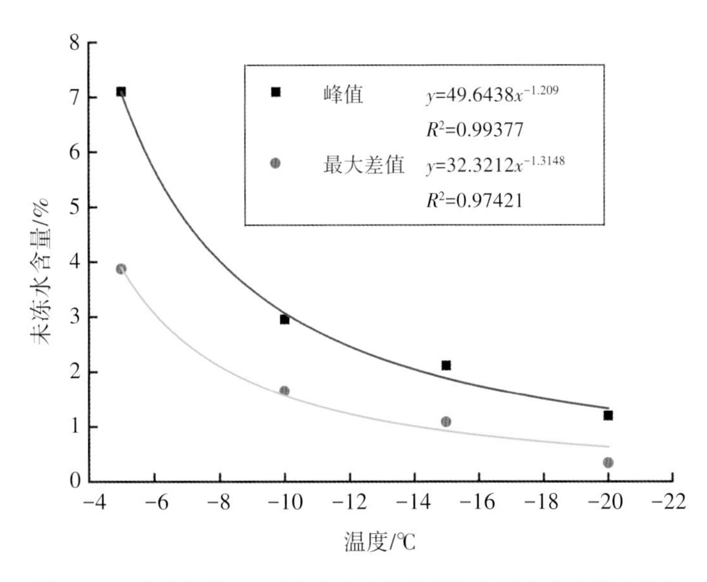

图6-14　含盐量为2%时未冻水含量的峰值和最大差值拟合结果

6.2.3　盐分与未冻水含量的关系

土体未冻水含量随含盐量的增加存在突变点（极大值点），突变点对应的含盐量为2%。为研究含盐量对未冻水含量的影响规律，以2%的含盐量为界，分区间进行讨论。对含盐量为0～2%的土体未冻水含量按三次多项式拟合，对含盐量为2%～5%的土体未冻水含量则按二次多项式拟合，结果分别见表6-2和表6-3。从表中数据可以看出，r^2和f都很大，且p值都很小，曲线拟合显著性很高，说明所选模型拟合效果较好。

表6–2　含盐量为0～2%时未冻水含量和含盐量的拟合结果

温度/℃	回归方程	r^2	f	p
−5	$W_u = 2.204s^3 - 4.705s^2 + 2.359s + 3.360$	0.967	472.759	0.002
−10	$W_u = 2.770s^3 - 1.680s^2 + 1.185s + 1.168$	0.954	234.970	0.004
−15	$W_u = 0.210s^3 - 0.090s^2 - 0.040s + 0.928$	0.867	96.221	0.010
−20	$W_u = -0.205s^3 + 0.871s^2 - 0.865s + 1.070$	0.898	714.945	0.001

表6–3　含盐量为2%～5%时未冻水含量和含盐量的拟合结果

温度/℃	回归方程	r^2	f	p
−5	$W_u = 0.903s^2 - 7.514s + 18.422$	0.927	109.269	0.067
−10	$W_u = 0.313s^2 - 2.637s + 6.937$	0.938	186.952	0.050
−15	$W_u = 0.279s^2 - 2.287s + 5.531$	0.965	247.849	0.045
−20	$W_u = 0.096s^2 - 0.627s + 1.813$	0.940	1081.59	0.022

6.2.4　不同含盐量土体未冻水含量预报模式的建立

徐敩祖（1985）根据不同的初始含水率及其不同含水率下的冻结温度，提出了给定土体的未冻水含量预报模式如下：

$$
\begin{aligned}
W_u &= a\theta^{-b} \\
a &= W_0\theta_f^b \\
b &= \frac{\ln W_0 - \ln W_u}{\ln\theta - \ln\theta_f}
\end{aligned}
\tag{6-7}
$$

式中：θ_f和θ分别指的是初始含水率为W_0和W_u时的冻结温度（℃）。

上式给出的土体未冻水含量公式是以土体冻结温度为基本参考变量，并综合考虑了土体冻结温度、初始含水率和比表面积的影响。除却上述因素外，影响土体未冻水含量的因素还包括土体中的易溶盐和外加荷载。但是这些因素的影响只改变了相应的参数值a和b。由此可见，用式（6–7）来预测未冻水含量的模型是普遍适用的。同时，考虑到外界条件对土体冻结温度的影响具有叠加性，那么初始含水率、含盐量和荷载等对土体未冻水含量的影响，可以统一归纳为冻结温度的降低效应。

根据以上分析可知，对一种给定的土体，只要其初始含水率和对应的冻结温度已知，就可根据式（6–7）计算土体的未冻水含量。配制含盐量分别为0、0.2%、0.5%、1.0%、1.5%、

2.0%、2.5%、3.0%、4.0%和5.0%的兰州黄土和青藏高原粉质黏土，测其液塑限及相应含水率时土体的冻结温度，建立不同含盐量下土体的未冻水含量预报模式，并分析盐分变化对未冻水含量的影响。

首先测定兰州黄土不同含盐量下的液塑限及对应液塑限含水率时的冻结温度（见表6-4），后由式（6-7）对未冻水含量进行计算，结果如图6-15所示。由图可知，在-3 ℃时不同含盐量土体未冻水含量差异很大，主要是因为冻结温度集中在-1～-3 ℃，土体温度达到-3 ℃时，大部分自由水开始或已经冻结，导致未冻水含量不同程度的减少；另一方面，因为硫酸钠溶解度随温度下降较快，含盐量较大的土体在正温时就有芒硝析出。0 ℃以下，温度越低晶体析出越快，水分损失越严重。随着温度继续降低，大量自由水已经冻结，而薄膜水含量较少，冻结相对困难，盐分对未冻水含量的影响减弱。

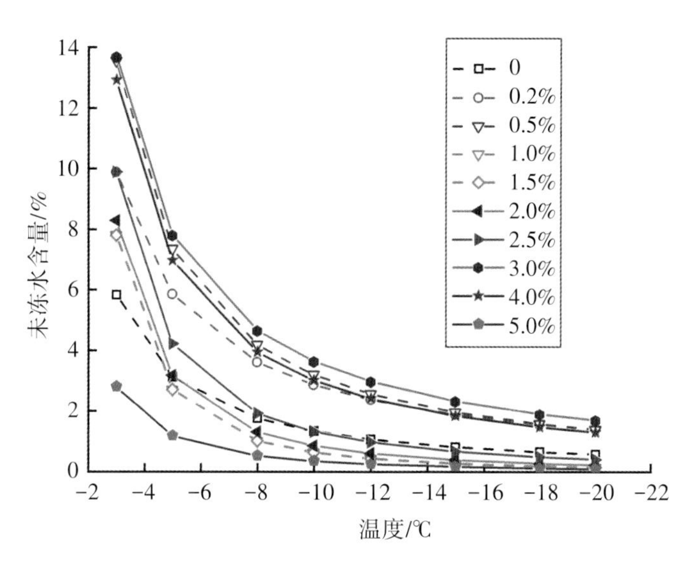

图6-15　不同含盐量兰州黄土未冻水含量预报曲线

表6-4　不同含盐量下兰州黄土的液塑限及液塑限含水率时的冻结温度

含盐量/%	液限/%	塑限/%	液限含水率时的冻结温度/℃	塑限含水率时的冻结温度/℃
0	26.62	16.50	-0.79	-1.05
0.2	26.44	15.32	-0.87	-1.36
0.5	26.85	15.40	-1.21	-2.82
1.0	26.00	15.32	-1.74	-2.71
1.5	26.38	15.53	-3.83	-1.95
2.0	26.56	15.27	-1.66	-2.10

续表6-4

含盐量/%	液限/%	塑限/%	液限含水率时的冻结温度/℃	塑限含水率时的冻结温度/℃
2.5	25.95	15.61	-1.63	-2.14
3.0	25.40	15.06	-1.70	-2.33
4.0	25.35	15.05	-1.66	-2.72
5.0	24.59	14.30	-1.76	-2.76

为验证预报结果的准确性，对不同含盐量土体的未冻水含量曲线按指数规律进行拟合，结果见表6-5。表中给出了拟合方程及其参数a、b的值，由拟合结果可以看出，运用式（6-7）对盐渍土未冻水含量和负温绝对值之间的关系拟合较好，决定系数都接近1，这说明此式对于盐渍土未冻水含量的预测结果较好。不同之处在于用盐渍土计算未冻水含量时，温度必须在冻结温度以下，因为土体在0 ℃以下冻结温度以上时，未冻水含量约等于土体的初始含水率（若不考虑盐分析出）。即未冻水含量计算起始温度应该是冻结温度点，而非0 ℃。

表6-5　不同含盐量兰州黄土未冻水含量与温度关系的拟合结果

含盐量/%	回归方程	系数值		r^2
		a	b	
0	$W_u = 336.842\theta^{-2.712}$	336.842	2.712	0.975
0.2	$W_u = 235.660\theta^{-2.374}$	235.660	2.374	0.983
0.5	$W_u = 223.154\theta^{-2.345}$	223.154	2.345	0.980
1.0	$W_u = 17.461\theta^{-1.086}$	17.461	1.086	0.993
1.5	$W_u = 137.106\theta^{-1.984}$	137.106	1.984	0.972
2.0	$W_u = 52.588\theta^{-1.264}$	52.588	1.246	0.998
2.5	$W_u = 15.440\theta^{-0.942}$	15.440	0.942	0.997
3.0	$W_u = 14.199\theta^{-0.916}$	14.199	0.916	0.998
4.0	$W_u = 104.311\theta^{-1.999}$	104.311	1.999	0.970
5.0	$W_u = 12.115\theta^{-0.805}$	12.115	0.805	0.967

为分析预报值与实测值的偏差，选取含盐量0、0.2%、2.5%和3.0%的土样进行分析，如图6-16所示。当温度>-5 ℃时，未冻水含量预报值与实测值结果偏差较大，主要是因为不同

含盐量土体的冻结温度各不相同，过冷温度也不相同，导致此时土体所处状态比较复杂。此时，过冷温度较大的土体正处于过冷状态，自由水还未大量冻结，水分活度较小；而过冷温度较小且冻结温度较高的土体，此时可能正处于自由水成冰阶段，水分活度较大，土体热状况变化幅度较大。再加上盐分结晶的变化，导致此时未冻水含量变化较大。当温度低于-8 ℃时，预报值与实测值曲线非常接近。因为随着温度的降低，自由水大量冻结，薄膜水含量较少，孔隙溶液浓度相对较低，盐分不再结晶析出，土体冻结过程基本完成，未冻水含量趋于稳定，预报模式对未冻水含量的预测精度较高。

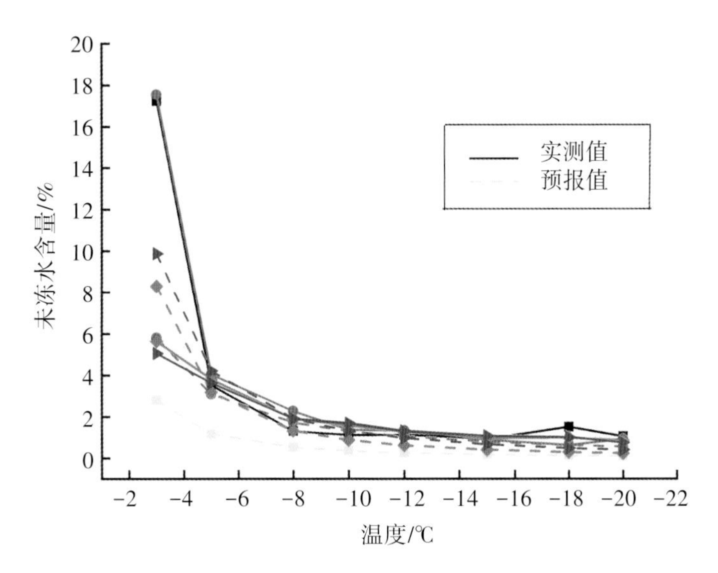

图6-16　不同含盐量兰州黄土未冻水含量预报值与实测值比较

（含盐量分别为0、0.2%、2.5%、3.0%）

表6-6是对未冻水含量预报值和实测值的相关性分析。表中W_{um}表示实测值，W_{uc}表示计算值，对两者进行线性拟合，可见预测值和实测值吻合较好，若精度要求不高，指数公式能够用来计算盐渍土的未冻水含量。

表6-6　未冻水含量预报值与实测值的线性拟合

含盐量/%	回归方程	斜率	截距	r^2
0	$W_{um}=0.917W_{uc}+0.790$	0.917	0.790	0.996
0.2	$W_{um}=1.323W_{uc}-0.104$	1.323	−0.104	0.975
0.5	$W_{um}=0.700W_{uc}-0.278$	0.700	−0.278	0.960
1.0	$W_{um}=0.702W_{uc}-0.187$	0.702	−0.187	0.947

续表6-6

含盐量/%	回归方程	斜率	截距	r^2
1.5	$W_{um}=1.227W_{uc}+0.995$	1.227	0.995	0.957
2.0	$W_{um}=1.549W_{uc}+1.721$	1.549	1.721	0.975
2.5	$W_{um}=0.990W_{uc}+0.653$	0.990	0.653	0.996
3.0	$W_{um}=0.720W_{uc}+0.617$	0.720	0.617	0.988
4.0	$W_{um}=0.969W_{uc}-1.460$	0.969	-1.460	0.980
5.0	$W_{um}=0.847W_{uc}-0.711$	0.847	-0.711	0.967

6.3 盐晶析出对土体冻结温度和未冻水含量的影响

盐晶析出指溶解于水中的盐分在温度降低过程中随溶解度减小而结晶析出的现象。溶质从溶液中析出的过程，分为晶核生成和晶体生长两个阶段，其驱动力为溶液的过饱和度。晶核生成有3种途径：即初级均相成核、初级非均相成核和二次成核。初级均相成核是指在饱和度很高时，溶液自发地生成晶核的过程；初级非均相成核是指溶液在外来物的诱导下形成晶核的过程；二次成核则指的是在含有溶质晶体的溶液中成核的过程。溶液中晶核形成以后，随着温度的降低，溶液过饱和度继续增大，晶体会吸附在晶核外围持续生长，此为溶液中晶体的生长过程。盐渍土中盐分结晶和溶液中有所不同，首先是晶核形成的方式不同，土颗粒是晶核形成的直接诱导因素，即结晶中心就是微小的土颗粒，随着温度的降低，盐分吸附在这些土颗粒上不断生长、逐渐变大，最终生长成大的盐结晶体；其次是晶体生长的方式不同，由于受到土颗粒表面能和孔隙壁的影响，晶体在形成过程中受到不同方向的阻力，使得土体中晶体不能像溶液中一样自由生长，导致晶体的大小各不相同；最后是晶体的存在状态，硫酸钠晶体有两种水合物，即十水合硫酸钠和七水合硫酸钠，硫酸钠结晶过程中这两种结晶体同时存在。

水分冻结即水的结晶过程，主要分为两个阶段：过冷或形成结晶中心的准备阶段和水分结晶的主要阶段。水分结晶的首要条件是形成结晶中心，然后随着温度的降低，结晶中心不断生长形成冰格架。结晶中心可以自发形成，也可被冷却液体中的杂质诱发形成，但都会在比液体本身结晶温度更低的温度条件下形成。冰水相变过程中，水分结晶速率随着温度的变化不断变化。降温过程中，水分在过冷段不会成冰，此时冰晶开始成核。当温度继续降低时，自由水大量成冰，水分结晶速率短时间内达到最大，随后迅速减小，进入缓慢变化阶段。

对含有硫酸钠盐溶液的土体来说，土体孔隙中的液态水发生冻结，与纯溶液中有所不同。因为土颗粒本身就可以作为结晶核，促进水分子组成冰格架。同时，由于土颗粒表面能的作用，孔隙水附着在土颗粒表面，这些水分想要冻结，首先必须克服土颗粒表面力的作用，这使得土中水冻结比纯溶液中更加困难。另一方面，纯水的冰点是0 ℃，而盐分的存在会降低水分的冻结温度，再加上土水势的作用，土中水的冻结比纯水更加复杂。

6.3.1　土体冻结过程中水分相变和盐分结晶

1. 冰水相变前土体中的液态水含量

利用核磁共振（NMR）测试土体在降温过程中的未冻水含量，根据未冻水含量测试原理和水分冻结理论，若不考虑盐分对未冻水含量的影响，冰水相变前土体中的液态水含量应该保持不变。但是硫酸钠改变了土体的组成，最主要的是引起土体冻结温度降低，由于易溶盐对未冻水含量的影响可以转化为冻结温度值来考虑，因此盐分或者说冻结温度的变化直接影响了土体未冻水含量。本书6.2节分别讨论了降温过程中正温和负温段盐分对土体中未冻水含量的影响，结果表明：由于温度的降低，硫酸钠变成芒硝结晶析出，导致土体中液态水含量从正温段就开始减小。

为此以兰州黄土为研究对象，进行未冻水含量测试。为保证样品制作过程中土体孔隙溶液中无硫酸钠晶体析出，要参考硫酸钠溶解度，将测试起始温度设定为25 ℃。配制土样的含盐量和含水量见表6-7，将土样和溶液混合均匀并制备样品，测试每个样品降温过程中的NMR值。图6-17为不同含盐量兰州黄土NMR值随温度的变化曲线。

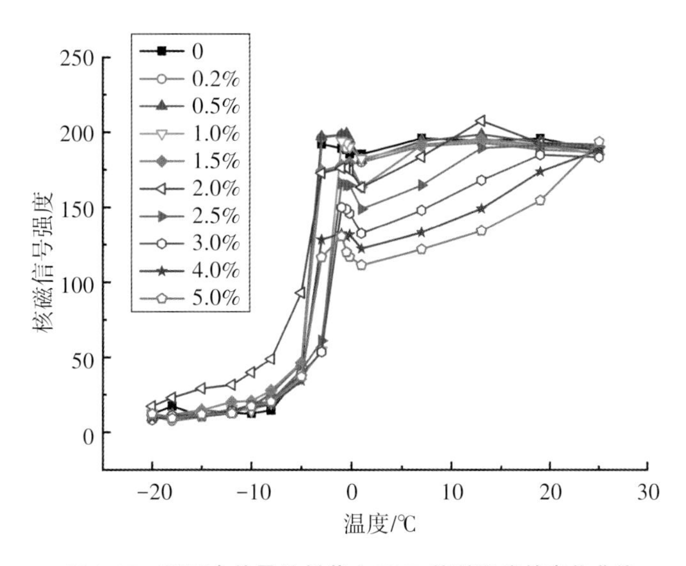

图6-17　不同含盐量兰州黄土NMR值随温度的变化曲线

试验结果表明随着含盐量的增大，正温区间某段范围内NMR值不再随温度的降低而直线增加，其不再是温度的唯一函数，且这种现象随含盐量的增大表现越来越明显，含盐量越大正温区间内NMR值降幅越大，且对应起始降低温度也越高。由硫酸钠的物理性质可知，当温度低于32.4 ℃时，随着温度的降低，硫酸钠溶解度迅速降低，如图6-18所示。对硫酸钠自由溶液来说，当浓度达到该温度下的饱和浓度后，溶液中便开始有硫酸钠晶体析出，并以$Na_2SO_4·10H_2O$的形式存在，形成十水合硫酸钠的结晶水必然来自于土体孔隙溶液，从而造成土体中液态水总量减少，反映在图6-17上，就会出现正温区间NMR值随温度的降低而减小的现象。

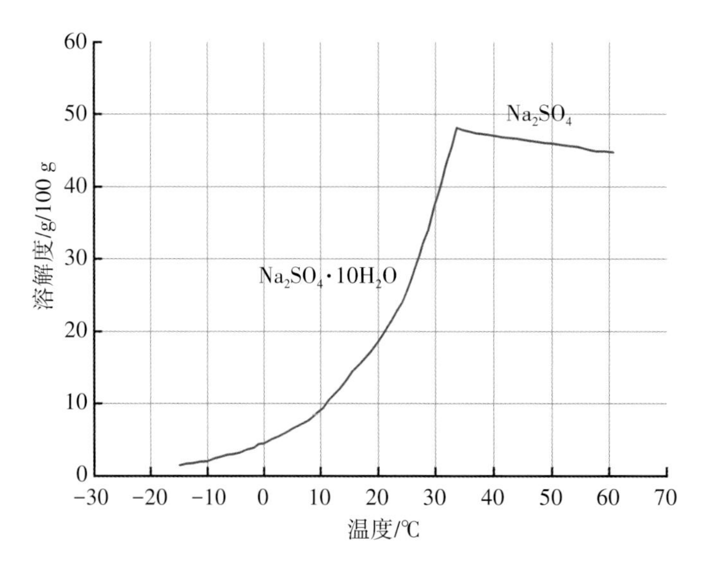

图6-18 硫酸钠在水中的溶解度

因此在用NMR值计算未冻水含量的过程中，必须考虑NMR值在正温区间的特殊变化。根据核磁共振测试未冻水含量的原理并结合上述所测数据，计算未冻水含量时，必须去除由于温度降低，硫酸钠溶解度减小，孔隙溶液达到过饱和，导致硫酸钠结晶占用部分液态水对正温区间NMR值的影响。据此计算不同含盐量兰州黄土的未冻水含量如图6-19所示。

由图6-19可知，正温区间随着温度的降低，不同含盐量兰州黄土的未冻水含量随含盐量的增加出现不同程度的降低。不同温度、不同含盐量条件下兰州黄土未冻水含量的变化情况，如图6-20所示。当温度保持不变时，土中未冻水含量随含盐量的增加逐渐减少。当温度为13 ℃，含盐量介于0～2%范围内时，土体中的液态水含量受含盐量的影响较小；含盐量>2%时，土体中的未冻水含量随含盐量的增加迅速减小，此时温度的影响减弱，其主要受含盐量的影响。随着温度的降低，含盐量越大，孔隙溶液越早达到过饱和，盐结晶速率越快，十水合硫酸钠结晶析出量也越大，导致未冻水含量减小。随着含盐量的增加，土体中液态水含量开始减小，对应的温度有所不同。含盐量为2%时，土体中液态水含量在13 ℃开始减小；含盐量为1.5%时，液态水含量在7 ℃开始减小；而当含盐量为1%时，液态水含量开始减小的温度变为1 ℃。

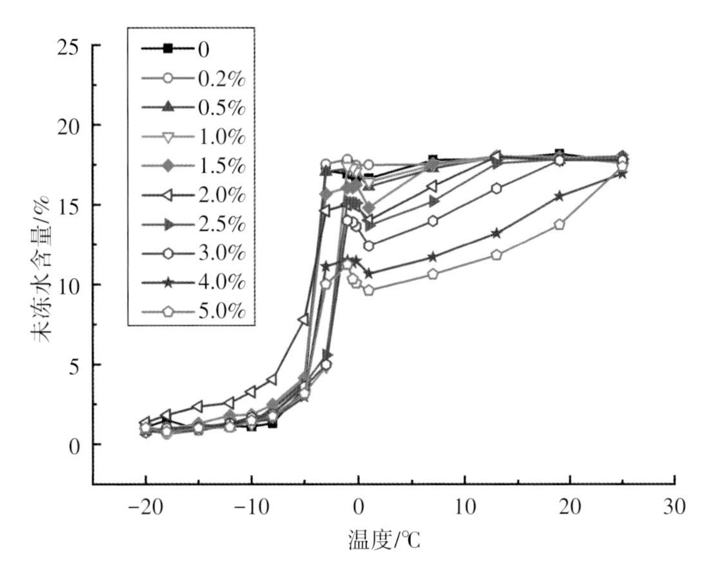

图6-19 不同含盐量兰州黄土未冻水含量随温度的变化曲线

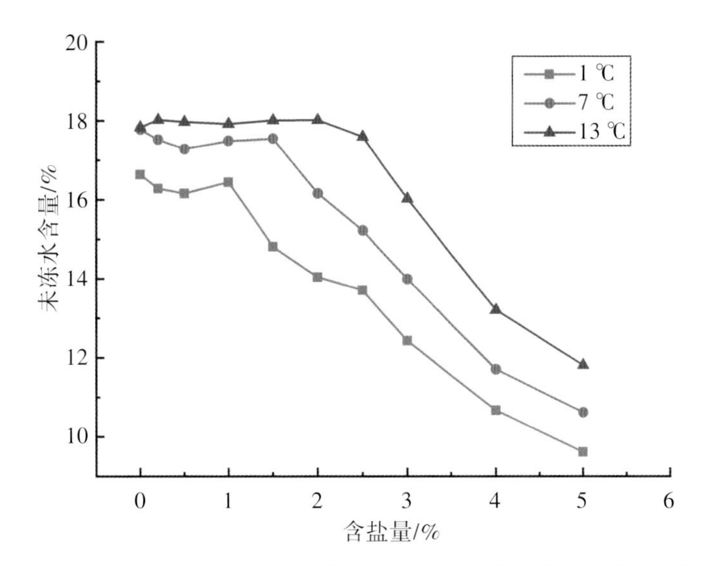

图6-20 不同温度、不同含盐量条件下兰州黄土未冻水含量的变化曲线

由此可见，土体中液态水含量起始降低温度随含盐量的降低有规律的减小。土体中液态水含量的减小与硫酸钠结晶析出同步发生，即若不考虑蒸发和其他形式的水分损失，随着温度的降低，孔隙溶液中的水分和溶液中的含盐量存在规律性的变化。若得到冰水相变前土体中液态水含量的变化值，由式（6-7）计算出盐结晶析出量，从而可以分析出含盐量变化对土体冻结温度和未冻水含量产生影响的原因。

2. 盐结晶析出温度与溶液饱和浓度对应温度

当温度不断降低，硫酸钠盐渍土孔隙溶液逐渐达到饱和，硫酸钠结晶所需要的结晶中心开始产生。随着温度继续降低，溶液达到过饱和状态，此时结晶中心快速增长、不断聚集，逐渐生长成为大的结晶体，结晶体不断生长的温度称为结晶温度。由于结晶中心形成温度比晶体生长的温度低，所以硫酸钠结晶过程需要经历过冷、跳跃、恒定和递降4个阶段，这与冰晶形成过程非常类似。因为硫酸钠溶液结晶为放热反应，所以在土体降温过程中，通过测试土体中心的温度变化，可得到盐分结晶温度。

由图6-4分析可知，当土体含盐量>0.2%时降温曲线上有一个拐点对应土体的冻结温度，而另外一个拐点就是盐结晶析出点。硫酸钠的溶解度对温度极具敏感性，在低于32.4 ℃时，硫酸钠的溶解度随着温度的降低不断减小。而当孔隙溶液浓度大于饱和浓度时，硫酸钠以芒硝的形式从溶液中结晶析出，这个过程伴随着热量释放。当其放出的热量足够大时，将会与土体降温需要的能量相平衡，这时土体降温曲线出现拐点（温度平衡点），此为盐分的相变点（盐结晶析出点）。盐分相变与水分相变有所不同，盐分相变的必要条件是溶液必须要达到一定的过饱和度，故盐分结晶与溶液浓度直接相关。其他条件相同的情况下，随着温度的降低，盐溶液浓度越大越容易达到过饱和，盐分也越早析出。因此，含盐量为5%的土体盐分最先析出，随着含盐量的减少，盐分析出温度依次降低，当溶液浓度足够小时，随着温度有限的降低，溶液无法达到盐分析出所需要的过饱和度，这是含盐量为0.2%时降温曲线上没有出现盐结晶点的原因。同时，由于盐分含量比水分少，其相变放出的热量相对较小，平衡保持的时间相对较短，过冷温度不明显。以此得出盐结晶析出温度如图6-21所示。

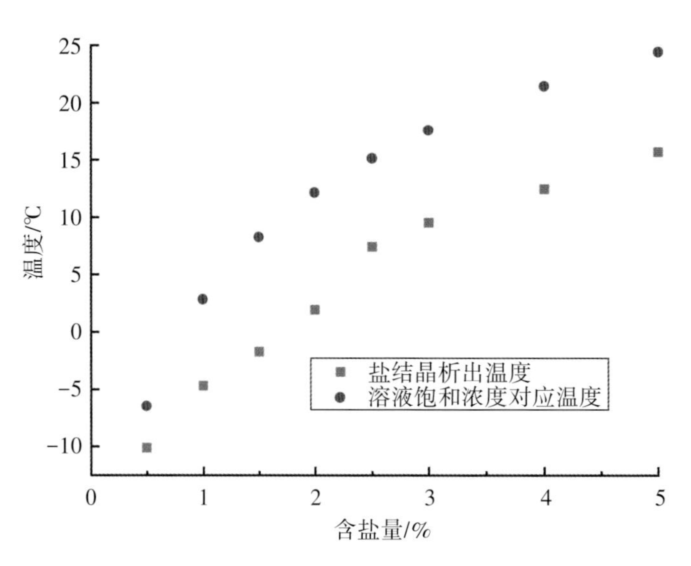

图6-21　盐结晶析出温度和溶液饱和浓度对应温度变化情况

由图可知，硫酸钠结晶析出温度比溶液饱和浓度对应温度低，表明硫酸钠结晶析出需要一定的过饱和度，且含盐量不同需要的过饱和度也不同。正温时，含盐量大的溶液最先开始结晶析出，盐分的析出使得土体孔隙溶液浓度减小，导致在冰水相变前，土体孔隙溶液已经达到非饱和状态，这也是影响土体冻结温度变化的主要原因，而溶液浓度的大小取决于盐分和水分结晶析出量。为此，对冰水相变前的水、盐结晶析出量进行计算，并分析冰水相变前孔隙溶液有效浓度（冰水相变前土体孔隙溶液实际摩尔浓度）对冻结温度的影响。

3. 冰水相变前盐结晶析出量

由未冻水含量随温度的变化曲线可知，盐分的存在使冰水相变点发生在0 ℃以下。而在冰水相变前的负温区间内，土体的未冻水含量基本保持稳定。由此可知，冰水相变前土体未冻水含量与0 ℃时未冻水含量相等。正温时，随着温度的降低，1 mol硫酸钠会结合10 mol水分子形成芒硝结晶析出。因此只要测得冰水相变前土体中的液态水含量，再求出硫酸钠结晶析出时的结合水含量，就可以通过上述关系式计算盐结晶析出量。

试验所用土样本身含有硫酸钠杂质，在土体降温过程中，这部分硫酸钠也会因为温度的降低而结晶析出，因此在计算硫酸钠结晶析出量时，须去除这部分硫酸钠。不同含盐量下土体硫酸钠结晶析出量见表6-7。

表6-7　不同含盐量下土样硫酸钠结晶析出量

含盐量/%	初始加入硫酸钠质量/g	干土重/g	初始含水量/g	硫酸钠结晶水质量/g	硫酸钠结晶量/g	硫酸钠析出量占比/%
0	0	25.735	4.424	0	0	/
0.2	0.051	25.541	4.595	0.019	0.015	29.41
0.5	0.127	25.495	4.546	0.097	0.077	60.63
1.0	0.255	25.520	4.566	0.095	0.075	29.41
1.5	0.382	25.489	4.542	0.408	0.322	84.29
2.0	0.510	25.509	4.546	0.592	0.467	91.57
2.5	0.638	25.512	4.556	0.737	0.582	91.22
3.0	0.765	25.492	4.535	0.889	0.701	91.63
4.0	1.021	25.531	4.522	1.221	0.963	94.32
5.0	1.274	25.472	4.582	1.534	1.210	94.98

由表中数据可知，当含盐量>1%时，硫酸钠析出量占土体总含盐量的百分比相当大，说明含盐量越大，冰水相变前盐结晶析出量越多，土体孔隙溶液浓度越小。而含盐量为0.2%时，硫酸钠结晶析出量相对较小，因为孔隙溶液浓度太小，冰水相变前溶液还未达到盐分结晶所需要的过饱和度。

由表6-7计算出冰水相变前孔隙溶液有效浓度，结果如图6-22所示。含盐量越大盐分析出量越多，且盐结晶析出量随着含盐量的增加线性增加。孔隙溶液有效浓度在含盐量为1%时达到最大，主要因为此时溶液过饱和度尚未达到最大值，盐结晶析出量并没有达到最大，盐结晶析出在冰水相变点之后发生（图6-23）。由图6-21可知，当含盐量>1%时，盐分在正温时就已经开始结晶析出，因此含盐量为1%时孔隙溶液有效浓度最大。除此之外，盐溶液有效浓度随着含盐量的增加逐渐增大。

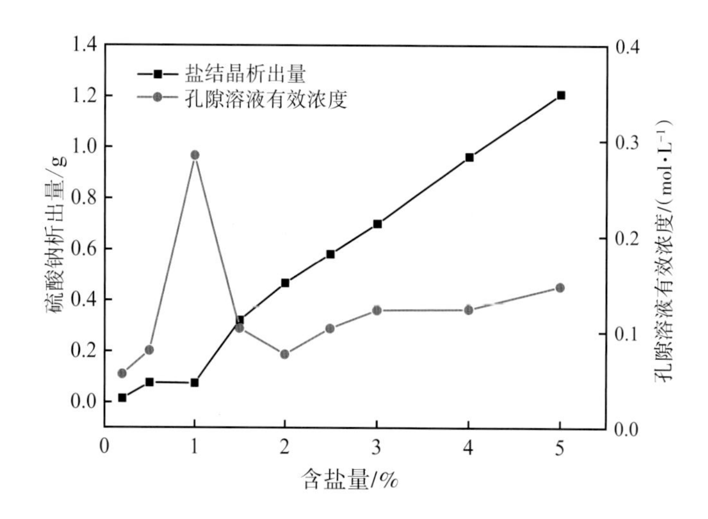

图6-22 盐结晶析出量和孔隙溶液有效浓度随含盐量的变化曲线

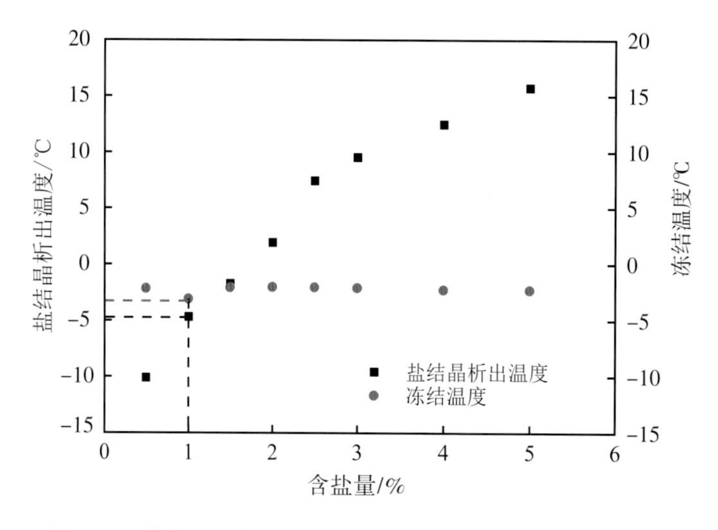

图6-23 盐结晶析出温度和土体冻结温度随含盐量的变化情况

4.过饱和比

溶液的过饱和比（a_w）定义如下：

$$a_w = \frac{\omega}{\omega_{sat}} \tag{6-8}$$

式中：ω为溶液实际浓度；ω_{sat}为溶液饱和浓度。

硫酸钠饱和浓度与温度之间的关系可用下式表达：

$$\omega_{sat} = 0.3165 \times 1.0773^T \tag{6-9}$$

本试验土样中的硫酸钠溶液配制浓度已知，可用式（6-9）计算盐结晶析出点的饱和浓度，得到过饱和比，如图6-24所示。

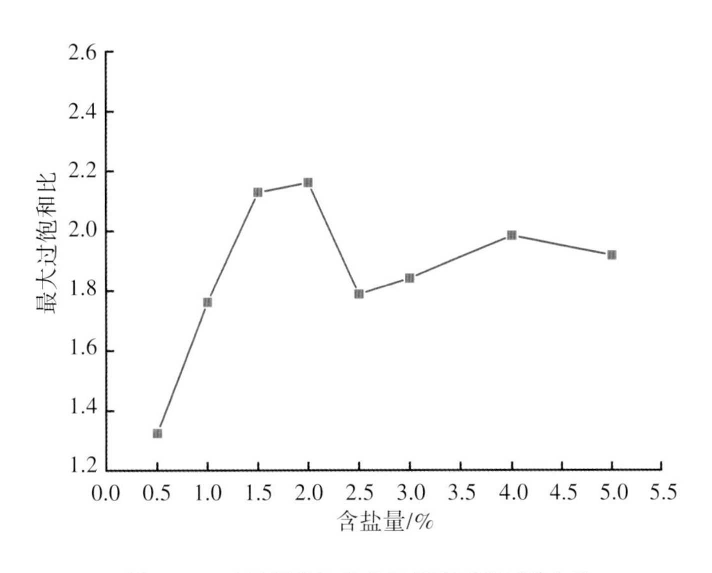

图6-24　硫酸钠溶液盐结晶析出时的过饱和比

不同含盐量土体盐结晶析出点的温度不同，其过饱和比也各不相同。含盐量为2%时，盐结晶析出时溶液的过饱和比最大，此时盐分析出相对比较困难；随着含盐量继续增大或减小，盐结晶析出时溶液过饱和比相对较小，盐分析出比较容易。

6.3.2　孔隙溶液有效浓度与冻结温度的关系

图6-25为冻结温度和冰水相变前孔隙溶液有效浓度对比结果。当含盐量≤1%时，孔隙溶液有效浓度随含盐量的增大而增大，冻结温度随含盐量的增大而减小；当含盐量介于1%～1.5%之间时，孔隙溶液有效浓度随含盐量的增大而减小，冻结温度随含盐量的增大而增大，此为孔隙溶液有效浓度降低之故。

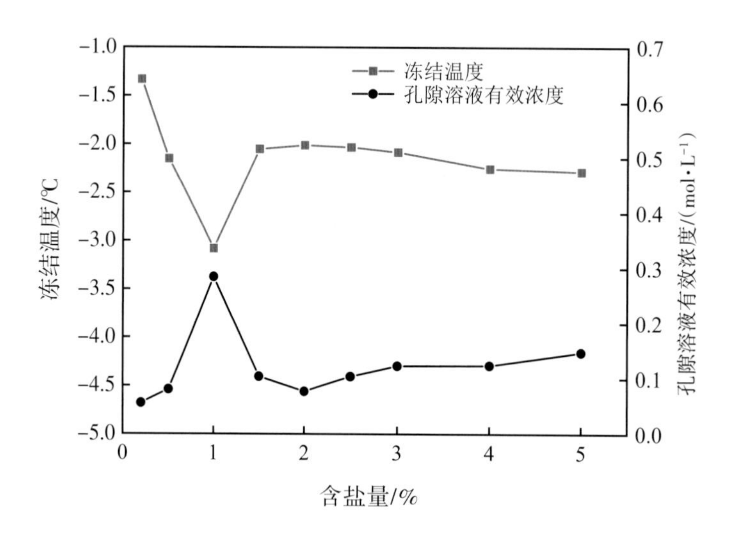

图6-25 冻结温度和孔隙溶液有效浓度随含盐量的变化曲线

由此可见，盐分对冻结温度的影响不是因为土体中所含盐分的多少，而是由土体孔隙溶液有效浓度决定；当土体含盐量>2%时，孔隙溶液有效浓度随含盐量增大逐渐增大，而冻结温度随含盐量增大而减小。这说明土体的冻结温度与孔隙溶液有效浓度直接相关。

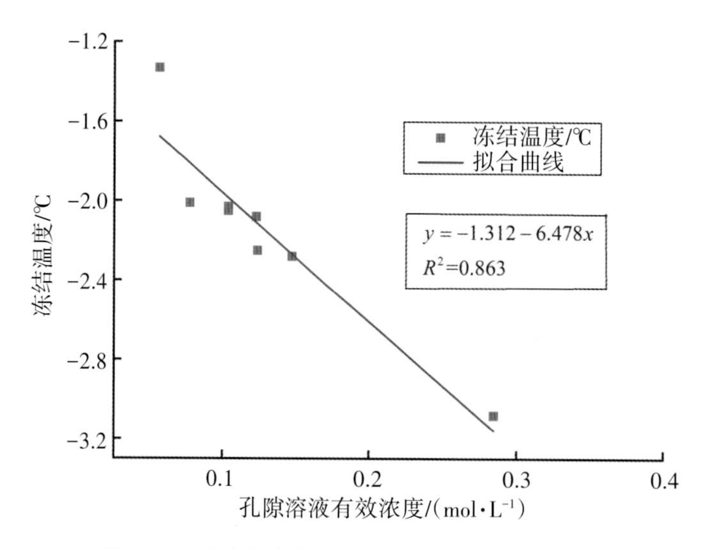

图6-26 孔隙溶液有效浓度与冻结温度的线性拟合

由图6-25可知，冻结温度随含盐量增加在不同盐分区间上呈线性变化，且冻结温度存在极大值和极小值。通过计算冰水相变前盐结晶析出量，得出孔隙溶液有效浓度，结果发现冻结温度随孔隙溶液有效浓度增加而线性降低（图6-26），且有效浓度越高，土的冻结温度越低。因为受饱和度的限制，溶液浓度具有上限，所以冻结温度降低具有下限，不会出现冻结温度随含盐量的增加无限降低的情况。

6.3.3　孔隙溶液有效浓度与未冻水含量的关系

由兰州黄土未冻水含量试验结果可知，降温过程中，土体含盐量为2%时未冻水含量有极大值，当土体含盐量为1%时未冻水含量有极小值。由此可见，含盐量对土体未冻水含量的影响并非简单的线性降低，根据含盐量对冻结温度的影响规律可以发现，盐分对冻结温度和未冻水含量的影响有类似的特点。随着温度的降低，硫酸钠结晶析出会影响土体孔隙溶液有效浓度，孔隙溶液有效浓度的增加与土体冻结温度的变化呈线性关系。而硫酸钠易溶盐对土体未冻水含量的影响可以转化为冻结温度值来考虑，因此土体孔隙溶液有效浓度的变化一定对土体的未冻水含量有影响。

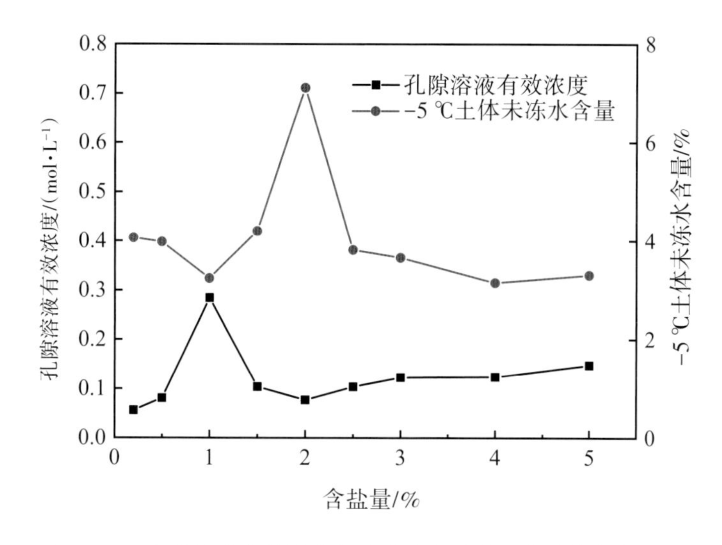

图6-27　孔隙溶液有效浓度和未冻水含量随含盐量的变化曲线

通过研究含盐量、孔隙溶液有效浓度和土体未冻水含量的关系，分析降温过程中含盐量变化对土体未冻水含量产生影响的原因。图6-27为不同含盐量兰州黄土在降温过程中孔隙溶液有效浓度与−5 ℃时土体未冻水含量的关系。当土体含盐量为1%时，土体孔隙溶液有效浓度有极大值，而−5 ℃时土体的未冻水含量有极小值；当土体含盐量为2%时，土体孔隙溶液有效浓度有极小值，而−5 ℃时土体的未冻水含量有极大值。孔隙溶液有效浓度和土体未冻水含量曲线分别被分成3部分，当含盐量＜1%时，随着孔隙溶液有效浓度的增大，土体未冻水含量开始减小；当2%＞含盐量＞1%时，随着孔隙溶液有效浓度的减小，土体未冻水含量开始增大；当含盐量＞2%时，随着孔隙溶液有效浓度的增大，土体未冻水含量开始缓慢减小。孔隙溶液有效浓度的变化和土体未冻水含量的变化呈负相关。为此研究不同负温下土体未冻水含量随孔隙溶液有效浓度的变化规律，试验结果如图6-28所示。

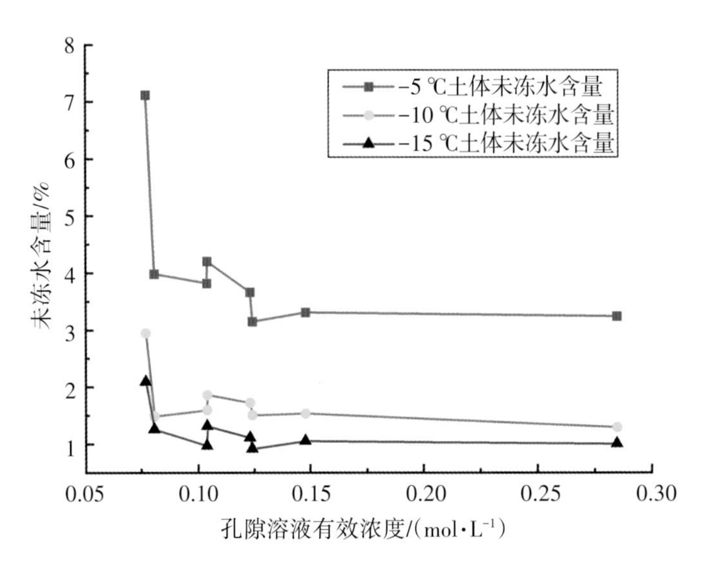

图6-28 兰州黄土孔隙溶液有效浓度与未冻水含量的关系

在-5 ℃、-10 ℃和-15 ℃时，土体未冻水含量均在孔隙溶液有效浓度0.078 mol/L（对应含盐量为2%）时出现最大值。随着有效浓度增大，未冻水含量迅速减小；当溶液有效浓度增至0.123 mol/L后，未冻水含量变化逐渐趋于稳定。由此可见，真正影响未冻水含量的因素是孔隙溶液有效浓度，当孔隙溶液有效浓度>0.078 mol/L时，未冻水含量随孔隙溶液有效浓度的增大而减小，孔隙溶液有效浓度越大，其对未冻水含量的影响越小。

6.3.4 孔隙溶液有效浓度上限

为验证以上结论与土质的相关性，并分析孔隙溶液有效浓度的上限，测试加入不同硫酸钠溶液浓度兰州黄土和青藏高原粉质黏土的冻结温度，结果表明，不同土质的冻结温度均随有效浓度的增大而线性降低，如图6-29所示。

孔隙溶液有效浓度的最大值决定了冻结温度的最小值，为研究两种土所含孔隙溶液有效浓度的最小值，配制含水率为18%，含盐量0、0.2%、0.4%、0.6%、0.8%、1.0%、1.2%、1.4%和1.6%的兰州黄土，含盐量0.5%、1.0%、1.5%、1.7%、1.9%、2.1%、2.3%、2.5%和2.7%的青藏高原粉质黏土，后测试其冻结温度，结果如图6-30所示。测试结果表明黄土冻结温度最低值对应的孔隙溶液有效浓度为0.391 mol/L，相应的含盐量为1.0%；粉质黏土冻结温度最低值对应的溶液浓度为0.743 mol/L，相应的含盐量为1.9%，该值则为兰州黄土和青藏高原粉质黏土孔隙溶液有效浓度的上限。

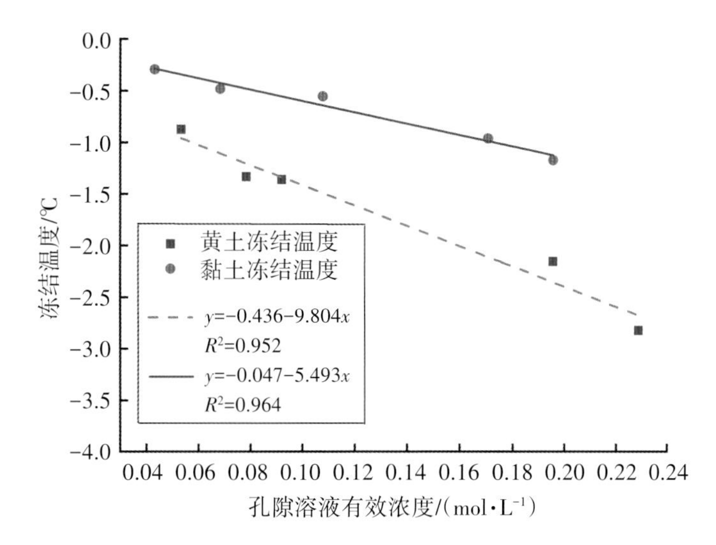

图6-29 兰州黄土和粉质黏土冻结温度与孔隙溶液有效浓度的线性关系

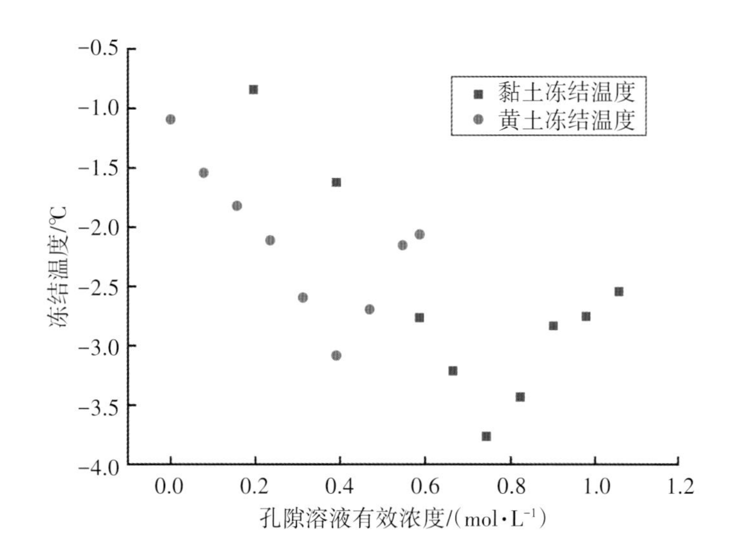

图6-30 兰州黄土和粉质黏土冻结温度随孔隙溶液有效浓度的变化情况

6.4 含盐量对强度的影响

6.4.1 含盐量对无侧限抗压强度的影响

为研究盐分对压实黄土强度的影响，测试不同含盐量压实黄土的无侧限抗压强度，结果如图6-31所示。所有土样的应力-应变曲线呈明显的脆性破坏，当应力达到破坏强度时，曲线急剧下降，试样即破裂如图6-32所示。试样受压过程中出现了明显的屈服阶段，土体的屈服应力随着含盐量变化出现不同程度的变化，含盐量较小时，土体的屈服应力较大，随着含盐量的增加，土体的屈服逐渐减小；且随含盐量的增加，土体破坏应变也在减小，硫酸钠盐分对黄土强度和变形影响较大，对于含盐量较大的压实黄土路基，需特别注意盐分迁移带来的病害。

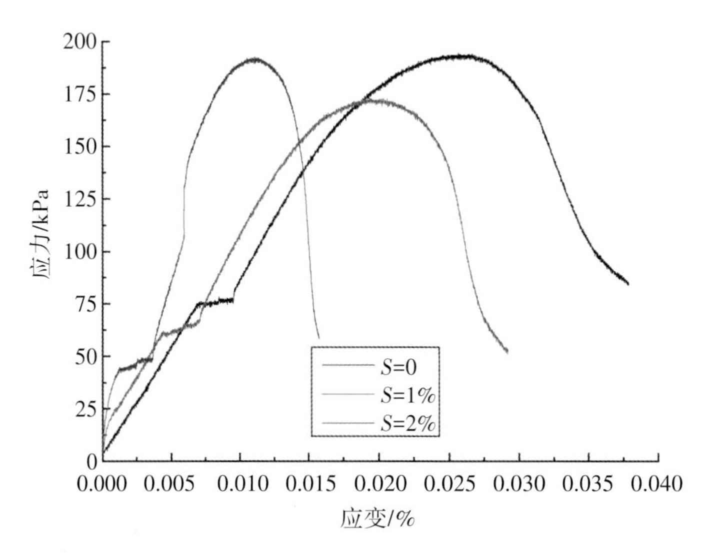

图6-31 不同含盐量下一组土体典型的应力-应变曲线

图6-32 试样破坏状况

冻融循环是自然界，尤其是我国西北季节冻土区重要的风化作用之一。图6-33为含盐量1%的压实黄土在不同冻融循环次数下的应力-应变曲线。未经历冻融循环的压实黄土的应力-应变曲线出现明显的屈服阶段且屈服应力较小，随着冻融循环次数的增加，屈服强度逐渐增加。当冻融循环增加至一定次数后，应力-应变曲线未出现明显的屈服阶段，如土体的冻融循环次数达到10次时，土体未出现屈服而直接破坏，表明冻融循环可能改变了压实黄土的结构。

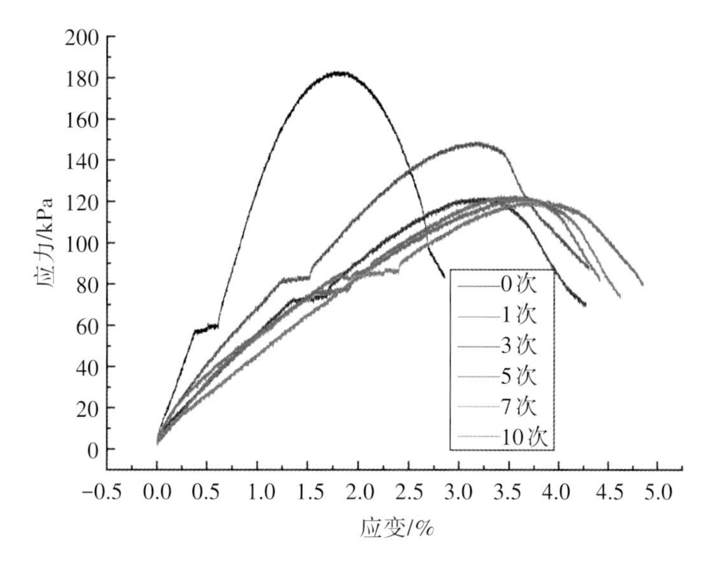

图6-33 含盐量1%的压实黄土在不同冻融循环次数下的应力-应变曲线

图6-34为不同含盐量黄土的无侧限抗压强度随冻融循环次数的变化曲线。不同含盐量黄土的无侧限抗压强度均随冻融循环次数的增加而减小，直到冻融循环次数达到7次，抗压强度减小趋势变缓，趋于稳定。

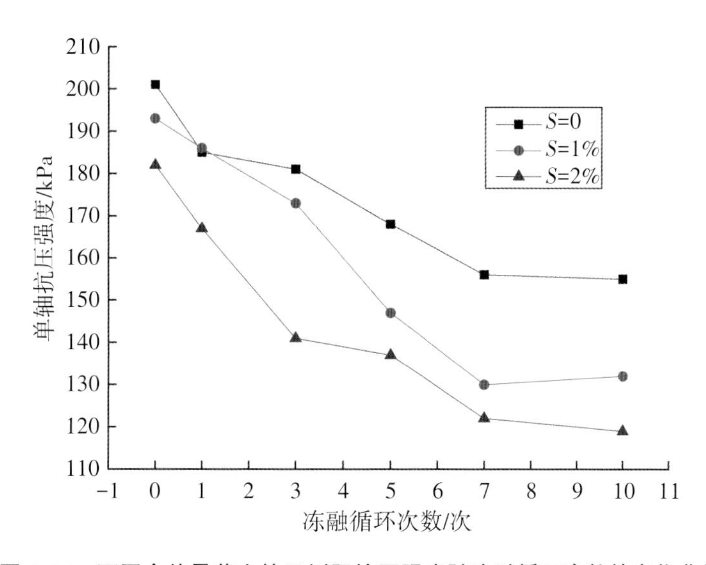

图6-34 不同含盐量黄土的无侧限抗压强度随冻融循环次数的变化曲线

盐渍状黄土在经历冻融过程中对其强度变化造成影响的因素有冻融循环次数、水分迁移、冰晶析出、盐结晶等。具体表现为：随冻融循环次数增加，土样无侧限抗压强度逐渐减小；由于在试验过程中土体存在温度梯度，导致土体中水分向冷端的迁移，在水分迁移的同时，盐分也随之迁移，从而使土体的力学性质发生变化；在温度变化过程中，盐的溶解度也在变化，因此盐分会发生结晶-消融的变化，从而影响土体的强度。

不同含盐量黄土在经历冻融循环过程时，硫酸钠盐结晶，体积发生膨胀，使得土颗粒间距增大，土颗粒之间发生错动，土体密实度减小，强度下降；当土体在融化过程中，温度逐渐升高，部分结晶盐颗粒溶解，土颗粒之间失去支撑，土颗粒骨架的联结方式改变，部分土颗粒回落到孔隙间，部分颗粒由于土体内部的阻力或黏结并不发生回落，更不可能重新回到原来的位置并恢复到原来的内部结构。因此，冻融循环后土体中盐结晶发生盐胀使得土体体积增大，当结晶盐随温度升高溶解后土体中留有大孔隙，土体的密实度减小，强度随之减小。同时，含盐量的高低对经历冻融循环土体强度的影响程度不同，含盐量越大，经历冻融循环时盐结晶对土颗粒内部的联结方式和土体的密实度影响越大，使得达到稳定的强度需要的冻融循环次数相对较多。

6.4.2 含盐量对抗剪强度的影响

冻融循环改变了土颗粒的联结与排列方式，必然导致土强度的改变。图6-35和图6-36为不同含盐量盐渍化黄土的黏聚力和内摩擦角随冻融循环的变化。经历冻融循环次数的增加，黏聚力明显减小，同时含盐量增加，土的黏聚力也在减小。试验结果还表明随着冻融循环次数的增加，不同含盐量土体黏聚力趋于稳定，且差异逐渐减小。10次冻融循环后，不同含盐量土体黏聚力在7～9 kPa之间，差异较小。含盐量为2%的土体经历10次冻融循环后，土体中的盐分析出（图6-37），强大的盐分结晶分散了土骨架，土的黏聚力急剧降低。随着冻融循环次数的增加，土体内摩擦角的变化不是很显著，随着土体含盐量的增加，土样的内摩擦角减小。这是因为在相同含水量较低的含盐量状况下，土体中的水分是一定的，小含盐量土体中的硫酸钠盐都溶解在水中，对土颗粒不形成干扰，只是增加了土颗粒水化膜的厚度，但是对于较高的含盐量，硫酸钠以两部分形式存在。当水中溶解的硫酸钠过饱和时，多余的硫酸钠结晶析出，作为土颗粒骨架的一部分，这部分结晶盐起到分散土颗粒的作用，因此会造成土体内摩擦角的降低。

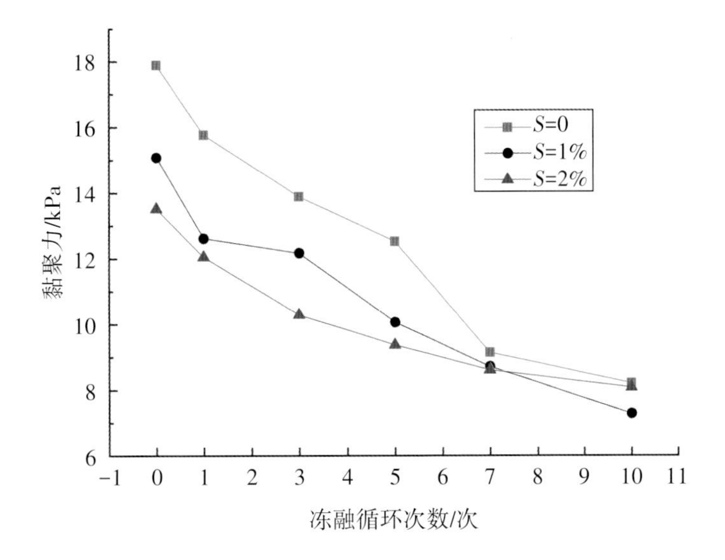

图6-35 冻融循环对盐渍化黄土黏聚力的影响

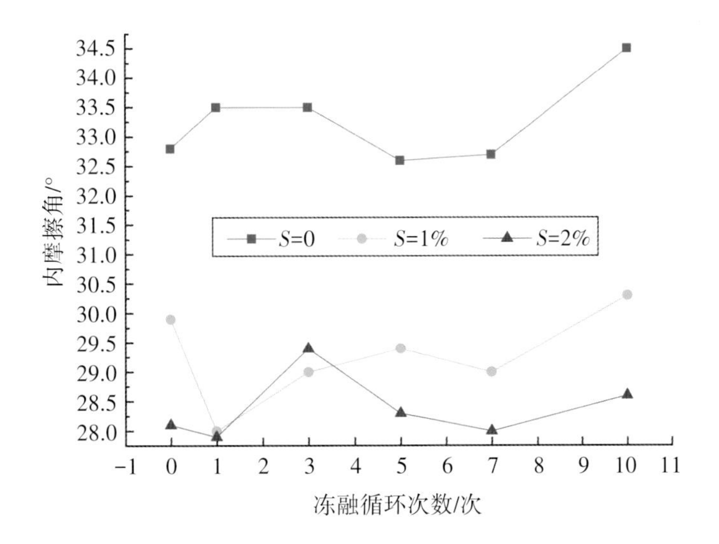

图6-36 冻融循环对盐渍化黄土内摩擦角的影响

图6-37 含盐量为2%的黄土经历10次冻融循环后盐分析出状况

6.4.3　含盐量对湿陷系数的影响

黄土土颗粒通过胶结物质联结在一起，形成具有一定强度且相对稳固的联结。相关研究表明，可溶盐的存在是黄土湿陷变形的前提条件。兰州黄土本身赋存有较多的易溶盐，当土体受到冻融作用后土中水分发生变化，土体冻结后，土中水分减少，使得原来溶解在水中的易溶盐结晶析出，但是由于土体冻结状况下强度较高，易溶盐对冻结黄土土体强度的影响在本书中没有涉及。但是，当土体融化时，土中冰晶溶化成水，水分子将溶解可溶盐微晶胶结物，破坏黄土原结构，使得可溶盐微晶胶结物成为水胶溶液，土体结构迅速破坏，而水胶溶液在此过程中加速颗粒滑移，使胶结作用力迅速消失，故而土体结构骨架遭到破坏，极易产生湿陷，对工程带来不利的影响。对于黄土的湿陷性，通常采用湿陷系数来衡量，对于湿陷程度的判断，与没有添加盐分的黄土湿陷变形的研究相同。本研究采用固结仪进行室内侧限压缩试验，采用双线法定量分析研究冻融循环作用下易溶盐对压实黄土湿陷性的作用规律。

图6-38和图6-39分别为土中含盐量为1%和2%时，不同冻融循环次数下盐渍化黄土的湿陷系数随压力的变化。由图可知，不管土中含有多少盐分，土体的湿陷系数随冻融循环次数的增加而增加。对于含盐量较大的土体，其湿陷系数也大，充分说明了盐分对压实黄土湿陷性的影响。对于含盐量较高的压实黄土试样，其内部由胶结物组成的骨架占整体骨架就越多，由粉粒中的粗颗粒组成的骨架不能完全抵抗外部荷载作用，所以土体的湿陷系数随易溶盐含量的增大而增大。从图中亦可发现，不同的侧限固结压力下对应的土样的湿陷系数也不同，湿陷系数曲线随着侧限固结压力大致呈现先增大后减小的趋势，针对不同的含盐量，其拐点略有不同。

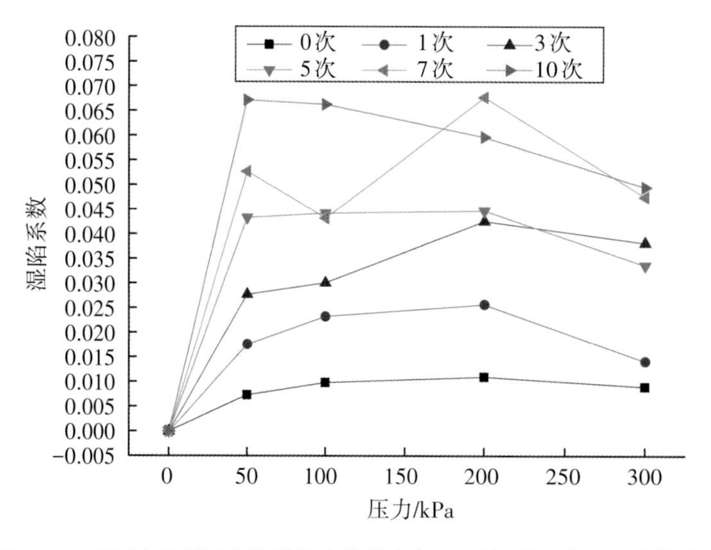

图6-38　不同冻融循环次数的盐渍化黄土(S=1%)湿陷系数与压力的关系

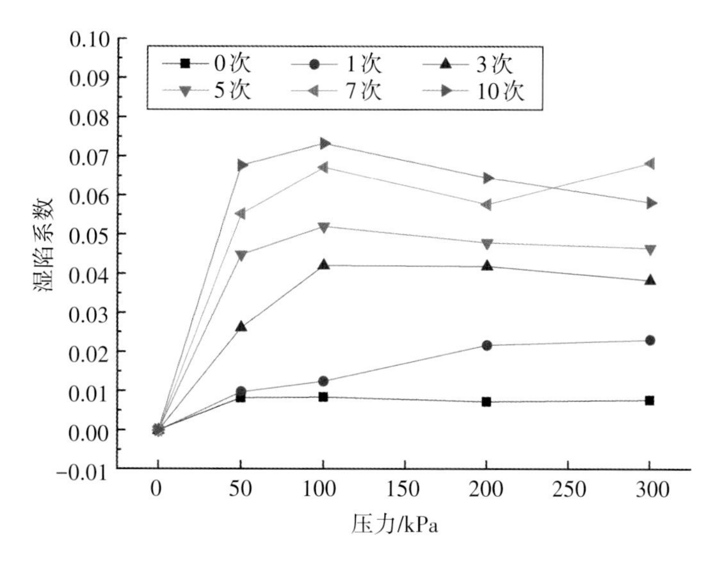

图6-39 不同冻融循环次数的盐渍化黄土(S=2%)湿陷系数与压力的关系

7 季节冻土区黄土路基多次湿陷量计算

工程实践及已有研究表明，湿陷过的黄土可能具有再次湿陷的潜力。而在季节冻土区，由于冻融循环及干湿循环的双重作用，增加了压实黄土发生二次或多次湿陷的潜力，加剧了黄土路基的湿陷变形。通过对经历不同冻融和干湿循环条件下的压实黄土物理力学参数及湿陷变形测试发现，冻融循环和干湿循环都引起了压实黄土结构的弱化、强度的降低，湿陷变形相应也有所增加。在传统的黄土路基湿陷变形计算中，由于并未考虑冻融循环或干湿循环引起的附加湿陷变形，因此不利于黄土路基长期的湿陷变形计算和评价。本章通过系统的室内试验，建立压实黄土的湿陷系数与冻融循环、干湿循环之间的定量关系，在借鉴湿陷性黄土地基湿陷量计算方法的基础上，提出冻融循环、干湿循环作用下的压实黄土多次湿陷量的计算公式，最终总结出季节冻土区黄土路基多次湿陷变形的半经验理论计算方法。

7.1 黄土路基多次湿陷变形计算方法

季节冻土区黄土路基多次湿陷变形量的计算方法包括理论计算方法和数值计算方法两种，分别介绍如下：

7.1.1 理论计算方法

1.现场调研确定研究路段

针对研究路段，调查收集其所在地区的气候资料，如气温、降雨等，同时调查收集该路段黄土路基的结构、黄土的工程特性、防护措施等设计、施工及工程地质背景资料。

2.冻结深度、降雨影响深度、地下水影响高度确定

由于冻融循环或干湿循环引起的多次湿陷变形与冻结深度、降雨影响深度、地下水影响高度密切相关。因此需在研究路段建立气象站以及地温和含水率监测系统，获得研究路段所在区域的冻结深度以及降雨影响深度，确定地下水影响高度。

3.室内试验建立冻融循环或干湿循环次数与湿陷系数之间定量关系

一般的黄土湿陷变形计算都是现场采集土样并在室内进行湿陷系数试验，然后根据相应黄土土层厚度分层计算湿陷变形。而考虑冻融循环或干湿循环引起的湿陷系数的确定是湿陷变形计算的重要内容。对现场土样进行不同次数的冻融循环或干湿循环试验，后进行湿陷系数测试，建立冻融循环或干湿循环次数与湿陷系数的定量关系，用来计算冻融循环或干湿循环影响下压实黄土的湿陷变形。根据室内试验结果，拟合压实黄土湿陷系数与冻融循环或干湿循环次数的关系函数表达式如下：

$$\delta_n = a \times (1 - e^{-bn}) + c \tag{7-1}$$

式中：δ_n为湿陷系数；n为冻融循环或干湿循环次数；a、b、c是常数。通过室内相关试验确定。

4.冻融循环或干湿循环引起的湿陷变形计算

（1）通过现场监测，确定路段所在区域的冻结深度，同时结合此处路基具体结构形式（路堤或路堑），确定路基的冻结深度。根据室内试验得到的不同干密度压实黄土湿陷系数与冻融循环次数的关系函数来计算相应冻融循环次数下的湿陷变形，最后根据路基冻深与具体结构形式分层计算冻融循环影响下黄土路基多次湿陷变形。

（2）通过现场监测，确定路段所在区域的降雨影响深度及地下水影响高度，以此确定该区域不同深度土层干湿循环的剧烈程度，后结合此处路基具体结构形式（路堤或路堑），确定路基不同位置土层干湿循环的剧烈程度。根据室内试验得到的不同干密度压实黄土湿陷系数与干湿循环次数的关系函数来计算相应干湿循环次数下的湿陷变形，最后根据路基具体结构形式分层计算干湿循环影响下黄土路基多次湿陷变形。

根据本项目研究成果，提出考虑冻融循环或干湿循环引起的湿陷变形量计算公式为：

$$\Delta_n = \sum \beta \delta_{ni} h_i \tag{7-2}$$

式中：Δ_n为对应于n次冻融循环或干湿循环下的湿陷变形量；β为修正系数；δ_{ni}为第i层第n次冻融循环或干湿循环下黄土湿陷系数；h_i为第i层土层厚度。

7.1.2 数值计算方法

1.现场调研确定研究区域

针对研究路段，调查收集其所在地区的气候资料，如气温、降雨等，同时收集该路段黄土路基的结构、黄土特性、防护措施等设计、施工以及工程地质资料。

2.水热力参数收集和测试

针对该路段的黄土，收集已有的水热力参数，或者进行相应条件下水热力参数测试。热学参数主要包括各土层导热系数和热容，力学参数主要包括弹性模量和泊松比。水力参数主要是渗透系数。特别收集和测试不同温度（主要是正温和负温）条件下的参数值。

3.水热力边界条件确定

数值计算的准确与否，除了精确的水热力参数外，边界条件的精确程度也十分重要。现场布设路面层、边坡表面、天然地表由温度传感器确定这3个热边界条件。模型地段考虑地热流，具体可以参考相关资料。力学边界条件是根据公路设计标准确定静力有效车载。水力边界条件主要确定数值模型各边的水头压力。

4.数学、物理模型建立

根据非饱和土水热力相关理论建立温度场、水分场以及应力场微分方程，来精确计算黄土路基的湿陷变形。根据现场勘查和路基设计施工资料，利用有限元模拟软件建立数值分析物理模型，根据计算要求选取模型大小。

5.弹性模量、黏聚力和内摩擦角与冻融或干湿循环次数之间定量关系确定

要计算考虑冻融或干湿循环引起的黄土路基多次湿陷变形，首先要确定压实黄土的弹性模量、黏聚力和内摩擦角与冻融或干湿循环次数之间的定量关系。有了这个关系才能预测相应的湿陷变形。现场采集土样进行不同次数的冻融循环或干湿循环试验，然后进行单轴抗压强度测试、三轴剪切或直剪试验，确定压实黄土的弹性模量、黏聚力和内摩擦角随循环次数的变化规律，并建立定量模型。

6. 冻结深度和干湿影响深度确定

利用建立的数值分析模型和相应的参数以及边界条件进行温度场计算，重点确定路基的最大冻结深度。同时计算水分场分布，确定干湿循环影响范围。

7. 冻融或干湿循环引起的湿陷变形计算

调入之前计算的温度场和水分场进行应力场顺序耦合计算，确定路基在冻融或干湿循环影响下的附加湿陷变形，预测湿陷变形发展趋势，评价路基的稳定性。

7.2 黄土路基多次湿陷变形数值模拟

7.2.1 技术路线

多次湿陷变形数值模拟的技术路线如图7-1所示。

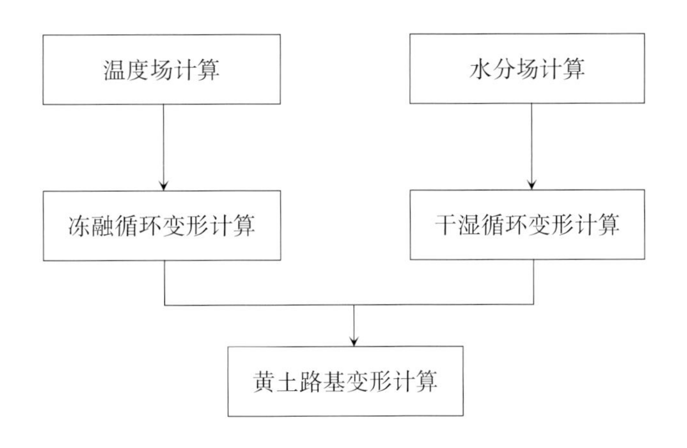

图7-1 多次湿陷变形数值模拟的技术路线图

1. 温度场

假设土体是各向同性材料，其热传导过程遵循以下方程：

$$\nabla \cdot (\lambda \nabla T) = \rho C \frac{\partial \mathrm{T}}{\partial t} \tag{7-3}$$

式中：T为温度，℃；λ为热传导系数，J/(m·h·℃)，其表达式如式（7-4）；ρ为天然密度，kg/m^3；C为比热容，J/(kg·℃)，其表达式如式（7-5）。

$$\lambda=\begin{cases}\lambda_u & T<T_a\\ \lambda_f+\dfrac{\lambda_u-\lambda_f}{T_a-T_b}(T-T_b) & T_b<T<T_a\\ \lambda_f & T<T_b\end{cases} \tag{7-4}$$

$$C=\begin{cases}C_u & T>T_a\\ C_f+\dfrac{C_u-C_f}{T_a-T_b}(T-T_b)+\dfrac{L_w}{1+w}\dfrac{\partial w_i}{\partial T} & T_b<T<T_a\\ C_f & T<T_b\end{cases} \tag{7-5}$$

式中：T_a、T_b分别为冻土相变时温度区间的上限、下限；L_w为水的相变潜热值，计算中取值为334.56 kJ/kg。

2.水分场

Richards等曾于1931年就证明非饱和土中的渗流与饱和土一样符合达西定律和连续方程。若将达西定律带入连续方程并以总水头h作为未知量，二维非饱和土渗流就可以表示为式（7-6）：

$$\frac{\partial}{\partial x}(k_x\frac{\partial h}{\partial x})+\frac{\partial}{\partial x}(k_y\frac{\partial h}{\partial y})=\frac{\partial\theta_w}{\partial t} \tag{7-6}$$

令y为位置水头，则：$h=\dfrac{u_w}{\gamma_w}+y$，若$m_w$为土水特征曲线斜率，则：$\partial\theta_w=m_w\partial u_w=m_w\gamma_w\partial(h-y)$，则上式改写为式（7-7）：

$$\frac{\partial}{\partial x}(k_x\frac{\partial h}{\partial x})+\frac{\partial}{\partial x}(k_y\frac{\partial h}{\partial y})=\frac{m_w\gamma_w\partial(h-y)}{\partial t}=\frac{m_w\gamma_w\partial h}{\partial t} \tag{7-7}$$

式中：k_x、k_y为含水率的函数。

3.变形计算

通过温度场及水分场的模拟得到冻融循环作用及干湿循环作用的范围，根据室内试验得到的压实黄土强度参数随冻融、干湿循环的变化规律，分别计算冻融循环与干湿循环产生的变形，得到季节冻土区黄土路基变形。

7.2.2 计算过程

1.冻融循环引起的湿陷变形计算模型及参数

1）计算模型

路基几何模型与现场监测断面一致，如图7-2所示。模型范围为左右两侧各延伸15 m，地面以下延伸10 m，不考虑阴阳坡效应，故该模型为对称模型。路基面层厚0.16 m，基层厚0.7 m，路基高度4.0 m。

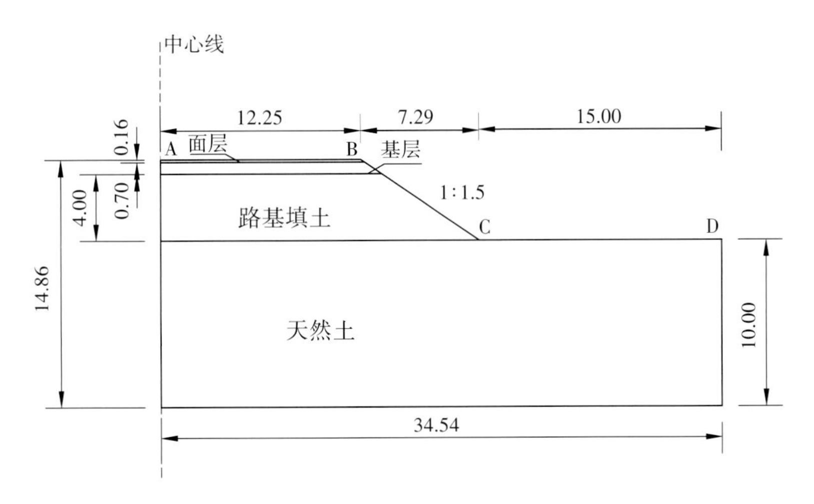

图7-2 数值计算几何模型图(单位:m)

2）计算参数

模型各层材料热学参数见表7-1。

表7-1 土体热学参数表

土层	参数	负温	正温
面层	ρ /kg/m³	2410	2410
	λ /J/(m·h·℃)	5652	5652
	C /J/(kg·℃)	820	820
基层	ρ /kg/m³	2380	2380
	λ /J/(m·h·℃)	5220	5004
	C /J/(kg·℃)	630	700
黄土路基	ρ /kg/m³	2060	2060
	λ /J/(m·h·℃)	5040	4140
	C /J/(kg·℃)	707	862
原地基土	ρ /kg/m³	1980	1980
	λ /J/(m·h·℃)	4968	4464
	C /J/(kg·℃)	1960	2200

根据室内试验及查询相关文献，土体力学参数见表7-2。

表7-2 土体力学参数表

参数名称	面层	基层	黄土路基	原地基土
E/MPa	870	1200	6.05	4.50
ν	0.25	0.20	0.25	0.29

注：面层实际由3层组成，由于面层不是主要研究对象，为简化模型合为一层，面层参数通过3层的参数加权平均得到。

路基土力学参数受冻融循环作用影响（参考室内冻融循环试验）：

$$E = 6.07 - 0.0663n \tag{7-8}$$

$$c = 53.363\mathrm{e}^{-0.055n} \tag{7-9}$$

式中：n为冻融循环次数；内摩擦角φ受冻融循环作用影响较小，认为其不变为36°。

3）边界条件

（1）温度边界条件：

$$AB\text{边}：T = 8 + 19\sin\left(\frac{2\pi}{8760}t\right) \tag{7-10}$$

$$BC\text{边}：T = 9 + 17\sin\left(\frac{2\pi}{8760}t\right) \tag{7-11}$$

$$CD\text{边}：T = 10 + 16\sin\left(\frac{2\pi}{8760}t\right) \tag{7-12}$$

底边：在季节冻土区，10 m以下认为是恒温带，即T=10 ℃。

（2）力学边界条件：

荷载：岩土重力采用重力加速度进行模拟，即g=10 N/kg。根据《公路工程技术标准》（JTG B01—2003），高速公路汽车荷载等级取公路-Ⅰ级，经计算，p_{AB}=15.385 kPa。

约束条件：底边在x、y两个方向固定，即U_x=0，U_y=0；中心线在x方向位移为0，即U_x=0；其余边界为自由变形边界。

2. 干湿循环引起的湿陷变形计算模型及参数

几何模型同前，各层材料的物理力学参数也同前。在本次计算中认为面层、基层是不透水的，即路基顶面为不透水边界，而边坡为透水边界。非饱和土渗透系数如式（7-13）：

$$k_w = k_{ws}S_r^{\ 3} \tag{7-13}$$

式中：k_{ws}为饱和状态下土体渗透系数，取3.7×10^{-5} m/s；土-水特征曲线参考已有研究成果；路基土力学参数受干湿循环作用影响（参考室内干湿循环试验）。

$$E = 6.07 - 0.086n \tag{7-14}$$

$$c = 29.308e^{-0.067n} \tag{7-15}$$

$$\varphi = 35.154 + 0.1114n \tag{7-16}$$

式中：n为干湿循环次数。

7.2.3 计算结果分析

1. 干湿循环引起的黄土路基湿陷变形

图7-3为路基干湿变形随干湿循环次数的变化图。由图可知，路基中心处及路肩处的干湿变形均随干湿循环次数的增加而线性增长，且路基中心处的干湿变形略高于路肩处的。路基变形计算至第27次，路基中心处干湿变形为14.9 mm，路肩处干湿变形为11.5 mm。

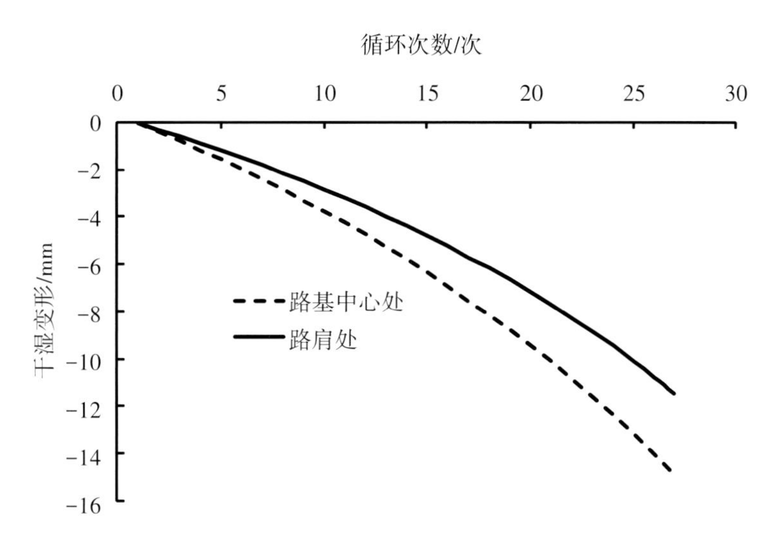

图7-3 路基干湿变形随循环次数的变化图

图7-4为荷载作用下路基总变形随干湿循环次数的变化图。由图可知，随着干湿循环次数的增加，路基中心处与路肩处变形不断增大；路基中心处的变形大于路肩处的。路基变形计算至第27次，路基边坡塑性变形过大，导致边坡失稳，此时路肩处总变形量30.1 mm，路基中心处总变形量50.5 mm。

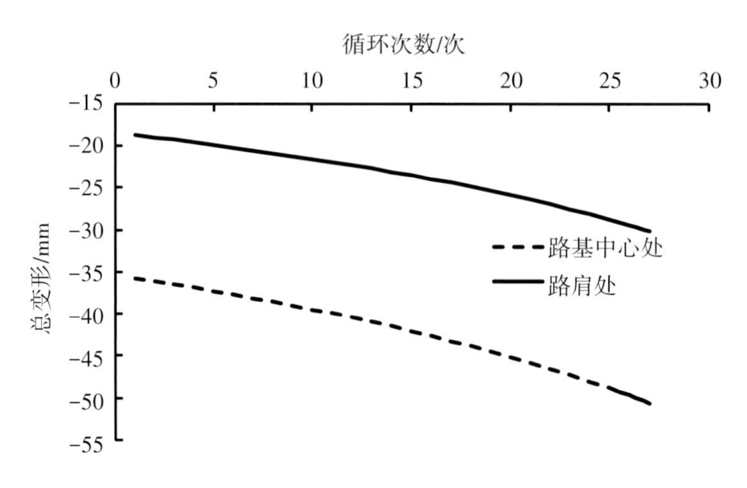

图 7-4 路基总变形随干湿循环的变化图

2. 干湿及冻融共同作用下黄土路基湿陷变形

季节冻土区黄土路基湿陷变形由冻融循环引起的变形和干湿循环引起的变形共同组成。图 7-5 为路基湿陷变形随综合循环次数的变化图。由图可知，路基中心处变形大于路肩处的，且两者随循环次数的增加线性增长。

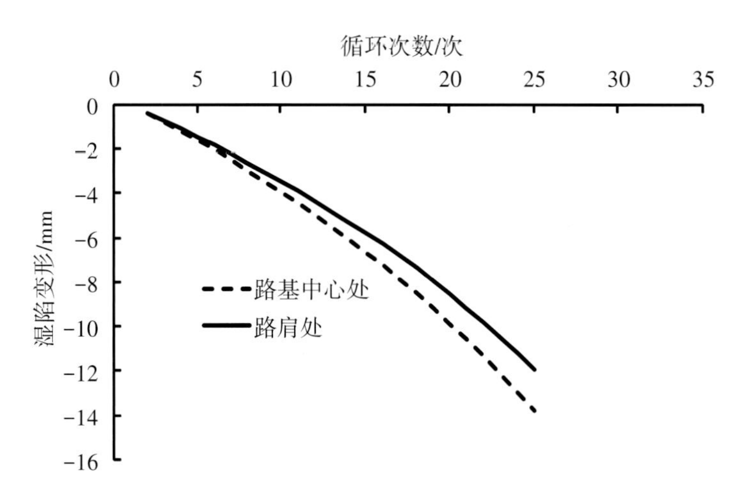

图 7-5 路基湿陷变形随综合循环次数的变化图

图 7-6 为冻融循环变形占湿陷变形百分比随冻融循环次数的变化图。由图可知，冻融循环变形占总变形的百分比<20%，即冻融引起的变形小于干湿引起的变形。同时，冻融循环引起的变形在路肩处变形贡献率大于在路基中心处的，这主要是因为路堤边坡土体受冻融循环的影响更大。

冻融循环与干湿循环引起的变形构成了季节冻土区黄土路基湿陷变形。路基中心处的冻融循环引起的变形小于路肩处的，而路基中心处的干湿循环引起的变形大于路肩处的，冻融循环作用更易对路肩即路堤边坡产生作用。冻融循环变形占整个路基变形的19%左右。

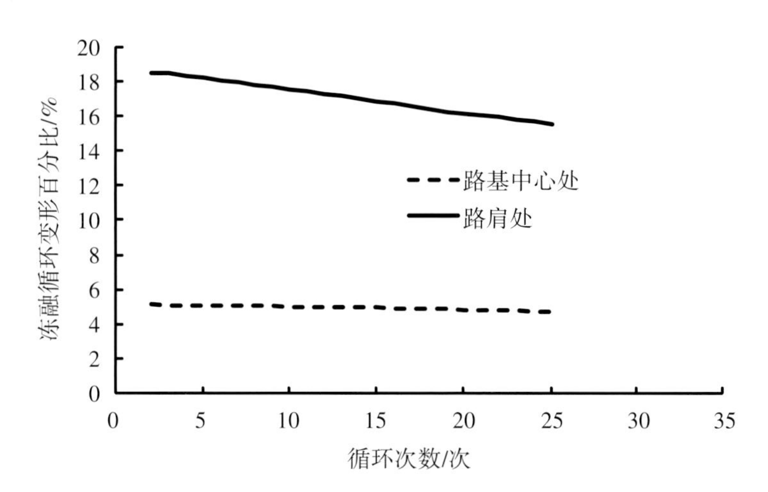

图7-6 冻融循环变形占湿陷变形百分比随冻融循环次数的变化图

与现有的湿陷性黄土地基湿陷变形的计算方法相比，本书提出的季节冻土区黄土路基多次湿陷变形的理论与数值计算方法都考虑到了公路在运营过程中干湿、冻融循环对黄土路基湿陷变形的影响，动态地分析压实黄土的湿陷特性和黄土路基的多次湿陷变形，计算更加准确。

8 黄土路基多次湿陷防治——保温隔水路基

保温处理方法就是在路基内加铺一层保温材料，利用保温材料的低热导性（热阻）阻止上部热量进入下部土层，从而起到保护多年冻土的一种方法（盛煜等，2002）。在多年冻土区，为了确保公路路基的稳定性，常采取各种措施尽量使路基下陷的多年冻土上限不下降，其中铺设保温材料是措施之一；在季节冻土区，常常用铺设保温材料来减小冻深，以达到减少冻胀的效果。

早在20世纪50年代，挪威就已经开始在公路路基中使用保温材料；从20世纪70年代起，原苏联、美国等国家采用聚苯乙烯保温材料在公路路基中进行了试验性研究（Gandahl，1978；Johnson，1983；Olson，1984）。20世纪70年代中期，我国在青藏高原风火山路基试验工程中首次开展了保温材料对路基稳定性试验研究（章金钊，1984）。青藏铁路修建过程中，在北麓河试验段对聚苯乙烯泡沫板（EPS）与聚氨酯泡沫板（PU）的保温效果进行观测，结果表明路基保温材料处理措施在一定程度上具有保护多年冻土的作用（盛煜等，2003）。目前，冻土区公路工程中铺设的保温材料主要为聚苯乙烯泡沫板（EPS）与挤塑聚苯乙烯泡沫塑料板（XPS）。在季节冻土区路基工程中，保温材料在抑制路基冻胀病害方面起到了良好的效果，得到了较为广泛的应用。路基中铺设保温材料后，由于热交换作用的减弱，使得保温层下部土层热周转幅度降低，从而减小了路基冻结深度，避免或消减了下部土层发生冻胀的空间（温智，2006）。国道213线合作至郎木寺段公路改建工程中，针对季节性冻土区路基频发的冻胀、翻浆等病害，开展了保温隔热试验路基的铺筑与现场监测，结果表明铺设6 cm厚的挤塑聚苯乙烯泡沫塑料板（XPS）可以减小季节冻深约100 cm（程国栋等，2003）。

8.1 保温隔水路基原理

基于水和冻融循环作用是黄土路基产生多次湿陷的主要影响因素，提出一种防治黄土路基多次湿陷的路基新结构——保温隔水路基，如图8-1所示。该路基新结构中，路面结构层下部铺设保温材料是为了减少冻结深度，防止黄土路基发生剧烈的冻融循环作用；路堤下部铺设土工布是为了减少地下水或坡脚积水向路基内入渗，减轻干湿、冻融循环对黄土路基的影响。

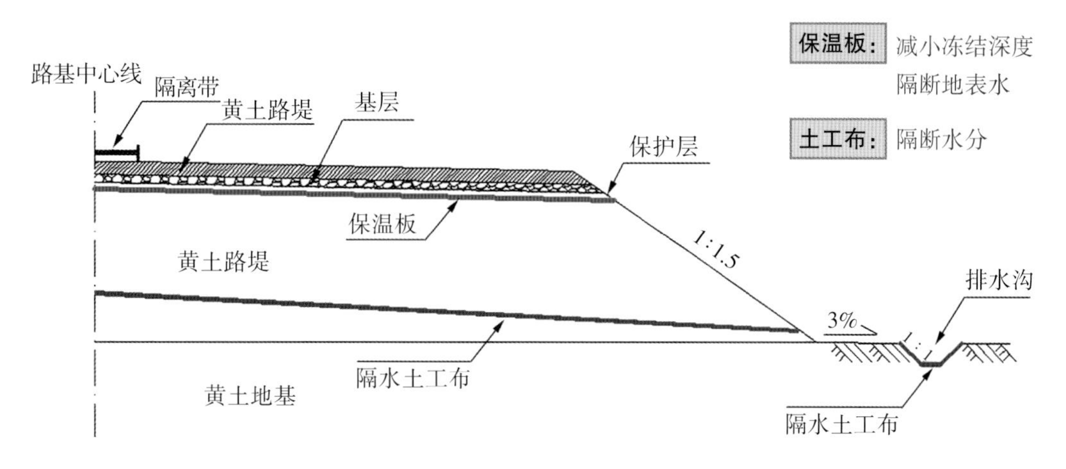

图8-1 保温隔水路基工作原理示意图

8.2 保温隔水路基设计

8.2.1 基础资料与适用范围

1. 设计所需基础资料

1）湿陷性黄土工程地质情况

应按照《湿陷性黄土地区建筑规范》（GB 50025—2004）和《公路工程地质勘查规范》（JTG C20—2011）中的相关规定，调查收集保温隔水路基拟实施路段沿线的地形、地貌、地物、工程地质等资料，做好工程地质勘查工作，采用可靠的勘探方法进行综合勘探试验和现场原位测试，并进行统计与分析，取得可靠的湿陷性黄土物理力学性质指标。

2）气象资料

（1）近10年的气温资料，包括连续7天累计最高气温的日平均值、年极端最低气温。

（2）最大冻结指数按下式计算：

$$F = \sum_{i=1}^{n} t_i \tag{8-1}$$

式中：F为冻结指数（℃），无调查资料时，可查用《公路工程抗冻设计与施工技术指南》中图3.1.1-1中国季节性冻土区冻结指数标准等值线图；t_i为每日负温度平均值（℃）；n为一年中负温度值出现的天数。

（3）近10年年降水量、年水分蒸发量及潮湿系数，无实测资料时，可参照《公路工程抗冻设计与施工技术指南》中附录E的降水量、蒸发量表取值。

$$k = \frac{R}{\psi} \tag{8-2}$$

式中：k为潮湿系数；R为年降水量（mm）；ψ为年蒸发量（mm）。

（4）大地标准冻深，无实测资料时，可参照《公路工程抗冻设计与施工技术指南》图3.1.1-2中的中国季节性冻土标准冻深线及冻深计算分区图确定，也可根据大地标准冻深与冻结指数及潮湿系数的关系计算确定。

$$Z_d = \frac{D_i}{\sqrt{k}} \cdot F \tag{8-3}$$

式中：Z_d为大地标准冻深（m）；D_i为大地冻深地区系数，见表8-1。

表8-1 大地冻深地区系数D_i

不同地区	D_{I}	D_{II}	D_{III}	D_{IV}	D_{V}	D_{VI}	D_{VII}	D_{VIII}
系数	0.053	0.073	0.105	0.034	0.082	0.020	0.050	0.069

3）道路多年最大冻深Z_{max}

道路多年最大冻深Z_{max}按下式计算：

$$Z_{max} = abcZ_d \tag{8-4}$$

式中：Z_{max}为道路多年最大冻深（m）；Z_d为大地标准冻深（m）；a为路面路基材料热物性系数，见表8-2；b为路基湿度系数，见表8-3；c为路基断面形式系数，见表8-4。

表8-2 路面路基材料热物性系数a

路基材料	黏质土	粉质土	粉土质砂	细粒土质砾、黏土质砂	含细粒土质砾(砂)
热物性系数	1.05	1.10	1.20	1.30	1.35
路基材料	黏质土	粉质土	粉土质砂	细粒土质砾、黏土质砂	含细粒土质砾(砂)
热物性系数	1.40	1.35	1.35	1.40	1.45

注：a值取大地标准冻深范围内路基及路面各层材料的加权平均值。

表 8–3　路基湿度系数 b

干湿类型	干燥	中湿	潮湿	过湿
湿度系数	1.00	0.95	0.90	0.80

表 8–4　路基断面形式系数 c

填挖形式	路基填土高度/m					路基挖方深度/m			
	零填	2 m	4 m	6 m	6 m以上	2 m	4 m	6 m	6 m以上
断面形式系数	1.00	1.02	1.05	1.08	1.10	0.98	0.95	0.92	0.90

4）水文地质情况

（1）调查地表水的分布、积聚、排泄条件、洪水淹没范围及水流冲刷的作用和影响；

（2）调查地下水的类型、埋深、季节性变化幅度、升降趋势及其与地表水体、灌溉的关系；

（3）调查公路施工期及建成后可能对路基造成影响的各种水源。

5）沿线区域既有公路情况

在保温隔水路基设计方案比选前，宜收集路线所经地区既有公路的湿陷性黄土地基、路基处理设计、施工、维修养护、沉降和稳定性等信息，以供参考。

2. 适用范围

1）适用公路等级

适用于湿陷性黄土地区新建和改扩建二级及二级以上公路保温隔水路基的设计与施工。

2）防冻厚度计算

根据交通量计算的结构层总厚度应不小于表 8–5 中最小防冻厚度的规定。防冻厚度与路基潮湿类型、路基土类、道路冻深以及路面结构层材料的热物性有关。若结构层总厚度小于最小防冻厚度，则应设计保温隔水路基使其满足最小防冻厚度的要求。

表8–5 最小防冻厚度

路基类型	道路冻深/cm	黏性土、细亚砂土/cm			粉性土/cm		
		砂石类	稳定土类	工业废料类	砂石类	稳定土类	工业废料类
中湿	50～100	40～45	35～40	30～35	45～50	40～45	30～40
	100～150	45～50	40～45	35～40	50～60	45～50	40～45
	150～200	50～60	45～55	40～50	60～70	50～60	45～50
	＞200	60～70	55～65	50～55	70～75	60～70	50～65
潮湿	60～100	45～55	40～50	35～45	50～60	45～55	40～50
	100～150	55～60	50～55	45～50	60～70	55～65	50～60
	150～200	60～70	55～65	50～55	70～80	65～70	60～65
	＞200	70～80	65～75	55～70	80～100	70～90	65～80

注：1.在《公路自然区划标准》中，对潮湿系数＜0.5的地区，Ⅱ、Ⅲ、Ⅳ区等于干旱地区防冻厚度，应比表中值减少15%～20%。2.对Ⅱ区砂性土路基防冻厚度应相应减少5%～10%。

8.2.2 保温隔水路基设计

1. 设计基本原则

湿陷性黄土地区保温隔水路基设计应遵循以下列原则：

（1）应查明公路沿线气候、水文、地形地貌、地质等资料，黄土分布范围、厚度及其变化规律，沿线黄土的成因类型和地层特征，路线所处的地貌单元及地面水、地下水等情况，各种不同地层黄土的物理、力学性质和湿陷性。

（2）黄土塬、墚地区，路基应避开有滑坡、崩塌、陷穴群、冲沟发育、地下水出露的塬、墚边缘和斜坡地段。必须通过时，应有充分依据和切实可行的工程措施。

（3）路线通过冲沟沟头时，应分析冲沟的成因及其发展趋势。当冲沟正在继续发展并危及路基稳定时，应采取隔排水及防护措施。

（4）位于湿陷性黄土地段的路基，宜设在湿陷等级轻微、湿陷土层较薄、排水条件较好的地段。

（5）黄土地区路基排水设计应遵循拦截、分散的处理原则，设置防冲刷、防渗漏和有利于水土保持的综合排水设施及防护工程，并应防止农田水利设施与路基的相互干扰。

2. 填方路基设计

1）填方路基设计规定

保温隔水填方路基设计中的填料、路堤断面形式、边坡坡率和高度、边坡稳定性验算、地基处理等内容应按照《公路路基设计规范》（JTG D30—2015）中7.10节黄土地区路基中的有关规定进行设计。

2）填方路基保温层设计

路基中设置的挤塑聚苯乙烯保温板厚度应根据热阻等效确定［式（8-5）］，但不宜小于50 mm，宽度应与路面面层相同。其埋设深度应由其强度与公路等级决定，宜埋设在路基顶面，保温板上部铺设复合土工膜（两布一膜），以防止路面渗水进入路基内部，其上再填筑15 cm厚的砂砾作为保护层。

$$d_x = K\frac{d_s\lambda_e}{\lambda_s} \tag{8-5}$$

式中：d_x、d_s为保温板与等效土体的厚度（mm）；λe、λs为保温板与等效土体的导热系数；K为安全系数，取1.5～2.0。

路基中设置的挤塑聚苯乙烯保温板，应当具有良好的阻热性能与足够的强度，导热系数宜小于0.029 W/(m·K)，吸水率宜小于0.5%，压缩强度宜大于600 kPa。

3）填方路基隔水设计

为防止路面渗水进入路基内部，应在保温板上设置一层复合土工膜。地下水埋深较浅、毛细水上升较高或易受地表水影响的路段，应在路基内部设置隔水层。隔水层的设置层位应高出地表或者地表长期积水位0.2 m以上。高速公路、一级公路新建路基隔水层宜设置在路床之下。隔水层的路拱横坡不应小于2%，最大横坡不应大于5%。隔水层材料可采用复合防渗土工膜（两布一膜）。为防止路堤排水沟破损，水分入渗至地基与路堤内部，应将路基内部复合防渗土工膜下包路堤坡脚并延伸至路堤排水沟基底。当农田灌溉可能造成路基内部水分增加及黄土地基湿陷时，可在路堤排水沟外设灰土防渗墙。

4）填方路基典型断面

保温隔水填方路基典型断面如图8-2所示。

3. 挖方路基设计

1）挖方路基设计规定

保温隔水挖方路基设计中的边坡形式、高度、坡率、稳定性验算、边坡防护类型等内容应按照《公路路基设计规范》（JTG D30—2015）7.10黄土地区路基中的有关规定进行设计。

2）挖方路基保温层设计

保温隔水挖方路基保温层设计参照填方路基保温层设计进行。

3）挖方路基隔水设计

保温隔水挖方路基隔水设计和填方路基一致。为防治路堑边沟破损，水分入渗至路基与地基内部，应在路堑边沟基底铺设复合防渗土工膜。为防止路面渗水进入路基内部，应在保温板上设置一层复合土工膜。具体设计参考如图8-2所示。

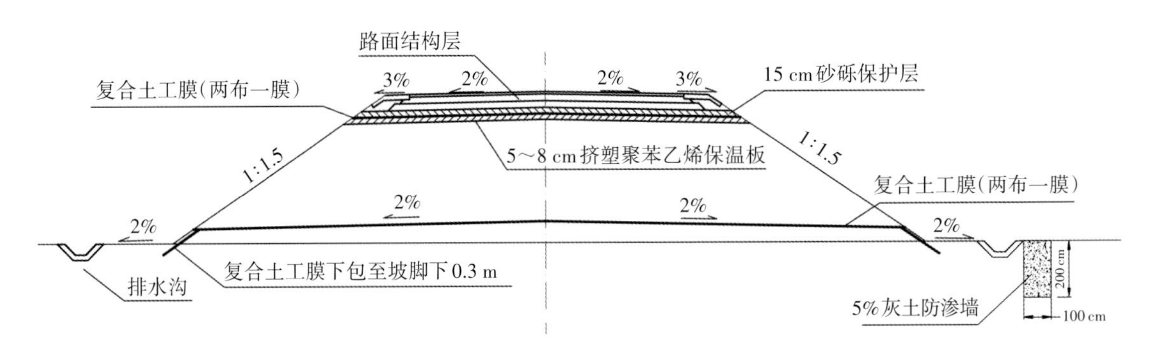

图8-2 保温隔水填方路基典型断面图

4）挖方路基典型断面

保温隔水挖方路基典型断面如图8-3所示。

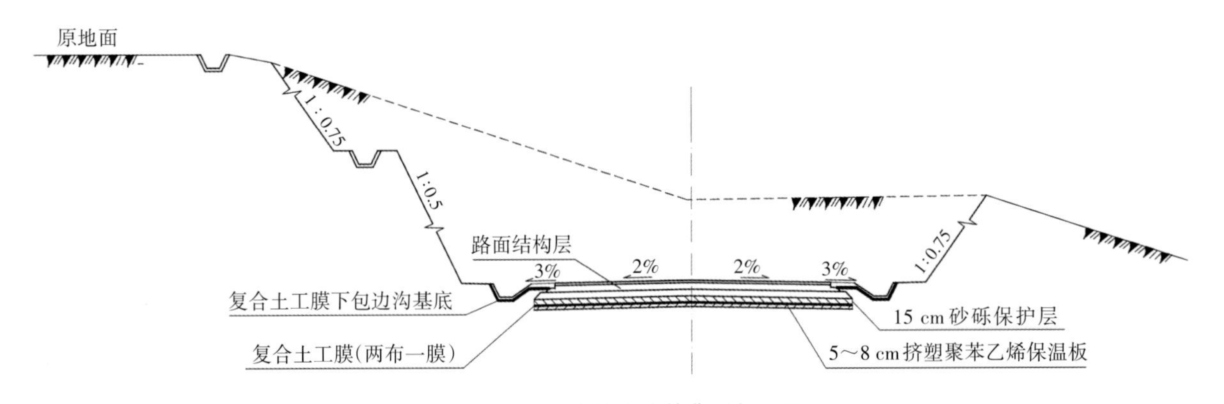

图8-3 保温隔水挖方路基典型断面图

4. 半填半挖路基设计

1）半填半挖路基设计规定

保温隔水挖方路基设计中的边坡形式、高度、坡率、稳定性验算、边坡防护类型等内容应按照《公路路基设计规范》（JTG D30—2015）中7.10节黄土地区路基中的有关规定进行设计。

2）半填半挖路基保温层设计

保温隔水半填半挖路基保温层设计参照填方路基保温层设计进行。

3）半填半挖路基隔水设计

保温隔水半填半挖路基隔水设计参照保温挖方路基隔水设计进行。

4）半填半挖路基典型断面

保温隔水半填半挖路基典型断面如图8-4所示。

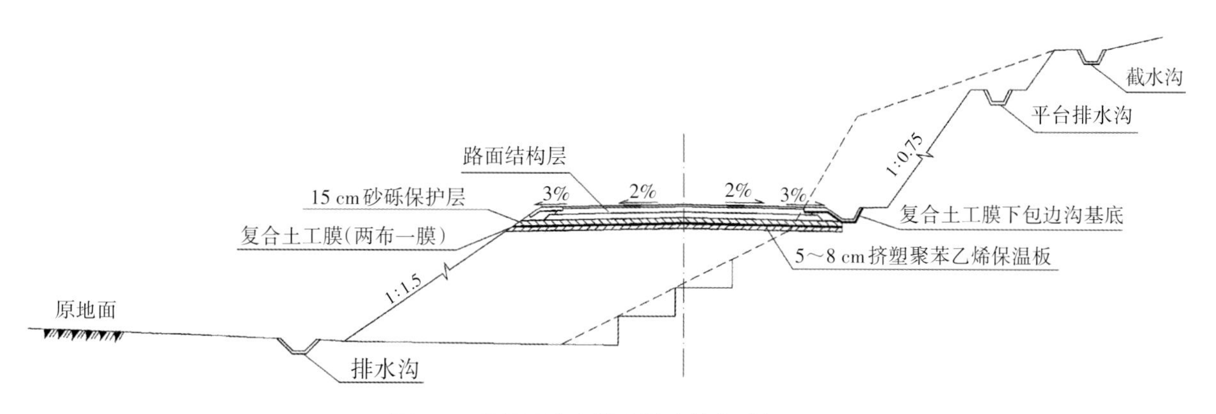

图8-4　保温隔水半填半挖路基典型断面图

8.3　保温隔水路基施工

8.3.1　保温隔水路基施工

1. 一般规定

保温隔水路基的施工除应符合本规程的规定外，还应符合《公路路基施工技术规范》（JTG F10—2006）和《公路土工合成材料应用技术规范》（JTG/T D32—2012）的有关规定。挤塑聚苯乙烯保温板与复合土工膜的铺筑应采用人工施工。砂砾保护层摊铺和压实等应采用机械化施工。

2. 铺设复合土工膜

地下水埋深较浅、毛细水上升较高或易受地表水影响的路堤段，在路堤内部设置复合土工膜作为隔水层，具体施工步骤如下：

1）路基表面平整收面

按设计高程、横坡要求平整路基表面，如有土块、碎石，应及时清理，以免顶破复合土工膜，影响其隔水效果。

2）铺设复合土工膜

复合土工膜应沿路线纵向人工铺设，铺设应平整，无褶皱。纵向搭接应内幅压外幅，搭接宽度不宜小于20 cm，最外侧一副搭接宽度应大于30 cm；横向搭接宽度应大于50 cm。

3）固定复合土工膜

复合土工膜铺设完成后，横向和纵向搭接处均用10 cm长U型钉固定，U型钉沿路线纵向间隔5 m。

4）铺筑砂砾保护层

复合土工膜铺设完成后，其上铺筑15 cm砂砾保护层。铺筑时拉料车将砂砾卸在铺设完的复合土工膜一端，由装载机沿路线方向向另一端堆填，并做初步的平整，直至将全部复合土工膜铺满，后由压路机进行碾压，压实度不应小于94%。

3. 铺设挤塑聚苯乙烯保温板

1）路基表面平整收面

按设计高程、横坡要求平整路基表面，如有土块、碎石，应及时清理，以免影响挤塑聚苯乙烯保温板的铺设。

2）铺设挤塑聚苯乙烯保温板

保温板沿路线纵向人工铺设，铺设时采用对齐平铺方式。

3）固定挤塑聚苯乙烯保温板

保温板铺设完成后，每块保温板应用15 cm长U型钉人工固定。

4）铺设、固定复合土工膜

保温板固定完成后，在其上沿路线纵向人工铺设复合土工膜，铺设应平整，无褶皱。纵向搭接应内幅压外幅，搭接宽度不宜小于20 cm，最外侧一副搭接宽度应大于30 cm；横向搭接宽度应大于50 cm。复合土工膜横向和纵向搭接处均用10 cm长U型钉固定，U型钉沿路线纵向间隔5 m。

4. 铺设砂砾保护层

保温板与复合土工膜铺设完成后，其上铺筑15 cm砂砾保护层。铺筑时拉料车将砂砾卸在铺设完的复合土工膜一端，由装载机沿路线方向向另一端堆填，并做初步的平整，直至将全部复合土工膜铺满，避免机械直接碾压造成复合土工膜和挤塑聚苯乙烯保温板的破坏。后由压路机进行碾压，压实度不应小于94%。

8.3.2 施工质量控制

（1）选择保温板和防水土工布时，应对其相关技术指标进行严格控制，保证保温板与防水土工布质量。

（2）严格按照防水土工布与保温板的铺设顺序施工，避免施工过程中施工机械对防水土工布与保温板的破坏，影响隔水、保温效果。

（3）铺设防水土工布与保温板之前，必须做好路基表面的平整收光，如遇土块和碎石，应及时清理，以免顶破保温板和土工布，影响其保温、隔水效果。

（4）用U型钉固定保温板时，不必每块保温板上都钉U型钉，可采用交错钉的方式，以提高施工进度、节约材料，如图8-5所示。

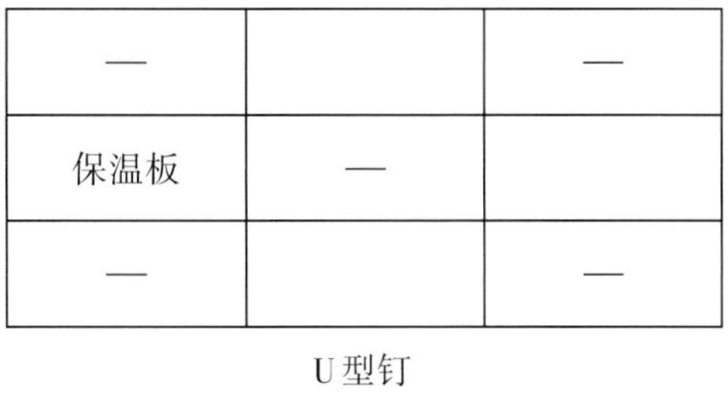

—		—
保温板	—	
—		—

U型钉

图8-5 保温隔水路基设计参考图

8.3.3 示范工程修筑

1. 永登至古浪高速公路保温隔水路基

1）G30高速公路永登至古浪段概况

永登至古浪高速公路是国道G30连云港至霍尔果斯国道主干线的重要组成路段。永古高速公路原为徐家磨至古浪汽车专用二级公路，2008年开始扩建为永登至古浪高速公路，2013年永登至古浪高速公路正式通车。永古高速公路起点位于甘肃省兰州市永登县徐家磨，终点至甘肃省武威市古浪县，路线全长145 km。全线采用全封闭、全立交、双向四车道高速公路标准建设，设计行车时速为80 km/h，整体式路基宽24.5 m，分离式路基宽12.25 m，利用旧路路基宽12 m。永古高速公路沿线黄土主要分布在永登县附近，该区域在全国公路自然区划中属Ⅲ$_3$区——甘东黄土山地中冻区。Ⅲ$_3$区地貌主体类型是黄土丘陵，其次是基岩山地和河谷阶地。该区域黄土多为中、强等级的湿陷性黄土，其湿陷等级较高，浸水后湿陷变形量大，并且受季节性冻融的影响。

2）保温隔水材料技术参数

挤塑聚苯乙烯泡沫塑料板（以下简称XPS保温板）是以聚苯乙烯为主要成分，加入少量添加剂，通过加热发泡挤压成型制得的具有闭孔结构的硬质泡沫塑料板。作为一种生产与施工工艺比较简单的轻质保温绝热材料，已经广泛应用于建筑外墙保温、建筑屋面保温等建筑领域。随着我国冻土区铁路、公路建设事业的发展以及设计、修筑水平的提高，XPS保温板及其他一些保温材料也在铁路、公路建设领域得到一定应用。

永登至古浪高速公路试验路段采用的保温材料为兰州鹏飞保温隔热有限公司生产的XPS保温板，其厚度为8 mm，具有导热系数小、强度高、耐腐蚀、防水等优点。该保温板导热系数<0.0289 W/(m·K)，其隔热性能在50年后仍能保持原来的80%；抗压强度>0.65 MPa；水蒸气透湿系数<2 Ng/(m·s·Pa)，体积吸水率<1%，比其他硬质保温隔热材料（聚氨酯、EPS）的吸水率小很多，其绝热性能在长期与水汽接触的情况下仍能保持不变。

保温隔水试验路段中底部土工布选用一布一膜或两布一膜土工布，其抗拉强度为800 N；撕裂强度220 N，刺破强度360 N，顶破强度2000 kPa，渗透系数$<1\times10^{-9}\sim1\times10^{-12}$ cm/s。

3）永登至古浪高速公路保温隔水路基修筑

在永登至古浪高速公路路基修筑过程中，通过全线实地调研，确定保温隔水路基示范工程路段起点桩号K2299+626.36，终点桩号K2299+676.36。试验路段总长为50 m。具体设计方案如图8-6所示。于2009年底开始进行初期地基处理，2010年开始填筑，2011年初完成路基修筑工作。现场具体施工情况如图8-7所示。

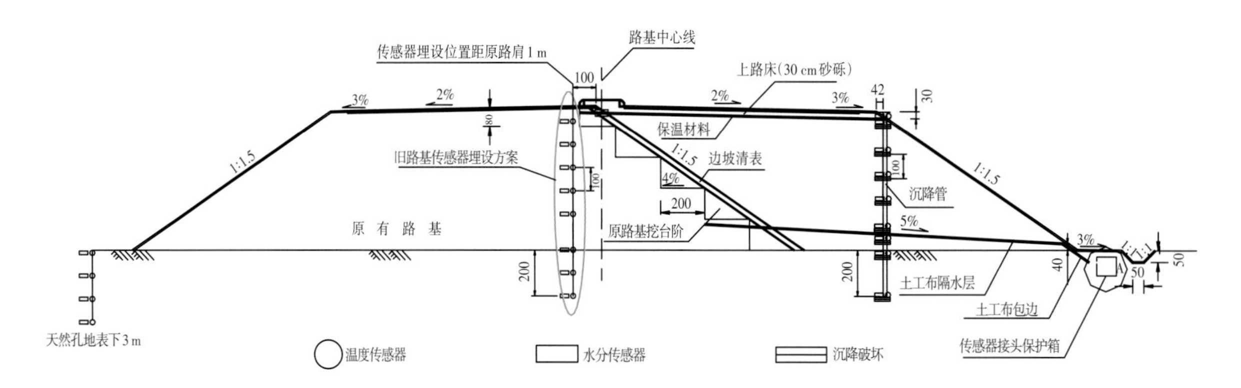

图8-6　永古高速公路保温隔水路基设计方案

(a) 铺设防水土工布

(b) 铺设保温板

(c) 堆填砂砾土

(d) 整平与初步碾压

图8-7　永古高速公路保温隔水路基施工过程

2.马营至云田二级公路保温隔水路基

马营至云田二级公路工程位于甘肃省定西市内，路线全长72 km。项目主线起点位于天巉二级汽车专用公路马营收费站出口，终点至甘肃省陇西县云田镇，与定陇公路相接。公路主线采用二级公路技术标准设计，设计行车速度60 km/h，双向二车道，路基宽度为10 m。马营至云田二级公路保温隔水路基示范工程起讫点桩号为K1+400～K1+500段，共100 m。具体设计方案如图8-8所示。2014年4月完成修筑，现场具体施工情况如图8-9所示。

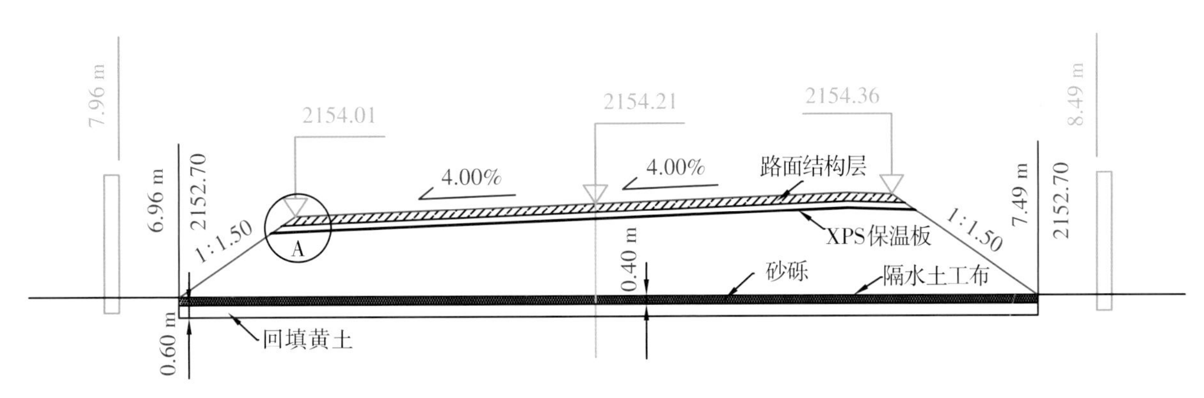

图8-8　马营至云田二级公路保温隔水路基设计方案

（a）铺设防水土工布

（b）铺设保温板

图8-9　马营至云田二级公路保温隔水路基现场施工情况

3. 国道312线界石铺至鸡儿嘴段保温隔水路基

国道G312线界石铺至鸡儿嘴段维修改造工程路线起点位于甘肃省平凉市静宁县与甘肃省白银市会宁县交界的界石铺镇，终点位于南家湾，路线全长约42.44 km。全线采用二级公路技术标准，路基宽度12 m，根据不同段落，设计行车速速分别采用60 km/h和40 km/h两种，全线设置完善的防护设施、防排水设施和交通安全设施。该段保温隔水路基设计桩号为K1954+200～K1955+400段，共计800 m，路基设计方案如图8-10所示。2015年完成修筑，现场具体施工情况如图8-11、图8-12所示。

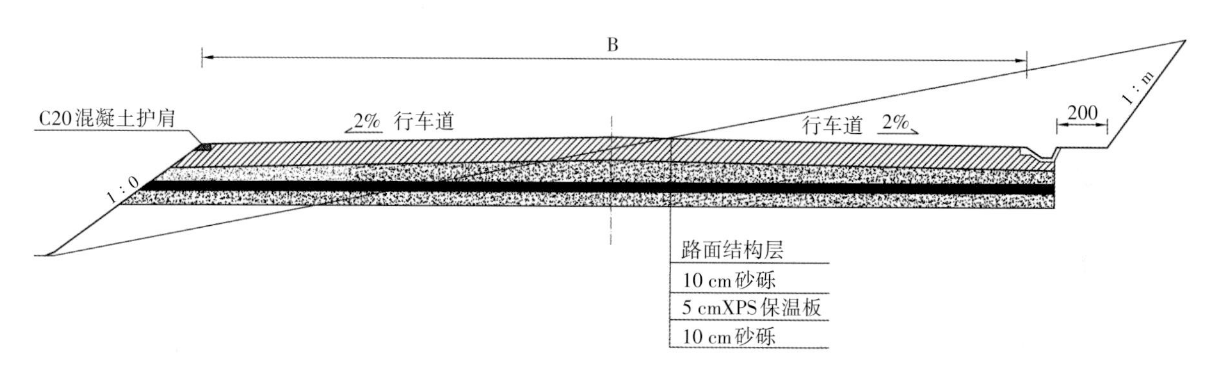

图8-10　国道312线界石铺至鸡儿嘴段保温隔水路基横断面设计方案

图8-11 保温隔水路基现场施工情况

图8-12 保温隔水路基现场施工情况

4. 国道G312线鸡儿嘴至清水驿段保温隔水路基

国道312线鸡儿嘴至清水驿段维修改造工程起点位于甘肃省定西市、白银市分界处的鸡儿嘴，与国道312线界石铺至鸡儿嘴段维修改造工程顺接，重点位于兰州市榆中县清水驿（K2065+880段），与下一段维修改造工程顺接。路线全长92.66 km。全线采用二级公路技术标准，路基宽度8.5～12 m，根据不同段落，设计行车速度分别采用60 km/h和40 km/h两种。

国道312线鸡儿嘴至清水驿段保温隔水路基共修筑两段，分别是K2031+750～K2032+790段和K2019+300～K2019+600段，共计1340 m。国道312线鸡清段保温隔水路基根据现场降雨及地下水情况未设置防水土工布。在路基顶面铺设10 cm砂砾，后铺设5 cm的XPS保温板，后上覆10 cm砂砾作为保护层，具体横断面如图8-13所示。2014年11月完成该段保温隔水路基修筑，现场施工情况如图8-14～图8-17所示。

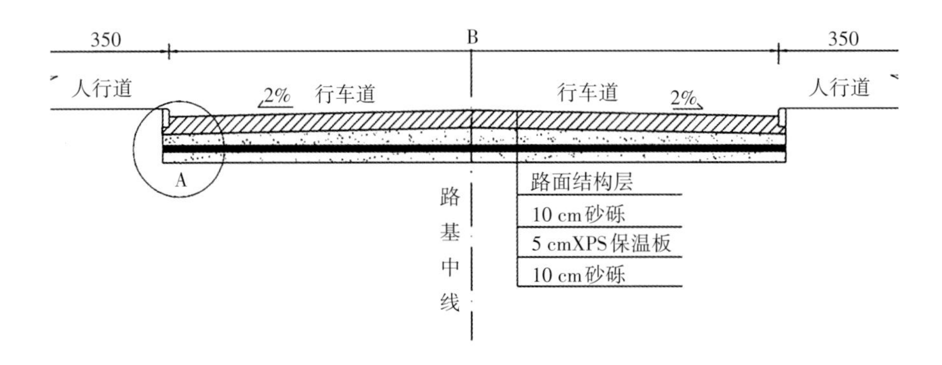

图8-13 国道312线鸡儿嘴至清水驿段保温隔水路基横断面设计方案

图8-14 保温隔水路基现场施工情况

图8-15 保温隔水路基现场施工情况

图8-16 保温隔水路基现场施工情况

图8-17 保温隔水路基现场施工情况

8.4 保温隔水路基监测

8.4.1 G30连霍高速公路永登至古浪段路基监测断面

G30连霍高速公路永登至古浪段属于季节冻土区，其中永登附近路段位于强湿陷性黄土地区。为研究保温隔水路基对黄土路基多次湿陷的实际防治效果，选取永登至古浪高速公路K1776段（原徐古汽车专用二级公路K2299段），修筑保温隔水路基并进行温度、含水率监测。

1. 永古高速公路保温隔水路基监测断面布设方案

针对季节冻土区黄土路基多次湿陷，在前期压实黄土多次湿陷机理研究的基础上，提出了路基新结构——保温隔水路基，并在G30连霍高速公路永登至古浪K1776段修筑了50 m的保温隔水路堤试验路段，详见本书8.3节内容。试验路基修筑过程中，在路堤内部不同位置埋设温度传感器与含水率传感器，监测其实际工程效果。同时，在保温隔水试验路段附近，设置常规填筑对比监测断面（无措施监测断面），如图8-18（a）和图8-18（b）所示。该路段是在原徐古汽车专用二级公路上进行扩建，试验路段处采用右侧加宽。施工过程中在保温隔水路堤与常规填筑路堤同时布设温度传感器与含水率传感器，如图8-18（c）和图8-18（d）所示。保温隔水路堤顶面铺设一层8 cm厚的XPS保温板来减小路堤冬季冻结深度，同时还可阻隔路面地表水渗入路基内，室内模型试验已验证保温材料也具有一定的隔水效果。减小黄土路基的冻结深度可以降低冻融循环导致的水分重新分布、密度、强度等变化，进而减小黄土路基的湿陷变形，确保黄土路基的稳定性。在路堤下部接近天然地表附近铺设一层防水土工布，阻隔地下水浸入路基体内，减小黄土路基由于水分周期波动即干湿循环引起的黄土湿陷变形。

（a）现场监测断面大概位置示意图

图8-18　永古高速公路试验段分布及传感器布设示意图

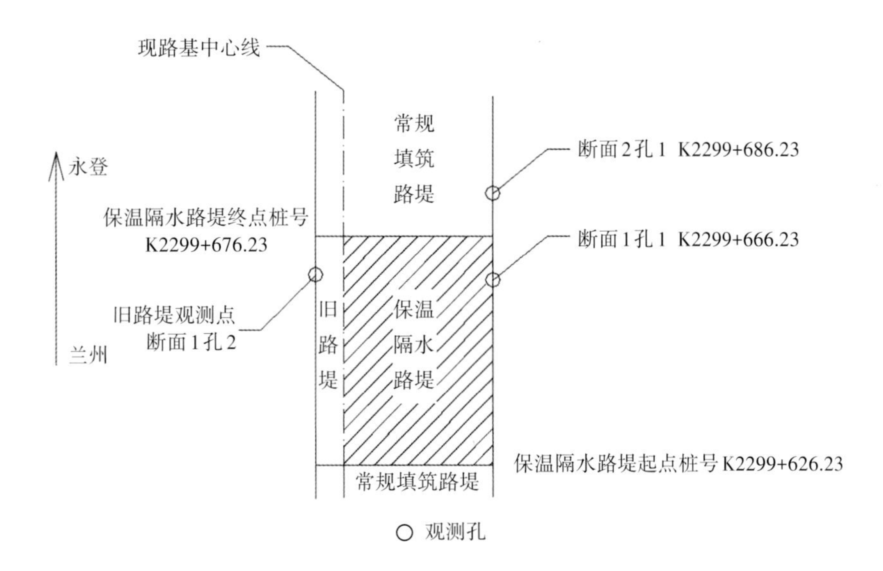

（b） 试验路段及监测点平面图

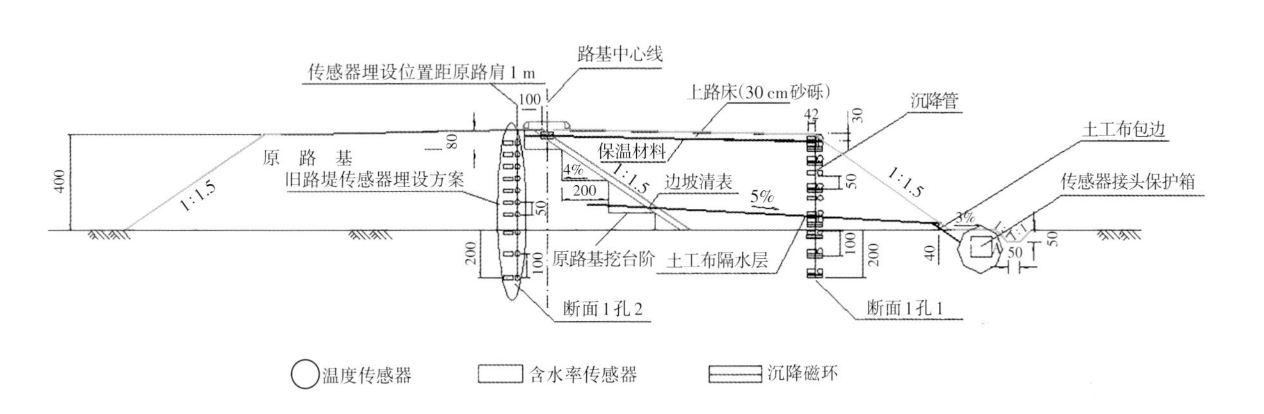

（c） 保温隔水路基横断面和传感器布设图（断面1）

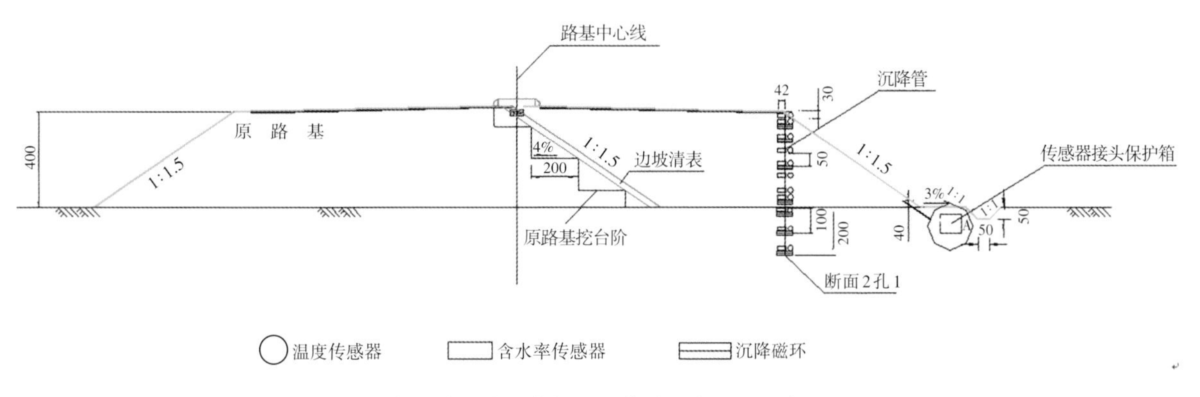

（d）常规填筑路基横断面和传感器布设图（断面2）

续图8-18 永古高速公路试验段分布及传感器布设示意图

如上图所示，断面1孔1为永古高速公路保温隔水路基监测点，断面2孔1为国道G30永古高速公路常规填筑路基监测点。

2.监测结果

1）温度分布规律

监测断面于2011年完成全部温度传感器与含水率传感器的埋设。2012年完成相应数采仪、太阳能供电系统的安装，并开始自动采集相关数据。数采仪安装前，数据采集采用人工采集方式，采集周期约每月1次；数采仪安装后，数据采集周期为每4小时1次。数采仪自动采集了2012—2013年冬季的数据。

（1）常规填筑路基（断面2孔1）温度变化规律。常规填筑路基未铺设保温板及防水土工布，其温度传感器埋设位置如图8-18（d）所示，监测结果如图8-19所示。

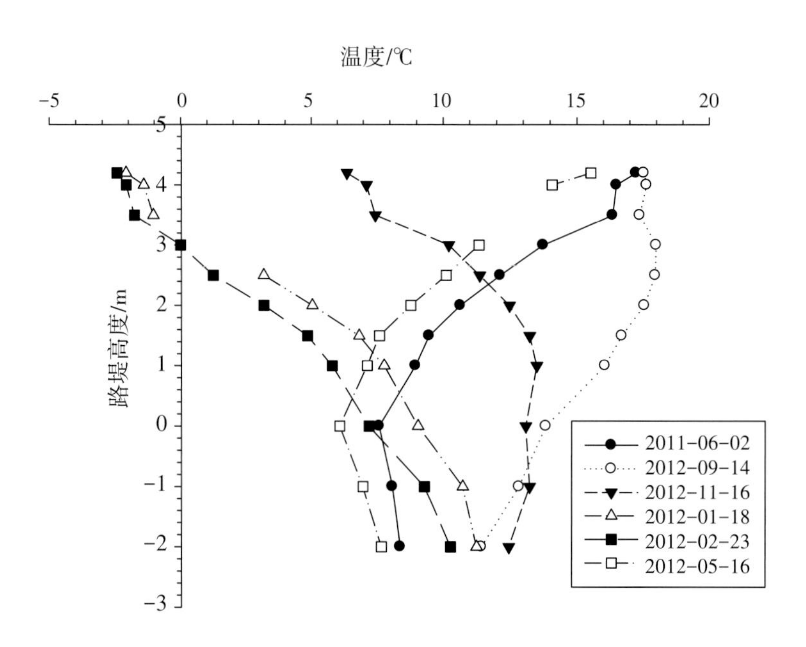

图8-19 常规填筑路基(断面2孔1)土体温度随路堤高度变化曲线

监测结果表明，监测期间路基内地面线下土体温度变化较小，在5.1～13 ℃之间。地面线上路堤部分土体温度变化幅度较大，在-2.5～18 ℃之间，且越接近路堤顶面，温度变化越剧烈。路堤顶面下1.2 m范围内土体在冬季2012年1—2月期间，温度降至0 ℃以下，土体发生冻结。上述监测结果说明路堤顶面下1.2 m范围内压实黄土发生了明显的冻融交替。

（2）保温隔水路基（断面1孔1）温度变化规律。保温隔水路基监测点温度传感器埋设位置如图8-18（c）所示，监测结果如图8-20所示。

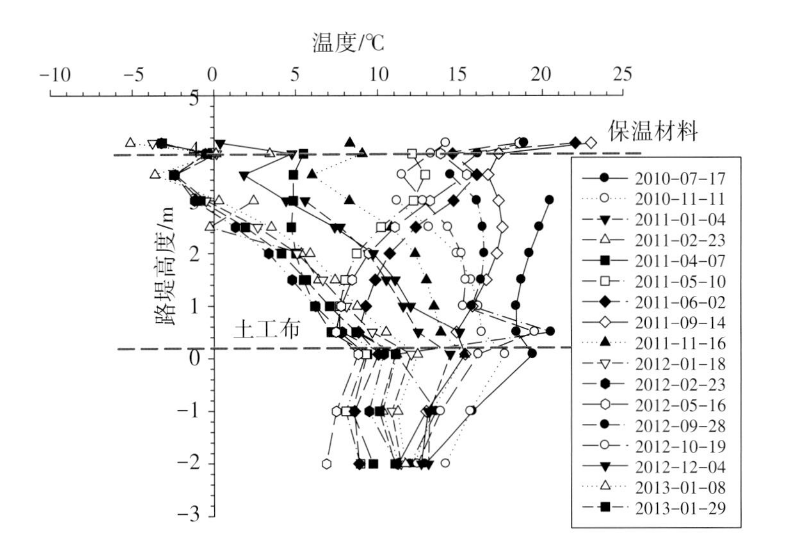

图8-20 保温隔水路基(断面1孔1)土体温度随路堤高度变化曲线

监测结果表明，冬季保温板上土体温度较低，保温板下土体温度较高，说明保温材料具有较好的保温效果。保温板下一定深度地温出现负温，主要是由于该监测点距离边坡较近，冬季受到边坡较低的温度影响，冻结深度较大。同时，路堤内部土体由上至下温度逐渐升高，接近原地面线附近防水土工布上下温度存在一定的差异，说明土工布对地温场也有一定的影响。防水土工布下土体由上至下温度逐渐减小，且温度变化幅度较路堤内部土体小。

2）含水率分布规律

（1）常规填筑路基（断面2孔1）含水率分布规律。常规填筑路基未铺设保温板及防水土工布，其含水率传感器埋设位置如图8-18（d）所示，监测结果如图8-21所示。

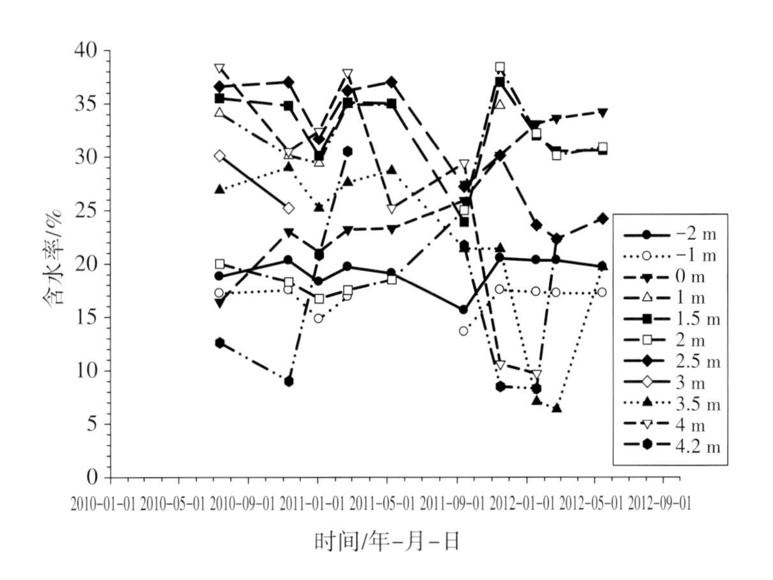

图8-21 常规填筑路基(断面2孔1)土体含水率随时间变化曲线

常规填筑路基监测断面-2 m、-1 m数据分别为路堤内地面线下2 m、1 m处黄土体积含水率，0 m数据为路堤内地面线处黄土体积含水率，4.2 m为路堤内地面线上4.2 m处黄土体积含水率，此处为路堤顶面。监测结果表明，监测断面地面线上土体含水率变化趋势较为一致，季节性变化明显。自2010年7月起土体含水率逐渐降低，2010年7—11月期间，路堤顶面含水率（4.2 m）由13%降至8.8%。2010年12月—2011年2月，含水率逐渐增加，路堤顶面含水率（4.2 m）已超过30%。随后2011年10月—2012年2月，土体含水率又逐渐降低，路堤顶面含水率（4.2 m）降至8%左右。而地面线下2 m与1 m土体含水率（-2 m、-1 m）虽也出现季节性变化特征，但变化幅度较小。-2 m土体含水率最高20.5%，最低15%左右；-1 m土体含水率最高17.5%，最低13%左右。

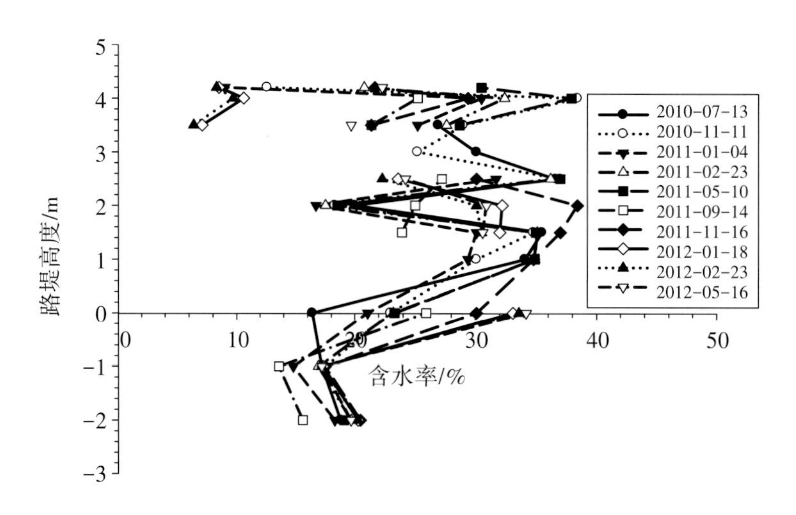

图8-22 常规填筑路基(断面2孔1)土体含水率随路堤高度变化曲线

图8-22为常规填筑路基（断面2孔1）土体含水率随路堤高度变化曲线。由图可知，路堤内部地面线下1～2 m附近土体含水率较为稳定，变化幅度较小，在13%～20%之间。说明路堤内部原地面线1 m以下土体干湿循环程度较轻。路堤内部原地面线上土体含水率变化较大，在6%～38%之间，监测期间含水率的变化量较大，说明路堤土体会发生剧烈的干湿交替现象。

（2）保温隔水路基（断面1孔1）含水率分布规律。保温隔水路基监测点含水率传感器埋设位置如图8-18（c）所示，监测结果如图8-23所示。

监测结果表明，断面1孔1路堤内土体含水率变化趋势较为一致，季节性变化明显。自2010年7月起土体含水率逐渐降低，2010年11月—2011年2月冬季期间，含水率降低。2011年5—9月期间，土体含水率逐渐增加。随后2011年11月—2012年2月冬季期间，土体含水率又逐渐降低。而路堤内部原地面线下土体含水率变化趋势基本一致，随时间变化幅度不大，季节性不明显。

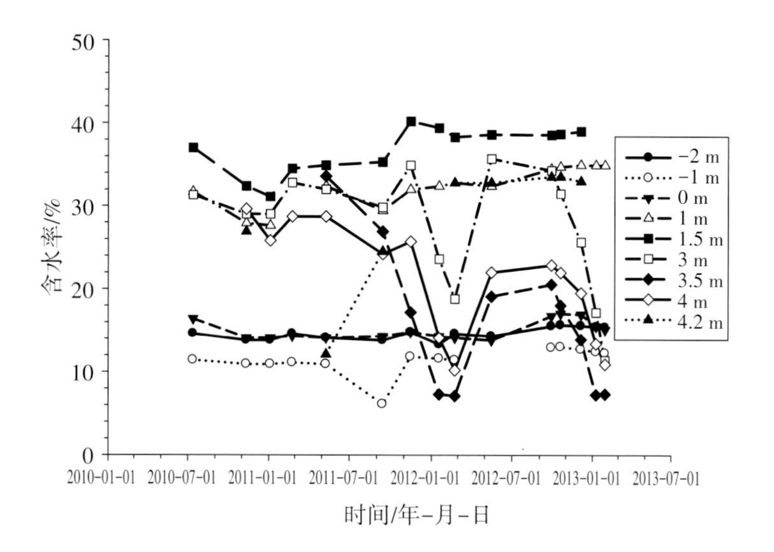

图8-23 保温隔水路基(断面1孔1)土体含水率随时间变化曲线

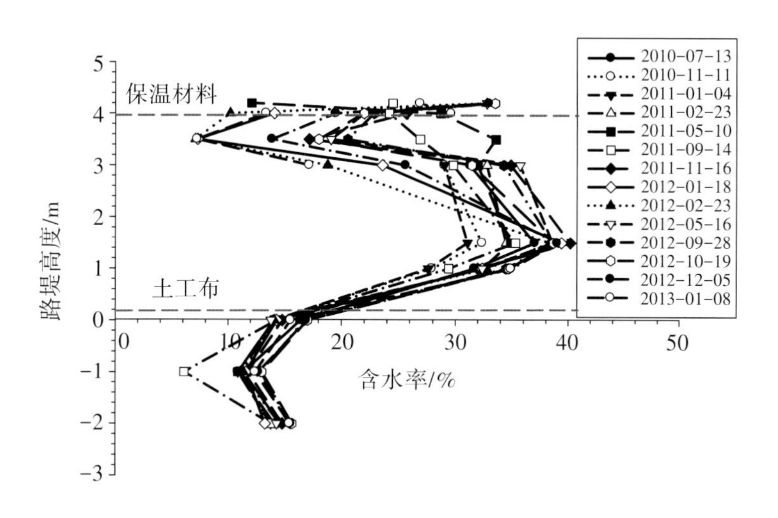

图8-24 保温隔水路基(断面1孔1)土体含水率随路堤高度变化曲线

图8-24为保温隔水路基（断面1孔1）土体含水率随路堤高度变化曲线。由图可知，路堤内部地面线下2 m至地面线上2.5 m范围内土体的含水率较为稳定，监测期间含水率的变化量也较小，与常规填筑路堤内同范围的土体含水率的变化情况相比，这部分土体基本不发生剧烈的干湿交替现象。而路堤内部2.5 m以上土体含水率变化较大，在7%～39%之间，与常规填筑路堤同范围的土体含水率变化情况相当，说明路堤这部分土体也会发生较为剧烈的干湿交替现象。这主要是因为保温隔水路堤与常规填筑路堤2.5 m以上土体距边坡较近，含水率受边坡入渗水分的影响较大，故含水率变化幅度较大。而保温隔水路堤与常规填筑路堤2.5 m以

下土体距边坡较远，其含水率可能主要受地下水影响，因而铺有防水土工布的保温隔水路堤土体含水率变化幅度明显小于常规填筑路堤。

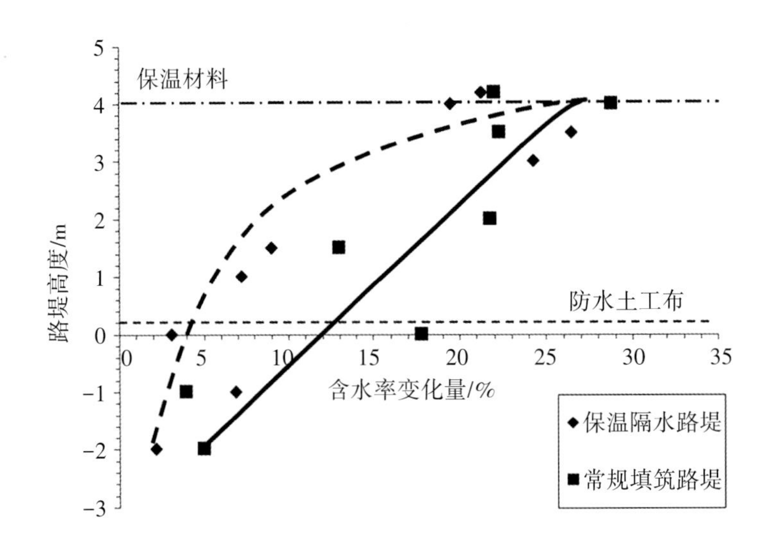

图8-25 不同路堤结构土体含水率变化量

图8-25为保温隔水路堤与常规填筑路堤土体含水率变化量。含水率变化量是指，在监测期间内某一位置压实黄土含水率的最大值与最小值之差，它表明该处土体监测期间内经历干湿循环的剧烈程度，含水率变化量越大，说明干湿循环越剧烈。可以看出，保温隔水路堤与常规填筑路堤最上层砂砾层的含水率变化量基本一致，均在21%左右。保温隔水路堤保温板下土体含水率变化量较保温板上含水率变化量小，而常规填筑路堤相同位置土体含水率变化量急剧增大，这说明保温板起到了一定的隔水效果，与室内模型试验结果一致。保温隔水路堤地面线附近防水土工布下层土体含水率变化量只有3%左右，而常规填筑路堤同一位置土体含水率变化量达到17%左右，远大于前者，这说明防水土工布起到了较好的隔水效果。在地面线至3 m高范围内，保温隔水路堤土体含水率变化量明显小于常规填筑路堤土体含水率的变化量，说明保温隔水路堤内0～3 m范围内压实黄土干湿交替的程度远小于常规填筑路堤，其路基发生多次湿陷的可能性及严重程度也小于常规填筑路堤，说明防水土工布效果明显。而保温隔水路堤3 m以上至路堤顶面范围内的压实黄土含水率的变化量与常规填筑路堤的相当，说明该部分土体也发生了较为剧烈的干湿交替现象。这主要是因为该部分土体距边坡较近，其含水率主要受边坡入渗水分的影响，因而与常规填筑路堤相似。总体而言，新型保温隔水路基起到了减弱干湿循环对路基内部黄土的影响，有助于路基的长期稳定。

8.4.2　马营至云田二级公路监测断面

1. 马营至云田二级公路保温隔水路基监测方案

为了对比保温隔水路基的工程效果，马云路除了保温隔水路基监测断面外，还布设了一个常规填筑路基对比断面，同时监测两个断面的水热过程，温度和水分传感器布设方式如图8-26所示。

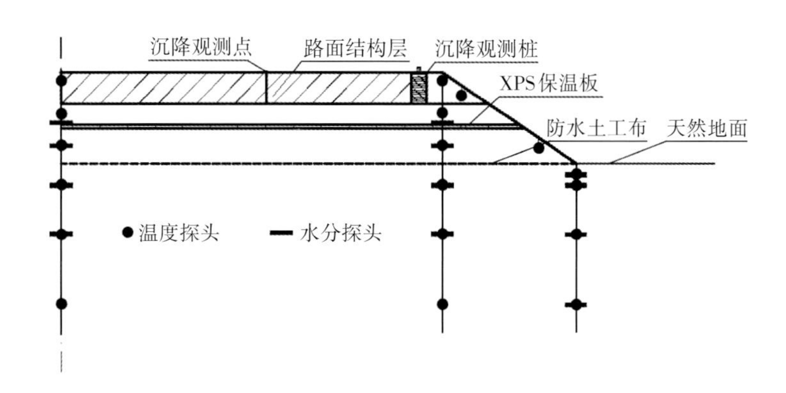

图8-26　马营至云田二级公路保温隔水路基监测方案

2. 马营至云田二级公路保温隔水路基监测结果

1）温度监测结果

马云路保温隔水路基地温监测结果如图8-27～图8-29所示。保温隔水路基坡脚、路肩和路中心处地温呈季节性变化，冬季较低，夏季较高，并且在冬季，各土层地温随深度增加逐渐升高，而在夏季，各土层地温随深度增加逐渐降低；路基坡脚处冬季地温高于路肩和路基中心处地温，路肩处地温最低；2017年冬季路基各处地温高于2016年，其中，2016年冬季，路基坡脚10 cm和20 cm处地温接近0 ℃，路肩和路基中心15 cm和50 cm处地温低于0 ℃，而在2017年冬季坡脚处各深度地温＞0 ℃，路肩和路基中心50 cm以下地温＞0 ℃。

2）含水率监测结果

马云路保温隔水路基内部土体含水率监测结果如图8-30～图8-32所示。由图可知，保温隔水路基坡脚、路肩和路中心处表层土体含水率随时间变化较大，而其他深度含水率随时间变化较小；坡脚和路肩处各层土体含水率随深度增加逐渐减小，而路基中心处含水率冬季随深度增加逐渐增大，夏季随深度增加逐渐减小；路肩与路基中心50 cm处含水率变化趋势相同，波动较大，由于冬季地温低于0 ℃，导致其对应的含水率较低。

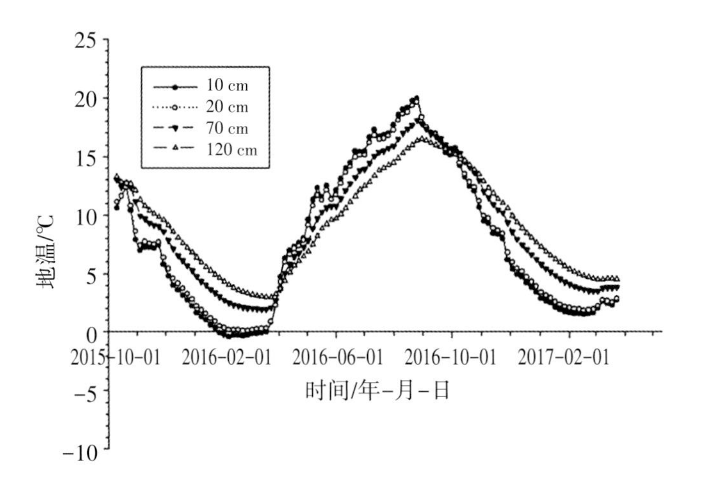

图8-27 保温隔水路基坡脚地温变化

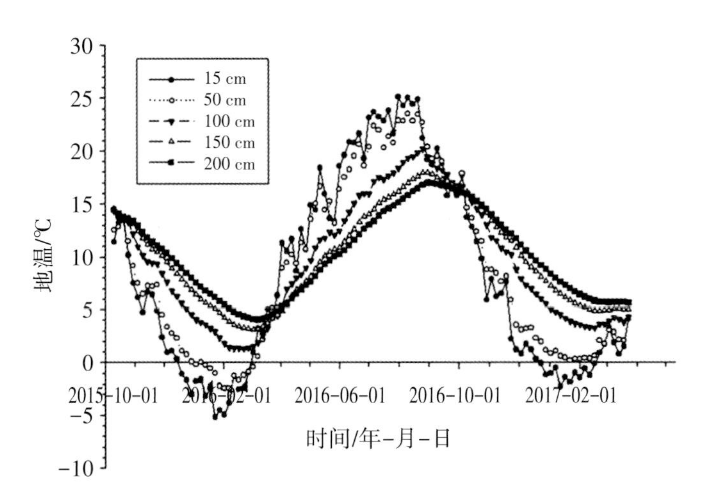

图8-28 保温隔水路基路肩地温变化

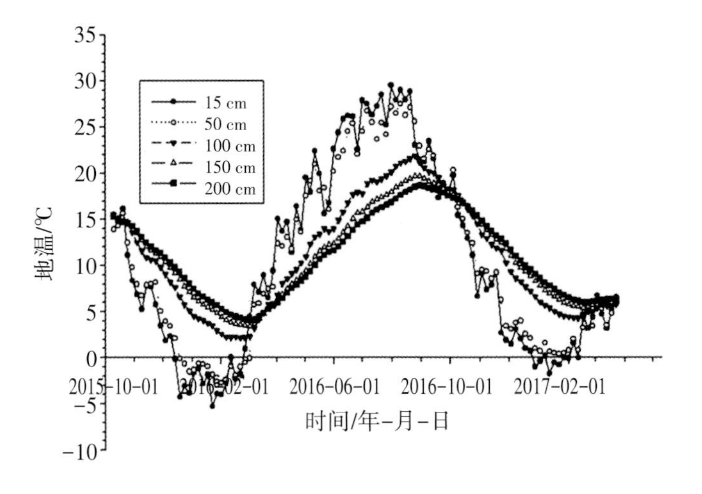

图8-29 保温隔水路基中心地温变化

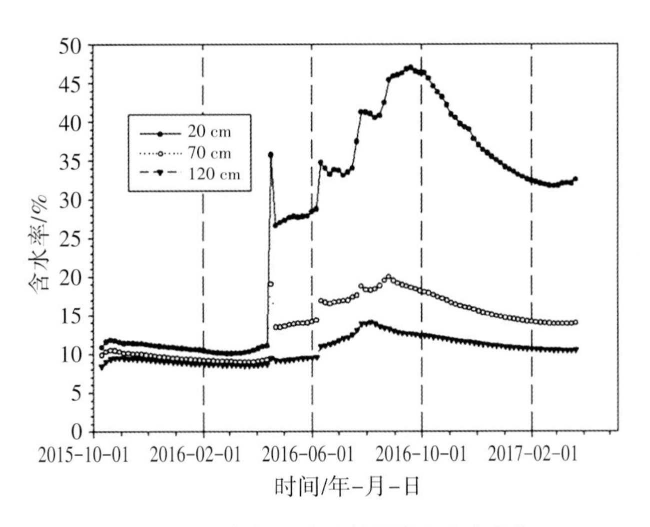

图8-30　保温隔水路基坡脚含水率变化

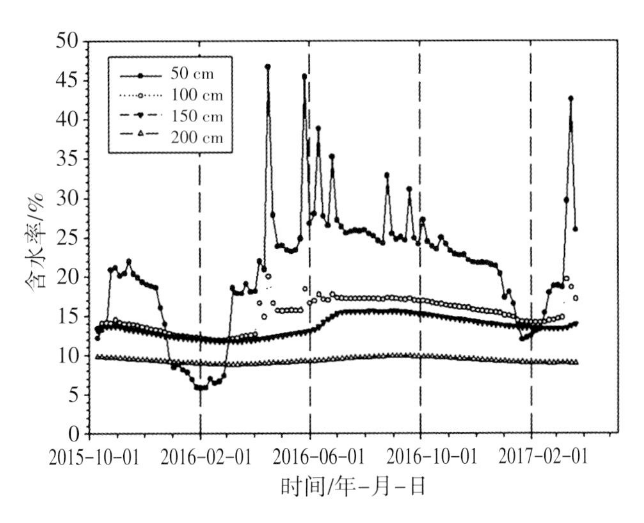

图8-31　保温隔水路基路肩含水率变化

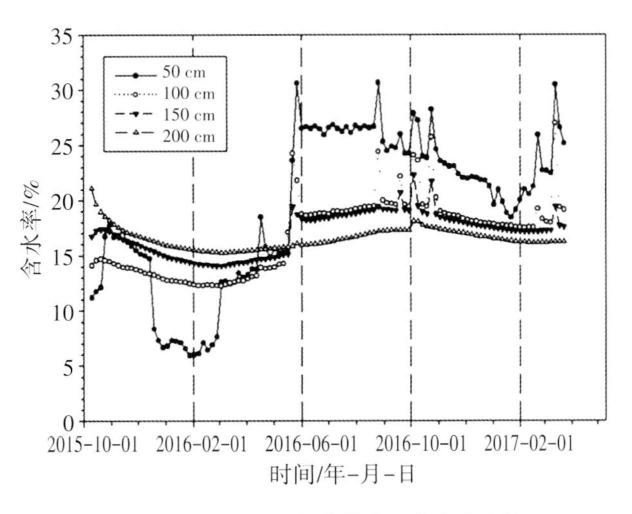

图8-32　保温隔水路基中心含水率变化

9 黄土路基多次湿陷防治——黄土路基化学改良

为了满足日益复杂及多样化的工程建设需要，国内外学者研发了一系列土壤固化材料，使之由简单、单一的无机结合料发展为复杂、综合的多种类型化学物质，用于改善不同土体的物理力学性质。

根据其成分特点及加固机理，土壤固化剂大致可以分为无机类、离子类、有机高分子类、生物酶类和复合类。

9.1 土体改良剂

9.1.1 无机类固化剂

1.水玻璃系列

1）普通水玻璃

水玻璃固化土体的作用机制主要归结为两方面：

（1）水玻璃能够与土中的高价金属离子或pH值<9的孔隙水反应生成硅酸钙或硅胶颗粒，填塞土体颗粒间的孔隙，令土体结构更加密实。

（2）当水玻璃加入到土与水泥的混合材料中后，将与水泥水解产生的氢氧化钙反应生成具有一定强度的水化硅酸钙凝胶体，在土颗粒之间发挥化学胶结作用，从而提高其强度。其反应式为：

$$Ca(OH)_2+Na_2O\cdot nSiO_2+mH_2O\rightarrow CaO\cdot nSiO_2\cdot mH_2O+NaOH \tag{9-1}$$

2）加热改性水玻璃

加热一定浓度的水玻璃，该过程中提供的能量能够将缩聚的高分子链状硅酸高分子打散，或降低液体黏度，加快分子布朗运动，同时降低胶粒中的水含量，再次增加硅酸分子间碰撞机会，从而形成更多的细小胶粒。和土体充分拌合后生成细化的各类水合硅酸凝胶和含钠水玻璃凝胶。随着温度上升，水玻璃与土中各组分间的相互作用加强，并进一步促进凝胶自身的缩合失水和固化黄土的物理脱水。

3）复合改性水玻璃

将钠水玻璃与钾水玻璃混合后，由于原来的平衡体系被打破，胶体溶液中各组分发生了界面化学反应，并在反应产生的热量作用下，形成与原来钠水玻璃和钾水玻璃都不同的新的细化胶粒。在固化过程中，土中的黏土矿物会对复合改性水玻璃中的K^+、Na^+进行竞争性吸附，即K^+进入黏土矿物相邻晶层间氧原子网格的空穴中，从而加强晶层间的联结力；由于K^+、Na^+的离子半径分别为0.133 nm和0.095 nm，K^+的截面更大，与CO_2接触的概率更高，也就造成复合改性水玻璃通过吸收土体中的CO_2而硬化的速率增大。在此基础上Na^+的凝胶薄膜会覆盖K^+凝胶薄膜及其裂纹，进一步提高凝胶薄膜的厚度及强度。

2.水泥

水泥中含有硅酸三钙、硅酸二钙、铝酸三钙和铁铝酸四钙等矿物，在与土壤拌合后能够与土中的水分发生强烈的水解和水化反应，其化学反应式如下：

$$2(3CaO\cdot SiO_2)+6H_2O \longrightarrow 3CaO\cdot SiO_2\cdot 3H_2O+3Ca(OH)_2 \tag{9-2}$$

$$2(2CaO\cdot SiO_2)+4H_2O \longrightarrow 3CaO\cdot SiO_2\cdot 3H_2O+Ca(OH)_2 \tag{9-3}$$

$$3CaO\cdot Al_2O_3+6H_2O \longrightarrow 3CaO\cdot Al_2O_3\cdot 6H_2O \tag{9-4}$$

$$4CaO\cdot Al_2O_3\cdot Fe_2O_3+2Ca(OH)_2+10H_2O \longrightarrow 3CaO\cdot Al_2O_3\cdot 6H_2O+2CaO\cdot Fe_2O_3\cdot 6H_2O \tag{9-5}$$

$$3CaSO_4+3CaO\cdot Al_2O_3+3H_2O \longrightarrow 3CaO\cdot Al_2O_3\cdot 3CaSO_4\cdot 32H_2O \tag{9-6}$$

在上述反应中，促进土体早凝的主要是铝酸三钙和铁铝酸四钙的水化反应，而硅酸三钙（C_3S）水化反应生成水化硅酸钙和氢氧化钙的过程是造成固化黄土强度提高的主要原因；硅酸二钙（C_2S）则主要形成固化黄土的后期强度；而硫酸钙（$CaSO_4$）与铝酸三钙一起与水发生反应，会生成水泥杆菌（$3CaO\cdot Al_2O_3\cdot 3CaSO_4\cdot 32H_2O$），把大量的自由水以结晶水的形式固定下来。

当水泥的各种水化物生成后，一部分硬化形成水泥石骨架，而另一部分则通过以下3种反应进一步强化土体结构：

1）离子交换及团粒化作用

在水泥水化后产生的胶体中同时存在$Ca(OH)_2$和游离态Ca^{2+}、OH^-离子，以SiO_2为骨架的黏土矿物表面通常带有Na^+和K^+等离子，而析出的Ca^{2+}能够与土体颗粒表面的Na^+、K^+进行当量置换，促使大量的土粒聚集形成较大的土团。同时在水泥水化生成物$Ca(OH)_2$的强烈吸附活性作用下，上述较大的土团粒进一步结合，形成链条状结构，形成稳定的联结。

2）火山灰反应

随着水泥水化反应的深入，溶液中析出的Ca^{2+}数量超出上述离子交换的需要量，在碱性的环境中Ca^{2+}与黏土矿物重要组分SiO_2和Al_2O_3发生化学反应，生成不溶于水的结晶矿物$CaO-Al_2O_3-H_2O$系列铝酸石灰水化物和$CaO-SiO_2-H_2O$系列硅酸石灰水化物等。

3）碳酸化作用

水泥水化物中的游离$Ca(OH)_2$能够不断吸收水分并和空气中的CO_2反应生成$CaCO_3$，最终提高土的强度。

另一方面水泥固化黄土也存在着各种缺点：水泥的固化效果受土壤类别限制，对塑性指数高的黏土、盐渍土及有机土等加固效果不理想；水泥加固土干缩系数和温缩系数均较大，易开裂；水泥初凝与终凝时间较短，一般要求在3～4 h内完成从加水拌合到碾压终了的各个工序，操作时间紧张。

3.石灰

石灰掺入土体后主要会发生以下反应：

1）离子交换反应

在水的作用下石灰解离成Ca^{2+}和OH^-离子，Ca^{2+}可与Na^+、K^+离子发生离子交换，使黏土胶体表面吸附层减薄，ξ电位降低，黏土胶体发生絮凝，形成初期的水稳性。

2）$Ca(OH)_2$的结晶反应

石灰在吸收水分后形成含水晶体［$Ca(OH)_2 \cdot nH_2O$］，晶体相互结合，并附着于土粒表面将其胶结成整体，该反应促使石灰土的水稳性进一步提高。

3）$Ca(OH)_2$的碳酸化反应

$Ca(OH)_2$与空气中的CO_2起化学反应生成$CaCO_3$，$CaCO_3$自身强度较高，同时难溶于水，具有较高的水稳性，它的产生进一步固化了土体颗粒间的胶结作用。

4）火山灰反应

由于石灰呈碱性，土中的活性硅、铝矿物在其激发下解离，在水分参与下与$Ca(OH)_2$反应生成含水的硅酸钙和铝酸钙等胶结物，这些胶结物逐渐由凝胶状态失水固化，使土体结构更趋于稳固。

4.MBER土壤固化剂

MBER土壤固化剂是以水泥熟料为主固剂的无机类水泥基土壤固化剂，其固化原理与水泥土类似。

1）物理作用

MBER土壤固化剂掺入土体后，首先在外部机械功的夯实作用下，混合料中土颗粒彼此靠近，土体的孔隙率降低，密实度增大，渗水性能随之下降。由于MBER材料本身的特性，可使在相同压实功条件下固化土体达到的密度高于素土。另一方面，由于MBER水化产物的体积膨胀，将孔隙中的水分和孔隙挤出土体的同时填充孔隙，可使原本较松散的土体结构变得更加致密，使得局部土体的密度增大。

2）化学作用

化学作用包括MBER在固化土壤过程中自身组分发生的反应、土体中矿物、易溶盐等与固化剂中的某些组分发生的化学反应等。首先，MBER与水分反应产生各种水化产物，包括C-S-H凝胶、$Ca(OH)_2$、Aft等，这是其他物理化学、物理作用的物质基础。随着MBER的水化深入，上述水化产物逐渐构成MBER固化黄土的强度主体。其次，MBER水化产物$Ca(OH)_2$与空气中CO_2发生碳酸化反应生成$CaCO_3$，同时能够与土体中的SiO_2和Al_2O_3发生火山灰反应生成$CaO·SiO_2$和$3CaO·Al_2O_3$，上述两种反应均能够有效提高固化黄土的强度。

3）物理化学作用

物理化学过程主要指土颗粒与土壤固化剂中的各组分吸附过程，包括物理吸附、化学吸附和物理化学吸附。在MBER与土体的物理化学作用过程中，主要发生的是物理化学吸附。MBER开始水化水解时，由于在孔隙水溶液中，含有大量的Ca^{2+}、Al^{3+}等高价离子，这些离子可以与黏粒吸附的Na^+进行交换，降低双电层厚度，增加土粒的团聚作用。但是随着水解水化反应的进行，孔隙水溶液中游离状态的Ca^{2+}、Al^{3+}等高价离子以$Ca(OH)_2$、$CaCO_3$或其他水化物形式沉淀下来，形成不溶于水的化合物，而游离的Na^+离子含量相对越来越多，可将黏粒吸附的Ca^{2+}离子再次交换下来，致使ESP增大，即交换性钠百分比增加，导致土粒团聚作用降低。

5.粉煤灰

粉煤灰的主要成分包括活性二氧化硅（SiO_2）、三氧化二铝（Al_2O_3）、三氧化二铁（Fe_2O_3）和氧化钙（CaO），这4种氧化物总量一般约占90%。土中同样也含有无定性的SiO_2、Al_2O_3等物质。这两种材料经拌合压实后，在水分作用下能够发生一系列水化反应，生成水化硅酸钙、水化铝酸钙、水化铁酸钙等不溶于水的稳定性结晶生成物。随着水化反应的进一步深化，更多的水化生成物生成，并在空气和水中逐渐硬化，形成了较大的团粒结构，填充孔隙，在外部荷载作用下被压实，提高土体强度。

6. SSA 土壤固化剂

SSA土壤固化剂为黑色粉末状固体，由无机材料制成，是一种无毒、无腐蚀、不易燃、无刺激、防腐蚀的工程材料。在SSA土壤固化剂中存在具有亲水性的阴离子，在掺入土体后能够与土体颗粒表面的金属阳离子结合，辅助以离子配位，形成交联键，在置换出水分子的同时使得土粒表面趋于电中性，原本活动性很强的阳离子被固定在原位，因此产生固化。上述不可逆的化学反应能够产生很大的结合力，由于在该结合力作用下土壤毛细管作用和对水分的吸附力均被破坏，同时在黏土颗粒间形成油性的薄膜，土壤由亲水性变为斥水性，无法被土体颗粒吸附的水分顺着孔隙自然排除或者蒸发，外力夯实作用下土体颗粒紧密联结，形成牢固的多结晶聚集的高密度整体，大幅度提高了土体的强度和承载力，改善了土体的水稳性和防渗性 。

7. GT型土壤固化剂

GT型土壤固化剂是以发电厂燃烧亚烟煤或褐煤时所产生的干排粉煤灰和脱硫石膏两种废料为主要成分，辅以生石灰（或水泥）、熟石膏以及硫酸铝（或明矾石）等次要成分，采用生石灰消解法除去脱硫石膏中的自由水，按全粉料配料的方法研制而成的一种干粉状态的土壤固化剂产品。

GT型土壤固化剂的固化效果取决于各组分的化学活性。将GT型土壤固化剂掺入土壤并经历加水、搅拌、压实和自然养护等一系列处理工艺后，在水化作用下作为水硬性胶凝材料的粉煤灰粒子表面生成铝酸根阴离子层；生石灰（或水泥）生成$Ca(OH)_2$，而脱硫石膏和熟石膏则能够形成一定量的$CaSO_4 \cdot 2H_2O$。借助硫酸铝（或明矾石）的激发作用，$CaSO_4 \cdot 2H_2O$能够极大地促进$Ca(OH)_2$与粉煤灰粒子表面铝酸根阴离子层间的酸碱中和反应，生成一种包含有水化硫铝酸钙成分的复合C-S-H凝胶。在随后的常温自然养护过程中，水化硫铝酸钙将会从复合C-S-H凝胶中以凝胶的形式离析出来，并固化生成钙矾石针状晶体，其分子式为$3CaO \cdot Al_2O_3 \cdot 3CaSO_4 \cdot 32H_2O$，它具有极佳的水硬性，能够与尚未结晶的C-S-H凝胶一起提高土壤的固结强度。另外，在生成钙矾石晶体的形成过程中伴随着体积膨胀，其膨胀量不仅足以抵消C-S-H凝胶生成时所产生的体积收缩，甚至能够造成固结土壤微膨胀，在该膨胀作用下土体结构将挤压密实。

8. GA 土壤固化剂

GA土壤固化剂是一种灰白色粉末状固体，由特殊的二氧化硅及活性铝、铁等无机胶结材料组成，密度为2.80～2.90 g/cm^3；细度为粒径＞44 μm的颗粒占20%以下，粒径＞88 μm

的颗粒占4%以下，勃氏比表面积4000～4500 cm^2/g。

GA土壤固化剂的固结机理可以归纳为3点：

（1）一方面，土体经GA土壤固化剂处理后，在土壤颗粒周围生成水化硅酸钙、沸石类、托勃莫来石类以及方钠石等矿物，在外部压力作用下颗粒相互之间紧密接触；另一方面，GA土壤固化剂中的激活组分以不同方式渗入颗粒内部，与其中的黏土矿物发生物理化学作用，形成水铝酸盐、含水硅酸盐等胶凝物质，最终在黏土颗粒表面产生不可逆的凝结硬化。固化后的土体具有较好的水稳定性和强度稳定性。

（2）一般情况下，极性水分子和OH^-在进入黏土颗粒内部空隙后，往往造成黏土颗粒表面带上负电荷，ξ电位增大，并致使土体分散，比表面积增加。而GA土壤固化剂中的组分能够置换土体中凝聚能力低的离子，降低ξ电位。另一方面，能够提高电解质浓度，降低胶粒双电层厚度，最终促使黏土颗粒聚集。

（3）GA土壤固化剂的主要水化产物以及其与黏土矿物反应的生成物，均属于层状硅酸盐，这类硅酸盐能够建立空间网状结构，并借助自身与土体矿物界面上存在的胶结力牢固地联结分散的土壤颗粒，使之成为一个具有较高强度的整体，最终提高土体的工程性质。

9. SSS型土壤固化剂

SSS型土壤固化剂是多组分粉状固体，主要由水泥、石灰以及各种可溶性无机盐类组成。当该固化剂与土体拌合后，各组分将在水的作用下，发生各种化学反应，如水泥的水化和水解反应、石灰的碳化反应、黏土矿物离子的交换反应、沉淀反应、凝聚和絮凝反应，以及催化反应，在土体内部形成复杂的链状和网状结构，从而达到固化土体的作用。

水泥在水化过程中各种组分与水反应，生成硅酸盐、铝酸盐和氢氧化钙。两种类型的硅酸钙水化作用产生新的化合物，即石灰与硅酸钙石凝胶，后者在强度方面起着主导作用，因为黏结强度和体积变化主要由它来控制。水泥的各种水化矿物之间产生极强的结合力，构成一种包围着非结合土颗粒的具有高强度多孔结构基质。

氧化钙与黏土矿物之间作用分别发生快速的离子交换反应和较慢的碳化反应。反应开始产生絮凝和凝聚，使原本较细的黏土颗粒形成粗粉粒状的大颗粒。呈游离状态的Ca^{2+}置换并占据了吸附在黏土矿物络合物周围的Na^+位置，由此产生了絮凝作用。石灰还同时增加了土的pH值，提高了黏土矿物中硅酸盐和铝酸盐的溶解度，从而加速了其水化反应。在水化作用下，氧化钙能够从水泥中抽提孔隙水，减少土体中含水量。土颗粒的絮凝以及胶凝物质的形成将矿物颗粒连接和胶结起来，从而强化了整个土体的孔隙结构。

固化剂中可溶性无机盐具有催化水化反应的能力，同时也可作为碱性刺激剂，在它的催化下，生成物具有较高的活性和分散性，相互之间更易于胶结，因而更加有效地提高了稳定土的早期强度。活性剂的加入改善了水和土之间的相互作用，使土颗粒表面活性、表面极性和吸附性都发生了变化。能够使土体颗粒由亲水性转化为疏水性，能使水分子“排挤”出土粒表面，并使水分无法重新侵入土颗粒中。土颗粒表面吸附大量离子而成电性粒子、在静电作用下发生颗粒集聚，使土变成具有互不连通的多孔性并能保持不渗水性的稳定结构，提高土体结构强度，改善土体抗渗性、水稳性等工程特性。

10.氢氧化钠

碱液加固法是一种传统的处理黄土湿陷性的方法，在俄罗斯和中国普遍使用。当土中可溶性和交换性的Ca^{2+}、Mg^{2+}离子含量>10 mg·eq/100 g干土时，即可采用氢氧化钠溶液以灌浆的形式注入土中加固地基。

其加固土体的机理如下：

NaOH溶液注入黄土后，首先与土中可溶性和交换性碱土金属阳离子发生置换反应，反应结果使土颗粒表面生成碱土金属氢氧化物：

$$2NaOH+Ca^{2+}\longrightarrow 2Na^{+}+Ca(OH)_2\downarrow \tag{9-7}$$

$$2NaOH+Ca^{2+}（土粒）\longrightarrow 2Na^{+}（土粒）+Ca(OH)_2\downarrow \tag{9-8}$$

上述反应是在溶液渗入土体的瞬间完成的，反应速度快，且NaOH消耗量很小。随后，土中呈游离状态的二氧化硅和三氧化二铝，以及土体本身的微细颗粒（铝硅酸盐类）与NaOH作用后产生钠硅酸盐和钠铝酸盐：

$$2NaOH+nSiO_2\longrightarrow Na_2O+nSiO_2+H_2O \tag{9-9}$$

$$2NaOH+mAl_2O_3\longrightarrow Na_2O*\ mAl_2O_3+\ H_2O \text{ [69]} \tag{9-10}$$

生成的钠硅酸盐和钠铝酸盐呈溶液状态覆盖在土体颗粒表面以及颗粒间的空隙中，随后失水硬化，在外部压实荷载作用下将颗粒紧密地胶结在一起，从而显著提高黄土强度。但该方法也会严重影响周围环境的pH值，对生态发展产生负面作用。

9.1.2 有机高分子类固化剂

有机高分子材料固化剂是利用高分子合成的方法制取的固化材料，这类固化剂是通过高分子链的作用来提高土体强度。其最大特点是固化材料用量少，固化后强度较高，耐水性能好。

1. LD系列岩土胶结剂

LD系列岩土胶结剂作为一种具有长链状的高分子材料，其在与黄土混合后，高分子在黄土颗粒中凝聚、干燥后成为具有黏弹性长链状的连续性丝状膜层，膜与黄土体中的矿物颗粒（SiO_2，Al_2O_3，CaO，MgO，Na_2O，K_2O等）牢固地黏结成整体。丝状膜层通过在土粒表面凹凸不平的缺陷和细缝间穿梭连接，形成立体网络形态。在受力时“链”结构的弹性既分散了应力，又增加了变形性，并有效吸收缺陷与裂缝在脆性土粒中扩展所需要的断裂功，从而延缓了缺陷与裂缝的扩展速率，并提供抗拉强度。高分子链还填充黄土中一部分较小孔隙（<500 Å），特别在成膜过程中堵塞毛细孔道和微缝，从而使土颗粒之间界面黏结强度增加，降低了黄土的孔隙率，改善了对土体的抗渗性和对气温的耐候性以及耐腐蚀性等。另一方面高分子链上的极性功能基与黄土矿物质中的钙、镁发生配位络合，使黄土得到进一步固化。

2. SH高分子材料

SH为水溶性高分子（分子量在20000左右），其大分子链上存在亲水基团：如羧基（—COOH），羟基（—OH）等，主链为疏水性C-C键相连的大分子链。SH固化黄土过程是一系列复杂的物理化学作用，其固化机理主要表现为以下方面：

（1）SH在黄土中能够与碱土金属离子发生置换反应，在置换出土粒表面的阳离子后，双电层厚度减薄，ξ电势降低，土颗粒之间的吸引能增加，促进土颗粒间的聚集、凝结。

（2）SH高分子链上的羧基与土中硅酸盐表面羟基形成氢键，随着SH掺入量的增加，游离羟基逐渐减少，而形成的氢键数量越来越大，氢键之间相互连接而形成稳定的结构。

（3）SH高分子链溶于水，当它的水溶液作用于土粒表面时，链上的强电荷及氢键极易与土粒表面发生吸附作用，使SH高分子链发生扭转，极性基团如羧基、羟基等朝向土颗粒，而主链的疏水基团向外。当亲水的极性基团与土颗粒表面作用完成后，整个长链变成了不溶于水的大分子，其疏水基团能排斥外来水的侵入，降低水对土体的浸润损害，增强土体的水稳定性。

（4）SH作用于黄土后，将相邻的土颗粒通过高分子链相互搭接，同时高分子链之间又互相交叉缠绕、联结，最终整个土体形成一个牢固的整体性空间网状结构，起到加固土的作用。

3. CHF土壤固化剂

该固化剂是一种无毒、无腐蚀、无易燃的工程材料，通常情况下呈黑色液体状态。CHF土壤固化剂的高分子结构具有强离子性，在与土壤作用后，可以置换出黏土颗粒表面的亲水性碱金属和碱土金属离子，而高分子链自身的亲水基团与土颗粒表面矿物相互作用，朝向土颗粒，憎水基团背离土颗粒，这样高分子长链将土颗粒包裹在一起，土壤毛细管中的吸附水被长链大分子置换转变为自由水，并通过外部的重力压实作用和蒸发作用流失；另一方面，其高分子链还能够将相邻的土壤颗粒通过链桥搭接成不溶于水的大分子，在立体空间中形成网状结构，使土壤颗粒之间紧密胶结，最终在机械碾压过程中形成整体板状结构，加固了土体，增强了土体的抗压强度和抗渗强度。

9.1.3 离子类固化剂

离子固化剂（Ionic Soil Stabilizer，简称ISS）是一种由多种强离子组合而成的化学物质，通常呈液态。加入土中后，能够与土体颗粒相互作用，将土体由亲水性变为憎水性，从而去除黏土矿物内部吸附水，在压实作用下有效改进土的工程性质。

1. ISS土壤固化剂

ISS是美国开发研制的一种电离子土壤固化剂，为水溶性液体，原液pH值约为1.25。在被水稀释后，能够迅速离子化，使溶液呈高导电性。ISS稀释液与土拌合后，使土的结构发生下述变化：

（1）在酸性介质环境中，黏土颗粒表面的三氧化二物发生水化离解作用，使黏土颗粒表面带正电荷，电荷性质的改变导致土粒与水分子间的作用由原来的相互吸引变为相互排斥，从而释放出束缚在吸附层和扩散层内的结合水，使其转化为自由水排出；

（2）ISS溶液中的高价离子置换出土中的阳离子后，电位势下降，促使扩散层厚度减薄，土颗粒之间的排斥能降低，土颗粒自身的聚集力得到提高，土颗粒之间相互吸引并产生凝结，形成整体结构。

2. 路邦EN-1土壤固化剂

由美国C.S.S技术公司生产的路邦离子土壤固化剂EN-1，在浓缩状态下为黑色液体，其中硫酸含量＞1%，表面活性剂含量为6%，pH值为1.05，属于酸基化合物，密度1.709 g/cm^3，25 ℃时相对密度为1.70，但有强烈刺激性酸味，沸点为282 ℃，不燃烧，有腐蚀性，溶于水。在稀释后该固化剂水溶液则形成无毒、无公害、无污染、不破坏生态环境的高分子复合材料。用EN-1土壤固化剂对土体进行处理后，主要发生以下两个方面的作用：

（1）将少量EN-1土壤固化剂置于水中时，会导致水的离子化，形成H^+和OH^-，并与土体颗粒的电荷发生剧烈的交换与吸附作用，使其表面水膜中的吸附水脱离束缚而转变为自由水，同时反应产生的疏水基在土颗粒之间产生水排斥效应的偶极矩，使土壤由原来的亲水性变成了憎水性，阻止水分再次进入固化土体。这个化学离子交换反应是永久性的，土壤一旦被处理后，其粒子不会再回复到原来的不平衡离子形态。

（2）经过上述不可逆过程，吸附水从黏土中分离出来变成自由水流失，土壤颗粒间的吸附力也相应得到提高，在电动效果的稳定作用下土壤颗粒将会结合成粗粒，并能够经振动夯实从而进一步消除毛细管结构、土壤中的孔隙以及由表面张力引起的吸水作用，提高土体密度与承载能力。

9.1.4 生物酶类固化剂

生物酶类固化剂是受巢穴动物分泌的固结泥土的物质启发而研制的产品，属于蛋白质多酶基产品，通常为有机物质发酵制成的液体。按一定比例配制成水溶液洒入土中，通过生物酶素的催化作用，经外力挤压密实后，使土体粒子黏合性增强，形成牢固的不渗透性结构。常见的种类有派酶和泰然酶两类。

1.派酶（Perma-Zyme）

派酶由美国国际酶制品有限公司于20世纪40年代研制成功，是一种专门用于稳定路基整体结构的道路施工添加剂，并已在美国、加拿大、澳大利亚、墨西哥等国得到广泛应用。

派酶为棕褐色高浓缩液态制剂，气味芳香，有微甜味，密度为1.08 kg/L，沸点为100 ℃，无毒。派酶性能稳定，但在高温条件下会失效。因此必须在49 ℃以下非露天存放，并避免与强酸、强碱性物质接触。产品冷冻后经消融仍可使用，保存期为2年以上。

其加固机理目前主要认为是酶类稳定剂借助与有机分子结合生成中间产物，该产物与黏土结构发生的交换反应能破坏黏土矿物的双电层结构，将其中的水分排出，促使土颗粒间进一步团粒化而胶结。同时固化剂能够附着于黏土矿物的内层和外部区域，从而阻隔水分的吸附。

派酶的突出优点有：固化效果显著；防水和节水性好；绿色环保；环境适应能力强；可再生性强等。

2.泰然酶（Terra-Zyme）

泰然酶是一种美国产高科技液态酶制品，20世纪80年代后在美国及世界各地推广使用，1995年起我国出于公路基层建设需要引进该产品，并取得了相对良好的效果。

泰然酶主要是由甘蔗茎或根中提取制造的一种黑褐色液体，密度1.00～1.08 g/cm^3，pH值4.30～5.30之间，略呈酸性，沸点是212 ℃，极易溶于水，无毒。其作为一种表面活性剂，能够在水的作用下，减薄土颗粒之间的膜，从而消除土颗粒之间的无效空间，减少土颗粒之间的对抗摩擦力以及粒子间可膨胀的空间，使土壤变得更密实。另一方面，泰然酶可以使土壤中的黏土成分和其他土壤颗粒紧密结合在一起，形成坚硬的板状结构，降低水的渗透性，在压实作用下，提高固化黄土抗压强度，从而达到加固土壤的目的。

9.1.5 复合类固化剂

复合类固化剂是指采用两种或两种以上化学物质按一定比例配合，形成的一种能够改善土的物理力学性质的新型土壤固化材料。复合类固化剂包括固体和液体两种形态；从化学组成上看，则由主固化剂和助固化剂组成。

1. Aught-Set土壤固化剂

通常，Aught-Set土壤固化剂由S、P_1、P_2、T_1、T_2、P_3 6种组分组成，各组分作用如下：

1）S

胶结土壤颗粒，在固化土体中构成网状结构，形成早期强度。

2）P_1

表面活性作用和缓凝作用，使P_2成分更易进入土壤颗粒内部完成离子交换反应，同时调整固化剂的延迟时间。

3）P_2

与黏土矿物发生化学反应，弥补网状结构强度的不足，形成后期强度。

4）T_1

当固结的土体长期受水浸泡时，能够与水反应形成一种平衡物质，从而削弱了水对固结土体的侵蚀作用，使固结体长期在水中不泥化，强度稳定。

5）T_2

必要的时候起激发早强作用。

6）P_3

能够与其他组分反应，其生成物将填充固结土体内部的孔隙，使固化黄土体积发生一定程度膨胀，产生内应力，从而提高了固体土体的抗渗、抗缩、抗冻性，提高耐疲劳性能。

经过Aught-Set土壤固化剂处理后，在土壤颗粒附近，固化剂水化生成水化碳酸钙、沸石、方钠石及硅酸等，使土颗粒表面形成凝结硬化壳，并在成型压力作用下导致颗粒紧密接触。另一方面，固化剂的激活组分还以不同方式渗入颗粒内部，与黏土矿物发生物理化学作用，形成水铝酸盐，含水硅酸盐等胶凝物质，使黏土颗粒表面产生不可逆凝结硬化，使固化黄土具有水稳性和强度稳定性。

2. NCS新型复合固化剂

NCS新型复合固化剂与土壤混合后，两者之间将发生一系列物理、化学及物理化学反应。根据双电层理论，NCS新型复合固化剂与土中水分接触后能够释放出较多的Ca^{2+}、Al^{3+}高价阳离子，其与土颗粒表面的负电荷中和，减小扩散层厚度，导致土粒彼此接近并聚集成土团，形成团粒化结构，增强了土的可压实性。同时土粒与NCS新型复合固化剂发生水化反应生成新的水化硅酸钙和水化铝酸钙。这些针状矿物使土中的自由水以结晶水形式固定下来，土体含水量迅速降低，土体早期和后期强度以及水稳定性得到提高。同时，新形成的针状矿物还会有效地填充土团粒间空隙，使土的固相体积增量达120%以上，土粒之间相互联结，在外力作用下不易产生相对运动，孔隙不易被压缩，增加固化黄土的结构强度，有效地提高了土的强度和抗变形能力。

9.1.6 常见黄土固化剂

1. 木质素磺酸盐

在亚硫酸盐制浆过程中，通过酸解，使亚硫酸盐在木质素苯环侧链上磺化，直接引入磺酸基而使木质素溶解，以达到与纤维素分离的目的。同时，木质素也少量脱甲基，生成邻苯二酚和甲基磺酸。亚硫酸法得到的木质素叫作酸性木质素，又被称为木质素磺酸盐，其相对分子量为1000～20000。反应涉及在酸性亚硫酸盐制浆中，木质素碎片化反应。亲核试剂为$SO_2 \cdot H_2O$和SO_3H，木质素结构中酚型和非酚型。α-芳醚键普遍断裂，α-碳磺化，木质素分子的亲水性增加，溶于反应中。

对木质素磺酸盐的黏度测定和电子显微镜观察结果证明，其分子由大约50个苯丙烷单元组成，为近似于球状的三维网络结构体，中心区为未磺化的原木质素三维网络分子结构，中心外围分布着被水解且含有磺酸基的侧链，最外层由磺酸基的反粒子形成双电层。磺酸基团决定了其可溶于水溶液，但不溶于乙醇等有机溶剂的特性，此外诸如甲氧基、酚羟基、苯甲醇基、非苯甲基醚及羧基等多种官能团造成了木质素磺酸盐分子的多功能特点。英国Wills et al.（1987）研究了木质素磺酸盐的分子量及分子结构，在电子显微镜下，观察到木质素磺酸盐分子连接方式。近年来， Afanasjev et al.（1997）学者进一步研究了木质素磺酸盐分子连接方式，认为它在溶液中的结构决定于其聚合物链拓扑结构和构象，同时其无规则支链的高分子电解质特性决定了其属于中度刚性链聚合物。

木质素磺酸盐的结构特征和分子量分布决定了它在许多方面不同于其他合成表面活性剂

的特性。木质素磺酸盐的表面物化性能主要表现在：

1）表面活性

木质素磺酸盐分子上没有线性烷链，所以难溶解于油性溶剂，大量的亲水基团造成其亲水性很强；与具有平整相界面的一般低分子表面活性剂不同，木质素磺酸盐分子结构中的疏水骨架呈球形，虽然也能够降低溶液的表面张力，但对表面张力的抑制作用不大，也无法构成胶束。

2）吸附分散作用

木质素磺酸盐具有很强的负电性，在水溶液中能够形成阴离子基团，当它被吸附到各种有机和无机颗粒上时，由于阴离子基团之间的相互排斥作用，便可使质点保持稳定的分散状态。也有进一步研究结果表明，造成木质素磺酸盐的吸附分散作用的另一个因素是其产生的静电排斥力和微小气泡的润滑作用，而微小气泡的润滑作用是其产生分散作用的主要原因。在该作用下，将少量的木质素磺酸盐加入到黏性浆液中，可以令浆体黏度下降；加入到较稀的悬浮液中，可以降低悬浮颗粒的沉降速度；木质素磺酸盐的分散效果随分子量和悬浮体系变化，一般分子量在5000～40000的级分具有较好的分散效果。

3）螯合作用

木质素磺酸盐中含有较多的酚羟基、醇羟基、羧基和羰基。其中氧原子上的未共用电子对能与金属离子形成配位键，产生螯合作用，生成木质素的金属螯合物，金属离子赋予木质素磺酸盐新的特性，如木质素磺酸钙和木质素磺酸钠。

4）黏结作用

在天然植物中，木质素分布在纤维的周围以及纤维内部的小纤维之间，其通过自身良好的黏结力将纤维和小纤维牢牢镶嵌在一块儿，使之成为稳固的骨架结构。对造纸厂黑液中进行改性加工，从而分离出来的木质素磺酸盐，能够保持原来的黏结力，同时在还原糖及其衍生物的协同效应下木质素磺酸盐的黏结作用能够进一步增强。

木质素磺酸盐来源广泛，发展迅速，就美国来讲，已使用的木质素产品有95%来自于亚硫酸盐法产生的木质素磺酸盐。而木质素磺酸盐主要可用作黏合剂、染料分散剂、沥青乳化剂、水煤浆乳化稳定剂、水泥减水剂、矿物浮选剂、钻井泥浆添加剂、木质素堵剂、皮革鞣剂、木质素阳离子表面活化剂、木质素农药稀释剂等，用途相当广泛，是值得认真研究和推广的绿色材料。

2.木质素磺酸钙

木质素磺酸钙（图9-1）（以下简称木钙）由酸法制浆（又称亚硫酸盐法制浆）的蒸煮废液，经喷雾干燥制成，是一种多组分高分子聚合物阴离子表面活性剂，为棕黄色粉末，具芳香气味，分子式为 $C_{20}H_{24}CaO_{10}S_2$，分子量在800～10000之间，木质素含量50.0%～65.0%，水不溶物≤1.0%，还原糖7%～13%。具有很强的分散性、黏结性、螯合性，可生物降解。其1%水溶液的pH值约4～6，水溶液为棕色至黑色，有胶体特性，溶液的黏度随浓度的增加而升高。

图9-1 木质素磺酸钙

3. 木质素磺酸钠

木质素磺酸钠（图9-2）（以下简称木钠）同样是一种阴离子表面活性剂，是木浆与二氯化硫水溶液和亚硫酸盐反应产物，是生产纸浆的副产物，呈黄褐色粉末，分子式为 $C_{20}H_{24}Na_2O_{10}S_2$，分子量在500～600之间，木质素含量50.0%～65.0%，水不溶物≤1.5%，还原糖≤14%，其1%水溶液的pH值约4～6。主要作为混凝土外加剂、减水剂和水煤浆添加剂等。

图9-2 木质素磺酸钠

4.硅酸钠

硅酸钠别称水玻璃，为白色颗粒状晶体，分子式为$Na_2SiO_39H_2O$，分子量为284.22，溶于水呈碱性，遇酸分解能析出硅酸的胶质沉淀。除了能够作为黄土固化剂以外，还是制作板材、木材、焊条、铸造、耐火材料等的黏合剂，制造业的填充料，冷却水系统的缓蚀剂等等，用途广泛。

5.生石灰

主要成分为氧化钙，通常制法为将主要成分为碳酸钙的天然岩石，在高温下煅烧，即可分解生成二氧化碳以及氧化钙，其化学式为CaO，外观为白色粉末状固体。石灰和石灰石被大量用作建筑材料和路基填料，也是许多工业的重要原料，例如可以采用化学吸收法除去水蒸气的常用干燥剂；也用于钢铁、农药、医药、干燥剂、制革及醇的脱水等；另外还适用于膨化食品，香菇、木耳等土特产，以及仪表仪器、医药、服饰、电子电讯、皮革、纺织等方面。

9.2 改良黄土物理力学性质

9.2.1 添加剂对黄土界限含水率的影响

图9-3为不同固化剂改良黄土界限含水率与掺量关系曲线。硅酸钠和生石灰固化黄土的液限随掺量的增加显著增大，当掺量为5%时，液限从26.2%增大至31.4%和34.6%；然而，随掺量的增加，木钙和木钠固化黄土的液限基本不变。不同固化剂改良黄土的塑限均随掺量的增加而增大，其中生石灰固化黄土塑限的增幅最大，木钠和硅酸钠固化黄土次之，木钙固化黄土最小。液塑限变化的综合结果显示，木钙和木钠固化黄土的塑性指数I_p随其掺量的增加呈直线型降低，其降低幅值基本相同；而硅酸钠和生石灰固化黄土的塑性指数I_p随其掺量的增加持续增长。

塑性指数I_p愈小表征土处于可塑状态的含水量区间也愈小，塑性指数I_p的大小与土中结合水的含量有关，受土的颗粒组成、土粒的矿物成分以及土中水的离子成分和浓度等因素影响。从土的粒度成分来说，土中细颗粒含量越高，则比表面积越大，可能的结合水含量愈高，故I_p愈大；从矿物成分来说，黏土矿物具有的可能结合水量较大，故I_p也大；从土中水的离子成分和浓度来说，当反粒子层中高价阳离子的浓度增加时，土粒表面吸附的反离子层的厚度变薄，结合水含量相应减少，I_p减小；反之随着反离子层中低价阳离子的增加，I_p增大。

木质素磺酸盐在土体孔隙液中发生水解作用，产生氢离子（H^+）和氢氧根离子（OH^-），同时仲醇羟基上的氧原子质子化，带正电荷的木质素磺酸盐中和土颗粒表面负电荷，双电层厚度变薄，土体颗粒间距减小，导致土的可塑性减弱。$Na_2O \cdot nSiO_2$溶液的钠离子与土中水溶液盐类中的钙离子（主要为$CaSO_4$）产生互换的化学反应，该反应增大了反粒子层中低价阳离子Na^+的浓度，另一方面会在土颗粒表面形成硅酸凝胶薄膜，增大颗粒表面结合水量，导致塑性指数略有降低。而生石灰的加入，造成反粒子层中Ca^{2+}的浓度，这会造成土粒表面吸附的反离子层的厚度变薄，结合水含量相应减少，但$CaCO_3$是难溶盐，因此其影响幅度相对有限。

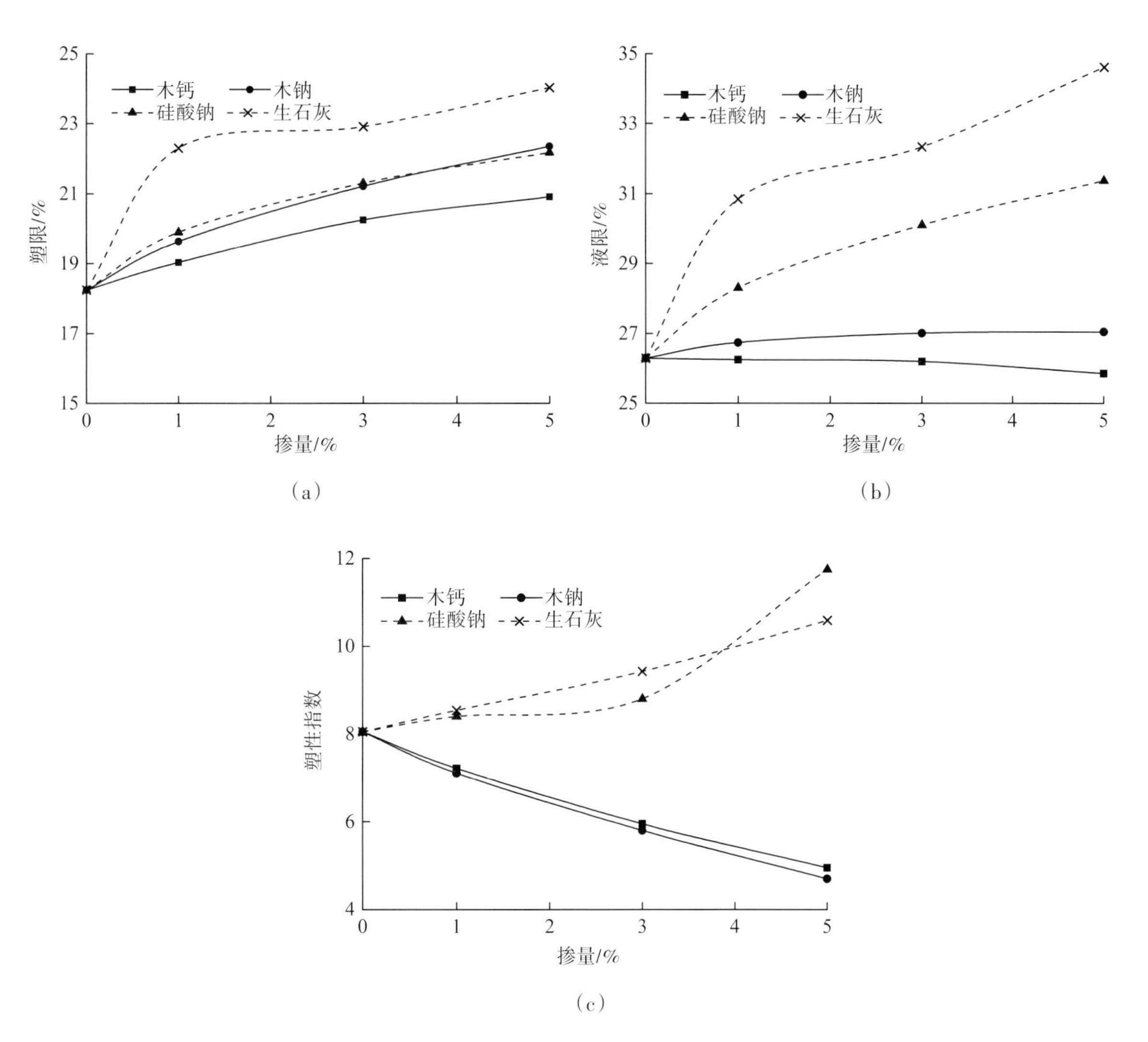

图9-3　不同固化剂改良黄土界限含水率随掺量变化曲线

9.2.2 添加剂对黄土导热系数的影响

图9-4为不同固化剂改良黄土导热系数与掺量关系曲线。压实素黄土的导热系数为0.479 W/(m·K)，在木质素磺酸盐作用下，黄土的导热系数变化明显，均呈现随掺量增大而持续降低的趋势。当掺量为5%时，木钠固化黄土的导热系数最低，仅为0.181 W/(m·K)，是压实素黄土的37.79%，而木钙固化黄土为0.219 W/(m·K)，是压实素黄土的45.72%；生石灰同样能够降低导热系数，但相较于木质素降幅偏小，在掺量为5%时，固化黄土导热系数为0.342 W/(m·K)；而掺入硅酸钠后，黄土导热系数呈现出上升的趋势，但增幅较低，掺量5%时为0.515 W/(m·K)，为压实素黄土的1.08倍。

土的导热系数与土的组分、干密度、含水率、孔隙率等多种因素有关。试验条件下试样干密度和含水率相同，故可排除这两项因素的作用。而掺入不同固化剂，其本身以及发生的化学反应都会在一定程度上影响土体组分和结构。硅酸钠和生石灰在黄土中发生的反应如下：

$$Na_2O\cdot nSiO_2+CaSO_4+mH_2O\longrightarrow nSiO_2\cdot(m-1)H_2O+Na_2SO_4+Ca(OH)_2 \tag{9-11}$$

$$CaO+H_2O\longrightarrow Ca(OH)_2；Ca(OH)_2+CO_2\longrightarrow CaCO_3 \tag{9-12}$$

20 ℃条件下，SiO_2的导热系数为7.60 W/(m·K)，相对于压实素黄土试样的导热系数要高得多，而$CaCO_3$的导热系数为0.05 W/(m·K)，远小于黄土的导热系数，这与数据显示的变化是吻合的。由此可见，土的组分变化是试样导热系数变化的主要因素之一。另一方面，虽然并无文献给出木质素磺酸盐相应的导热系数，但结合数据可以推测木质素磺酸盐具有较低的导热性能。

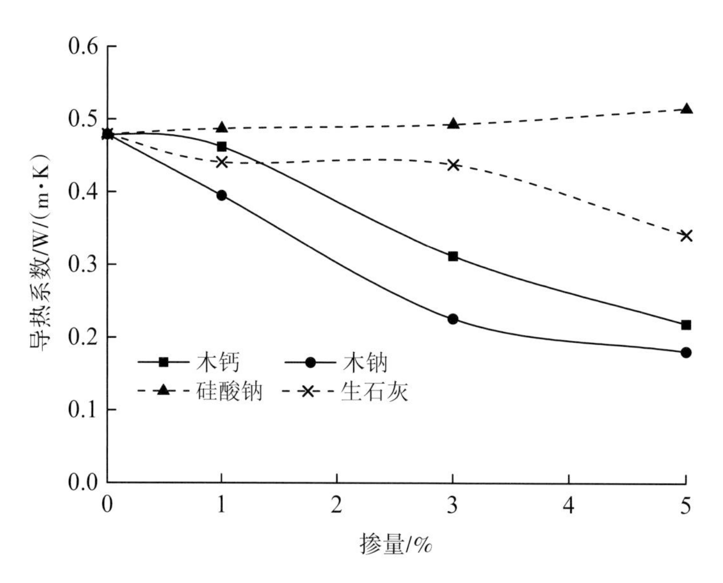

图9-4 不同固化剂改良黄土导热系数随掺量变化曲线

9.2.3　添加剂对黄土无侧限抗压强度的影响

图9-5为不同固化剂改良黄土无侧限抗压强度与掺量的关系曲线。压实素黄土的无侧限抗压强度为2.12 MPa，随着固化剂掺量增大，黄土的强度均得到了提高，但不同固化剂作用下的增幅并不相同。同属于无机固化剂的硅酸钠和生石灰对兰州黄土的固化效果表现出了明显的差异，当硅酸钠掺量较低时固化黄土无侧限抗压强度增幅较小，在掺量3%时，固化黄土无侧限抗压强度仅为3.94 MPa，为压实素黄土的1.86倍，而在掺量增加到5%时，固化黄土无侧限抗压强度可以达到7.33 MPa，为压实素黄土的3.46倍；相较之下生石灰的固化效果不如硅酸钠，在试验过程中最高强度值仅达到3.72 MPa。这是由于两者反应生成的胶结物质不同，生石灰主要的中间和最终产物分别为$Ca(OH)_2$和$CaCO_3$，即主要为钙质胶结，而硅酸钠最终生成的胶结物除了$Ca(OH)_2$外，还有SiO_2凝胶，即硅质胶结物和钙质胶结物并存，由于硅质胶结物的联结强度要远高于钙质胶结物，造成了两者不同的固化效果。

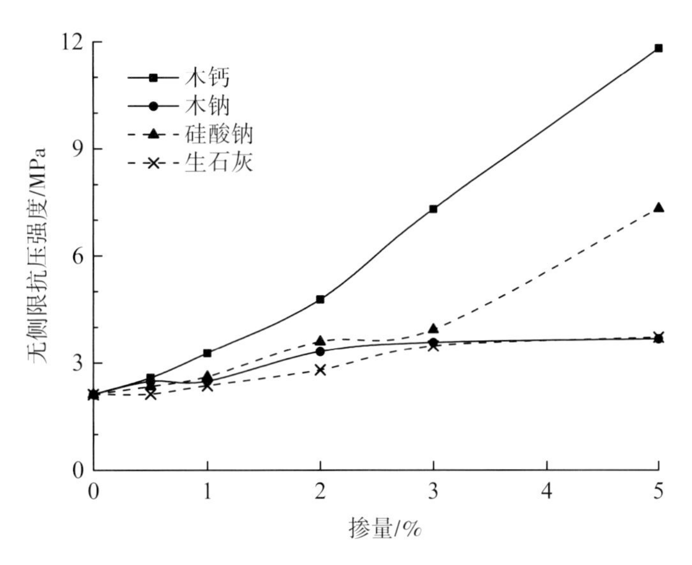

图9-5　不同固化剂改良黄土无侧限抗压强度与掺量关系曲线

木钠同样能够发挥固化作用，效果与生石灰相似，在掺量达到5%时，固化土样的无侧限抗压强度为3.68 MPa，为压实素黄土的1.74倍。而同为木质素磺酸盐的木钙对黄土的固化效果明显优于其他固化剂，在掺量3%时，强度即达到7.30 MPa，为压实素黄土的3.45倍，而掺量5%时，甚至高达11.8 MPa，为压实素黄土的5.58倍。可以推测为木质素磺酸盐能够通过木质素磺酸根与土中成分反应来胶结颗粒，强化结构，但效果极大程度上取决于阳离子的性质。针对含盐量高的盐渍化黄土，木钠水解形成的Na^+离子会随着水分梯度迁移并在土样表面富集，并造成大量盐晶析出；而木钙不仅由于盐渍化影响黄土结构完整性，还能够形成钙质胶结，大幅度增加黄土强度。

图9-6为不同固化剂改良黄土失效应变与掺量关系曲线。在添加不同固化剂后，土样失效应变均呈现了随掺量增长先减小后增大的变化趋势，区别在于变化的幅度不同。其中木钙和木钠固化黄土在掺量0.5%时的降幅最大，分别下降至1.34%和1.29%；而相同掺量下硅酸钠固化黄土的失效应变为1.54%，生石灰固化黄土的失效应变降幅最低，仅为0.02%。随着固化剂掺量的增加，固化黄土的失效应变持续增大，木钙固化黄土在掺量5%时，失效应变增大至2.25%，为0.5%掺量时的1.68倍，为压实素黄土的1.24倍，增幅最高；其次为硅酸钠固化黄土，5%掺量下硅酸钠固化黄土失效应变为2.20%，为压实素黄土的1.21倍；5%掺量的生石灰固化黄土的失效应变为2.06%，为压实素黄土的1.13倍；增幅最小的木钠固化黄土在掺量达到5%时的失效应变则为1.64%，为压实素黄土的90.11%。

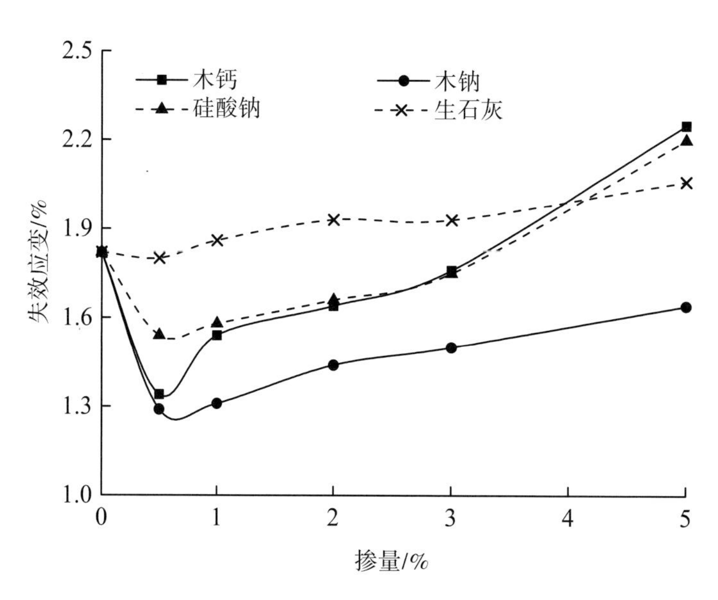

图9-6　不同固化剂改良黄土失效应变与掺量关系曲线

9.3　冻融循环对改良黄土力学性质的影响

冻融循环作用是温度作用下岩土内部水分冻结和融化过程引发的一种特殊风化作用，其对岩土结构的破坏比普通物理风化作用更为强烈。作为一种强风化作用，冻融循环作用是造成季冻区工程地基及构筑物冻害的主要原因之一，可导致结构损伤失效、路基路面沉陷、边坡剥落、斜坡失稳等一系列工程问题。

9.3.1 冻融循环对固化黄土质量的影响

图9-7为经历冻融循环后的不同固化剂土样，可以看出，经历20次冻融循环后，木钙固化黄土的外观几乎没有变化，表面光滑完整，结构坚实，无析盐等现象；木钠固化黄土表面出现了较为明显的析盐现象，并导致其表面开裂，并呈片状剥落，已然对其完整性造成了一定程度的影响；而硅酸钠固化黄土的外观变化最为明显，表现出了严重的析盐作用，在其影响下土体颗粒随重结晶盐分剥离，导致土体孔隙率增大，表面凹凸不平，对土样完整性造成了极大的负面影响，甚至导致土样断裂；生石灰固化黄土在冻融循环作用下表面出现了肉眼可见的裂隙，其土体结构的致密程度下降。

（a）木钙固化黄土

（b）木钠固化黄土

（c）硅酸钠固化黄土

（d）生石灰固化黄土

图9-7 经历20次冻融循环的试验土样

试验结果表明，经过冻融循环后，试验土样的质量随循环次数增加而呈现持续降低的趋势。将质量损失量与试验土样原质量的比值定义为质量损失比，并绘制质量损失比-冻融循环次数曲线，如图9-8所示。通过对比可以看到，在冻融循环1～5次过程中，生石灰固化黄土质量损失比最高，可以达到2.23%，之后随着循环次数的增加，质量损失比的增幅渐渐降低，曲线渐趋平缓，冻融循环20次时仅为2.70%；而硅酸钠固化黄土的质量损失比在冻融初期并不大，1次循环时仅为0.46%，但随着冻融循环次数的增加该损失比快速上升，在冻融循环20

次时高达3.57%，为所有试样中最高。而木钙固化黄土和木钠固化黄土的变化规律相似，均是在5次冻融循环时质量下降明显，分别为1.16%和0.58%，之后曲线渐趋于平缓；在20次循环时木钙固化黄土质量损失比为1.66%，木钠固化黄土为0.90%。很明显，两种固化黄土在冻融循环作用下的质量流失要远低于生石灰固化黄土和硅酸钠固化黄土。

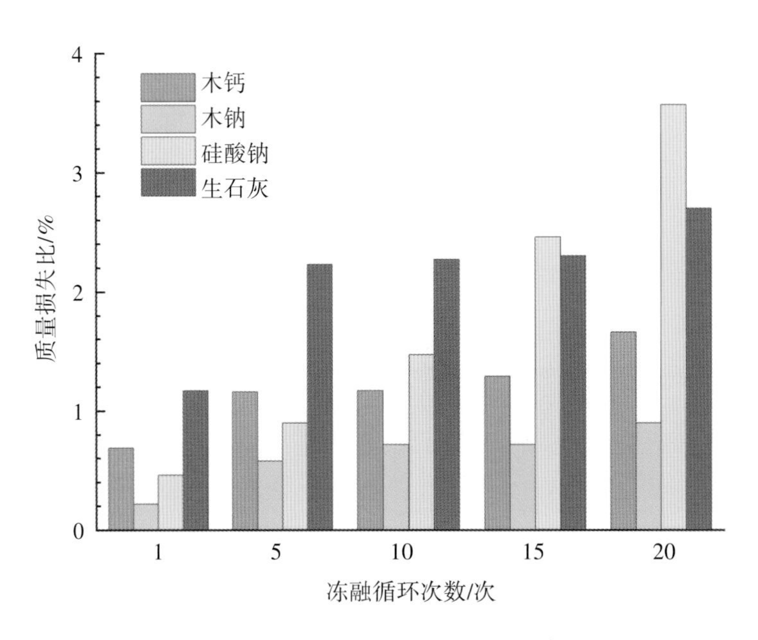

图9-8 不同固化土样的质量损失比随冻融循环次数的变化曲线

结合试样表面的变化分析可知，在冻融过程中，由于水分在低温下发生相变转化成固态冰，其体积膨胀形成冻胀力，在冻胀力的作用下土体颗粒间胶结被削弱，导致固化黄土内部结构出现不同程度的破坏，增大了土体内部与空气的接触面积，情况严重的甚至可能形成贯穿性裂隙，在融化时部分剥离的土体颗粒和易溶盐分随水分迁移或流失，造成质量损失。

由于试样均为结构致密的压实土样，在5次冻融循环过程中决定质量损失比大小的因素是冻胀力，在该冻胀力作用下土体孔隙率增大，形成新的土体结构，而此后由于试验处于封闭系统中，并没有新的水分补给，已有的含水量无法对新结构造成进一步的影响，因此随着冻融循环次数的增加，土体中易溶盐含量渐渐取代了冻胀力成为主导因素。生石灰固化黄土中土颗粒间胶结力相较于其余试样要低，在冻融初期冻胀力的作用下容易被破坏形成裂隙，造成土体颗粒剥落，但因为土体中易溶盐含量少，在5次冻融循环后质量损失比并没有进一步增大；而相比之下，硅酸钠固化黄土由于强有力的硅质胶结在冻融循环初期保持了良好的土体结构稳定性，但是因为钠离子含量较高，在冻融循环过程中由于温度梯度造成的水分迁移，钠盐逐渐在土样表面及内部裂隙表面富集并以结晶的方式析出，造成土颗粒间胶结破坏并从上述部位剥离，土体质量持续损失。而木质素固化黄土除了强有力的胶结作用外，木质素本身作为高分子化合物具有比较牢固的三维结构，在反复冻融过程中能够维持土体结构的完整性。

9.3.2 冻融循环对固化黄土无侧限抗压强度的影响

对经历不同冻融循环次数的固化土样进行无侧限抗压试验，试验过程中设置应变速率为0.5 mm/min，试验进行至土样破坏，且应力趋于稳定为止。图9-9为冻融前后不同改良剂固化黄土的轴向应力-轴向应变关系曲线。冻融循环作用并不改变不同改良剂固化黄土的应力应变曲线形式，只改变其无侧限抗压强度和弹性常数的大小。

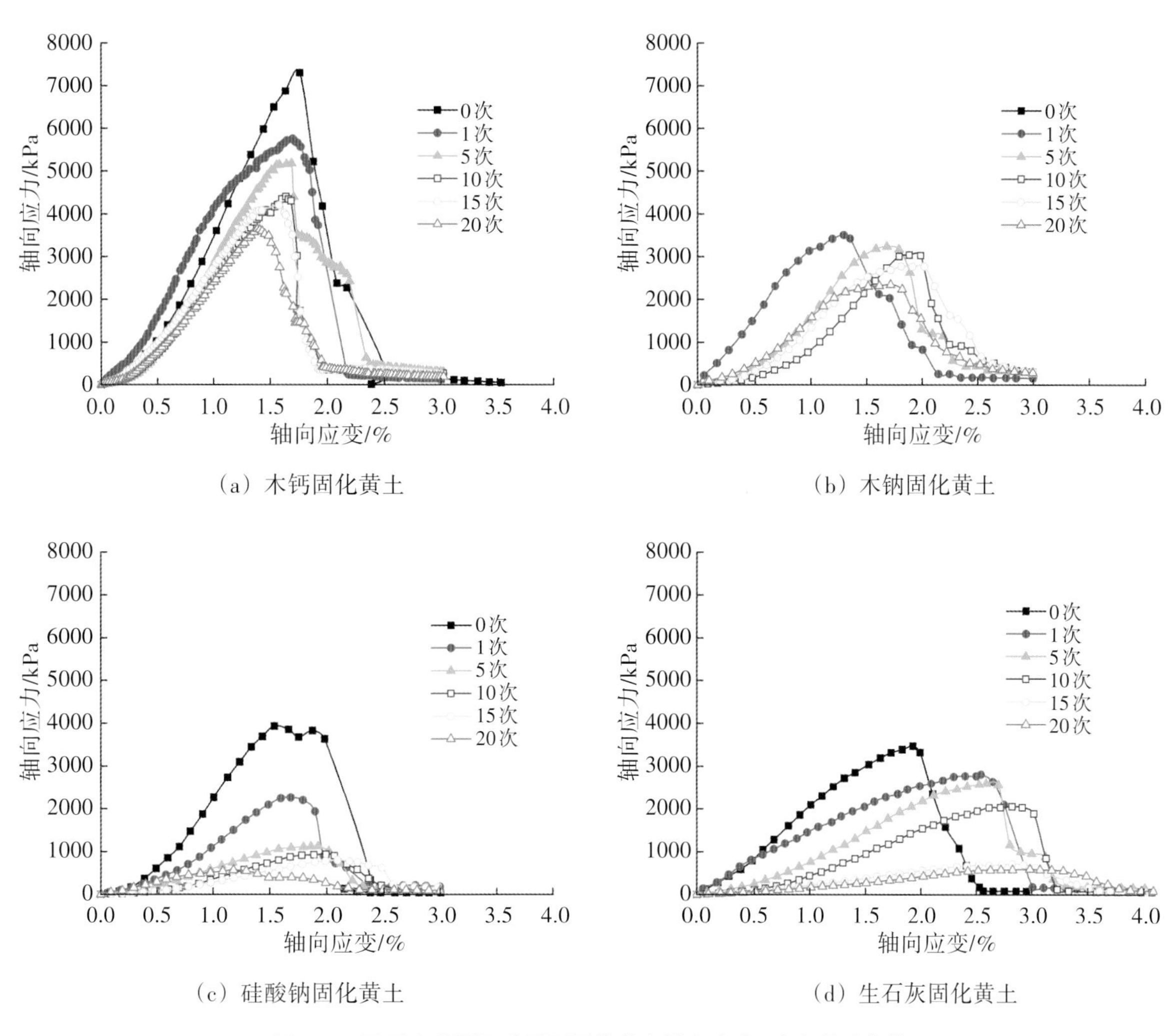

图9-9 经历冻融循环后不同固化黄土轴向应力-应变关系曲线

由图9-10可知，随冻融循环次数的增加，固化黄土强度逐渐降低。通过对经历20次冻融循环的土样无侧限抗压强度进行对比，可以看到硅酸钠固化黄土的强度最低，仅为577.19 kPa，其降幅高达85.33%；生石灰固化黄土的强度为595.06 kPa，降幅为82.87%；木钙固化黄土的强度为3648.25 kPa，降幅为50.05%；木钠固化黄土的强度为2350.98 kPa，降幅为34.15%。其中木钙固化黄土的无侧限抗压强度仍然保持最高，为未经历冻融循环的压实素黄土的1.72倍。除此之外，木钠固化黄土的强度也维持在较高水平，20次冻融循环后为2350.98 kPa，为未冻融压实素黄土的1.11倍。

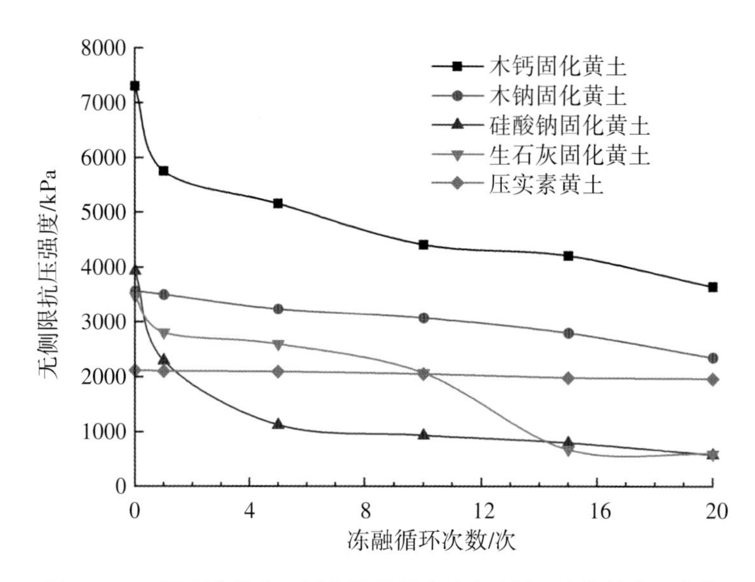

图9-10 不同固化黄土无侧限抗压强度随冻融循环次数的关系曲线

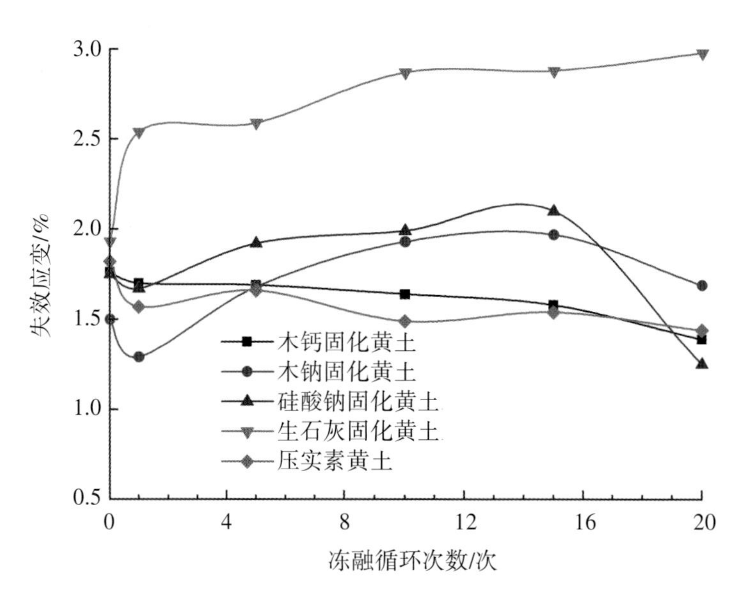

图9-11 不同固化黄土失效应变-冻融循环次数关系曲线

图9-11为不同土样失效应变随冻融循环次数的关系曲线，由图可知，木钙固化黄土的失效应变量随着冻融循环呈现出持续下降的趋势，在冻融循环20次时失效应变下降到1.39%；生石灰固化黄土失效应变则表现出明显的增大趋势，在冻融循环5次时上升至2.54%，增幅较

大，随后曲线上升幅度降低；木钠固化黄土和硅酸钠固化黄土在15次冻融循环过程中失效应变逐渐增大，峰值分别达到1.97%和2.10%，随后在20次冻融循环时出现了不同程度的降低，其中硅酸钠的下降幅度相对较大，降低至1.25%。

变化的不一致性可以解释为：冻融循环破坏土颗粒间胶结作用；冻融循环增大土体孔隙率。失效应变随冻融循环的变化规律取决于哪个作用占据主导地位。由于木钙固化黄土中颗粒间胶结作用很强，导致水分冻胀过程中无法造成孔隙增大而只能削弱土粒间的联结，致使其失效应变下降。而生石灰固化黄土则刚好相反，由于在养护期间生石灰反应生成结晶过程中造成土样表面结构完整性破坏，孔隙率增大，水分在反复冻胀过程中除了削弱颗粒连接外，更是进一步增大了土体中的孔隙率，导致失效应变增大。

9.3.3 冻融循环对单轴加卸载下固化黄土力学性质的影响

分别对经历了1次、5次、10次、15次和20次冻融循环的固化土样进行单轴加卸载试验。观察经历不同冻融次数土样的轴向应力-应变曲线，由图可知，这些曲线依然属于应变软化型（图9-12～图9-15）。同无侧限抗压试验相似，随着冻融循环次数的增加，单轴加卸载条件下的土样破坏强度也呈现出降低的变化趋势。同时需要注意的是，由于在冻融循环作用下生石灰固化黄土失效应变增大，视具体情况增加了循环加卸载次数，在15次和20次冻融循环时共计进行了8次加卸载。

随着冻融循环次数的增加，固化黄土强度表现出不同程度的降低。其中生石灰固化黄土的强度在冻融循环5次时有一定程度的升高，随后在冻融循环15次时再次下降，在冻融循环20次时，生石灰固化黄土最高强度仅为615.92 kPa。硅酸钠固化黄土的强度随着冻融循环次数的增加而持续降低，在冻融5次时强度已经下降至1169.86 kPa，随后曲线渐趋于平缓，当冻融循环次数达到20次时为567.87 kPa。木钙固化黄土强度变化规律与硅酸钠固化黄土相似，即在5次冻融循环时强度显著降低至4503.7 kPa，之后变化幅度减小，区别在于冻融循环次数达到20次时木钙固化黄土的强度仍然高达3703.95 kPa，远高于未经冻融循环的压实素黄土强度。木钠固化黄土强度在冻融循环20次时为2531.87 kPa，与未冻融时相比仅仅下降188.1 kPa，降幅为所有固化黄土中最低。由此可见，木质素固化黄土在单轴加卸载作用下的稳定性远高于硅酸钠和生石灰。

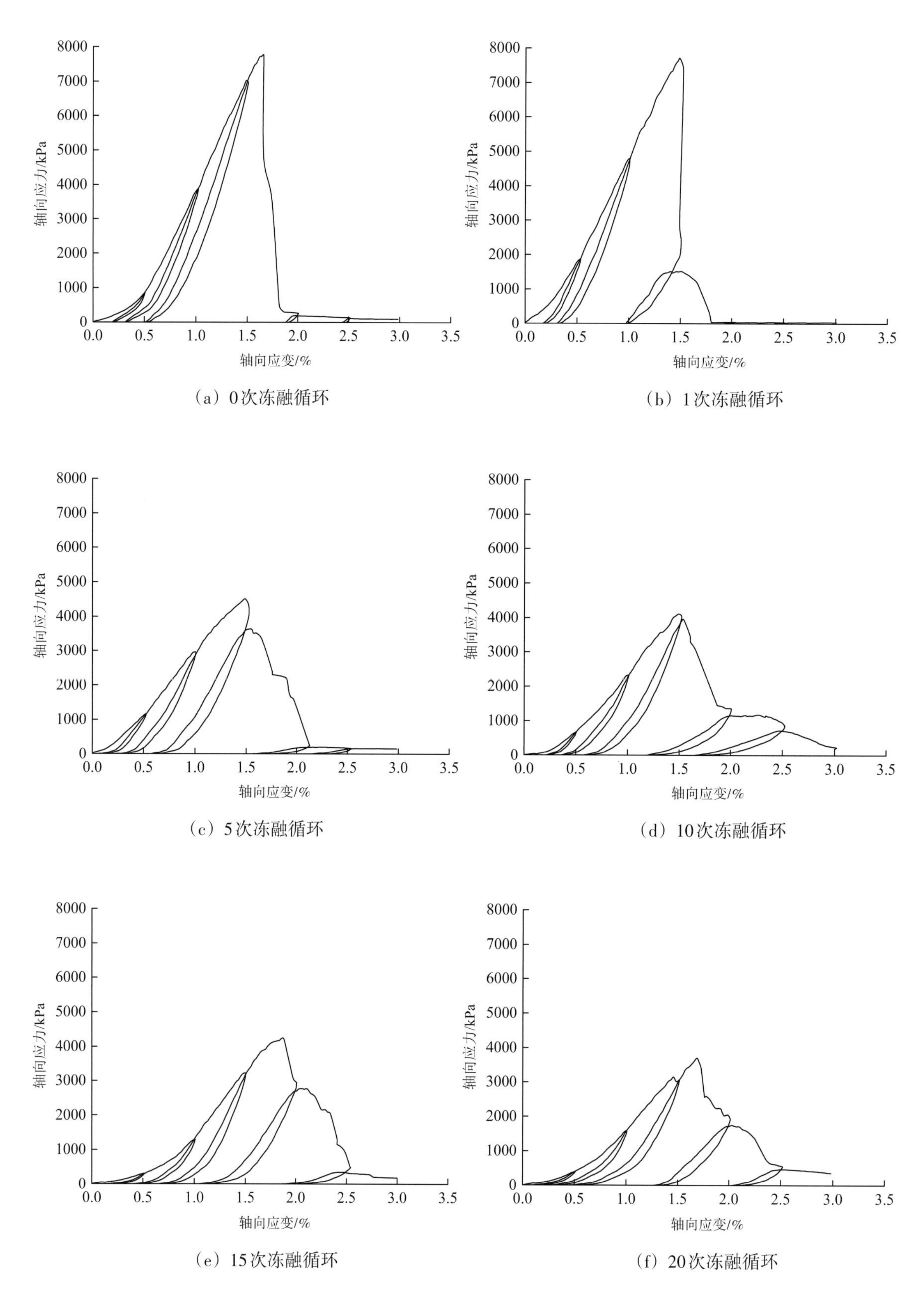

图9-12 单轴加卸载试验条件下3%木钙固化黄土轴向应力-应变关系曲线

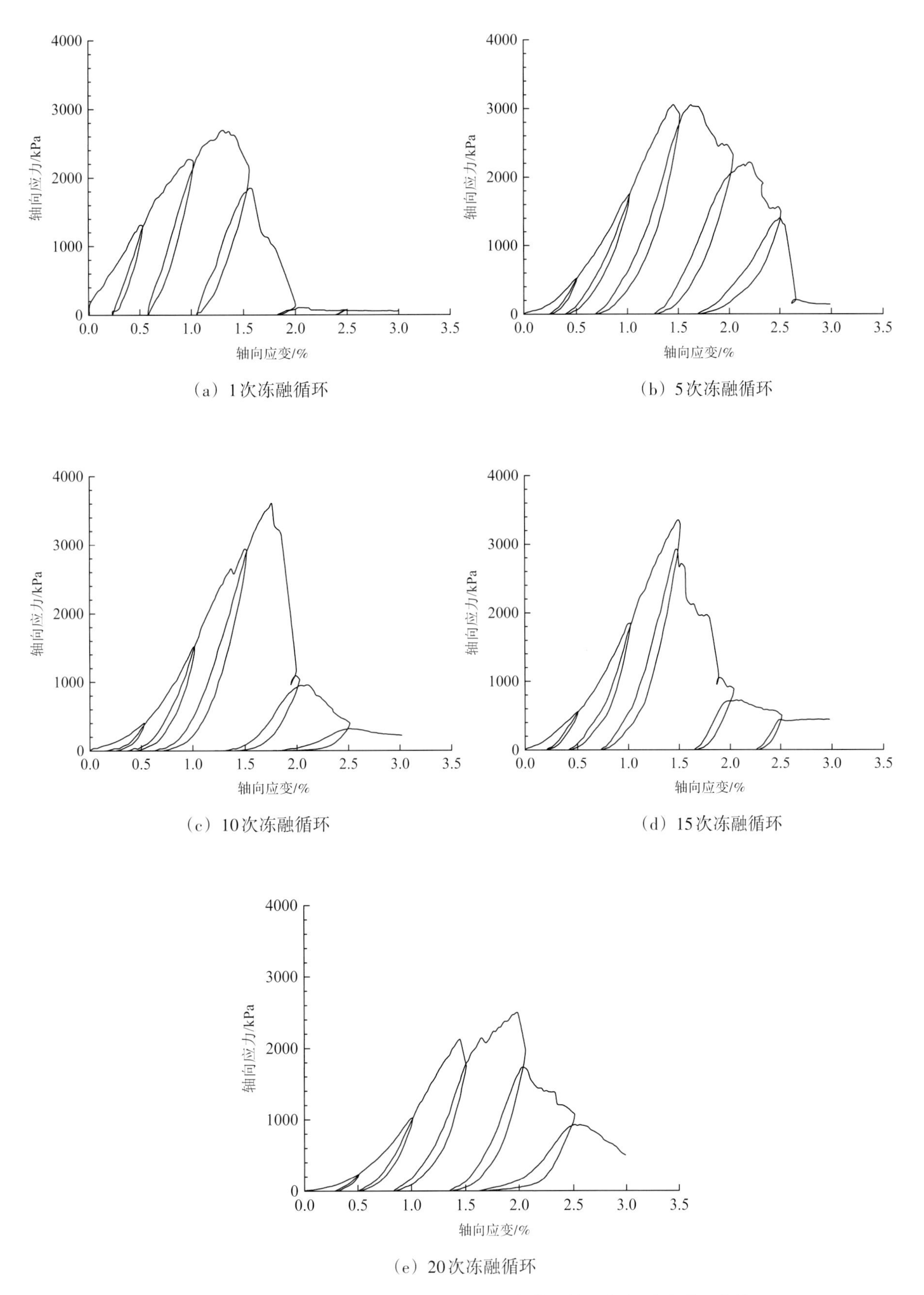

（a）1次冻融循环

（b）5次冻融循环

（c）10次冻融循环

（d）15次冻融循环

（e）20次冻融循环

图9-13　单轴加卸载试验条件下3%木钠固化黄土轴向应力-应变关系曲线

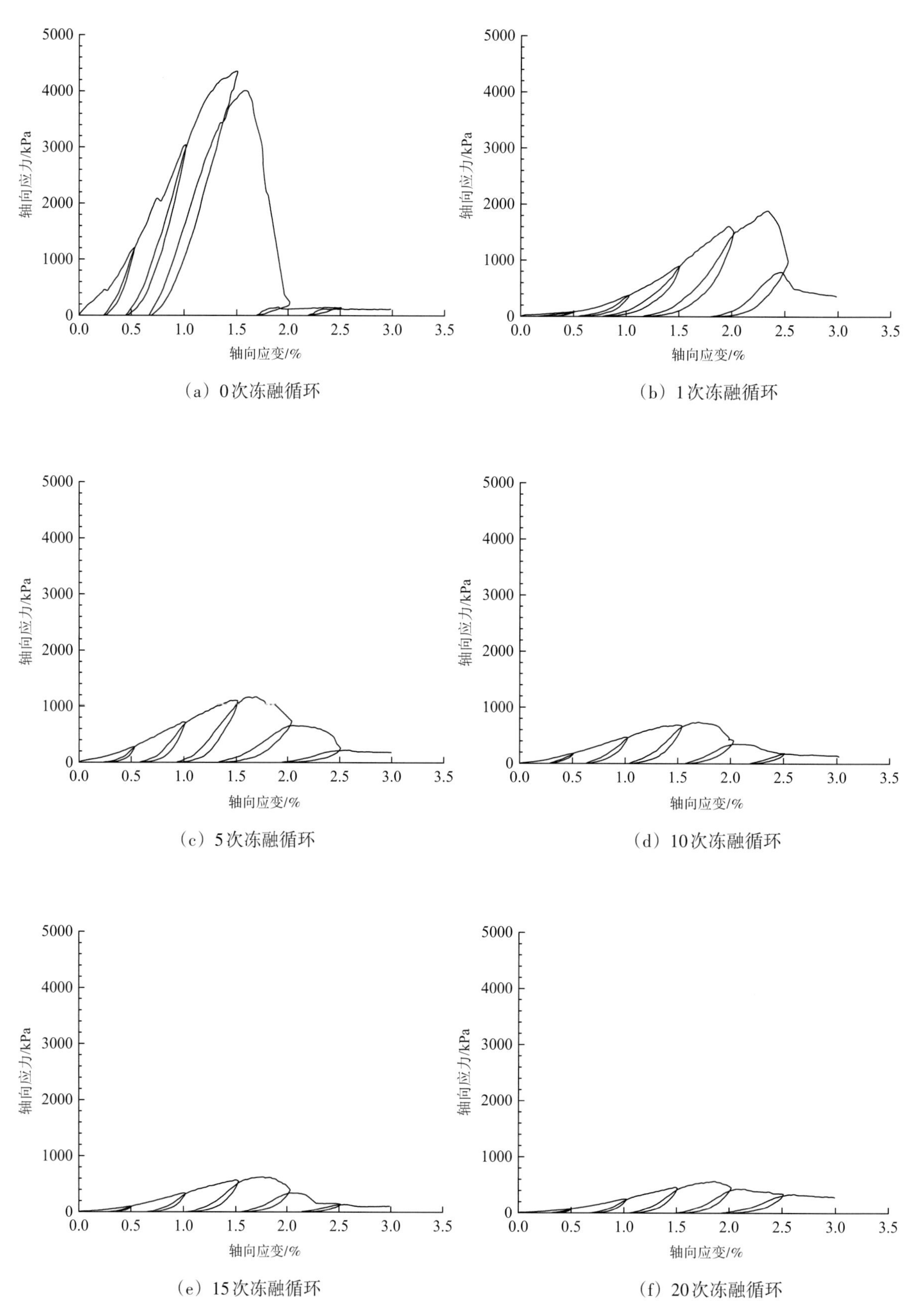

（a）0次冻融循环

（b）1次冻融循环

（c）5次冻融循环

（d）10次冻融循环

（e）15次冻融循环

（f）20次冻融循环

图9-14 单轴加卸载试验条件下3%硅酸钠固化黄土轴向应力-应变关系曲线

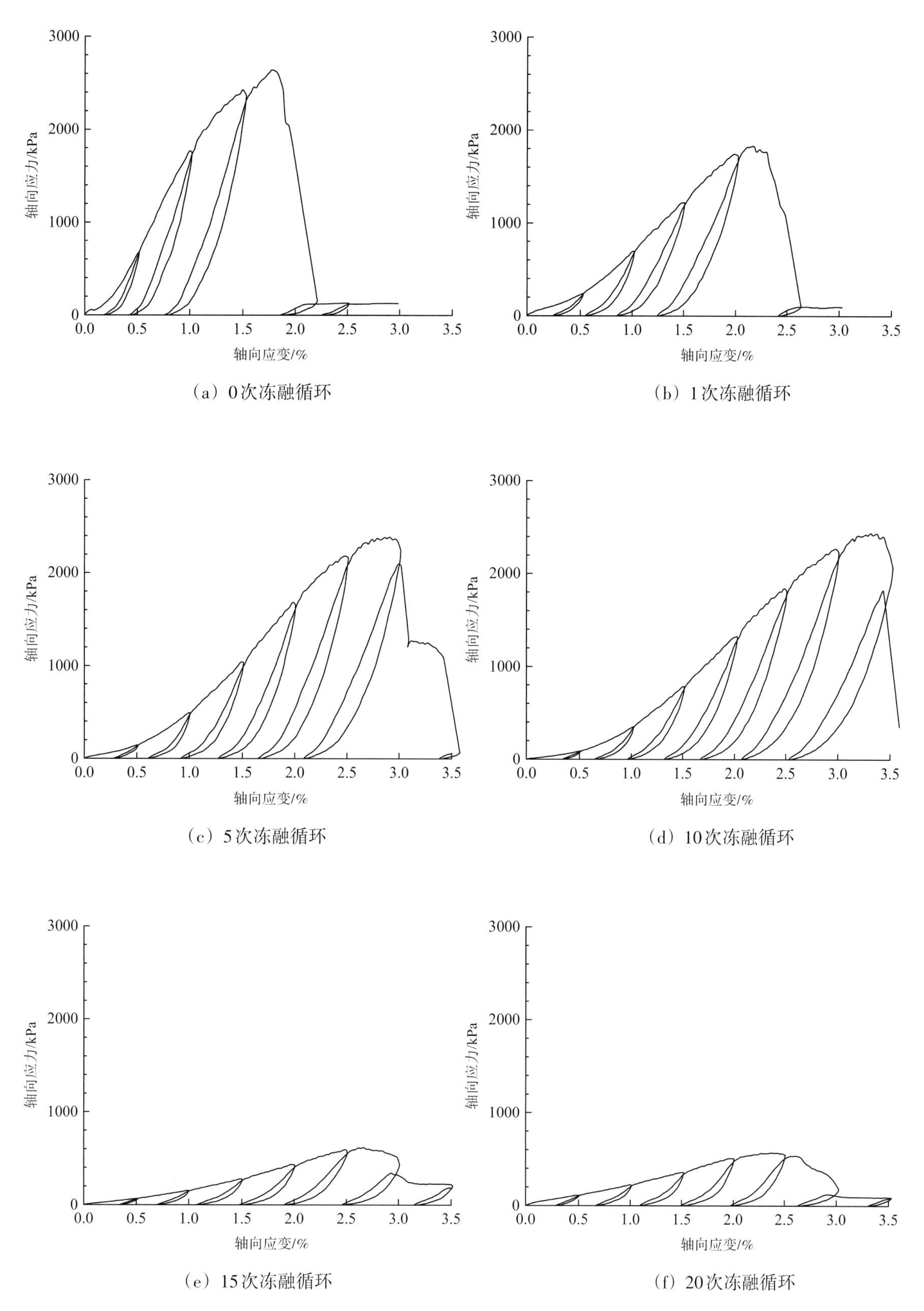

图9-15 单轴加卸载试验条件下3%生石灰固化黄土轴向应力-应变关系曲线

9.4 干湿循环对改良黄土力学性质的影响

在蒸发及降雨的周期性作用下，黄土路基经常处于干湿交替状态。在干湿循环状态下，压实黄土路基内部结构将会受到极大的影响，并直接导致其工程特性的改变。为此，开展相关试验来研究干湿循环对改良黄土力学性质的影响。

9.4.1 干湿循环对固化黄土质量的影响

按照《土工试验方法标准》要求，将掺量为3%的不同改良剂固化黄土利用真空抽气饱和器，抽气1～2 h，注水饱和8～12 h，使之按称重法换算达到97%～98%的饱和度。试验全过程均采用蒸馏水，以保证试样中离子种类和含量不受影响。待充分饱和后置于室内（T=20±2 ℃）通风处进行脱湿风干，同样采用定时称重法判定试样含水率达到室外风干土含水率2%左右后重复上述饱和过程。干湿循环次数分别为1次、3次、5次、7次和10次。

通过观察10次干湿循环后的试验土样（图9-16），可以清楚地看到影响最严重的是硅酸

（a）木钙固化黄土

（b）木钠固化黄土

（c）硅酸钠固化黄土

（d）生石灰固化黄土

图9-16 经历10次干湿循环后的试验土样

钠固化黄土，其表面出现了大面积的析盐，颗粒崩解剥落，以及清晰可见的贯穿性裂缝；木钠固化黄土除了表面明显的盐分结晶和裂缝外，径向还出现了不同程度的膨胀；压实素黄土和生石灰固化黄土表面也出现了肉眼可见的析盐和轻微的剥落现象，但相较于前两者影响要小得多；而木钙固化黄土除了其表面颜色由深棕色向浅黄色转变外，试样表面依然保持着致密光滑的特点，并无其他变化。

图9-17为质量损失比随干湿循环次数的变化情况，硅酸钠的质量损失比随着干湿循环次数增加而显著增大，自3次干湿循环后，其质量损失比远高于其他土样，在干湿循环10次时质量损失比高达7.95%；木钠固化黄土在10次干湿循环时质量损失比在2.50%左右；木钙固化黄土和生石灰固化黄土在10次干湿循环时质量损失比相对较低，分别为1.62%和1.19%。这与土样表观变化是相符的。

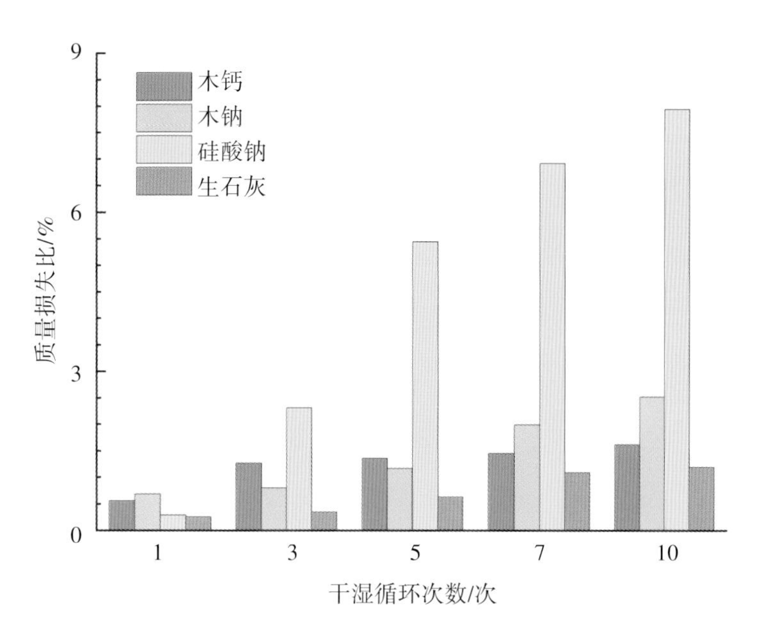

图9-17　不同固化土样的质量损失比随干湿循环次数的变化图

结合土样的变化，可以认为硅酸钠固化黄土质量的大幅降低是由于干湿交替形成的水分梯度作用下钠盐迁移至表面，并结晶剥落造成。而木钠固化黄土质量的下降主要包括两部分：①风干过程中盐分梯度造成的析盐作用；②抽气饱和过程中易溶成分（部分易溶盐和细颗粒土体）的流失。相较于硅酸钠固化黄土，前者并没有大幅度降低质量，但造成了土体结构的破坏，这主要是因为木钠固化黄土硬化后土样内部孔隙被填充，Na^+的进出通道面积大幅降低，在风干过程中盐分还没随梯度迁移至表面便在内部结晶并产生盐胀力，最终导致裂隙的产生。而木钙固化黄土和生石灰固化黄土在抽气过程中主要存在易溶成分的流失，因此质量损失比远小于硅酸钠固化黄土和木钠固化黄土。

9.4.2 干湿循环对无侧限抗压强度的影响

对经历不同干湿循环次数的固化土样进行无侧限抗压试验，并绘制经历不同干湿次数的不同试验土样轴向应力-应变曲线，可以看到这些曲线依然属于应变软化型曲线（图9-18）。对比可知，木钙固化黄土和硅酸钠固化黄土在失效应变后应力会急剧降低，曲线呈断崖式回落；而生石灰固化黄土在发生破坏后的曲线则相对平缓一些。

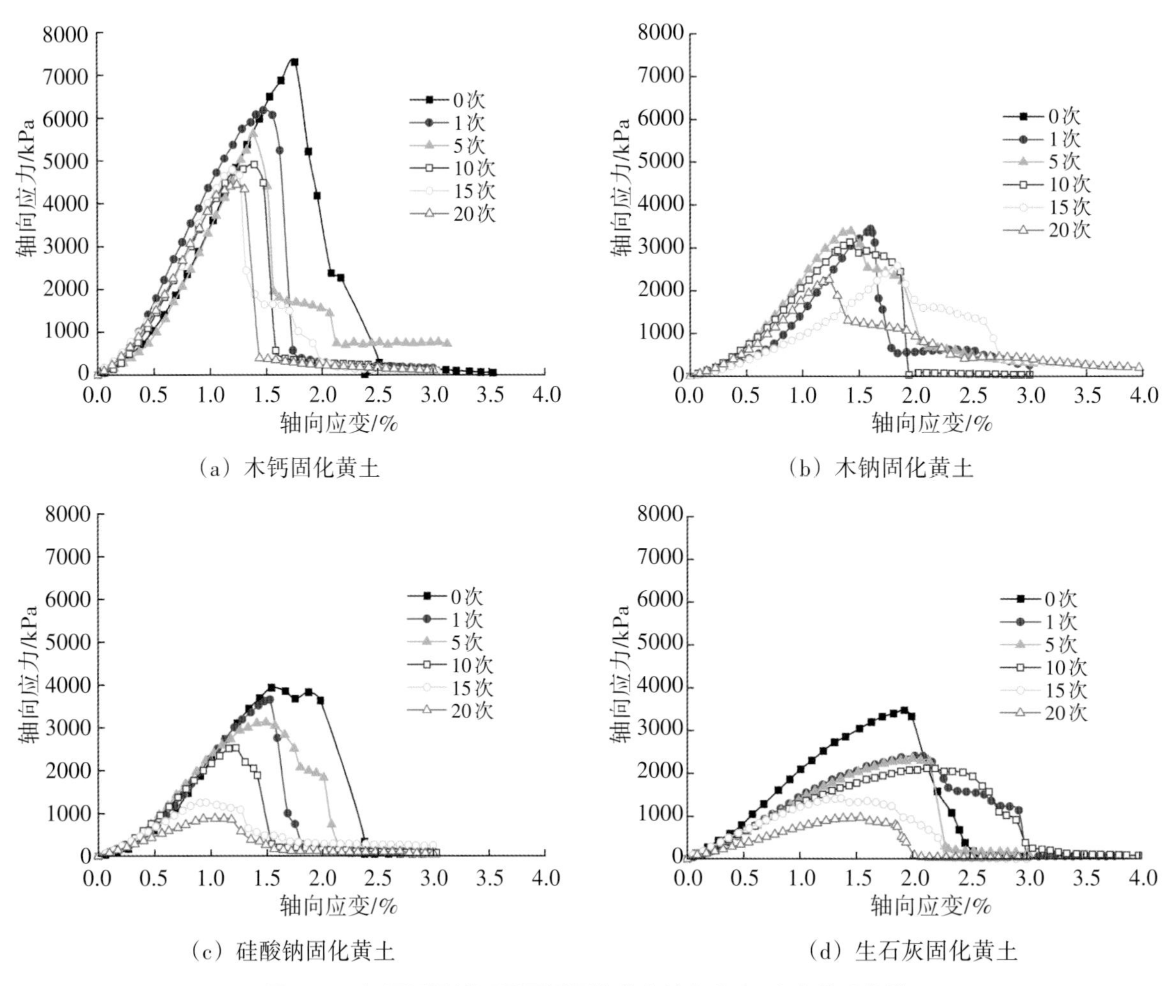

图9-18 经历干湿循环后不同固化黄土轴向应力-应变关系曲线

将不同干湿循环次数下土样的无侧限抗压强度绘制成曲线（图9-19），可以很清楚地看到固化土样的强度均出现了不同程度的降低。其中干湿循环作用对于硅酸钠固化黄土和生石灰固化黄土表现出了很强的削弱作用，在经历了10次干湿循环后，硅酸钠固化黄土的无侧限抗压强度仅为881.88 kPa，降幅高达77.59%；生石灰固化黄土为977.45 kPa，降幅为71.86%。相比之下，木质素固化黄土的无侧限抗压强度劣化程度低得多，木质素固化黄土为2264.45 kPa，降幅为36.57%；木钙固化黄土为4444.67 kPa，降幅为39.15%，木质素固化黄土的强度降幅远低于硅酸钠固化黄土和生石灰固化黄土。与压实素黄土进行对比，可以看到，经过10次干湿循环后硅酸钠固化黄土和生石灰固化黄土的无侧限抗压强度降幅仅为41.63%和46.14%，而相同干湿循环次数条件下的木质素固化黄土强度值仍然高于未经过干湿循环影响的压实素黄土，木钠固化黄土的无侧限抗压强度值为未经过干湿循环的压实素黄土强度的1.07倍，而木钙固化黄土则高达2.10倍。由此可见，木质素固化黄土在干湿交替作用下的强度稳定性要远高于硅酸钠固化黄土和生石灰固化黄土。

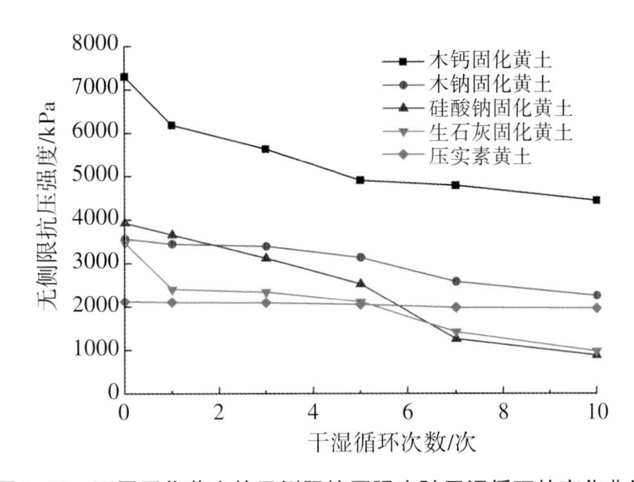

图9-19　不同固化黄土的无侧限抗压强度随干湿循环的变化曲线

通过分析不同固化土样失效应变随干湿循环的变化趋势，如图9-20所示，可以看到随着干湿循环次数的增加，生石灰固化黄土的失效应变由1.92%增大至2.13%，之后在干湿10次时降低至1.54%；而其余固化黄土样的失效应变均随着干湿循环呈现出下降的趋势，其中硅酸钠固化黄土的降幅最大，在干湿循环10次时其失效应变仅为1.04%，为未干湿循环情况下的59.43%；木钙和木钠固化黄土10次干湿后的失效应变均为1.24%左右。这是由于干湿循环会导致土体内可溶成分溶解流失以及盐分重结晶，而重结晶过程会产生两方面的作用：①通过盐胀导致土体孔隙率增大；②削弱土体颗粒胶结力。上述各项作用的综合影响决定了失效应变随干湿循环的变化规律。由于作为固化剂的木质素本身为可溶性高分子聚合物，在抽气饱和过程中会造成木钙和木钠的溶解并随着水分流失，造成颗粒间胶结物的损失，虽然木钠会造成黄土中Na^+的富集和盐胀作用，但由于前者影响更显著，会出现失效应变降低的现象；而硅酸钠的掺入直接造成了土壤颗粒孔隙间的Na^+浓度上升，在干湿循环过程中盐分大量析出结晶，导致土颗粒间胶结严重削弱，失效应变降低；生石灰固化黄土在干湿循环初期，由于土中盐分析出程度较低，土颗粒间的胶结并未受到严重的影响，土样整体变化以盐胀导致的孔隙率增大为主，其后由于反复的结晶作用，土粒胶结的损失程度增大，其对土体变形特征的影响趋于主导地位，因此失效应变逐渐变小。

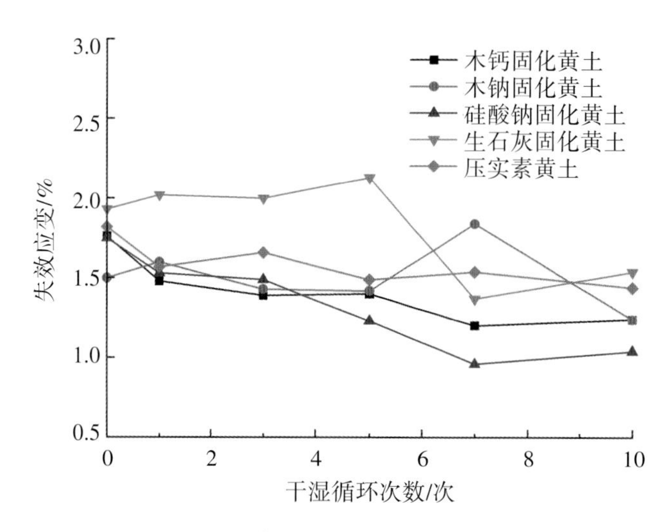

图9-20 不同固化黄土失效应变随干湿循环的变化曲线

9.4.3 干湿循环对单轴加卸载下固化黄土力学性质的影响

对经历了不同干湿循环次数的固化土样进行单轴加卸载试验。绘制经历不同干湿次数的不同试验土样轴向应力-应变曲线，可以看到这些曲线依然属于应变软化型曲线（图9-21～图9-24）。

随着干湿循环次数的增加，固化土样的强度虽然总体上都表现出降低的趋势，但过程并不相同。生石灰与硅酸钠固化黄土的强度均表现出随干湿循环次数增加而单调递减的趋势。硅酸钠固化黄土在1次干湿循环时强度急速下降至2996.55 kPa，为未冻融条件下的69.00%；当干湿循环次数达到10次时为1062.04 kPa，仅保留了24.45%的强度。生石灰固化黄土在10次干湿循环时强度为1481.85 kPa，降幅为43.90%，略高于硅酸钠固化黄土。很明显，二者在干湿循环作用下的强度劣化程度极高。相比之下，木钠固化黄土在干湿循环条件下虽然表面出现裂隙并剥落，但其强度受到的影响并不大，在1次干湿循环时木钠固化黄土的强度略有提高，达到3852.01 kPa，随后缓慢下降；在10次干湿循环时仍然保持在3257.10 kPa，其降幅仅为12.30%，为所有固化黄土中最低。木钙固化黄土强度随干湿循环的变化并不规则，1次干湿循环时其强度由7764.85 kPa下降到5107.05 kPa；在干湿循环3～5次过程中强度升高至6320.52 kPa，之后再次下降并趋于平缓；在10次干湿循环时强度为4932.10 kPa，为未冻融条件下强度的63.52%，同时远高于相同条件下的其余固化黄土和未干湿条件下的压实素黄土。另一方面，与经历相同干湿循环的无侧限抗压试验数据进行对比，可以看到在单轴加卸载条件下，固化黄土的单轴加卸载抗压强度普遍要高于无侧限抗压强度值。值得注意的是，生石灰固化黄土在干湿循环初期单轴加卸载抗压强度略低于无侧限抗压强度，而随着干湿循环次数的增加，前者渐渐高于后者。这说明在加载作用下土体内部虽然会出现损伤，但在卸载时其结构会在自身弹性作用下进行结构调整，因此造成单轴加卸载条件下土体强度增大。

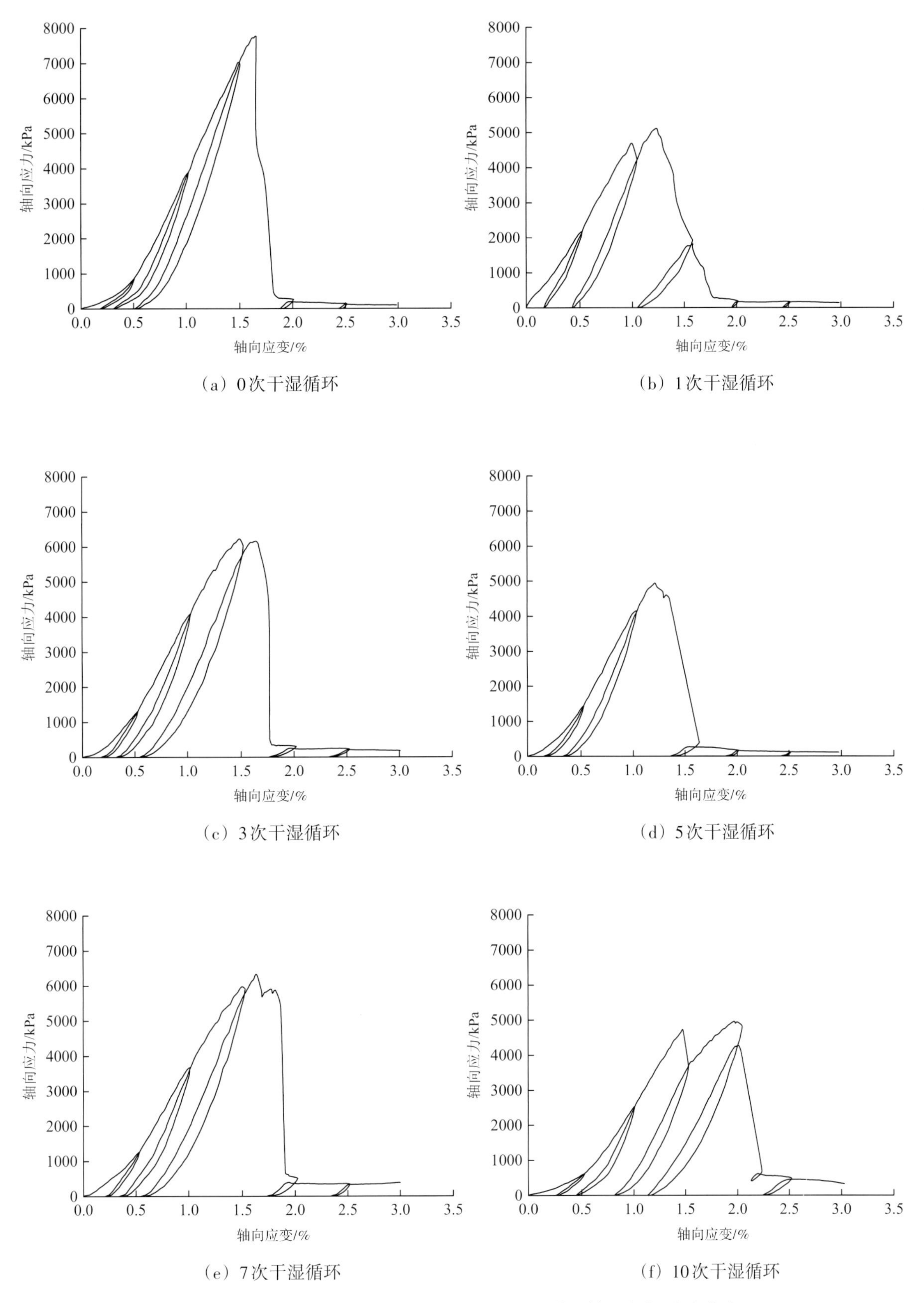

图9–21　单轴加卸载试验条件下3%木钙固化黄土轴向应力–应变曲线

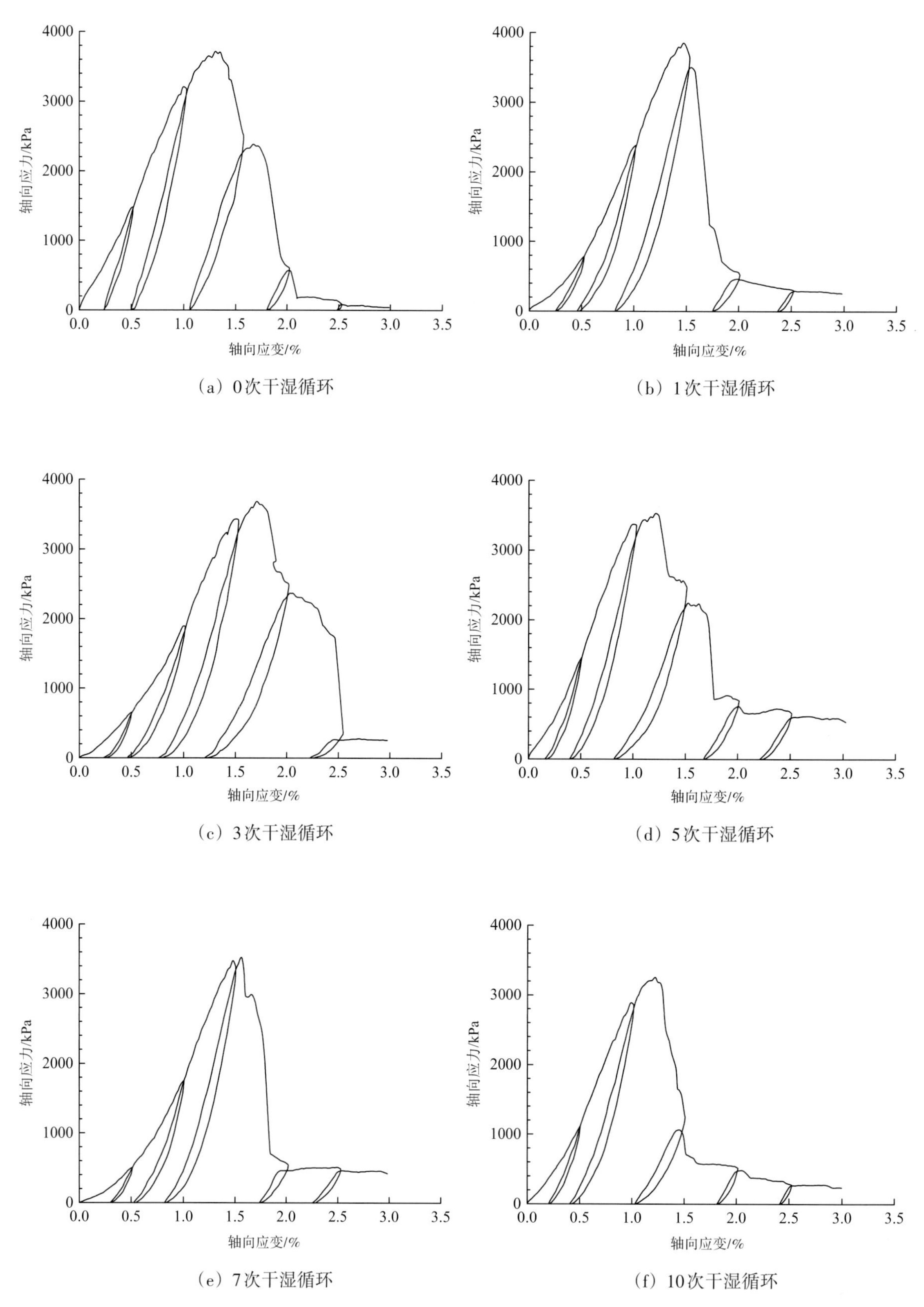

图9-22　单轴加卸载试验条件下3%木钠固化黄土轴向应力-应变曲线

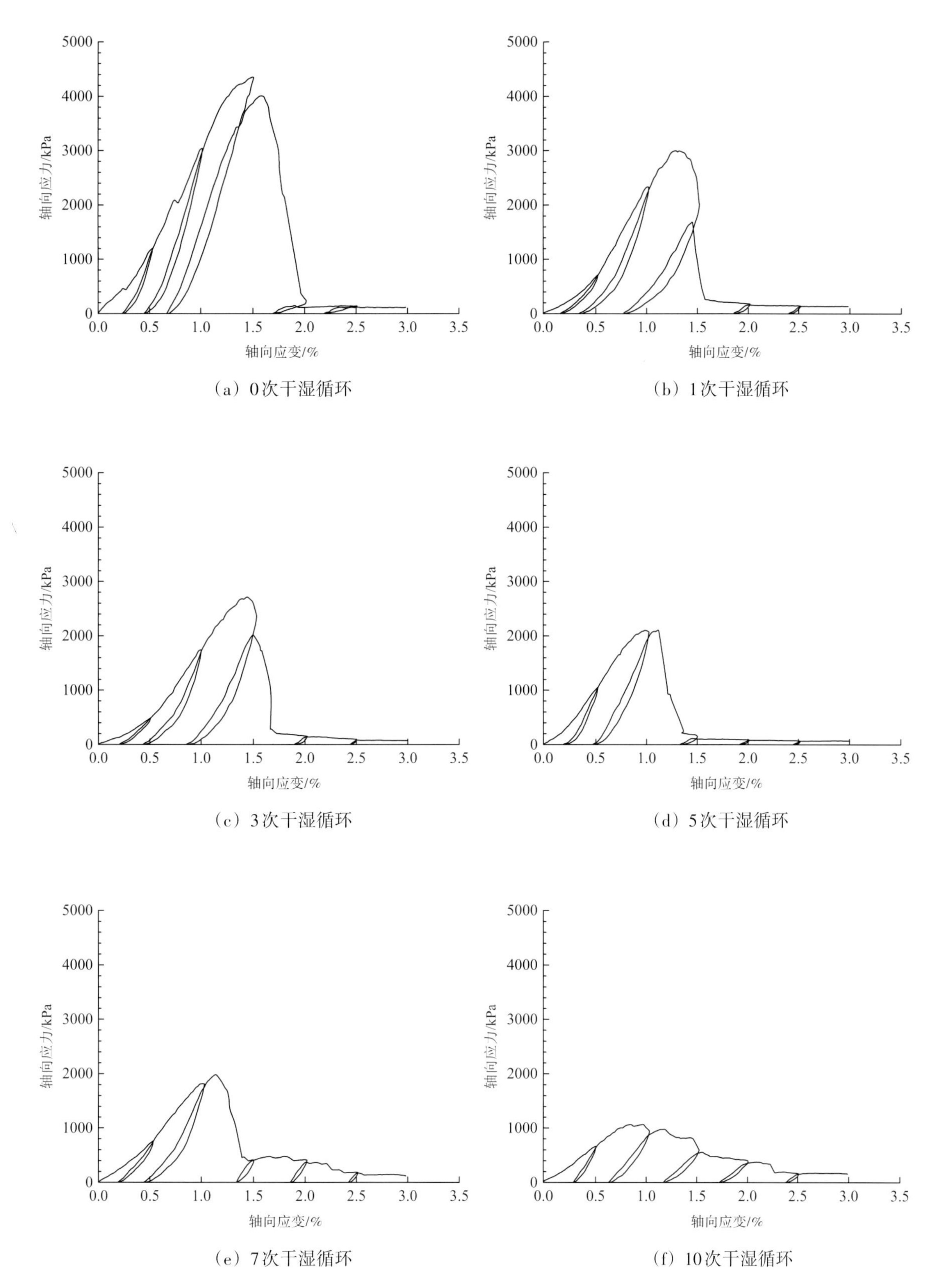

图9-23 单轴加卸载试验条件下3%硅酸钠固化黄土轴向应力-应变曲线

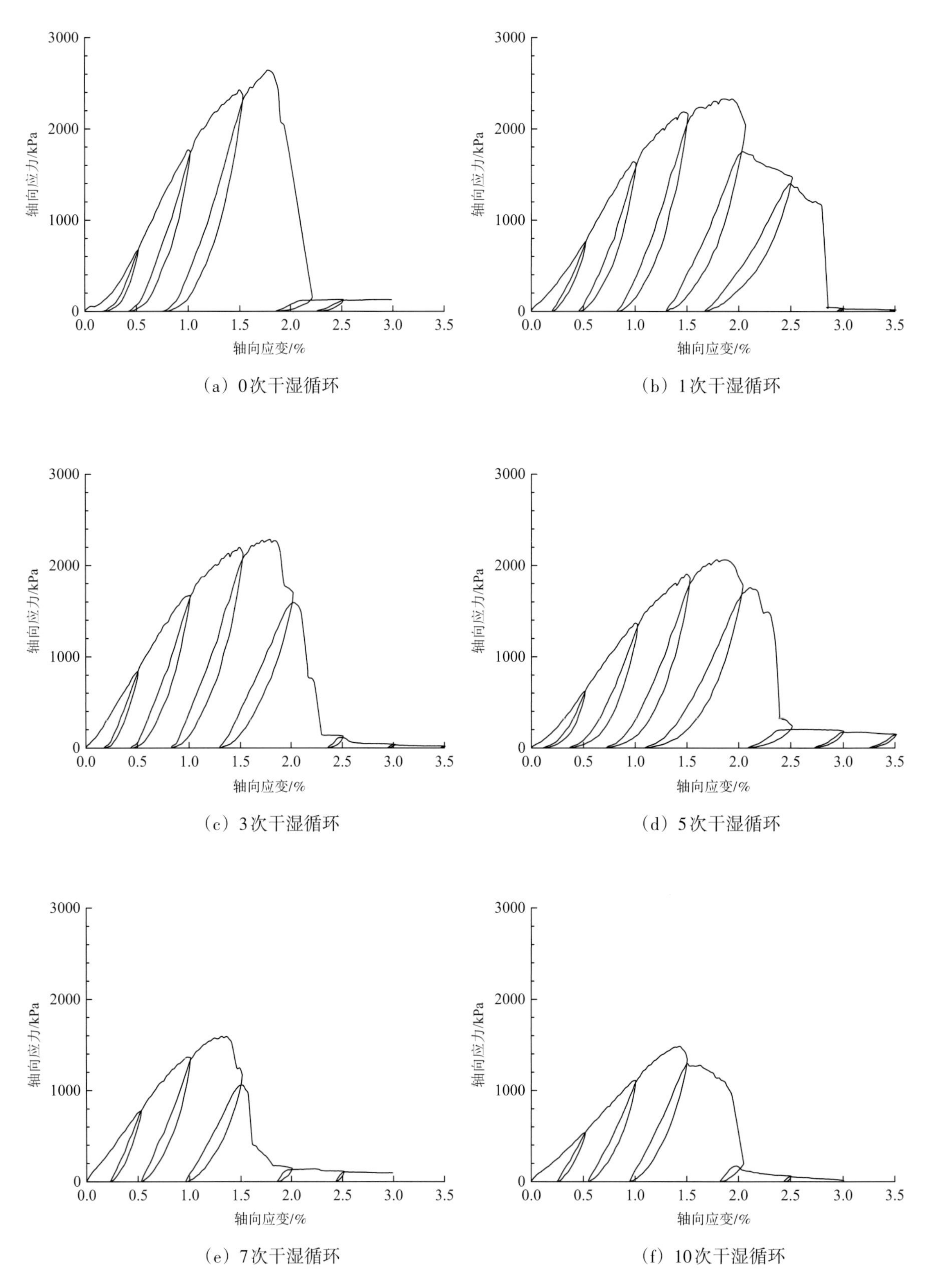

图9-24 单轴加卸载试验条件下3%生石灰固化黄土轴向应力-应变曲线

9.5　黄土固化剂固化机理

9.5.1　X射线衍射试验

X射线衍射仪的工作实质是利用衍射原理，精确测定物质的晶体结构，并对物质进行物相分析、定性分析和定量分析。

用电子束轰击金属靶会产生X射线，其中具有与靶中各种元素对应的特定波长的X射线，称为特征X射线。特征X射线是一种波长约为20～0.06 nm的电磁波，能穿透一定厚度的物质，并能使荧光物质发光、照相乳胶感光、气体电离。1912年德国物理学家M.von Laue基于X射线的波长和晶体内部原子间距离相近的认知，提出一个重要的科学预见：当一束X射线通过晶体时将发生衍射，衍射波叠加的结果使射线的强度在某些方向上加强，在其他方向上减弱，通过分析在照相底片上得到的衍射花样，可以确定晶体结构。1913年英国物理学家W.H. Bragg和W.L.Bragg证实了M.von Laue的预见，在成功地测定了NaCl、KCl等的晶体结构之余，还提出了作为晶体衍射基础的著名公式——布拉格定律：

$$2d\sin\theta=n\lambda \tag{9-13}$$

式中λ为X射线的波长，n为任何正整数。当X射线以掠角θ（入射角的余角，又称为布拉格角）入射到某一点阵，晶格间距为d的晶面上时，在符合上式的条件下，将在反射方向上得到因叠加而加强的衍射线。

采用X射线衍射仪（X-Ray Diffraction，简称XRD）对压实素黄土样和3%固化剂固化土样进行了测试，并利用X'Pert HighScore Plus软件对结果进行分析，从物相角度对不同固化剂固化机理进行探讨（图9-25）。

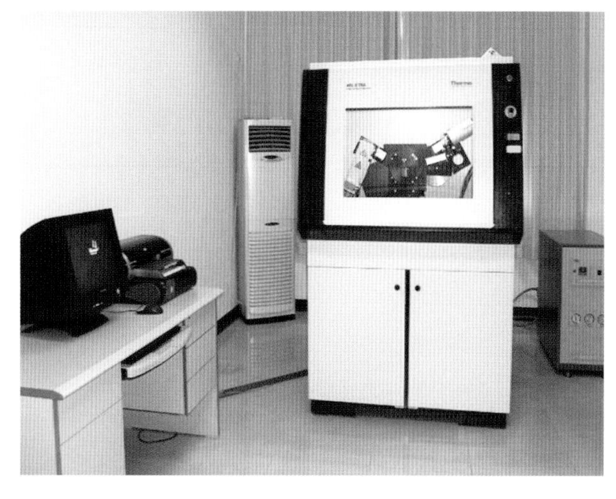

图9-25　X射线衍射仪

晶体的X射线衍射图像实质上是晶体微观结构的一种精细而又复杂的转化，由于每种晶体结构的独特性决定了衍射线在空间分布的方位和强度，造成其与X射线衍射图之间存在着一一对应的关系，最重要的是即使与其他物质混杂也不会对相应晶体的X射线衍射图谱造成影响，这便为X射线衍射物相分析法的可行性提供了理论支撑。通过事先制备规范化、标准化的单相物质衍射图谱，将测试样品测得的图谱与之进行比对，即可完成物相的定性分析；在此基础上进一步根据各相花样强度与该组分存在的量比对便可实现物相的量化。

通过XRD测试，可以看到在固化剂作用前后，黄土的主要矿物成分均为石英、钠长石、方解石和白云石（图9-26），但值得注意的是生石灰固化黄土中方解石含量高达16%，比压实素黄土高出9%，这是由于生石灰与CO_2反应生成碳酸钙造成的。由于黄土中颗粒间胶结物主要为硅质胶结、碳酸钙胶结、黏土矿物胶结和生物作用形成的有机物胶结，黄土的物理力学性质与土中胶结物及胶结程度有很大关系，碳酸钙的增加造成黄土强度的增大。

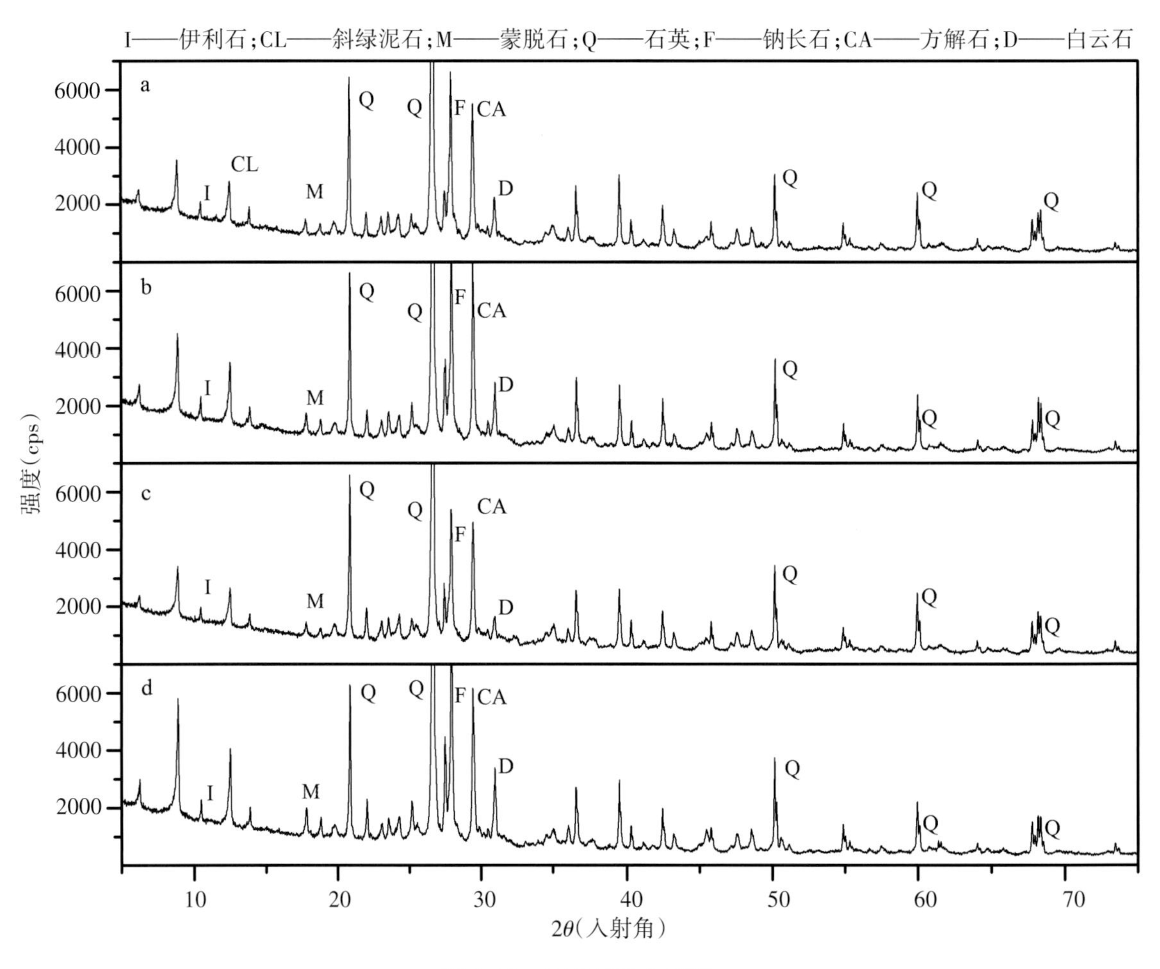

图9-26 XRD试验曲线图

木钠固化黄土中高含量的Na^+在木质素磺酸根的作用下反应生成了黏土矿物$NaAlSi_3O_8$（钠长石），同时SiO_2含量也有一定程度的提高，为69%，略高于生石灰固化黄土。虽然黏土矿物的胶结强度低于碳酸钙，但硅质胶结强度却要高于碳酸钙，也因此木钠固化黄土的强度增长幅度与生石灰固化黄土相近。

硅酸钠进入土体后发生下列化学反应：

$$Na_2O \cdot nSiO_2+CaSO_4+mH_2O \longrightarrow nSiO_2 \cdot (m-1)H_2O+Na_2SO_4+Ca(OH)_2 \qquad (9-14)$$

与木钠固化黄土相似，其产生的Na^+造成了钠长石含量的增大，同时其土体颗粒间形成的硅酸薄膜导致了石英含量增大至73%（表9-1），由于硅质胶结强度要强于黏土矿物和碳酸钙，这就造成了硅酸钠固化黄土的固化强度高于木钠固化黄土和生石灰固化黄土。

经过木钙固化后原本存在于压实素黄土中且质量分数分别达到9%和11%的斜绿泥石与锌硅钠石成分并未在固化黄土中测得。斜绿泥石和锌硅钠石作为黏土矿物，其最主要的特点是呈高度分散状态——胶态或准胶态，具有很高的表面能、亲水性等，因此可以假设木质素磺酸钙与斜绿泥石和锌硅钠石发生了一系列化学反应，该反应造成了固化土样中SiO_2（石英）、$CaCO_3$（方解石）和$CaMg(CO_3)_2$（白云石）含量的增加，强化了土样颗粒间的硅质、碳酸盐胶结，并最终提高了土体结构强度。但是需要探讨的是，与硅酸钠固化黄土相比较，木钙固化黄土中方解石和白云石含量虽然分别高了1%和2%，石英却相对低了2%（表9-1），这无法解释木钙固化黄土的强度远高于硅酸钠固化黄土的现象。因此可以推测木质素磺酸盐以阳离子为结点，附着包裹于土颗粒表面，其自身稳定牢固的高分子结构作为三维网络将土体颗粒胶结在一起，从而提高强度。强度增幅取决于阳离子的化学性质，如Ca^{2+}胶结就远强于Na^+。

表9-1　不同试验土样的矿物成分

	矿物名称	压实素黄土	3%木钙固化黄土	3%木钠固化黄土	3%硅酸钠固化黄土	3%生石灰固化黄土
质量百分比/%	石英	58	71	69	73	65
	钠长石	12	12	20	15	13
	方解石	7	10	7	9	16
	白云石	3	5	4	3	3
	斜绿泥石	9				
	锌硅钠石	11				
	多硅锂云母		1		1	1
	锰云母					
	微斜长石					
	白云母					
	水镁铝石					
	水钠锰矿					1

另一方面，根据上文中的布拉格定律可以推算出黄土及固化黄土的矿物晶面间距d值（nm）（见表9-2）。由表可见，无论在低角度区还是在高角度区，当入射角2θ相同时，固化黄土的d值始终小于压实素黄土，这再次证实了在固化剂作用下，土体内部矿物晶体彼此结合更加紧密，土体结构更加密实稳定。

木质素磺酸盐在水解和仲醇羟基上氧原子质子化作用下，其正电荷与土颗粒表面负电荷中和，减薄双电层厚度，缩小土体颗粒间距，令土壤矿物颗粒间的接触更加紧密，土体结构更加密实，对提高土体的强度有一定的积极影响。相较之下，Ca^{2+}能中和的电荷量多于Na^{+}，因此其木钙固化黄土d值也略低于木钠固化黄土。而硅酸钠和生石灰固化黄土的d值均小于等于木质素磺酸盐固化黄土，可能是由于客观试验条件限制，此次检测对象主要为矿物晶体，硅酸钠和生石灰的反应生成物大多是具有固定晶形的矿物成分，如SiO_2和$CaCO_3$，其填充在颗粒间造成了所测d值的大幅降低。而木质素磺酸盐除了生成类似矿物外，本身也作为胶结物填充于颗粒间，其高分子结构未在此次测试的范围内，因此d值表征的是经木质素磺酸盐链接的矿物晶面间距，相较于实际情况略大。

表9-2　试样的d值/nm

试样	入射角2θ		
	20°	40°	60°
压实素黄土	4.26047	2.23931	1.54180
3%木钙固化黄土	4.25684	2.23609	1.54151
3%木钠固化黄土	4.25688	2.23655	1.54152
3%硅酸钠固化黄土	4.25710	2.23655	1.54145
3%生石灰固化黄土	4.25663	2.23614	1.54128

9.5.2　微观结构观测试验

扫描电子显微镜（Scanning Electron Microscope，SEM）作为研究微观结构最为常见的手段，其原理是利用聚焦电子束在试样表面逐点扫描成像，具有放大倍数高、分辨率高，能够观察三维形貌并加以分析等优点。本实验采用的仪器为Hitachi场发射电子显微镜（图9-27）。利用场发射电子显微镜对不同固化黄土样微观结构进行观察，并直观地对固化剂固化情况进行对比分析。

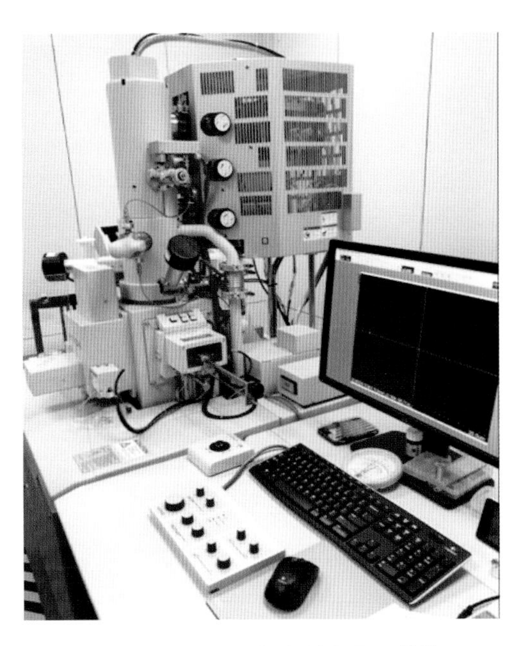

图9-27 Hitachi场发射电子显微镜

制备3%掺量的不同固化剂固化黄土，置于室温下自然风干7天，土样规格与力学试验相同（ϕ39.1×80 mm）。取样部位位于试样中心附近，尽量保证样品表面不受扰动。将所取土样排列于观察承台上，并用黑色导电胶布固定。为进一步增加土样的导电性，用离子溅射镀膜机在每个试样上镀上一层金属薄膜。

对于每个扫描土样，均选取具有代表性的扫描点进行拍摄，放大倍数分别为500倍和1000倍。从SEM图像可以看到压实素黄土中的骨架颗粒主要为片状、集粒状以及短柱状，部分孔隙中有絮状颗粒填充，骨架连接以面-面接触和点-面接触居多，总体而言土体颗粒棱角清晰，彼此分离，结构相对疏松（图9-28）。木钙固化黄土和木钠固化黄土的微观结构相似（图9-29、图9-30），均可清晰地观察到大量凝絮状和不规则集粒状颗粒填充在孔隙中，并进一步包裹了骨架颗粒，整体架构要更加均匀密实。结合XRD试验，推测上述凝絮状和集粒状颗粒为木质素磺酸盐本身。在硅酸钠固化黄土的微观结构图像中，可以清晰地看到许多不规则的颗粒附着于骨架颗粒表面，并填充于粒间孔隙中（图9-31），根据硅酸钠的化学性质推测为反应生成的硅酸凝胶体，其结构相较于压实素黄土而言较为密实。通过对生石灰固化黄土的微观结构进行观察，可以发现其与压实素黄土和硅酸钠固化黄土有着明显的区别，其中的柱状以及棱柱状颗粒增多了，结合生石灰发生的化学反应可以推测为反应生成的碳酸钙（碳酸钙结晶形为斜方晶系和六方晶系，呈柱状或菱形），另一方面集粒状物质填充了孔隙，增大了密实度（图9-32）。

从SEM微观图像上判断，固化剂通过不同的化学反应路径均对黄土结构进行了改善，加强了黄土颗粒间的连接，填充了孔隙，增大了强度。

（a）×500　　（b）×1000

图9-28　压实素黄土微观结构

（a）×500　　（b）×1000

图9-29　3% 木钙固化黄土微观结构

（a）×500　　（b）×1000

图9-30　3% 木钠固化黄土微观结构

（a）×500　　（b）×1000

图9-31　3%硅酸钠固化黄土微观结构

（a）×500　　（b）×1000

图9-32　3%生石灰固化黄土微观结构

9.5.3　压汞试验

压汞法（Mercury Intrusion Porosimetry，简称MIP）作为研究固体材料孔隙特性的重要手段，具有较高的实用性和可靠性，因此得到了广泛的应用。试验采用的仪器为冻土工程国家重点实验室的AutoPore9520全自动压汞仪（图9-33）。将制备好的风干试验土样，包括压实素黄土样和3%掺量的固化土样，通过不同压力将汞压入土体孔隙中，根据不同压力和进汞量绘制孔隙含量与孔隙直径的关系曲线，以此了解固化剂及冻融循环对土中孔隙分布和孔隙结构的影响。

图9-33 AutoPore9520全自动压汞仪

压汞法的原理是基于汞对一般固体不润湿的特点，界面张力抵抗其进入孔隙中，欲使汞进入孔则必须施加外部压力。抵抗汞进入孔的界面张力是沿着孔壁圆周起作用的，而克服界面张力的外力是作用在整个孔截面上的，平衡时二力相等。利用该原理可得到施加的压力与圆柱形孔隙半径的关系，即瓦什伯恩方程。测量时只需记录压力和体积的变化量，通过数学模型即可换算出孔径分布、孔径分维数等数据，结果直观、可靠。

$$P \cdot A = P \cdot (\pi d^2/4) \tag{9-15}$$

$$\text{friction} = \pi d\sigma\cos\theta \tag{9-16}$$

$$P \cdot (\pi d^2/4) = \pi d\sigma\cos\theta \tag{9-17}$$

$$P = 4\sigma\cos\theta/d \tag{9-18}$$

式中：P为施加的压力；σ为导入液体的表面张力，试验中取0.485 N/m；θ为导入液体与固体材料的接触角，试验中取130°；d为圆柱形孔隙的直径。汞填充的顺序是先外部，后内部；先大孔，后中孔，再小孔。测量不同外压下进入孔中汞的量即可得到相应孔隙大小的孔隙体积。

从MIP试验所得数据中提取孔隙直径与汞压入的体积关系，由此可得出土样内部的孔隙分布特征。图9-34为不同试验土样在不同条件下的进汞曲线，即大于某孔径孔隙累积体积曲线，图为$dV/d\log D$曲线，即孔径分布特征曲线。

图9-34（a）为初始状态下，即未经历冻融干湿循环的不同试验土样的孔隙体积累积曲线，可以看到压实素黄土的孔隙体积最高，为8.72×10^{-2} mL·g^{-1}；其次为生石灰固化黄土，孔隙体积也高达6.08×10^{-2} mL·g^{-1}；木钠固化黄土的孔隙体积为5.11×10^{-2} mL·g^{-1}；其余两种固化黄土的孔隙体积则明显低于上述试样，其中木钙固化黄土最低，仅为3.44×10^{-2} mL·g^{-1}；硅酸钠固化黄土与其差别不大，为3.65×10^{-2} mL·g^{-1}。根据XRD试验中矿物晶面间距数据可知，固化剂确实能够有效降低土体颗粒间距，使结构致密。而结合本章土样外观图片知道，生石灰

在土体内部与水结合生成碳酸钙晶体膨胀，造成了孔隙率的上升；而木钠固化黄土在风干过程中也出现了析盐现象，盐分结晶同样形成盐胀，因此孔隙累积体积同样高于木钙固化黄土和硅酸钠固化黄土。

图9-34（b）为经历了20次冻融循环后，压实素黄土与生石灰固化黄土内部的孔隙体积依然明显高于其余固化土样，不同的是，生石灰固化黄土内部的孔隙体积超过了压实素黄土，高达7.03×10^{-2} mL·g^{-1}，而木钙固化黄土和硅酸钠固化黄土分别增大至3.75×10^{-2} mL·g^{-1}和4.94×10^{-2} mL·g^{-1}，木钠固化黄土的孔隙累积体积略有降低，为4.86×10^{-2} mL·g^{-1}。原因可能是水分在低温结冰时相变形成冻胀力，从而造成了孔隙体积的增大。

图9-34（c）为经历了10次干湿循环后，生石灰固化黄土内部孔隙体积高达5.29×10^{-2} mL·g^{-1}，明显高于其余试验土样，其次为压实素黄土的4.48×10^{-2} mL·g^{-1}，而木钙固化黄土与木钠固化黄土孔隙体积相近，分别为3.15×10^{-2} mL·g^{-1}和3.01×10^{-2} mL·g^{-1}，硅酸钠固化黄土的孔隙体积最低，仅为2.76·10^{-2} mL·g^{-1}。这是由于在饱和过程中，一方面在水分表面张力作用下土体颗粒间距降低，另一方面原本未能反应的固化剂分子与土颗粒和水分接触反应生成新的胶结物造成土体孔隙体积在不同程度上降低了。

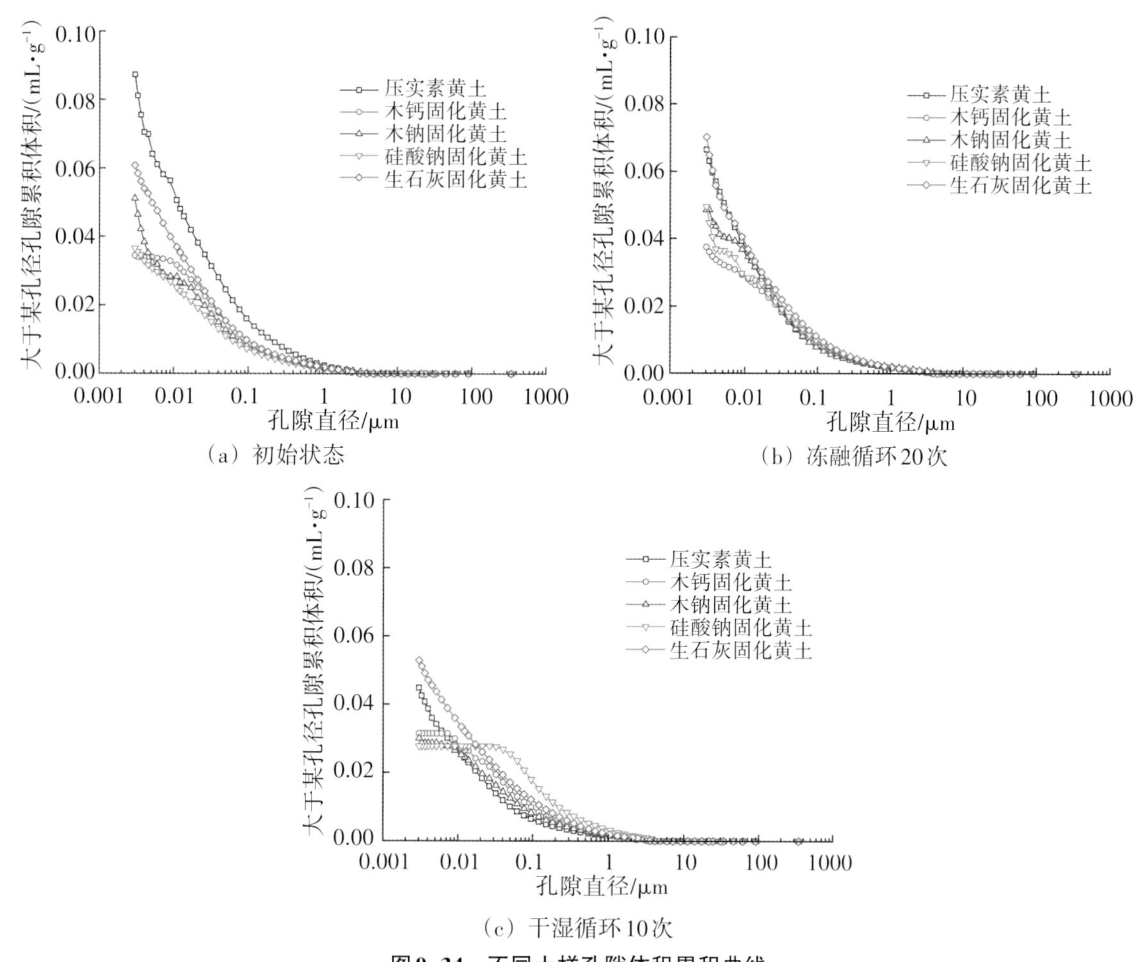

（a）初始状态

（b）冻融循环20次

（c）干湿循环10次

图9-34　不同土样孔隙体积累积曲线

依据雷祥义（1987）对黄土微结构孔隙的分类方案，基于孔隙直径分为大孔隙（$D>32$ μm）、中孔隙（$8\ \mu m<D<32\ \mu m$）、小孔隙（$2\ \mu m<D<8\ \mu m$）、微孔隙（$D<2$ μm）。

结合不同土样的孔隙分布曲线（图9-35）和孔隙结构参数数据（表9-3），可以发现孔隙含量峰值主要集中在1～10 μm范围内，即小、微孔隙范围内。

在未经历冻融或干湿循环的土样中微孔隙含量均高于小孔隙含量，其中压实素黄土小孔隙含量最低，为26.90%；木钠固化黄土小孔隙含量最高，为46.60%；木钙固化黄土、硅酸钠固化黄土和生石灰固化黄土小孔隙含量相近，均在30.00%左右。

表9-3 不同试验土样孔隙结构参数数据

试样	初始状态				
	平均孔隙直径/μm	大孔隙含量/%	中孔隙含量/%	小孔隙含量/%	微孔隙含量/%
压实素黄土	1.72	0.7	0.7	26.9	71.6
木钙固化黄土	2.00	0.8	0.4	32.6	65.8
木钠固化黄土	4.18	2.9	0.5	46.6	49.8
硅酸钠固化黄土	1.99	0.8	0.5	33.3	65.4
生石灰固化黄土	1.71	0.7	0.4	30.2	68.7
	冻融循环20次				
压实素黄土	2.00	0.7	0.4	40.7	57.8
木钙固化黄土	1.90	0.7	0.2	31.9	67.4
木钠固化黄土	2.76	0.8	0.5	52.5	46.2
硅酸钠固化黄土	2.32	0.7	0.6	45.5	53.2
生石灰固化黄土	2.32	0.7	1.14	44.2	54.1
	干湿循环10次				
压实素黄土	2.52	0.9	0.4	48.6	50.3
木钙固化黄土	1.50	0.5	0.5	29.4	70.1
木钠固化黄土	2.40	0.8	0.4	45.3	53.6
硅酸钠固化黄土	2.37	0.8	0.8	41.3	57.2
生石灰固化黄土	2.18	0.7	1.0	42.0	56.0

经过20次冻融循环后，固化黄土小孔隙含量出现了不同幅度的增长，而微孔隙含量相应降低。这可以从侧面证实冰水相变的冻胀力造成颗粒间胶结作用弱化破坏，孔隙率增大。

经历10次干湿循环后，压实素黄土、硅酸钠固化黄土和生石灰固化黄土微孔隙含量出现了不同程度的降低，而木钙和木钠固化黄土微孔隙含量则增大了，说明在水分作用下，压实素黄土、硅酸钠固化黄土和生石灰固化黄土中的盐分溶解并流失，盐分结晶原本占据的位置空出形成新的孔隙，而木质素磺酸盐固化黄土除了上述现象外，未能与土体反应胶结的木质素磺酸盐在水分搬运下迁移至土体颗粒表面反应形成新的胶结物并进一步填塞小孔隙，致使微孔隙含量增大。

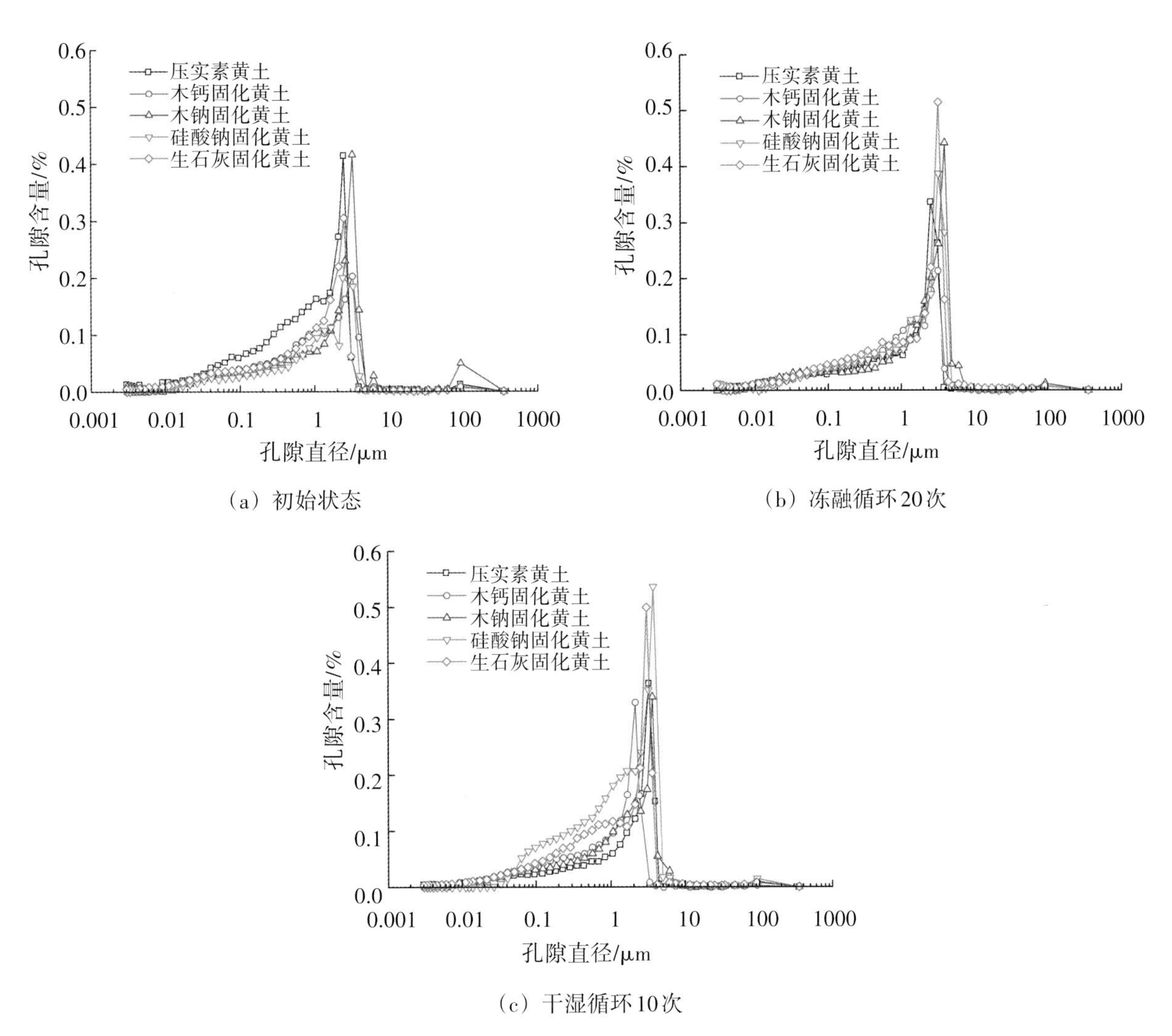

(a) 初始状态

(b) 冻融循环20次

(c) 干湿循环10次

图9-35 不同土样孔径分布特征曲线

9.6 木质素磺酸钙改良黄土路基试验路段修筑

9.6.1 项目概况

彭大高速公路是G85银川至昆明国家高速公路的重要组成路段，是西部大开发战略“八纵八横”骨架公路中内蒙古甘其毛都至广西河口公路的重要组成部分，也是甘肃东部地区南北向骨架公路。项目地点为甘肃省平凉市崆峒区草峰镇，终点止于陕西省陇县，顺接已建成的银昆高速公路宝鸡至陇县段。该项目路线全长89.9 km，全线采用双向四车道高速公路建设标准，设计行车速度80 km/h。项目所处位置公路自然一级区划为黄土高原干湿过渡区，湿陷性黄土在全线分布广泛，给该公路建设与日后的运营养护带来潜在的风险。

9.6.2 木质素磺酸钙改良黄土路基设计

彭大高速公路木质素磺酸钙改良黄土路基试验路段设计起点桩号为K23+987，终点桩号为K24+037，试验段全长50 m。具体设计为路基顶面以下0～20 cm（上路床部分）采用木质素磺酸钙改良黄土进行填筑，其中木钙掺量为5%。

9.6.3 木质素磺酸钙改良黄土路基施工

彭大高速公路木质素磺酸钙改良黄土路基试验路段于2021年6月5日开始进行填筑，2021年6月6日完成。试验路段起止桩号为K23+987～K24+037，共计50 m。路基顶面以下0～20 cm木质素磺酸钙改良黄土采用路拌法填筑，首先将按5%掺量计算得到的木质素磺酸钙均匀摊铺在路基表面，后将黄土填料铺筑其上，由路拌设备进行现场混合搅拌，如图9-36所示。待木质素磺酸钙与黄土填料搅拌均匀后，用羊足碾、光轮压路机等压实机械按照《公路路基设计规范》（JTG D30—2005）中的要求进行碾压，如图9-37所示。碾压结束后，对木质素磺酸钙改良黄土层进行压实度检测，如压实度达到《公路路基设计规范》（JTG D30—2005）中上路床的压实度要求后，结束施工，如图9-38所示。

图9-36 木质素磺酸钙改良黄土的路拌

图9-37 木质素磺酸钙改良黄土路基填筑压实

图9-38 木质素磺酸钙改良黄土路基填筑完成

K23+987～K24+037段木质素磺酸钙改良黄土路基试验路段修筑完成后，工程技术人员对该层进行压实度检测，该段木质素磺酸钙改良黄土的压实度符合《公路路基设计规范》（JTG D30—2005）中对上路床的压实度要求，压实度≥96，如图9-39所示。且科研人员发现，木质素磺酸钙改良黄土路基表面土层的坚硬程度、颗粒间的致密程度及平整度等性状，明显好于与之相邻的5%掺量的石灰改良黄土路基。为继续深入研究木质素磺酸钙对湿陷性黄土的改良效果，本书作者及其科研团队分别在木质素磺酸钙改良黄土路基与石灰改良黄土路基内部埋设安装了土壤温度、含水率及盐分传感器，对路基内部的温度、含水率变化及盐分的迁移进行长期跟踪监测，目前监测工作正在进行。

图9-39 木质素磺酸钙改良黄土路基压实度检测

10 硅藻土改性沥青路面性能研究

沥青路面存在着炎热季节重载作用下造成的车辙等永久性变形，冬季低温开裂和半刚性基层的反射裂缝，雨季、春融季节造成的坑槽、松散等水损害破坏，路表抗滑性能下降，以及局部龟裂等问题。硅藻土作为改性剂，加入到沥青混合料中能有效、均匀地附着在集料表面并大幅降低沥青混合料的流动性，使沥青混合料的弹性模量增加，改善沥青混合料的物理力学性能，提高沥青混合料的高、低温稳定性，延长沥青路面的使用寿命，降低路面寿命期内的年均使用费用。为此开展了系统的室内试验，研究硅藻土改性沥青的工程性质，为黄土地区的路面改良提供参考意见。

10.1 试验材料

10.1.1 沥青

试验使用的基质沥青是韩国SK90#和克拉玛依70#A级道路石油沥青，主要技术指标见表10-1。沥青旋转薄膜加热试验结果见表10-2。

表10-1 基质沥青主要技术指标

沥青型号	项目	结果	平均值	标准要求	单项评定
克拉玛依70#	针入度/0.1 mm（25 ℃,5 s,100 g）	66.5	66.5	60～80	合格
		66.4			
		66.5			

续表10-1

沥青型号	项目	结果	平均值	标准要求	单项评定
克拉玛依70#	软化点/℃（5 ℃）	49.3	49.3	视气候分区而定	—
		49.3			
	延度/cm（15 ℃,5 cm/min）	151.9	＞100	＞100	合格
		152.2			
		152.4			
	密度/(g·cm^{-3})（15 ℃）	1.037	1.036	实测	—
		1.035			
SK90#	针入度/0.1 mm（25 ℃,5 s,100 g）	82.6	82.8	80～100	合格
		83.2			
		82.6			
	软化点/℃（5 ℃）	47.0	47.1	视气候分区而定	—
		47.2			
	延度/cm（15 ℃,5 cm/min）	155	＞100	＞100	合格
		154			
		155			
	密度/(g·cm^{-3})（15 ℃）	1.031	1.032	实测	—
		1.033			

表10-2 基质沥青旋转薄膜加热试验结果

沥青型号	瓶号	瓶重/g	瓶+老化前/g	瓶+老化后/g	质量变化/g	平均值/%	标准要求/%	单项评定
克拉玛依70#	5	166.8389	201.5375	201.5242	−0.0383	−0.0400	不大于±0.8%	合格
	8	162.4889	198.0213	198.0045	−0.0473			
	12	163.9998	199.1823	199.1696	−0.0361			
	13	167.5739	202.4431	202.4298	−0.0381			
SK90#	9	161.3508	196.4728	196.4571	−0.0447	−0.0347	不大于±0.8%	合格
	16	165.5656	200.6015	200.5831	−0.0525			
	17	165.0298	200.0338	200.0321	−0.0049			
	18	168.989	204.0002	203.9873	−0.0368			

10.1.2 硅藻土改性剂

因硅藻土种类较多，其结构、粒度以及纯度也受原生矿物和生产工艺的影响，故硅藻土的物理、化学性质有相当的差别，而在实际中并非每一种硅藻土都能应用于沥青混合料中改善其性能，使用不当可能起到反作用。对比分析，选定改性剂为吉林通化硅藻土厂提供的硅藻土，具体改性剂技术指标见表10-3。

表10-3 不同产地硅藻土基础指标测试结果

硅藻土产地	外观	SiO_2含量/%	pH值	烧失量/%	水分含量/%	Fe_2O_3含量/%	Al_2O_3含量/%
吉林长白山	粉末状、白色	88	6.5	0.5	0.2	1.8	2.2
吉林通化	粉末状、白色	88.2	6.7	0.2	0.1	1.3	3.0
云南	细微颗粒状、乳白色	54.5	5.1	2.3	1.4	5.4	11.2
技术要求	—	≥80	6～8	≤5	≤10	≤3	≤8

10.2 试样制备

硅藻土改性沥青试样制备和试验方法是将经检测合格的基质沥青按沥青试验制备方法制备好，用盛样皿称取需要重量的沥青，将沥青加热到160～165 ℃时，根据硅藻土掺配比例准确称取相应的硅藻土，缓慢倒入基质沥青中，用玻璃棒轻轻搅拌使其均匀的分散，直至硅藻土中的少量水分脱水无泡沫为止。掺配过程保持沥青温度在150 ℃左右，此过程大约需要10 min。随着硅藻土掺量的增加，会有少量的沉淀产生，手动搅拌无法保证硅藻土分散的均匀性，造成试验结果的不准确。因此建议采用磁力沥青搅拌机，具体工艺流程为：首先把硅藻土放入105 ℃的烘箱中约1 h，使其干燥，同时也保证不会因为硅藻土的掺入而导致沥青温度降低，然后按比例将硅藻土掺入事先已加热至160～165 ℃的沥青中，采用沥青搅拌机以中低速（500～1000 r/min）搅拌15 min左右至硅藻土颗粒均匀分散至沥青中即可。搅拌速度过快容易导致沥青中产生大量气泡，不利于改性沥青质量的控制。但是，为了硅藻土更好地分散，可以先快速搅拌5 min左右，再调整为中低速搅拌至均匀并且保证沥青中没有产生太多的气泡。沥青充分搅拌均匀的情况下立即浇注沥青试模。

10.3 硅藻土改性沥青胶浆常规试验研究

针对不同沥青选取不同范围的硅藻土用量进行改性沥青胶浆试验。沥青采用韩国SK90#沥青与克拉玛依70#沥青。SK90#沥青按10%、12%、14%、16%的掺配比例进行性能试验，试验结果见表10-4；克拉玛依70#沥青按9%、11%、13%、15%的掺配比例进行性能试验，试验结果见表10-5。

表10-4 吉林通化硅藻土改性SK90#沥青基础指标测试结果

胶结料类型	针入度/0.1 mm			软化点/℃	延度/cm		针入度指数	当量软化点/℃	当量脆点/℃
	25 ℃	15 ℃	5 ℃		5 ℃	15 ℃			
90#+0	82.8	26.4	7.7	47.1	—	＞100	-1.62	44	-10.8
90#+10%	69.0	22.2	6.5	51.4	5.5	71.8	-1.58	45.6	-9.4
90#+12%	64.5	21.3	6.1	51.5	4.9	53	-1.57	46.2	-9
90#+14%	63.2	20.5	6.3	52.3	4.3	39.5	-1.44	46.9	-9.4
90#+16%	58.4	18.6	5.2	51.8	4.1	32	-1.72	46.5	-7.3

表10-5 吉林通化硅藻土改性克拉玛依70#沥青基础指标测试结果

胶结料类型	针入度/0.1 mm			软化点/℃	延度/cm		针入度指数	当量软化点/℃	当量脆点/℃
	25 ℃	15 ℃	5 ℃		5 ℃	15 ℃			
70#+0	66.5	19	6.4	49.3	—	＞100	-1.53	46.5	-9.1
70#+9%	57.6	15	5.8	52.2	85	382	-1.40	48.5	-8.2
70#+11%	53.5	14.2	5.2	53	49	530	-1.35	48.7	-7.1
70#+13%	52.5	16.2	5.5	54.2	46	359	-1.3	49.3	-8.4
70#+15%	49.3	12.7	4.4	52.7	45	320	-1.12	51.2	-8.1

10.3.1　针入度试验

由图10-1、图10-2可知，在同一硅藻土掺量下，针入度随着温度的升高而增大，其规律与基质沥青相似；在相同温度下，随硅藻土掺量增加，针入度逐渐减小，但减小趋势较为平缓，这是由于硅藻土是一种无机超细矿物颗粒材料，它并不与沥青发生熔融反应，而是以颗粒形式分散到沥青中，硅藻土颗粒在沥青中分散导致沥青稠度增加，即沥青变硬引起。

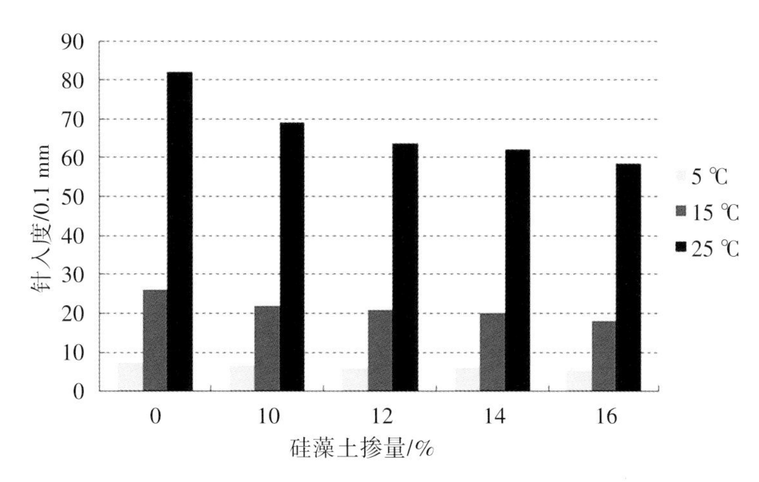

图10-1　硅藻土改性SK90#沥青针入度试验结果

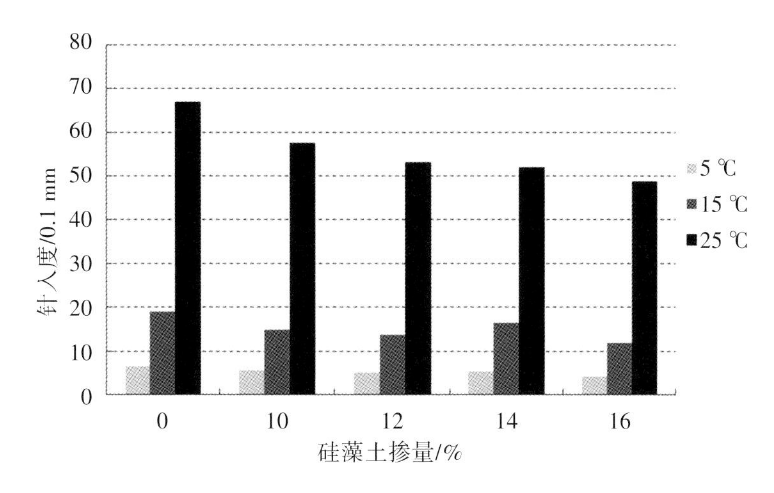

图10-2　硅藻土改性克拉玛依70#沥青针入度试验结果

图10-3表明硅藻土改性SK90#沥青针入度指数呈抛物线状，即加入硅藻土后针入度指数增大，并且在12%～14%处出现峰值，之后曲线明显下降；在一定的硅藻土掺量范围内，硅藻土改性沥青的针入度指数比基质沥青的高，说明改性后沥青的温度敏感性有所下降。图10-

4表明随着硅藻土掺量的增加，硅藻土改性沥青的当量软化点稳步增加，说明随着硅藻土的加入，沥青的高温性能得到改善。图10-5表明硅藻土改性克拉玛依70#沥青针入度指数呈缓慢上升趋势，硅藻土改性沥青的针入度指数比基质沥青的高，说明改性后沥青的温度敏感性有所下降。图10-6表明随着硅藻土掺量的增加，硅藻土改性沥青的当量软化点也呈增加趋势。

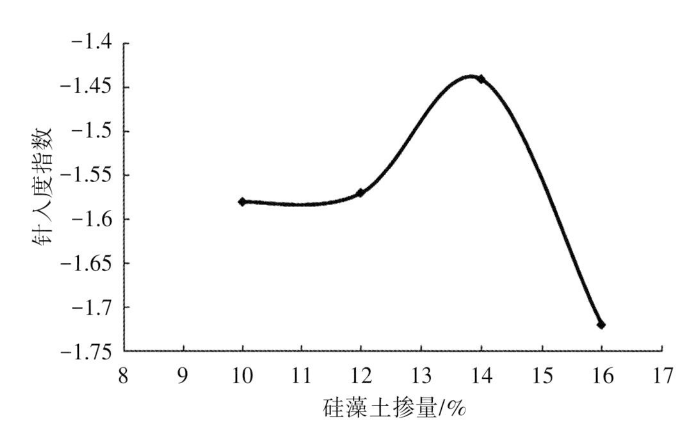

图10-3 硅藻土改性SK90#沥青针入度指数

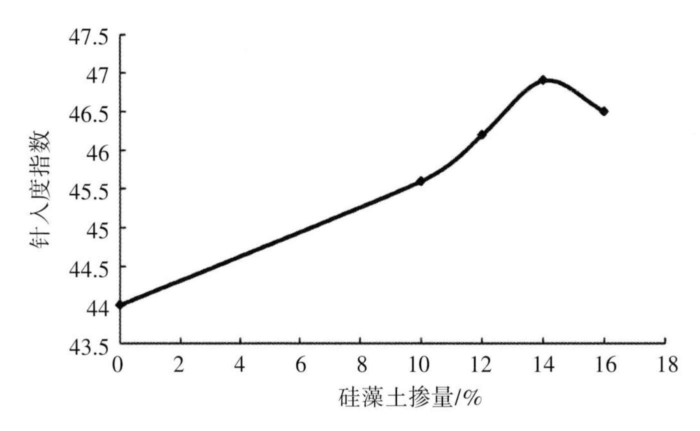

图10-4 硅藻土改性SK90#沥青当量软化点

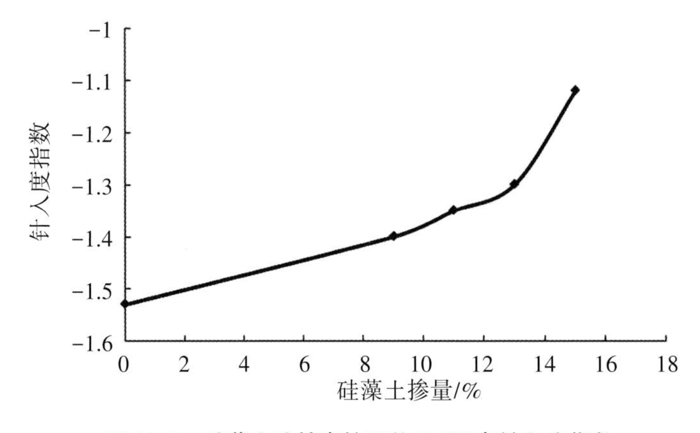

图10-5 硅藻土改性克拉玛依70#沥青针入度指数

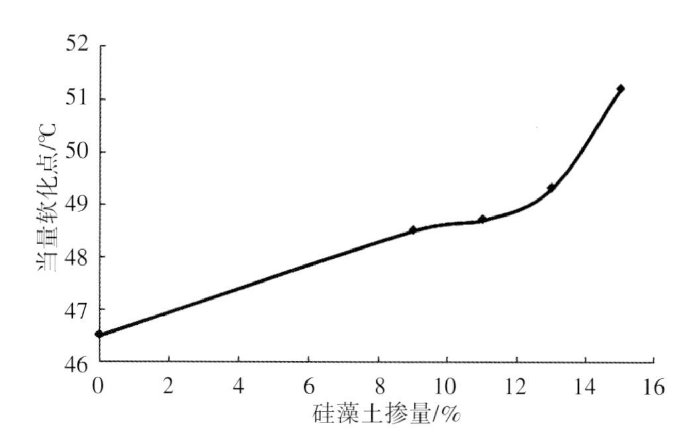

图 10-6　硅藻土改性克拉玛依 70#沥青当量软化点

上述试验结果表明硅藻土改性沥青的针入度指数、当量软化点都有所改善，但是不同沥青中硅藻土的掺量并非越多越好，且必定存在最佳掺量。当掺入量过大时会降低功效，掺入量过小时体现不出功效。因此，不同种类的沥青在用硅藻土进行改性时，必须经过试验论证确定不同沥青的最佳硅藻土掺量。

10.3.2　延度试验

由图 10-7、图 10-8 可知，15 ℃时，加入硅藻土后，硅藻土改性沥青延度下降非常明显，但是随着掺量的增加，降幅逐渐减小；5 ℃时，随着硅藻土的加入，沥青延度逐渐减小，但是趋势并不明显。延度试验表明，加入硅藻土会使沥青变硬，延度随着硅藻土掺量的增加有所降低，且不同标号的沥青延度下降趋势并没有明显的相关性。在进行硅藻土改性沥青的延度指标测定时，其拉断时的状态和基质沥青以及其他高聚物改性沥青明显不同，试样断裂的位置可以清晰地看见突出的硅藻土颗粒。

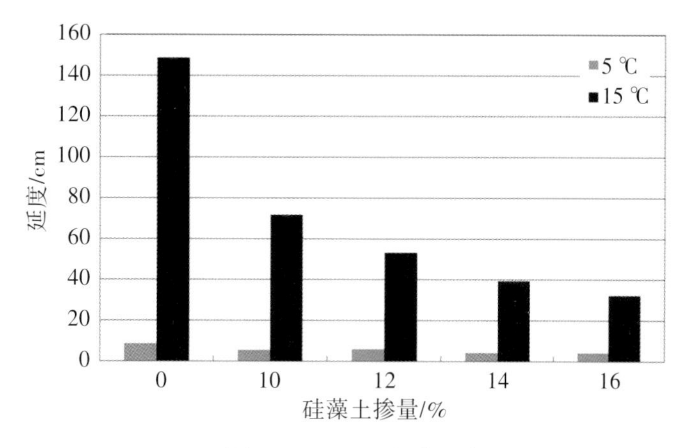

图 10-7　SK90#沥青延度

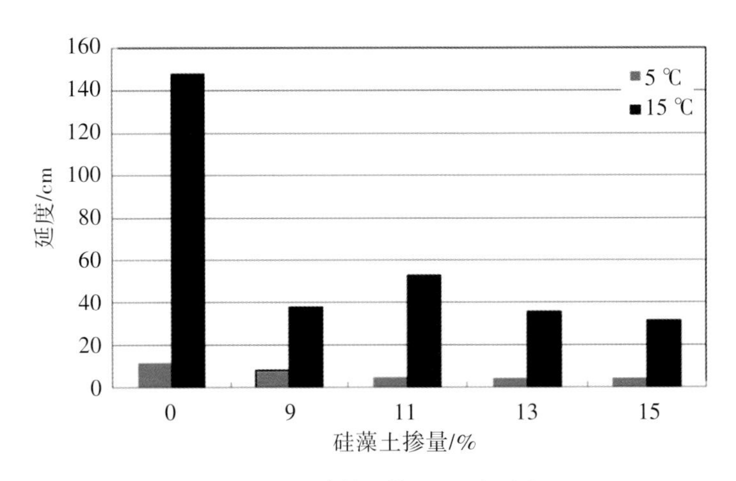

图10-8 克拉玛依70#沥青延度

从另一方面来看，虽然在改性沥青规范中采取低温延度来判断沥青低温抗裂性，但也是针对聚合物改性沥青的评价指标。硅藻土改性沥青、聚合物改性沥青与重交通道路石油沥青有较大的区别，聚合物改性沥青中最具有代表性的是SBS改性沥青，其中SBS颗粒分散到沥青中会相互交联，产生溶胀，利用本身的弹性来提高改性沥青的延度。而硅藻土改性沥青与其不同，硅藻土仅仅是无机材料，在沥青中只是均匀分散，不会产生交联及弹性，故不能增加延性，并且延度试验采取外力直接拉伸沥青的方法，当温度较低时，沥青受拉伸所产生的变形远远大于硅藻土颗粒自身的变形，沥青被拉到一定细度，硅藻土的存在就会产生应力集中，加速沥青的破坏，导致试样提前拉断，从而使沥青延度降低。

综合上述试验结果可分析得知，虽然根据试验数据可以得出某种程度上的结论，如对感温性、高温性能有一定改善，但也存在不足之处，三大指标的试验数据离散性较大，同一性能要做多组对比试验才能得出相关性较好的数据。不同掺量对比试验并不能明显表现出掺量多少对沥青影响的规律性。可见，若采用沥青胶浆的常规指标试验，只能定性地分析掺加硅藻土对沥青性能的改善，不能定量地、具体地评价硅藻土改性沥青的改性效果。分析原因，可能是因为硅藻土改性沥青不同于一般的聚合物改性沥青，其相容机理和在沥青中的分散状态都与聚合物改性沥青有所不同，因此硅藻土改性沥青的混合料试验可能能够更直接的反映出硅藻土对沥青混合料技术性能的影响作用，并且在下一步采用SHRP试验来研究硅藻土改性沥青的改性效果，以进一步确定硅藻土改性剂的最佳掺量。

10.4 硅藻土改性沥青混合料路用性能验证

为了进一步分析研究基质沥青经改性后的特性，在马歇尔试验结果的基础上，针对硅藻土改性沥青混合料进行路用性能试验，主要包括沥青混合料水稳性、高温稳定性和低温抗裂性试验。

10.4.1 水稳性

沥青路面在水或冻融循环的作用下，由于汽车车轮动态荷载的作用，进入路面空隙中的水不断产生动水压力或真空负压抽吸的反复循环作用，水分逐渐渗入沥青与集料的界面上，使沥青黏附性降低并逐渐丧失黏结力，沥青膜从集料表面脱落（剥离），沥青混合料出现掉粒、松散，继而形成沥青路面的坑槽和推挤变形等损坏现象，这就是沥青路面的水损坏，是现在沥青路面破坏的一种常见形式。

选择冻融劈裂试验来评价硅藻土改性沥青混合料的水稳定性。我国冻融劈裂试验是根据美国的洛曼特试验简化而成的，试验试件成型与马歇尔成型方法一致，正反面各击50次。饱水分两组进行，第1组在25 ℃水中浸泡2 h后测试；第2组饱水过程如下：

（1）常温下（25 ℃）浸水20 min；

（2）0.09 MPa浸水抽真空15 min；

（3）-18 ℃冰箱中置入16 h；

（4）60 ℃水浴中恒温24 h；

（5）25 ℃水中浸泡2 h。

利用具有传感器并配置有荷载及试件变形测定记录装置的自动马歇尔试验仪，分别测出第1、2组试件的劈裂强度为R_1和R_2，并用劈裂强度比来评价沥青混合料的水稳定，公式为：

$$TSR = \frac{R_2}{R_1} \times 100\% \tag{10-1}$$

由表10-6、图10-9可知，改性沥青混合料的残留稳定度显著大于基质沥青的残留稳定度，表明改性剂的加入改善了混合料的水稳性。在一定程度上可以认为试验掺量范围内，掺量越多，混合料的水稳性越好。其原因在于掺入硅藻土改性剂后，沥青中的部分饱和分、芳香分进入改性剂网络中，使自由沥青的饱和分和芳香分相对下降，沥青胶质的含量相对上升。而沥青中最具化学活性的成分如沥青酸、沥青酸酐、树脂等极性物质多集中在胶质和沥青质中。自由沥青中极性物质含量相对增多有利于在矿料表面形成极性吸附层和化学吸附层，从而提高了改性沥青对矿料的黏附性。同时，极性吸附和化学吸附量的增大，必然使矿料表面的结构沥青层增厚，这必定会改善改性沥青-矿料界面黏结力和水稳定性。

表10-6　不同掺量冻融劈裂试验结果

硅藻土掺量/%	R_1/MPa	R_2/MPa	劈裂强度比/%
0	0.792	0.605	76.4
9	0.808	0.678	83.9
11	0.811	0.686	84.6
13	0.819	0.714	87.2
15	0.833	0.727	87.3

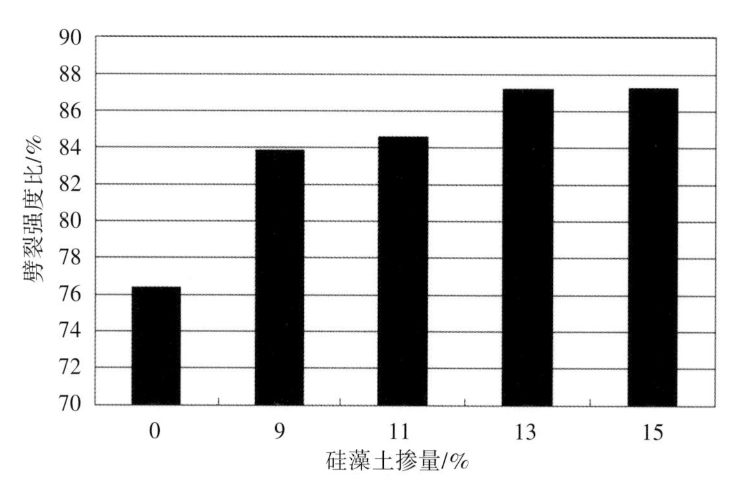

图10-9　不同硅藻土掺量改性沥青混合料劈裂强度比

冻融引起的破坏现象会严重影响沥青路面的使用性能和寿命。因此，选取13%硅藻土掺量，成型5组马歇尔试件，1组4个，第1组饱水循环1次；第2组饱水循环3次，第3组饱水循环5次，第4组饱水循环7次，第5组饱水循环10次，第6组饱水循环13次，探讨冻融循环对硅藻土沥青混合料劈裂抗拉强度的影响。

由表10-7、图10-10可知，沥青混合料在经过长期多次反复冻融后，其劈裂强度明显减小，水稳性降低。这是由于沥青混合料是多孔材料，在真空饱水试验过程中内部孔隙被水充满。当试件的温度降低到冰点以下时，孔隙中的水分开始冻结，在冻结过程中，由于未冻水向冻结锋面不断迁移，沥青混合料孔隙通道会产生渗透压力。此外，未冻水的迁移还会造成混合料孔隙内冰的膨胀，从而对孔隙壁产生膨胀压力，造成混合料的损伤。在渗透压力和膨胀压力的共同作用下，混合料冻结区域的孔隙会因为损伤而扩大。在融化过程中冻结水向四周缓慢扩散，孔隙会因压力的释放而有所恢复，但难以恢复到原始尺寸。随着冻融次数的增加，混合料内部的损伤不断积累，材料的劈裂抗拉强度也不断下降。另外，抵抗外力劈裂作用的主要是沥青与集料之间的黏结力，而硅藻土属于无机结合料，因此，在真空饱水条件下，水很容易进入沥青混合料内部，虽然沥青将集料全部包裹，但在尖角、粗糙处或硅藻土颗粒表面的沥青膜非常薄，水能够渗透薄膜到集料表面，从而破坏集料与沥青之间的黏结力。因此，在最初的几个冻融循环中，硅藻土沥青混合料的劈裂强度呈明显下降趋势。

表 10–7 不同冻融循环次数下冻融劈裂试验结果

冻融循环次数/次	R_1/MPa	R_2/MPa	劈裂强度比/%
1	0.819	0.714	87.2
3	0.798	0.626	78.4
5	0.753	0.581	77.2
7	0.701	0.533	76.0
10	0.686	0.507	73.9
13	0.651	0.478	73.4

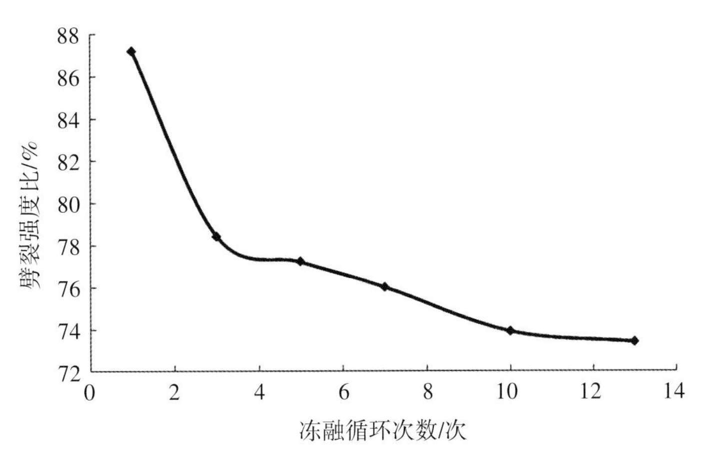

图 10–10 不同冻融循环次数下劈裂强度比

由于在试验过程中自由水量有限，当经历有限次循环后，冻结过程中水的迁移量逐渐减小，从而冻结冰对孔隙壁的膨胀力也趋于稳定，混合料内部的损伤也不再发展，孔隙的尺寸也不再变化。与此同时，自由水对沥青与集料之间黏结力的侵蚀作用也逐渐停止。因此，在有限次循环之后，沥青混合料的劈裂强度基本稳定在同一水平。

10.4.2 高温稳定性

沥青混合料的高温稳定性，即沥青路面抵抗流动变形的能力，是路面使用性能的重要指标之一。沥青混合料高温稳定性不足，一般出现在高温、低加荷速率以及低抗剪切能力时，即沥青路面劲度较低的情况下。推移、拥包、搓板、泛油等路面破坏现象均是由于沥青路面高温稳定性差所引起。

许多国家已把车辙试验作为沥青混合料组成设计的一项评价指标，美国战略公路研究计划（SHRP）已把它作为AAMAS“沥青混合料分析系统”中一项不可缺少的指标。使用车辙试验评价现场路面的高温性能，将使材料组成设计更能满足实际路面的使用功能。因此，采用车辙试验来研究沥青混合料的高温稳定性，车辙试验的试件规格为300 mm×300 mm×50 mm的板块状。车辙试验的具体步骤参照《公路工程沥青及沥青混合料试验规程》（JTG E20—2011）中“T 0719—2011沥青混合料车辙试验”的相关规定。

以最佳沥青用量下马歇尔试件密度来计算各组用料量，成型车辙板。在规定时间、温度下，测定不同掺量条件下的硅藻土改性沥青混合料车辙动稳定度，加以对比分析（表10–8、图10–11）。

试验结果表明，混合料的动稳定度均能满足规范要求，并且硅藻土改性沥青混合料显示出了良好的改性效果，在改性后变形相应减小，动稳定度相应增大，即提高了混合料的抗车辙能力。分析其原因，是由于硅藻土对沥青的吸附稳定作用使混合料内结构沥青增加，从而使混合料的温度稳定性增加。但是，动稳定度并没有随着硅藻土掺量的增加而稳步增加，说明要控制硅藻土的合理掺量。

表10–8 不同掺量硅藻土改性沥青混合料车辙试验结果

硅藻土掺量/%	45 min变形量/mm	60 min变形量/mm	动稳定度/次·mm^{-1}
0	3.276	3.684	1544.1
9	2.957	3.258	2093.0
11	2.533	2.812	2258.1
13	2.263	2.516	2480.3
15	2.587	2.859	2316.2

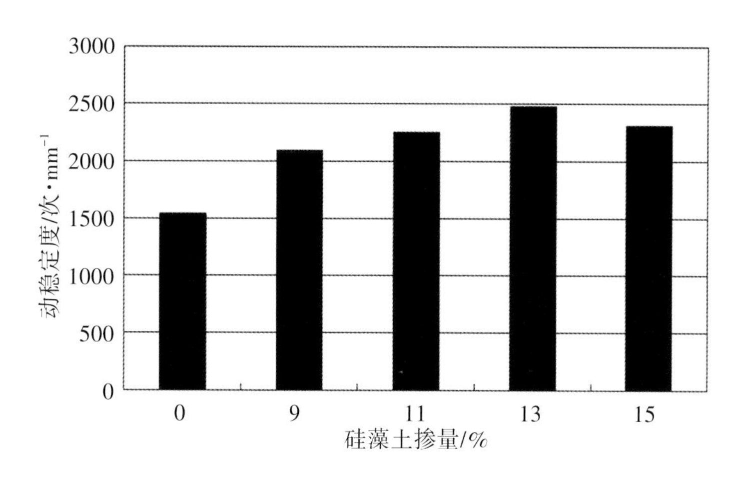

图10-11 不同掺量硅藻土改性沥青混合料动稳定度

10.4.3 低温抗裂性

沥青路面使用期开裂是世界各国普遍存在的问题，沥青路面在温度骤降或温差较大的地区，会由于温度应力的作用而产生裂缝。它的产生严重危害道路的使用寿命和质量，是沥青路面主要破坏形式之一。拟采用低温弯曲破坏试验，通过对应力-应变曲线的分析，计算出破坏时的劲度模量，用此模量来评价沥青混合料的低温抗裂性。该试验方法简单、规范，易于实现。

沥青混合料低温弯曲试验是以混合料破坏时的抗弯拉强度R_B、弯拉应变ε_B及弯曲劲度模量S_B来评价其低温抗裂性能。抗弯拉强度表征混合料抵抗弯拉应力作用的能力，抗弯拉强度越高，材料抵抗破坏的能力越强，低温时抵抗收缩应力能力就越强，路面低温抗裂性也就越好。低温时混合料的破坏弯拉应变越大，破坏时弯曲劲度模量越小，其低温抗裂性就好，反之则差。各指标的计算公式为：

$$R_B = \frac{3 \times L \times P_B}{2 \times b \times h^2} \tag{10-2}$$

$$\varepsilon_B = \frac{6 \times h \times d}{L^2} \tag{10-3}$$

$$S_B = \frac{R_B}{\varepsilon_B} \tag{10-4}$$

式中：R_B为试件破坏时的抗弯拉强度（MPa）；ε_B为试件破坏时的最大弯拉应变；S_B为试件破坏时的弯曲劲度模量（MPa）；b为跨中断面试件的宽度（mm）；h为跨中断面试件的高度（mm）；L为试件的跨径（mm）；P_B为试件破坏时的最大荷载（N）；d为试件破坏时的跨中挠度（mm）。

试验集料采用AC-13型级配，按《公路工程沥青及沥青混合料试验规程》(JTG E20—2011)中“T0715—2011沥青混合料弯曲试验”进行，将轮碾成型的试件切割成30 mm×35 mm×250 mm的小梁，试验温度为-10 ℃，加载速率为50 mm/min，采用压力机进行试验。试验取9%、11%、13%、15% 4个掺量，与基质沥青进行对比，试验结果汇总见表10-9。

表10-9 不同掺量硅藻土改性沥青混合料低温弯曲试验结果

硅藻土掺量/%	最大荷载/kN	跨中挠度/mm	抗弯拉强度/MPa	最大弯拉应变	劲度模量/MPa
0	1045.2	0.554	8.750	2825.4	3096.857
9	1052.1	0.575	9.057	2846.25	3182.199
11	1238.2	0.545	9.476	2861.25	3311.846
13	1220.5	0.547	9.642	2871.75	3357.489
15	1280.8	0.53	9.883	2862	3453.080

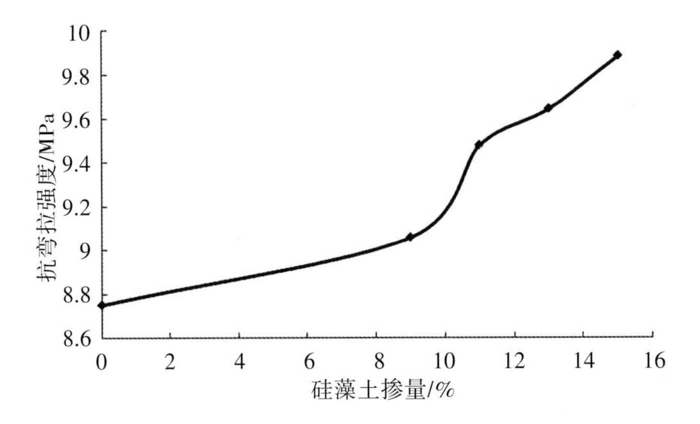

图10-12 不同硅藻土掺量沥青混合料抗弯拉强度

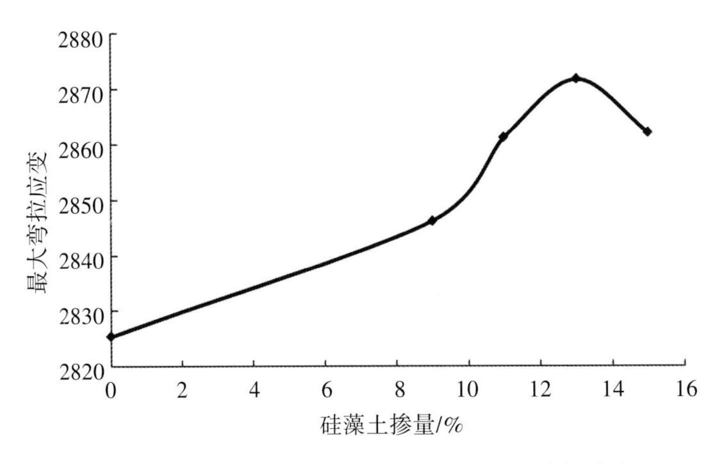

图10-13 不同硅藻土掺量沥青混合料最大弯拉应变

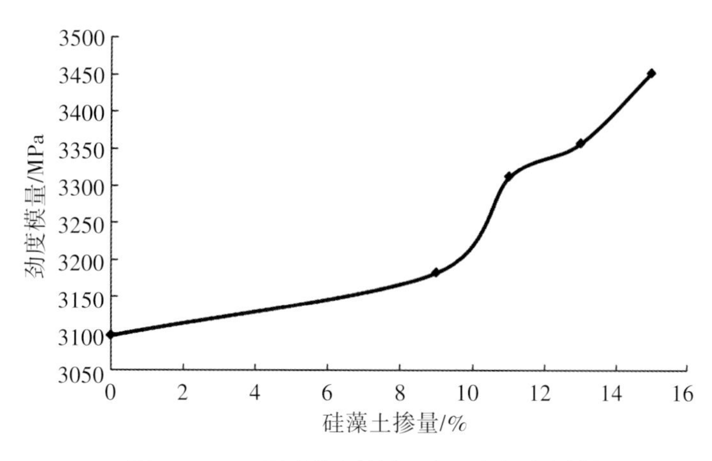

图10-14 不同硅藻土掺量沥青混合料劲度模量

以抗弯拉强度为指标分析，抗弯拉强度越高，材料抵抗破坏的能力越强，低温时抵抗收缩应力的能力就越强，路面低温抗裂性越好。试验结果表明，加入硅藻土后，沥青混合料的抗弯拉强度有明显的提高，如图10-12所示。硅藻土改性沥青混合料的低温抗弯拉强度均随着硅藻土含量的增加而提高，硅藻土的加入一方面提高了混合料的最佳沥青用量，另一方面对混合料起到了加密作用。

以最大弯拉应变和劲度模量为指标分析可知，从最大弯拉应变和劲度模量来看，最大弯拉应变大表示试件延伸能力强，劲度模量则综合了强度和变形两者的指标，越小越好。由图10-13、图10-14可知，硅藻土的加入并不是随着掺量增加朝有利的方向发展，掺加了硅藻土的混合料的最大弯拉应变比基质沥青的大，劲度模量也比基质沥青的大。

另外，由图10-14可知，当硅藻土掺量为13%时，沥青混合料密实度大大提高，抵抗外力的能力增强，且破坏强度较高。然而由于硅藻土掺量过高，在沥青中不能均匀分布，没有在沥青与集料之间起到良好的黏结作用，反而影响了混合料的塑性，容易在外界荷载作用下发生脆性破坏，而低温劲度模量较大。因此，硅藻土掺量在合理掺量范围内能够改善沥青混合料的低温性能，而硅藻土掺量过大时对沥青混合料低温性能不利。

11 基于电阻率法的黄土路基多次湿陷过程实时监测技术

传统的黄土工程性质监测数据主要通过现场调查、原位监测并结合室内土工试验获得。然而这些直接观测或监测方法需要消耗大量的人力、物力及财力。由于现场取样不便，且取样点有限，监测结果仅基于几个单点值，无法实时、准确地反应运营后黄土的工程性质，更重要的是，传统的取样及监测方法可能会破坏原有的土体结构，导致监测结果的不准确性。此外，InSAR、无人机摄影测量和LiDAR等遥感方法可以用来定期监测地表位移，但这些调查只能提供地形信息，因此不能对结构破坏提供实时监测和预警。因此，寻找一种新型方法对黄土工程性质进行准确评价和实时监测显得尤为重要。

电阻率法作为一种常用的地球物理方法，具有连续、快捷、无损的优点。研究表明，土的电阻率主要取决于土的类型、矿物组成、含水率、孔隙水盐分、孔隙结构以及外界环境因素（如温度、受力）等，而这些参数同时又决定了土的物理力学性质，这使得利用电阻率指标评价土体工程性质成为可能。近年来，国内外许多学者对电阻率与土的物理力学性质、微观结构间的关系进行了大量的研究工作，研究人员（Seladji et al.，2010；Munoz-Castelblanco et al.，2012；Kibria et al.，2012）通过大量室内试验发现土体电阻率与多种水力特性有关，如含水率、饱和度、孔隙水含盐量、体积密度和孔隙结构等；Rinaldi and Cuestas（2002）和刘志彬等（2013）研究了不同压实度对土体的电阻率特性的影响，并尝试用电阻率来评价土体的压实度；McCarter and Desmazes（1997）分析了固结过程中土体水平和垂直方向的电阻率与有效应力间的关系，并利用电阻率表征土体微观结构，以研究其各向异性；Long et al.（2012）对比分析了15个海相黏土场地土体电阻率与基本工程性质之间的关系，指出土体电阻率与孔隙水含盐量、黏土含量、塑性指数和抗剪强度均呈负相关。此外，研究人员还对利用电阻率来评价土体的结构、液化势和膨胀性等进行初步尝试，并对污染土进行测试和评价。虽然越来越多的研究使用电阻率来表征土体的物理力学性质，但直接应用电阻率法来监测工程稳定性的还很少。这主要是因为工程施工后，土壤电阻率受荷载、干湿循环等因素影响的不确定性。因此亟待对其开展系统地研究，获得不同荷载作用下黄土电阻率的变化情况，并在土体破坏前提出电阻率阈值。

由于工程建设后荷载和环境的变化，为评价基于电阻率法进行工程稳定性长期监测的可能性，必须了解土体在荷载和干湿循环作用下的强度与电阻率的关系。为此，进行了一系列室内模拟荷载试验（固结试验、无侧限压缩试验和单轴循环卸载试验）和干湿循环试验，以探明荷载和干湿循环作用对土体力学性质及电阻率特性的影响，这对基于电阻率法的工程稳定性长期监测系统的成功至关重要。

11.1　试验材料与方法

1.试样制备

本次试验用土采自G30连霍高速公路永登至古浪K2300+100段附近（36°35′49.64″N，103°22′45.22″E）。根据我国湿陷性黄土工程地质分区图，该路段属于陇西黄土区，湿陷等级为Ⅲ级或Ⅳ级，湿陷性较强。按照《公路土工试验规程》（JTG 3430—2020）测定土样的基本物理指标见表11-1、图11-1。

表11-1　土样基本物理指标

比重	液限/%	塑限/%	塑性指数	最优含水率/%	最大干密度/(g·cm^{-3})	湿陷系数
2.7	26.29	18.24	8.05	13.00	1.91	0.063～0.108

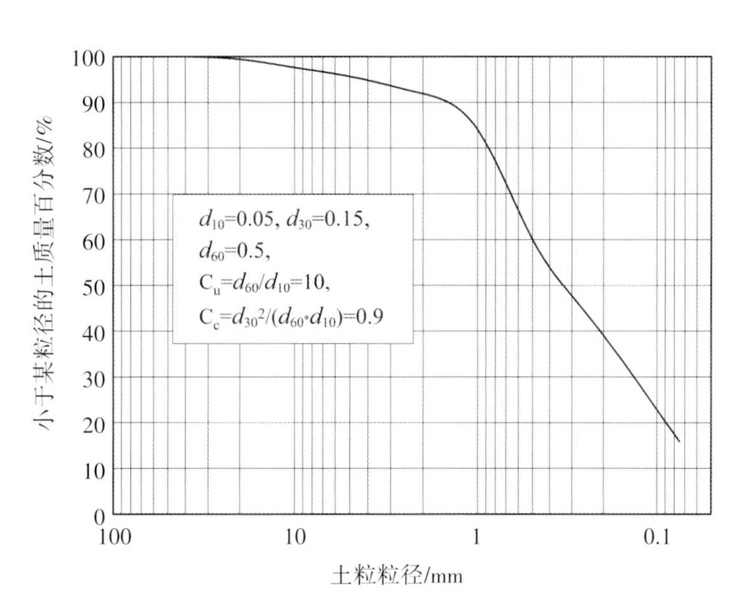

图11-1　土样的粒度成分分布曲线图

按照《土工试验方法标准》（GB/T 50123—2019）称取试验所需土量，因试样制备过程中有水分散失，按略大于最优含水率（13.00%）称取蒸馏水，土水搅拌均匀后放入密封袋闷料24 h。然后，按照最大干密度（1.91 g/cm³）制备成ϕ61.8 mm×125 mm（无侧限抗压和单轴加卸载试验使用）和ϕ61.8 mm×20 mm（固结试验使用）两种不同规格的圆柱形土样。为保证压实土样的均匀性，压实过程采用变形控制，垂向压实速率为0.05 mm/min。

2.试验方法

为尽可能模拟干湿循环作用过程，将试样在室温下干燥至含水率基本不变（2%左右），然后在饱和器中抽真空3 h，浸水饱和12 h，饱和含水率为18%。将饱和后的土样继续干燥至含水率为13.00%（最优含水率），即完成1次干湿循环，1次完整的干湿循环约1周时间。有研究表明，在经历1次干湿循环后土样强度急剧下降，随后对干湿循环次数的增加逐渐趋于稳定。考虑到目前研究的干湿循环次数均较少，为得到长期干湿循环作用下土体的稳定性状，对不同掺量石灰土分别进行0次、1次、3次、5次、7次、10次干湿循环。

无侧限抗压强度试验和单轴加卸载试验均在中国科学院冻土工程国家重点实验室自行改进的GDS非饱和土三轴仪上进行。在上下透水石中心抠槽安置铜电极片，使电极片与透水石表面保持平齐。为保证试样上下边缘排水排气，电极片直径须小于透水石直径（40 mm）。将细石墨粉均匀涂抹在电极片上，确保电极片与土体导电接触良好，并通过电导线与数字电桥连接，在力学实验开始时同步测量土样电阻率变化情况。改进后的三轴仪如图11-2所示。无侧限抗压试验参照《土工试验方法标准》（GB/T 50123—2019）执行。应变速率设定为0.5 mm/min。单轴加卸载试验先将土样轴向加压，当轴向应变达到0.5%时，开始卸载，直至应力为0后再

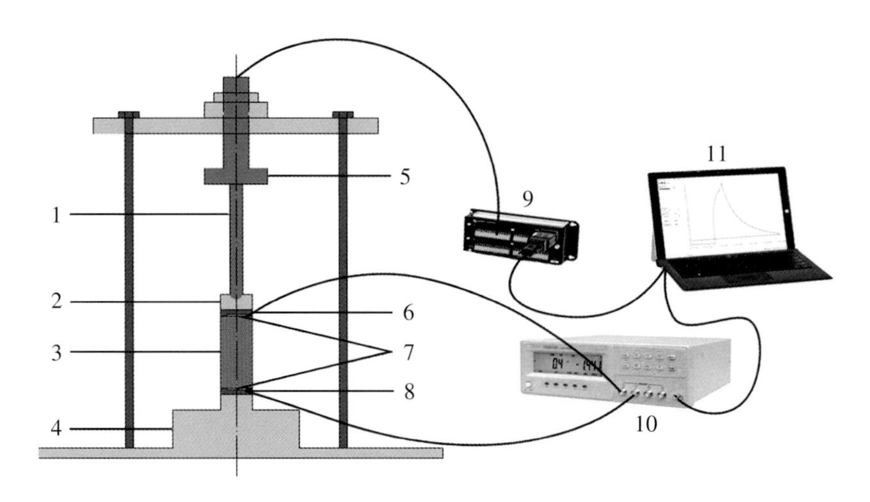

图11-2 改进的GDS非饱和土三轴仪示意图

1——竖向加荷轴；2——试样帽；3——试样；4——底座；5——电子荷重计；6——上透水石；7——电极片；8——下透水石；9——数据采集仪；10——LCR数字电桥；11——电脑。

加载至轴向应变为1.0%，再次卸载至应力为0，随后再加载至轴向应变达到1.5%后再卸载，以此类推，每次卸载点的轴向应变比上一次提高0.5%，应变速率均为0.5 mm/min。每2 s采集一次电阻、应力及应变值。

固结试验在改装后的GZQ-1型全自动气压固结仪上进行，改装后的固结仪如图11-3所示。其中环刀采用高强度尼龙材料制成，外侧套有特制刚性护环，防止土样产生侧向变形。加压等级分别为12.5 kPa、25 kPa、50 kPa、100 kPa、200 kPa、400 kPa、800 kPa、1600 kPa，每级压力下的稳定标准为变形量不大于0.01 mm/h。数字电桥同步监测固结试验过程中土体电阻率变化，每2 s采集一次数据。

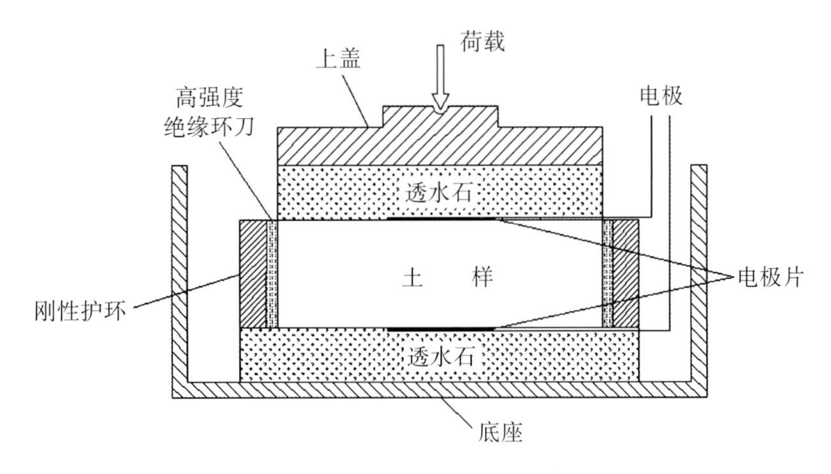

图11-3 改装后的固结仪示意图

试验中电阻率测试均采用TH2810D型LCR数字电桥，交流电频率为50 Hz。由于土体电阻率受外界环境因素影响剧烈，为尽可能准确的得到土体电阻率，在每次试验前，均对数字电桥进行标定，采用查甫生等的方法进行温度校正，试验制备均使用蒸馏水以减少孔隙液对试验的影响。为保证试样与电极片接触良好，在所有试验开始前均施加1 kPa预加压力，然后将应力应变归零。

11.2 黄土电阻率与压缩特性的关系

图11-4为固结试验过程中电阻率随时间变化的曲线。由图可知，在每次施加新一级荷载时土样电阻率均出现先突变，然后逐渐减小的趋势。当施加荷载较小时，土中水、气、土骨架重新分布，荷载对土体结构影响较大，因此电阻率突变值较大，在固结阶段的下降幅度也较大，且在变形趋于稳定时电阻率仍有缓慢减小的趋势。随着施加荷载的增大，土体形成了

重组后稳定的结构，电阻率的突变值和整体下降幅度均逐渐减小，在各级荷载下变形稳定后，电阻率也趋于稳定。

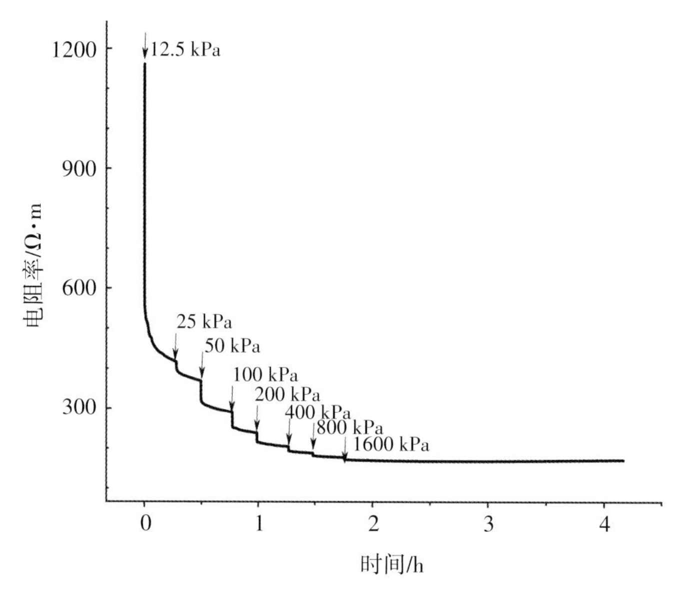

图11-4 固结试验电阻率随时间变化曲线

各级荷载下稳定后的侧限压缩应变和电阻率数据如图11-5所示。由图可知，侧限压缩应变随垂直压力的增大而增大，开始阶段变化比较明显，随后逐渐趋于平缓。电阻率的变化趋势则相反，开始阶段迅速下降，随后逐渐趋于稳定。分析可知，单向固结条件下，当荷载水平<200 kPa时，土体电阻率对荷载作用较为敏感，而当荷载水平>200 kPa时，随着荷载和变形的进一步增大，电阻率变化不大。

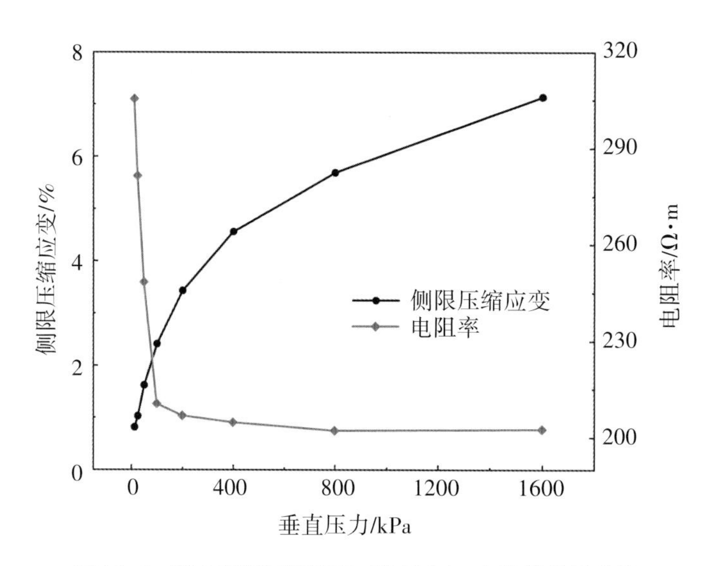

图11-5 黄土侧限压缩应变-垂直压力-电阻率关系曲线

图11-6为孔隙比、饱和度与电阻率的关系曲线，以进一步解释电阻率与黄土压缩特性的关系。最优含水率条件下，随着压缩量的增加，土体孔隙比逐渐减小，孔隙水的填充率增加，饱和度增大。由于土颗粒电阻率和孔隙中气体电阻率远大于孔隙水电阻率，饱和度的增大对土体电阻率的影响很大。同时，压缩量的增加导致孔隙水贯通，形成了良好的导电通道，因此在固结开始阶段，随着孔隙比的减小和饱和度的增大，土体电阻率显著减小。当荷载>200 kPa时，随着压缩量的进一步增大，孔隙比虽然继续减小，但减小速率降低，饱和度的增大幅度也随之趋缓［图11-6（c）、图11-6（d）］，导电通道变化不大，电阻率缓慢减小并趋于稳定。从数值上看，当孔隙比>0.56、饱和度<63%时，黄土电阻率对孔隙比和饱和度的变化较为敏感。

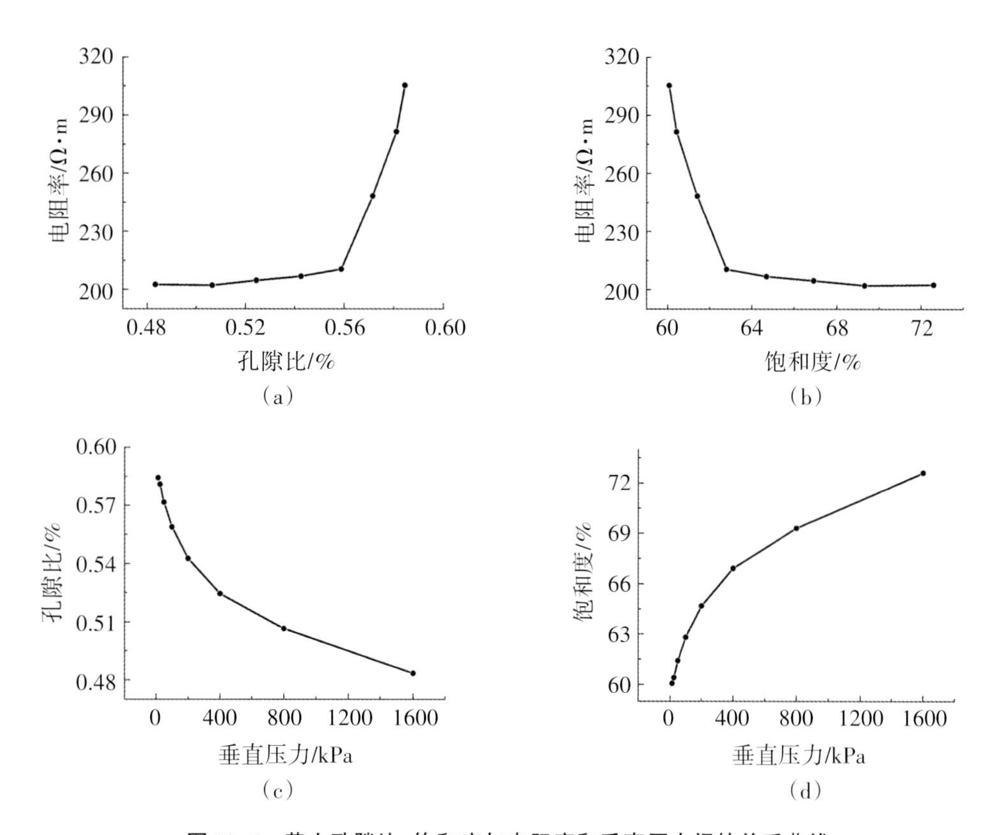

图11-6　黄土孔隙比、饱和度与电阻率和垂直压力间的关系曲线

11.2.1　循环加卸载条件下黄土电阻率-应力-应变关系

图11-7为循环加卸载试验中黄土电阻率、应力随时间变化的曲线。在轴向反复加卸载过程中，应力表现为反复的增大-减小，相应的，电阻率则表现为反复的减小-增大趋势，应力的极大（小）值与电阻率的极小（大）值均一一对应，展现出了两者之间良好的对应关系。但是，两者在增大或减小的幅度上存在明显差异。在卸载过程中应力减小至0 kPa，但电阻率

只是略微增大，并没有增大到初始值，这表明加载过程改变了土体的结构状态，密实度增大，孔隙比减小，且其并不能随着卸载而恢复到原始状态。在土体达到破坏强度之前，每次卸载后电阻率极大值均比上一次卸载的极大值小，可见，每次加卸载过程中土体均产生不可恢复的塑性变形，对土体结构造成了一定损伤。

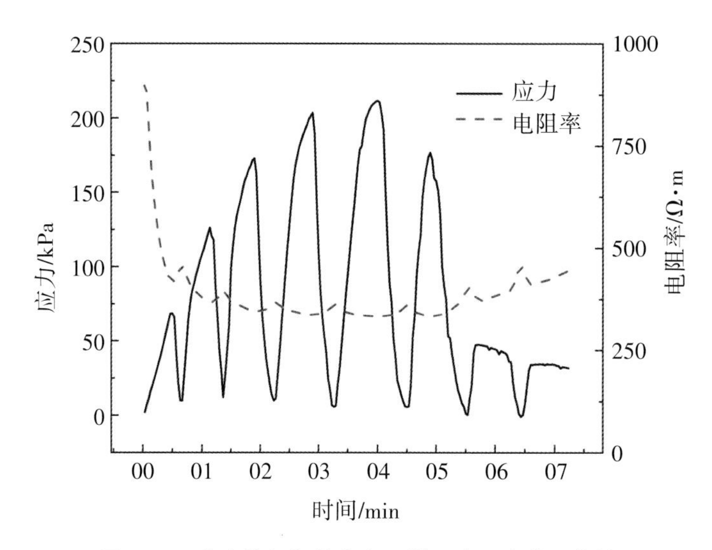

图11-7 黄土的加卸载应力-时间-电阻率关系曲线

图11-8为反复加卸载时土体的应力-应变曲线及电阻率-应变曲线，以进一步探明循环加卸载试验中土体产生的疲劳损伤与电阻率的关系。图11-8（a）中，每次卸载后加载至上一级加载的上限应力并继续加载，曲线沿加载曲线单调上升，其形状与连续加载情况基本一致，表明在循环加载情况下，土样具有一定的变形记忆性。与应力-应变曲线相似，电阻率-应变曲线也表现出了类似的记忆性，如图11-8（b）所示，且其整体的变化趋势与无侧限抗压试验的电阻率-应变曲线一致，也呈现出迅速减小-缓慢减小-缓慢增大-迅速增大的变化规律。

此外，图11-8（a）中应力-应变曲线每次加载与卸载曲线均不重合，形成一个封闭的滞回环，在达到破坏应力之前，随着应力幅值及加卸载次数的增加，滞回环的面积逐渐增大，能量耗散增大，疲劳损伤增加。相应的，图11-8（b）中加卸载下电阻率的变化曲线亦不重合，也形成了一个闭合的环形面积（在达到残余强度之前），但其面积随加卸载次数的变化规律并不明显［图11-8（c）］。试验结果表明电阻率与土体的应力、应变存在良好的对应关系，为监测经常遭受循环荷载的土体工程性质提供可能，但在表征土体循环加卸载条件下的能量耗散上存在一定不足。

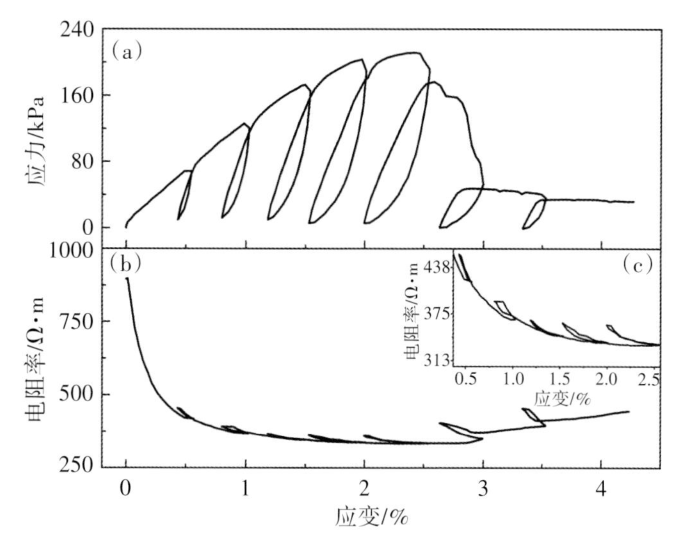

图 11-8 黄土的加卸载应力-应变-电阻率关系曲线

[图 11-8(c)为(b)的局部放大图]

11.2.2 黄土电阻率与应力-应变曲线关系特性

图 11-9 为黄土单轴压缩过程中的典型应力-应变曲线与同步监测的电阻率之间的关系。由图可知，黄土的应力-应变曲线有明显峰值，应力先增大后减小随后逐渐趋于稳定，呈应变软化特性。而电阻率则表现为先减小后增大的趋势，根据其曲线走势可分为4个阶段：第1阶段，电阻率随应变的增大而迅速减小；第2阶段，电阻率减小速度逐渐减缓；第3阶段，电阻率缓慢增大；第4阶段，电阻率急速增大。

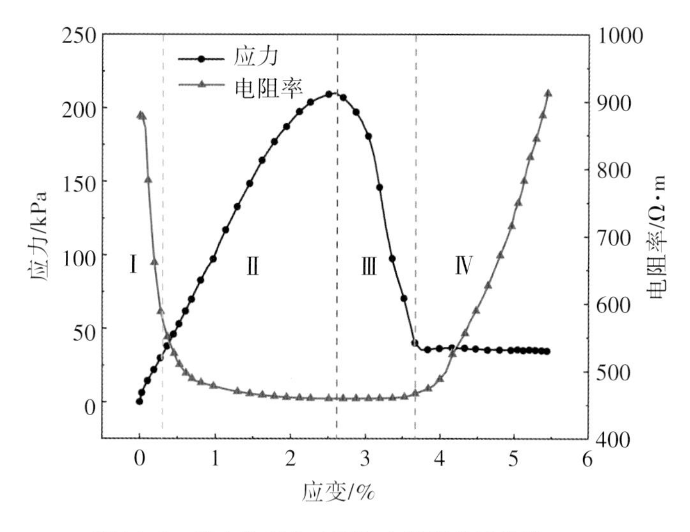

图 11-9 黄土的应力-应变-电阻率关系曲线

将黄土电阻率-应变曲线与应力-应变曲线对比分析可以发现，电阻率曲线的第1阶段即应力-应变曲线中的压密阶段，在单轴荷载作用下，土体孔隙被迅速压密，孔隙中气体迅速排出，饱和度增大，孔隙水连通形成大量导电通道，故电阻率迅速减小。第2阶段，土体由压密阶段进入弹性阶段、塑性破坏阶段，随着轴向荷载的增大，土体更加密实，饱和度进一步增大，但增长幅度不大，因此电阻率缓慢减小。第3阶段土体达到峰值强度而破坏，孔隙逐渐扩展连通，但土样仍为整体，表现为电阻率缓慢增大。第3阶段土体达到残余强度，裂隙贯通，结构完全破坏，在荷载作用下相互滑移，电阻率迅速增大。可见，电阻率与黄土应力应变存在良好的实时对应关系，可以很好地反应黄土荷载与变形的变化规律。但相对于第1、4阶段，第2、3阶段的电阻率值变化不大，直接使用应力-应变-电阻率关系曲线不能直观的反应第2、3阶段电阻率变化规律，也不利于破坏前电阻率阈值的确定。

11.2.3 黄土破坏前的电阻率阈值探讨

电阻率与单轴抗压强度均为土体的固有属性，试验过程中黄土应力的最大值（单轴抗压强度）均与电阻率的最小值一一对应，整理试验数据，拟合得到抗压强度q_u与破坏电阻率σ之间的关系如图11-10所示。由图可知，循环加卸载下土体抗压强度略小于单轴抗压强度，而其破坏电阻率则略大于单轴压缩下的破坏电阻率，抗压强度与电阻率呈线性关系，相关系数R^2为0.847，有助于通过电阻率测量对黄土的抗压强度进行预测。

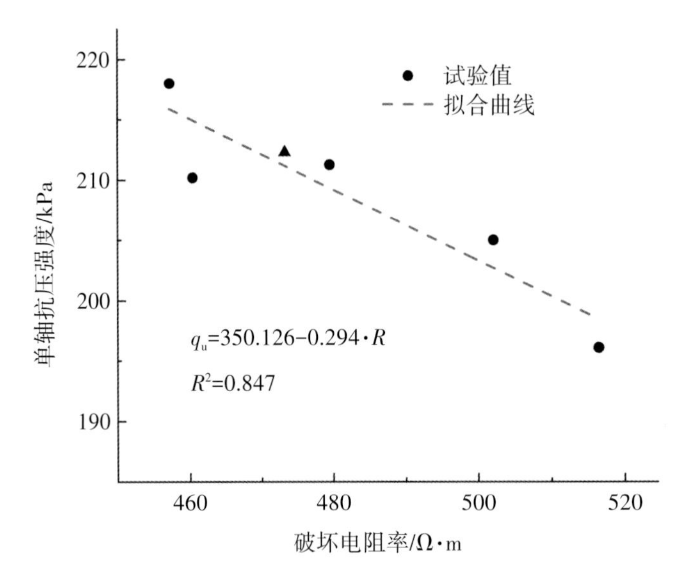

图11-10 黄土的单轴抗压强度-破坏电阻率关系曲线

以上分析可知，在荷载作用下，黄土的电阻率与土体抗压强度、应力、应变均表现出了良好的对应关系，并可通过电阻率对土体抗压强度进行预测，如果能利用电阻率在土体达到抗压强度前提出预警，将为工程稳定性的实时监测提供一种新的思路与方法。然而，在单轴荷载作用下，土体电阻率在压密阶段迅速减小，进入弹性变形阶段后则变化较小（图11-10），因此，直接使用电阻率-应变曲线的斜率突变点作为阈值过于保守。对第2、3、4阶段电阻率、应变取对数，绘制电阻率-应变双对数曲线，与单轴应力-应变曲线作对比，如图11-11所示。

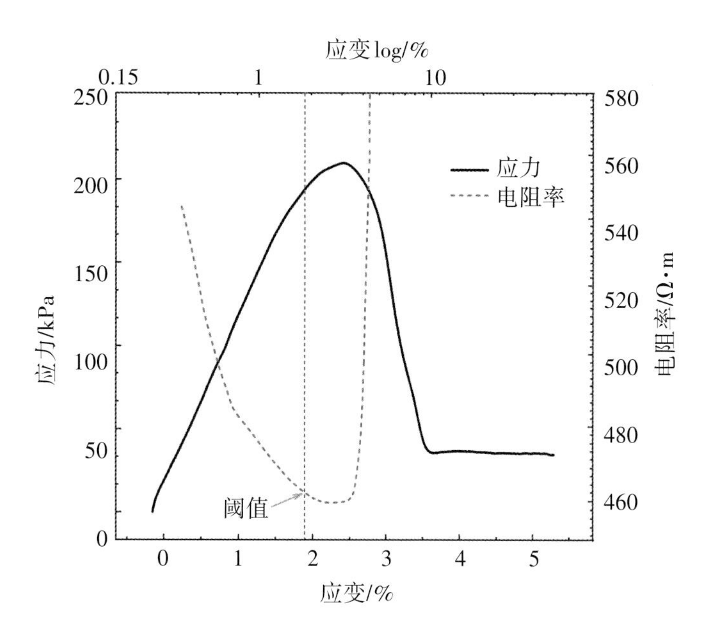

图11-11　黄土的应力-应变关系曲线与电阻率-应变双对数曲线

单轴荷载作用下，土体由压密阶段进入弹性变形阶段后，应力-应变曲线呈近似直线，应力随应变呈比例增长，弹性阶段结束后，应力-应变曲线逐渐偏离直线，土体不断压缩，当应力达到屈服极限时，土体压至最密实状态。相对应的，进入弹性阶段后电阻率-应变双对数曲线也呈近似直线，电阻率随应变的增大迅速减小，随后，电阻率降低速率略有减缓，但曲线仍呈近似直线。在达到屈服极限时，附近电阻率降低速率减缓，土样破坏时电阻率达到最低点。土样破坏后，电阻率先缓慢增大后急速增加。可见，电阻率-应变双对数曲线可以更好地反应，单轴荷载作用下应力应变变化的各个阶段。土样破坏前，电阻率-应变双对数曲线斜率突变点接近应力-应变曲线中的屈服极限，将此点作为阈值，能够有效判断土样是否即将发生破坏。这种强度阈值的确定方法为工程中基于电阻率对岩土体工程性质进行评价和实时监测提供了新的思路和方法。

11.2.4 干湿循环作用下黄土电阻率与抗压强度及压缩特性的关系

不同干湿循环下黄土试件的侧限压缩应变随荷载的变化如图11-12（a）所示，垂直压缩应变随干湿循环次数的增加而增加。在1600 kPa的荷载下［图11-12（c）］，土体侧限压缩应变在前3次干湿循环作用下表现出了较大增长，此后随着干湿循环次数的增加，侧限压缩应变的增长速率逐渐减缓。不同荷载下土体的电阻率随干湿循环次数的增加并不呈现均匀单调的趋势。随着干湿循环次数的增加，土样的初始电阻率（空载）几乎线性地从374.72 Ω·m增加到508.12 Ω·m［图11-12（d）］。在施加荷载后，土体电阻率随着荷载的增加而迅速下降，如图11-12（b）所示。在1600 kPa的荷载下，土体电阻率在前3次干湿循环作用下随干湿循环次数的增加而迅速下降，随后保持稳定。此外，黄土的无侧限抗压强度受干湿循环作用的影响也较大（图11-13）。在前7次干湿循环作用下，黄土的无侧限抗压强度随干湿循环次数的增大而迅速降低，表明压实黄土在干湿循环作用下无侧限抗压强度表现出了强烈的劣化现象。在经历7次和10次干湿循环作用下的土样无侧限抗压强度差异不大。与此不同的是，土体电阻率随干湿循环次数的增加呈近乎线性增长。

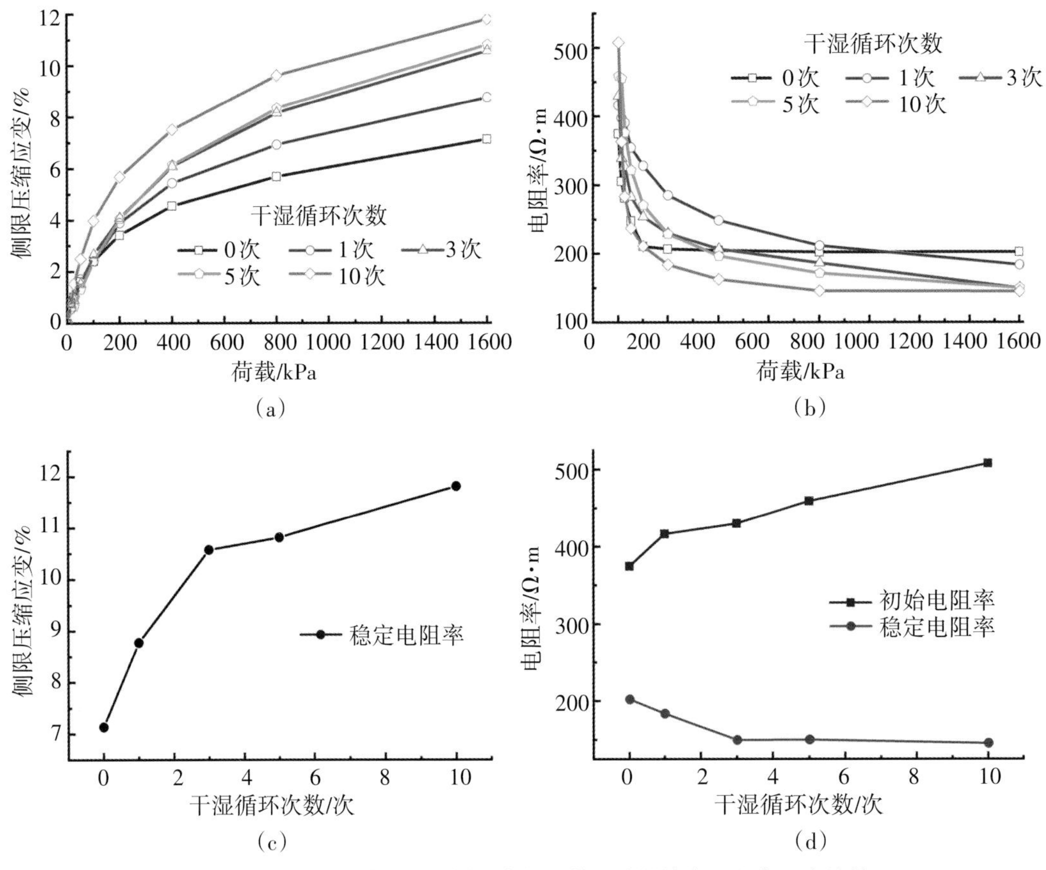

图11-12 不同荷载和干湿循环次数下黄土试样的变形和电阻率特性

在干湿循环过程中，土体在湿润时体积膨胀，干燥时体积不均匀收缩，裂隙不断演化，使黄土颗粒重新排列，破坏土体的整体性。因此，反复的干湿循环作用会使压实黄土的强度不断降低，变形不断增大。这种黄土内部结构的变化也会影响试样的电阻率。由于黄土内部裂隙的演化贯通，土体孔隙率不断增大，裂隙中的空气阻断了土体的导电通道，使得黄土在遭受干湿循环作用后电阻率显著升高。这一结果为野外监测土体裂缝提供了可能性。然而，在固结荷载作用下，试样的电阻率随干湿循环次数的增加而降低。干湿循环导致土壤结构更加疏松，从而提供了更多的导电通道。在荷载施加之前，这些通道被空气所阻断，因此表现出了较高的电阻率值。随着荷载的施加，孔隙中空气被挤出，孔隙水逐渐贯通。因此，经历干湿循环作用后的土体在固结荷载作用下，土体结构更加密实，电阻率值更小。这证明了预湿法可以改善黄土的工程性质，为利用电阻率法评价地基土预湿法的效果提供了一种新的思路。

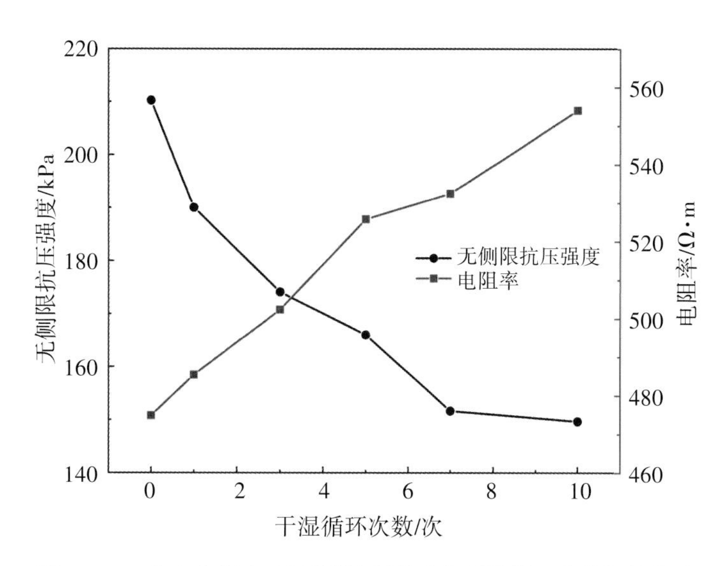

图11-13 黄土电阻率、无侧限抗压强度和干湿循环次数间的关系

11.2.5 黄土电阻率模型

固结试验（各级荷载下）、无侧限压缩试验及循环加卸载试验（达到抗压强度之前）中电阻率均呈现出了先急速降低后趋于稳定的变化趋势，这可能与荷载作用下土体结构的变化有关。对于非饱和黄土来说，土体由固体颗粒、水和气体三相组成，其中固体颗粒和气体的电阻率远大于孔隙水的电阻率，因此将固体颗粒和气体视为绝缘体，只考虑通过孔隙水的电流。借鉴Fukue et al.（1999）推导的圆柱土样电阻率模型如下式：

$$\sigma = \frac{\pi r}{\left(\frac{\omega}{100}\right) G_S \left(1 - \frac{n}{100}\right)} \frac{\sigma_w}{(1 - F)} \tag{11-1}$$

其中，σ为土体电阻率，r为圆柱土样半径，ω为含水率，G_S为土粒比重，n为孔隙度，σ_w为孔隙水电阻率，F为电阻率结构因子（串联部分孔隙水体积与串、并联部分孔隙水总体积之比）。由于试验过程中水分散失不大，通常将含水率、孔隙水电阻率、电阻率结构因子等视为定值，简化该模型如下式：

$$\sigma = \frac{K}{1 - \frac{n}{100}} \tag{11-2}$$

其中，

$$K = \frac{\pi r \sigma_w}{\left(\frac{\omega}{100}\right) G_S (1 - F)} \tag{11-3}$$

由式（11-2）可知，土体电阻率σ与孔隙度n成正比，孔隙度越大电阻率越大。然而，荷载作用不仅仅减小了土体的孔隙度，还改变了土体的结构状态，孔隙水逐渐贯通形成良好的导电通道，原来串联的孔隙水部分转变为并联，电阻率减小，因此将电阻率结构因子F视为定值，对荷载作用下的电阻率模型有一定影响。此外，土中孔隙分布的不均匀性及水在孔隙中分布的不均匀性，加大了电流通过的曲折性及随机性，因此引入参数a、b、c对电阻率结构因子及孔隙和孔隙水的分布不均匀性进行校正得：

$$\sigma = \left(\frac{b}{c - \frac{n}{100}}\right) \cdot a \tag{11-4}$$

将固结实验中电阻率和孔隙率值进行拟合验证，得到a、b、c值，相关系数为0.925，如图11-14所示。

试验结果表明固结试验各级荷载作用下，黄土电阻率均表现为先突变，然后逐渐减小的趋势。侧限压缩应变随垂向荷载的增大而增大，变化率先急后缓，电阻率则相反。当荷载水平$<$200 kPa时，黄土电阻率对荷载作用较为敏感；而当荷载水平$>$200 kPa时，随着荷载和变形的进一步增大，土体孔隙比、饱和度变化速率减缓，电阻率逐渐趋于稳定。黄土单轴压缩过程中电阻率变化规律与应力应变变化密切相关，可分为4个阶段：第1阶段为压密阶段，电阻率随应变的增大而迅速减小；第2阶段对应弹性阶段、塑性破坏阶段，电阻率随应变的增大继续减小，但电阻率减小速度逐渐减缓；第3阶段土体达到峰值强度而破坏，电阻率缓慢增大；第4阶段土体达到残余强度，结构完全破坏，电阻率急速增大。轴向反复加卸载过程中，电阻率表现为反复的减小–增大趋势，其极小（大）值与应力的极大（小）值均一一对应，土体破坏之前，每次卸载后电阻率极大值均比上一次卸载的极大值小，体现了加卸载过程土体产生的不可恢复塑性损伤。但电阻率在表征土体循环加卸载条件下的能量耗散上存在一定不足。单轴荷载作用下，黄土电阻率-应变双对数曲线在弹性阶段呈近似直线，斜率突变点（土样破坏前）接近应力-应变曲线中的屈服极限，将此点作为阈值，能够有效判断土样是否即将发生破坏。基于荷载作用下黄土结构的变化，综合考虑荷载下电阻率结构因子的改变及孔隙和孔隙水的分布不均匀性，校正了非饱和黄土电阻率模型，建立了黄土电阻率与孔隙度间的定量关系，为工程中基于电阻率对岩土体工程性质进行评价和监测提供了方法和基础。

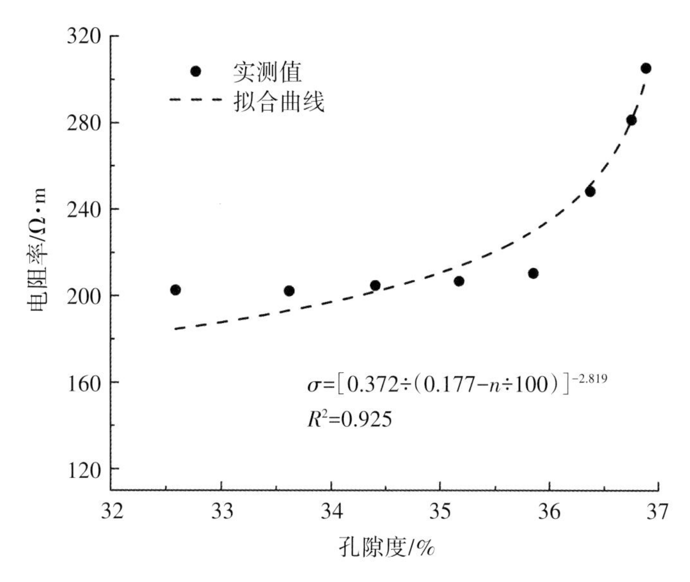

图11-14　黄土的电阻率-孔隙度关系曲线

参考文献

[1] AFANASJEV N, KOROBOVA E, PARFENOVA L. The structure of lignosulphonates macromolecules in solutions. 1997 ISWPC Proceedings, Montreal, Canada. 1997: 1-3.

[2] AKSENOV V I, KAl' BERGENOV R G, Leonov A R. Strength Characteristics of Frozen Saline Soils[J]. Soil Mechanics and Foundation Engineering, 2004, 40(2): 55-59.

[3] BAI XH, PETER S. Engineering properties of Lucheng loess in Shanxi[J]. Chinese Journal of Geotechnical Engineering, 2002, 24(4): 515-518.

[4] BING H, HE P. Experimental investigation on the influence of cyclical freezing and thawing on physical and mechanical properties of saline soil[J]. Environmental Earth Sciences, 2001, 64(2): 431-436.

[5] BLASER H D, SCHERER O J. Expansion of soils containing sodium sulfate caused by drop in ambient temperatures [J]. Highway Research Board Special Report, 1969, 103: 150-160.

[6] CHAMBERLAIN E J, GOW A J. Effect of freezing and thawing on the permeability and structure of soils[J]. Engineering Geology, 1979, 13(1-4): 73-92.

[7] EIGENBROD K D. Effects of cyclic freezing and thawing on volume changes and permeabilities of soft fine gained soils[J]. Canadian Geotechnical Journal, 1996, 33(4): 529-537.

[8] EL-EHWANY M, HOUSTON S L. Settlement and Moisture Movement in Collapsible Soils [J]. Journal of Geotechnical Engineering, 1990, 116(10): 1521-1535.

[9] FAGERLUND G. Determination of pore size distribution from freezing point depression [J]. Materials and Structures, 1973, 6(3): 215-225.

[10] FUKUE M, MINATO T, HORIBE H, et al. The micro-structures of clay given by resistivity measurements [J]. Engineering geology, 1999, 54(1-2): 43-53.

[11] GAAVER K E. Geotechnical properties of Egyptian collapsible soils [J]. Alexandria Engineering Journal, 2012, 51: 205-210.

[12] GAO G R. Formation and development of the structure of collapsing loess in China [J].

Engineering Geology, 1988, 25(2–4): 235–245.

[13]GRAHAM J, AU V C S. Effects of freeze-thaw and softening on a natural clay at low stresses [J]. Canadian Geotechnical Journal, 1985, 22(1): 69–78.

[14] GANDAHL R. Some aspects of the design of roads with boards of plastic foam [A]. Proceeding of the 3rd International Conference on Permafrost [C]. Edmonton: National Research Council of Canada, 1978, 792 –797.

[15]GULLÀ G, MANDAGLIO M C, MORACI N. Effect of weathering on the compressibility and shear strength of a natural clay[J]. Canadian Geotechnical Journal, 2006, 43(6): 618–625.

[16]HOUSTON S L, HOUSTON W N, ZAPATA C E, et al. Geotechnical engineering practice for collapsible soils[J]. Geotechnical and Geological Engineering, 2001, 19: 333–355.

[17]JOHNSON G H. Performance of an insulated roadway on permafrost[A]. Proceeding of the 4th International Conference on Permafrost[C]. Wathingtown D.C: National Academy Press, 1983, 548 –553.

[18]KAY B D, DEXTER A R. The influence of dispersible clay and wetting/drying cycles on the tensile strength of a red-brown earth[J]. Australian Journal of Soil Research, 1992, 30(3): 297–310.

[19] KIBRIA G, HOSSAIN MS. Investigation of geotechnical parameters affecting electrical resistivity of compacted clays. Journal of Geotechnical and Geoenvironmental Engineering, 2012, 138 (12): 1520–1529.

[20]LEMAITRE J, DUFAILLY J. Damage measurements[J]. Engineering Fracture Mechanics, 1987, 28(5–6): 643–661

[21] LI X, ZHANG L M. Characterization of dual-structure pore-size distribution of soil [J]. Canadian Geotechnical Journal, 2009, 46(2): 129–141.

[22]LI G Y, WANG F, MA W, et al. Variations in strength and deformation of compacted loess exposed to wetting-drying and freeze-thaw cycles. Cold Regions Science and Technology, 2018, 151: 159–167.

[23]LI N, CHENG GD, XU XZ. The advance and review on frozen soil Mechanics. Advance in Mechanics 2001, 31: 95–102.

[24]LONG M, DONOHUE S, HEUREUX JSL, et al. Relationship between electrical resistivity and basic geotechnical parameters for marine clays, Canadian Geotechnical Journal, 2012, 49(10): 1158–1168.

[25] MALUSIS M A, YEOM S, EVANS J C. Hydraulic conductivity of model soil-bentonite backfills subjected to wet-dry cycling[J]. Canadian Geotechnical Journal, 2011, 48(8): 1198–1211.

[26]MARLIACY P, SOLIMANDO R, BOUROUKBA M, et al. Thermodynamics of crystallization of sodium sulfate decahydrate in H_2O-NaCl-Na_2SO_4: application to H_2O-NaCl-Na_2SO_4-based latent heat storage materials[J]. Thermochimica Acta, 2000, 344(1): 85-94.

[27] MCCARTER W, DESMAZES P. Soil characterization using electrical measurements [J]. Geotechnique, 1997, 47(1): 179-183.

[28]MOAYED R Z, HARATIAN M, IZADI E. Improvement of Volume Change Characteristics of Saline Clayey Soils[J]. Journal of Applied Sciences, 2011, 11: 76-85.

[29]MOKNI N, OLIVELLA S, ALONSO E E. Swelling in clayey soils induced by the presence of salt crystals[J]. Applied Clay Science, 2010, 47(1): 105-112.

[30] MOO-YOUNG H K, ZIMMIE T F. Effects of freezing and thawing on the hydraulic conductivity of paper mill sludges used as landfill covers[J]. Canadian Geotechnical Journal, 1996, 33(5): 783-792.

[31]MUÑOZ-CASTELBLANCO J A, PEREIRA JM, DELAGE P, et al. The influence of changes in water content on the electrical resistivity of a natural unsaturated loess. Geotechnical Testing Journal, 2012, 35(1): 11-17.

[32] NIXON J F, LEM G. Creep and strength testing of frozen saline fine-grained soils [J]. Canadian Geotechnical Journal, 1984, 21(3): 518-529.

[33] NUNTASARN R. Engineering properties of collapsible soil from South Australia and Thailand: Evaluation of stabilized soils for road construction [D]. A thesis for Ph. D, University of South Australia, 2008.

[34]OGATA N, YASUTA M, KATAOKA T. Salt concentration effects on strength of frozen soils [C]. Proceedings of 3rd International Symposium on Ground Freezing, 1982, 3-10.

[35] O' NEILL K, MILLER R D. Exploration of a Rigid Ice Model of Frost Heave [J]. Water Resources Research, 1985, 21(3): 281-296.

[36]OLSON M E. Synthetic insulation in Arctic roadway embankments [A]. Proceedings of the 3rd International Cold Regions Engineering Specialty Conference [C]. Ottawa: Canadian Society of Civil Engineering, 1984, 739-752.

[37]PITZER K S. Thermodynamics of electrolytes. V. effects of higher-order electrostatic terms [J]. Journal of Solution Chemistry, 1975, 4(3): 249-265.

[38]PEREIRA J H F, FREDLUND D G, NETO M P C, et al. Hydraulic behavior of collapsible compacted gneiss soil [J]. Journal of Geotechnical and Geoenvironmental Engineering, 2005, 131(10): 1264-1273.

[39]POPESCU M E. A comparison between the behaviour of swelling and of collapsing soils[J]. Engineering Geology, 1986, 23: 145-163.

[40]PYE, K. Loess Aeolian Dust and Dust Deposits. Academic Press, London, 1987.

[41]PÉCSI, M. Loess is not just the accumulation of dust. Quat. Int.1990, 7: 1-21.

[42]PUPPALA A J, INTHARASOMBAT N, VEMPATI R K. Experimental Studies on Ettringite-Induced Heaving in Soils[J]. Journal of Geotechnical & Geoenvironmental Engineering, 2005, 131(3): 325-337.

[43]QI J, VERMEER P A, CHENG G. A review of the influence of freeze-thaw cycles on soil geotechnical properties[J]. Permafrost and Periglacial Process, 2006, 17: 245-252.

[44]RAFIE B M A, ZIAIE R, MOAYED, et al. Evaluation of Soil Collapsibility Potential: A Case Study of Semnan Railway Station[J]. Electronic Journal of Geotechnical Engineering, 2008, 13: 1-7.

[45]RAO S M, REVANASIDDAPPA K. Influence of cyclic wetting drying on collapse behavior of compacted residual soil[J]. Geotechnical and Geological Engineering, 2006, 24: 725-734.

[46]RINALDI VA, CUESTAS GA. Ohmic conductivity of a compacted silty clay, Journal of Geotechnical and Geoenvironmental Engineering, 2002, 128(10): 824-835.

[47]ROLLINS K M, WILLIAMS T, BLEAZARD R, et al. Identification, Characterization, and Mapping of Collapsible Soils in Southwestern Utah [C]. In Harty K. M. editor, Engineering and Environmental Geology of Southwestern Utah, Utah Geological Association Publication, 1992, 21: 145-158.

[48]SCHERER G W. Crystallization in pores [J]. Cement & Concrete Research, 1999, 29(8): 1347-1358.

[49]SELADJI S, COSENZA P, TABBAGH A, et al. The effect of compaction on soil electrical resistivity: a laboratory investigation[J]. European Journal of Soil Science, 2010, 61(6): 1043-1055.

[50] SETZER M J. Mechanical Stability Criterion, Triple-Phase Condition, and Pressure Differences of Matter Condensed in a Porous Matrix[J]. Journal of Colloid & Interface Science, 2001, 235(1): 170-182.

[51]SHENG D, AXELSSON K, KNUTSSON S. Frost heave due to ice lens formation in freezing soils 1. Theory and vetification[J]. Nordic Hydrolgy, 1995, 26(2): 125-146.

[52]SILLANPAA M, WEBBER W R. The effect of freezing-thawing and wetting-drying cycles on soil aggregation[J]. Canadian Journal of Soil Science, 1961, 41(2): 182-187.

[53]STEIGER M. Freezing of salt solution in small pores [M]. // Measuring, Monitoring and

Modeling Concrete Properties. Springer Netherlands, 2006 :661-668.

[54]SUN Z, SCHERER G W. Pore size and shape in mortar by thermoporometry[J]. Cement & Concrete Research, 2010, 40(5): 740-751.

[55]TAYLOR, S.R., MCLENNAN, et al. Geochemistry of loess, continental crustal composition and crustal model ages. Geochim. Cosmochim.Acta, 1983, 47(11):1897-1905.

[56] VIKLANDER P. Permeability and volume changes in till due to cyclic freeze/thaw [J]. Canadian Geotechnical Journal, 1998, 35(3): 471-477.

[57]WAN X, LAI Y, WANG C. Experimental Study on the Freezing Temperatures of Saline Silty Soils [J]. Permafrost & Periglacial Processes, 2015, 26(2): 175-187.

[58] WANG M, BAI X H. Collapse property and microstructure of loess [J]. Advances in Unsaturated Soil, Seepage, and Environmental Geotechnics, 2006: 111-118.

[59]WANG D Y, MA W, NIU Y H, et al. Effect of cyclic freezing and thawing on mechanical properties of Qinghai-Tibet clay[J]. Cold Regions Science and Technology, 2007, (13): 34-43.

[60] WILLS JW, YEAN WQ, GORING DAL. Molecular meights of ligosulphonate and carbohydrate leached from sulfite chemimechanical pulp. Journal of Wood Chemistry Technology, 1987, 7(2):259-268.

[61] EDWIN J C, ANTHONY J G. Effect of Freezing and Thawing on the Permeability and Structure of Soils[J]. Engineering Geology, 1979, (13): 73-92.

[62]YANG D.Q, SHEN Z.J. Generalized nonlinear Constitutive theory of unsaturated Soil[C]. Proceeding of the 7th. International conference on expansive soils, Dallas, 1992, 158-162.

[63]ZHOU Y, RAJAPAKSE R K N D, GRAHAM J. Coupled Heat-Moisture-Air Transfer in Deformable Unsaturated Media [J]. Journal of Engineering Mechanics, 1998, 124(10): 1090-1099.

[64]包卫星,杨晓华,谢永利.典型天然盐渍土多次冻融循环盐胀试验研究[J].岩土工程学报,2006,28(11): 1991-1995.

[65]邴慧,何平.冻融循环对含盐土物理力学性质影响的试验研究[J].岩土工程学报,2009,31(12): 1958-1962.

[66]程国栋,等.甘肃省季节冻土区公路路基修筑技术研究[R].兰州:中国科学院寒区旱区环境与工程研究所,2003: 106-108.

[67]陈存礼,胡再强,骆亚生.兰州黄土掺合无机结合料的力学特性试验研究[J].西安理工大学学报,2001,17(3): 288-291.

[68]陈开圣,沙爱民.压实黄土湿陷变形影响因素分析 [J].中外公路,2009a,29(3): 24-28.

[69]陈开圣,沙爱民.黄土压实影响因素分析[J].公路交通科技,2009b,26(7):54-58.

[70]陈正汉,刘祖典.黄土的湿陷变形机理[J].岩土工程学报,1986,8(2):1-12.

[71]陈正汉,许镇鸿,刘祖典.关于黄土湿陷的若干问题[J].土木工程学报,1986,19(3):86-94.

[72]陈正汉.重塑非饱和黄土的变形、强度、屈服和水量变化特性[J].岩土工程学报,1999,21(1):82-90.

[73]陈正汉,周海清,Fredlund D G.非饱和土的非线性模型及其应用[J].岩土工程学报,1999,21(5):603-608.

[74]崔托维奇,张长庆,朱元林.冻土力学[M].北京:科学出版社,1985:36-40.

[75]董晓宏,张爱军,连江波,等.长期冻融循环引起黄土强度劣化的试验研究[J].工程地质学报,2010,18(6):887-893.

[76]董永超.宁夏地区湿陷性黄土路基处理及监测技术研究[D].重庆:重庆交通大学,2018.

[77]费学良,李斌.开放系统下硫酸盐盐渍土盐胀特性的试验研究[J].公路,1997,4:7-12.

[78]冯连昌,郑晏武.中国湿陷性黄土[M].北京:中国铁道出版社,1982.

[79]冯志焱.湿陷性黄土地基[M].北京:科学出版社,2009.

[80]高国瑞.兰州黄土显微结构和湿陷机理的探讨[J].兰州大学学报,1979,(2):123-134.

[81]高国瑞.黄土显微结构分类与湿陷性[J].中国科学,1980,(12):1203-1208+1237-1240.

[82]高国瑞.黄土湿陷变形的结构理论[J].岩土工程学报,1990,12(4):1-10.

[83]龚壁卫,周小文,周武华.干湿循环过程中吸力与强度关系研究[J].岩土工程学报,2006,28(2):207-209.

[84]胡瑞林.黄土湿陷性的微结构效应[J].工程地质学报,1999,7(2):161-167.

[85]胡瑞林,王思敬,李向全,等.模拟强夯下黄土的固结变形特征及其微观分析[J].岩土力学,1999,20(4):12-18.

[86]胡瑞林,李焯芬,王思敬,等.动荷载作用下黄土的强度特征及结构变化机理研究[J].岩土工程学报,2000,22(2):174-181.

[87]胡志平,丁亮进,王宏旭,等.干湿循环下石灰黄土垫层透水性和强度变化试验[J].西安科技大学学报,2011,31(1):39-45.

[88]黄雪峰,陈正汉,哈双,等.大厚度自重湿陷性黄土场地湿陷变形特征的大型现场浸水试验研究[J].岩土工程学报,2006,28(3):382-389.

[89]景宏君,张斌.黄土地区公路路基冲击压实试验[J].长安大学学报(自然科学版),2004,24(1):25-29.

[90]雷祥义.中国黄土的孔隙类型与湿陷性[J].中国科学:B辑,1987(12):1309-1318.

[91]雷祥义.黄土显微结构类型与物理力学性质指标之间的关系[J].地质学报,1989,(2):182-191.

[92]李聪,邓卫东,崔相奎.干湿循环条件下完全扰动黄土路基回弹模量分析[J].交通科学与工程,2009,25(2):8-12.

[93]李大展,何颐华,隋国秀.Q_2黄土大面积浸水试验研究[J].岩土工程学报,1993,15(2):1-10.

[94]李国玉,喻文兵,马巍,等.甘肃省公路沿线典型地段含盐量对冻胀盐胀特性影响的试验研究[J].岩土力学,2009,30(8):2276-2280.

[95]李国玉,马巍,李宁,等.冻融对压实黄土工程地质特性影响的试验研究[J].水利与建筑工程学报,2010,8(4):5-7.

[96]李国玉,马巍,穆彦虎,等.冻融循环对压实黄土湿陷变形影响的过程和机制[J].中国公路学报,2011,24(05):1-5,10.

[97]李国玉,马巍,穆彦虎,等.季节冻土区压实黄土湿陷特性研究进展与展望[J].冰川冻土,2014,36(04):934-943.

[98]李晓军,张登良.CT技术在土体结构性分析中的应用初探[J].岩土力学,1999,20(2):62-66.

[99]刘保健,支喜兰,谢永利,等.公路工程中黄土湿陷性问题分析[J].中国公路学报,2005,18(4):27-31.

[100]刘保健,谢定义,郭增玉.黄土地基增湿变形的实用算法[J].岩土力学,2004,25(2):270-274.

[101]刘宏泰,张爱军,段涛,等.干湿循环对重塑黄土强度和渗透性的影响[J].水利水运工程学报,2010,4:38-42.

[102]刘明振.湿陷性黄土间歇浸水试验[J].岩土工程学报,1985,7(1):47-54.

[103]刘志彬,张勇,方伟,等.黄土电阻率与其压实特性间关系试验研究[J].西安科技大学学报,2013,33(1):84-90.

[104]刘祖典,郭增玉,陈正汉.黄土的变性特征[J].土木工程学报,1985,18(1):69-76.

[105]刘祖典.黄土力学与工程[M].西安:陕西科学技术出版社,1997.

[106]毛云程,李国玉,张青龙,等.季节冻土区黄土路基水分与温度变化规律研究[J].冰川冻土,2014,36(4):1011-1016.

[107]毛云程.季节冻土区黄土路基多级湿陷机理试验研究[D].北京:中国科学院大学,2015.

[108]苗天德,王正贵.考虑微结构失稳的湿陷性黄土变形机理[J].中国科学:B辑,1990,1:86-96.

[109]穆彦虎,马巍,李国玉,等.冻融作用对压实黄土结构影响的微观定量研究[J].岩土工程学报,2011,33(12):1919-1925.

[110]齐吉琳,张建明,朱元林.冻融作用对土结构性影响的土力学意义[J].岩石力学与工程学报,2003,22(增2):2690-2694.

[111]齐吉琳,马巍.冻融作用对超固结土强度的影响[J].岩土工程学报,2006,28(6):2082-2086.

[112]邱国庆,王雅碾,王淑娟.冻结过程中的盐分迁移及其与土壤盐渍化的关系[J].土壤肥料,1992,5:15-18.

[113]任钰芳.压实黄土湿陷变形问题的研究[D].西安:长安大学,2001.

[114]沙爱民,陈开圣.压实黄土的湿陷性与微观结构的关系[J].长安大学学报(自然科学版),2006,26(4):1-4.

[115]邵生俊,龙吉勇,杨生,等.湿陷性黄土结构性变形特性分析[J].岩土力学,2006,27(10):1668-1672.

[116]沈珠江.黄土的损伤力学模型探索[C].第七届全国土力学与岩土工程学术讨论会议论文集,北京:建筑工业出版社,1994.

[117]沈珠江.土体结构性的数学模型——21世纪土力学的核心问题[J].岩土工程学报.1996,1:95-97.

[118]盛煜,张鲁新,杨成松,等.保温处理措施在多年冻土区道路工程中的应用[J].冰川冻土,2002,24(5):618-622.

[119]盛煜,温智,马巍.青藏铁路北麓河试验段路基保温材料处理措施初步分析[J].岩石力学与工程学报,2003,22(增2):2659-2663.

[120]时拓青.硫酸盐渍土的特性及对建筑工程的影响[J].贵州大学学报(自然科学版),2000,17(4):307-308.

[121]苏智文,王中立.湿陷性黄土路基的病害整治[J].西部探矿工程,2002,79(06):31.

[122]孙广忠.中国西北几个地区黄土性质的初步研究[J].水文地质工程地质,1957,5:1-8.

[123]孙建中,刘健民.黄土的未饱和湿陷、剩余湿陷和多次湿陷[J].岩土工程学报,2000,22(3):365-367.

[124]孙建中.黄土学[M].香港:香港考古学会出版社,2005.

[125]孙建中,王兰民,门玉明,等.黄土学(中篇),黄土岩土工程学[M].西安:西安地图出

版社,2013.

[126]汪小刚,刑义川,赵剑民,等.西部水工程中的岩土工程问题[J].岩土工程学报,2007,29(8):1129-1134.

[127]王飞.干湿和冻融循环作用下压实黄土工程性质劣化过程试验研究[D].北京:中国科学院大学,2016.

[128]王敏.铜黄公路路基路面病害调查及养护技术研究[D].西安:长安大学,2007.

[129]王东,马小伟.西安咸阳机场高速公路湿陷性黄土路基病害防治措施[J].陕西建筑,2006,129(03):44-47.

[130]王铁行,陆海红.温度影响下的非饱和黄土水分迁移问题探讨[J].岩土力学,2004,25(7):1081-1084.

[131]王延涛.常规物理力学性质指标在湿陷机理上的体现[J].铁道工程学报,2007,3:1-5.

[132]王永炎,林在贯.中国黄土的结构特征及物理力学性质[M].北京:科学出版社,1990.

[133]魏星,王刚.干湿循环作用下击实膨胀土胀缩变形模拟[J].岩土工程学报,2014,36(8):1423-1431.

[134]温智.保温法在青藏高原多年冻土区道路工程中的应用评价研究[D].兰州:中国科学院寒区旱区环境与工程研究所,2006.

[135]伍石生,武建民,戴经梁.压实黄土湿陷变形问题的研究[J].西安公路交通大学学报,1997,17(3):1-3.

[136]巫志辉,谢定义,余雄飞,等.洛川黄土动变形强度特性研究[C].第六届全国土力学及基础工程学术会议论文集.上海:同济大学出版社,1991,799-802.

[137]谢定义.黄土动力特性研究的现状与发展趋向[C].全国黄土学术会议论文集.新疆科技卫生出版社,1994.

[138]谢定义.黄土力学特性与应用研究的过去、现在与未来[J].地下空间,1999,19(4):273-284.

[139]谢定义,齐吉琳,张振中.考虑土结构性的本构关系[J].土木工程学报,2000,33(4):35-41.

[140]谢定义.试论我国黄土力学研究中的若干新趋向[J].岩土工程学报,2001,23(1):3-13.

[141]邢义川,骆亚生,李振.黄土的断裂破坏强度[J].水力发电学报,1999,4:36-44.

[142]徐学祖,Lebedenk,O. P.,Chuvilin,E. M.,等.冻土与盐溶液系统中热质迁移及变形过程试验研究[J].冰川冻土,1992,14(4):289-295.

[143]徐敦祖 J. L. 奥利奋特 A. R. 泰斯. 土水势、未冻水含量和温度[J]. 冰川冻土，1985，7(1)：1-14.

[144]许勇. 某高速公路湿陷性黄土路基沉陷病害旋喷桩处治技术研究[J]. 山西交通科技，2018，4：9-12，31.

[145]杨成松，何平，程国栋，等. 冻融作用对土体干容重和含水量影响的试验研究[J]. 岩土力学与工程学报，2003，22(增2)：2695-2699.

[146]杨和平，张锐，郑健龙. 有荷条件下膨胀土的干湿循环胀缩变形及强度变化规律[J]. 岩土工程学报，2006，28(11)：1936-1941.

[147]杨有海，苏在朝，夏琼. 黄土路堤边坡浅层加筋加固机理分析及工程应用[J]. 土木工程学报，2005，38(11)：84-88.

[148]杨运来. 黄土湿陷机理的研究[J]. 中国科学：B辑，1988，7：756-766.

[149]章金钊. 工业隔热材料在多年冻土地区的应用研究[C]. 第一届全国寒区环境与工程青年学术会议论文集. 兰州：兰州大学出版社，1994，78 -83.

[150]张爱军，邢义川. 黄土增湿湿陷过程的三维有效应力分析[J]. 水力发电学报，2002，1：22-27.

[151]张芳枝，陈晓平. 反复干湿循环对非饱和土的力学特性影响研究[J]. 岩土工程学报，2010，32(1)：41-46.

[152]张国银. 某高速公路高填方路基病害勘察及稳定性评价[J]. 山西交通科技，2017，4：53-55.

[153]张虎元，严耿升，赵天宇，等. 土建筑遗址干湿耐久性研究[J]. 岩土力学，2011，32(2)：347-355.

[154]张茂花，谢永利，刘保健. 基于割线模量法的黄土增湿变形本构关系研究[J]. 岩石力学与工程学报，2006a，25(3)：609-617.

[155]张茂花，谢永利，刘保健. 增湿时黄土的抗剪强度特性分析[J]. 岩土力学，2006b，27(7)：1195-1200.

[156]张平川，董兆祥. 敦煌民用机场地基的破坏机制与治理对策[J]. 水文地质工程地质，2003，30(3)：78-80.

[157]张苏民，郑建国. 湿陷性黄土(Q_3)的增湿变形特征[J]. 岩土工程学报，1990(04)：21-31.

[158]张苏民，张炜. 减湿和增湿时黄土的湿陷性[J]. 岩土工程学报，1992，14(1)：57-61.

[159]张晓炜，张青山. 郑州至洛阳高速公路水毁病害分析[J]. 河南交通科技，1999，6：39-41.

[160]张志清，张兴友，胡光艳. 湿陷性黄土公路路基病害类型及成因分析[J]. 路基工程，2007(05)：160-162.

[161]张宗祜. 我国黄土类土显微结构的研究[J]. 地质学报，1964，44 (3)：357-370.

[162]赵永国. 高速公路湿陷性黄土地基的处治技术 [J]. 中外公路，2003，23(1)：28-31.

[163]郑晏武. 中国黄土的湿陷性[M]. 北京：地质出版社，1982.

[164]郑郧. 冻融循环对超固结重塑土的结构性影响及其机理研究[D]. 北京：中国科学院大学，2016.

[165]周利钢，弓红梅，王海军，等. 黄土斜坡半挖半填区路基塌陷问题分析及治理[J]. 城市勘测，2018，5(10)：174-176.

[166]朱海之. 黄河中游马兰黄土颗粒及结构的若干特征：油浸光片法观察的结果[J]. 地质科学，1963，2：88-100.